Das Gen und seine Geschichte

Europäische Hochschulschriften

European University Studies

Publications Universitaires Européennes

Reihe III	Geschichte und ihre Hilfswissenschaften
Series III	History and Allied Studies
Série III	Histoire et sciences auxiliaires

Band/Volume **1094**

Kurt Plischke

Das Gen und seine Geschichte

Naturwissenschaftliche und philosophische
Hintergründe der modernen Genetik

Lebewesen im Spiegel der Wissenschaftshistorie

Bibliografische Information der Deutschen Nationalbibliothek
Die Deutsche Nationalbibliothek verzeichnet diese Publikation in der Deutschen
Nationalbibliografie; detaillierte bibliografische Daten sind im Internet über
http://dnb.d-nb.de abrufbar.

ISSN 0531-7320
ISBN 978-3-631-65718-8 (Print)
E-ISBN 978-3-653-05009-7 (E-Book)
DOI 10.3726/978-3-653-05009-7

© Peter Lang GmbH
Internationaler Verlag der Wissenschaften
Frankfurt am Main 2015
Alle Rechte vorbehalten.
PL Academic Research ist ein Imprint der Peter Lang GmbH.
Peter Lang – Frankfurt am Main · Bern · Bruxelles · New York · Oxford · Warszawa · Wien

Das Werk einschließlich aller seiner Teile ist urheberrechtlich geschützt.
Jede Verwertung außerhalb der engen Grenzen des Urheberrechtsgesetzes ist
ohne Zustimmung des Verlages unzulässig und strafbar.
Das gilt insbesondere für Vervielfältigungen, Übersetzungen, Mikroverfilmungen
und die Einspeicherung und Verarbeitung in elektronischen Systemen.

Diese Publikation wurde begutachtet.

www.peterlang.com

„Um die Ursachen von Gesundheit und Krankheit hat sich nicht bloß der Arzt, sondern bis zu einem gewissen Grade auch der Naturforscher zu kümmern. Medizin und Naturwissenschaft sind zwar verschieden, und diese Verschiedenheit darf nicht übersehen werden. Aber sie sind auch, wie die Erfahrung zeigt, bis zu einem gewissen Grade miteinander verwandt. Die verständigen und gründlich arbeitenden Ärzte holen bei den Erörterungen über die Natur die Prinzipien aus der Naturwissenschaft, und die tüchtigsten Naturgelehrten endigen meistens bei den Prinzipien der Medizin."

Aristoteles, Von der Entstehung der Lebewesen

Vorwort

Der Begriff „Gen" ist einer jener wissenschaftlicher Begriffe, der – wie etwa der Begriff „Stress" – von der Diskussion in exklusiven wissenschaftlichen Kreisen in die Alltagssprache vorgedrungen ist. Ausgangs des 19. Jahrhunderts wurde nur unter wenigen Eingeweihten diskutiert, dass es irgendein biologisches Substrat geben müsse, das die Gleichheit von Spezies darstellen und an die nächste Generation weitergeben müsse. Heutzutage hat man es „in den Genen", wenn vermeintlich oder offensichtlich eine erbliche Anlage vorliegt. Das Human Genome Project an der Wende zum 21. Jahrhundert war mehr als ein reines wissenschaftliches Großunternehmen. Anscheinend stand die Geschichte der Menschheit auf dem Spiel: der Mensch, so schien es zumindest im Vorhinein, sei zukünftig in gewisser Weise durchschaubar – und dann vielleicht auch manipulierbar.

Dass die Dinge anschliessend nur komplizierter geworden sind, ist beruhigend. Wider Erwarten haben die Menschen nur eine geringe Zahl an Genen – mit ca. 25.000 durchaus weniger als etwa eine Maus. Dies lässt nur den Schluss zu, dass – bis auf die wenigen Ausnahmen dominanter Erbgänge wie etwa beim Morbus Huntington – die Gene eine Art biologischer Möglichkeiten darstellen, die je nach Umständen angeschaltet werden – oder eben nicht. Und: wer steuert diese angeblichen Steuerbotschaften? Auch hier lassen, freilich unbeabsichtigte, historische Großversuche – wie etwa die Vererbung der Folgen von Hungerzuständen in der jeweils über(!)-nächsten Generation nach dem berüchtigten Hungerwinter 1944/45 in den Niederlanden – die Frage nach der Epigenetik unabweislich werden, nach dem also, was zum Gen hinzukommen muss, um es überhaupt arbeiten zu lassen. Was also ist ein Gen?

Eben mit dieser Frage, wie das Konzept des Gens aus der spekulativen Vorgeschichte der Biologie heraus in der Zeit von der Mitte des 19. Jahrhunderts bis zur Entdeckung der Doppelhelix in der Mitte des 20. Jahrhunderts entstanden ist, wie es scheinbar verwissenschaftlicht wurde und heute eigentlich obsolet geworden ist, beschäftigt sich Kurt Plischke in seinem vorliegenden Buch. Grundlage der Analysen bildet eine Übersicht über das Problem der biologischen Vererbungslehre vom ausgehenden 18. bis in die Mitte des 19. Jahrhunderts samt der dahinter durchscheinenden philosophischen Gedankenwelt. Im Zentrum der Überlegung steht die Frage nach der bislang fehlenden „Begriffsarbeit" des

Gen-Begriffs: von Spencer, Darwin, Haeckel, Nägeli, Hertwig und Strasburger, Weismann, Weigert, De Vries bis Haacke reicht die Analyse. Die erste experimentell entwickelten Vererbungslehre und damit Gregor Mendel sowie die Entstehung eines entteleologisierten Vererbungsbegriffs bilden die Grundlage für eine weitere Diskussion zur Ausgestaltung des Genbegriffs in seiner modernen Form: Johannsen, der ‚Erfinder' des Konzepts (!) Gen, klassische Genetik, Biochemie des Gens sind die Diskussionspunkte. Die historische Analyse mündet in einem Essay zur Entwicklung, zur Deutung und zur Wirkung des modernen naturwissenschaftlich-reduktionistischen Genkonzepts aus der Perspektive einer auf das umfassend Eigene des Menschen und der Natur insgesamt gerichteten Philosophie – und zwar mit Bezug insbesondere auf Immanuel Kant und Robert Spaemann.

Das vorliegende Buch unterscheidet sich in vielerlei Hinsicht vom aktuellen ‚mainstream' der wissenschaftshistorischen Forschung. Er legt eine ebenso umfangreiche wie sorgfältige Begriffsanalyse der Schlüsseltexte vor, die zu einer jeweils weiteren Deutung des Begriffes Gen führen. Durch die textimmanente Interpretation gelangen wir zu einer intensiven Kenntnis der Probleme und Lösungen, die die Wissenschaftler in ihrer Zeit jeweils in Auseinandersetzung mit Vorgängern und Zeitgenossen beschäftigt haben. Geleitet wird diese Analyse von einem tiefen Verständnis der Texte einerseits und andererseits der wissenschaftlichen Kategorien der abendländischen Philosophie. Durch die gründliche Darlegung und Diskussion der publizierten historischen Originalarbeiten stellt dieses Buch eine notwendige Ergänzung zur aktuellen theorie- und konzeptionslastigen wissenschaftstheoretischen und wissenschaftshistorischen Diskussion dar.

Alfons Labisch, Düsseldorf, im April 2014

Inhalt

I. Ergebnisse der Forschung und Problemstellung 11

II. Das Problem einer biologischen Vererbungslehre 35

III. Beschreibungen der Fortpflanzung, die das spätere biologische Verständnis der Vererbung prägten 41

IV. Die veränderte Auffassung einer Wissenschaft vom Leben 45
  - IV. 1 Spencer: Physiologische Einheiten. Lebewesen als belebte Materie 57
  - IV. 2 Darwin: Tätigkeitszentren der Pangenesis. Eine Provisorische Hypothese 59
  - IV. 3 Haeckel: Theorie der Plastide 62
  - IV. 4 Nägeli: Idioplasma. Eine mechanisch-physiologische Theorie 70
  - IV. 5 Eine neue Perspektive für den Umgang mit Natur 78
  - IV. 6 Hertwig und Strasburger: Der Aufenthaltsort des Vererbungsplasmas 80
  - IV. 7 Weismann: Determinanten und Biophoren 83
  - IV. 8 Weigert: Aktivierung von Anlagen 90
  - IV. 9 De Vries: Intrazelluläre Pangenesis 91
  - IV. 10 Haacke: Zelleib als Vererbungsträger: Eine oppositionelle Lehre 95

V. Die erste experimentell entwickelte Vererbungslehre. Mendel: Merkmale sind zusammengesetzt aus Elementen 99

VI. Die Entstehung eines entteleologisierten Vererbungsbegriffs 111

VII. Das Schicksal der Entdeckungen Mendels 117

VIII. Die Ausgestaltung des Genbegriffes in seiner modernen Form 121
    VIII. 1 Begründung des heutigen Terminus technikus
           durch Wilhelm Johannsen 121
    VIII. 2 Die beginnende Differenzierung des Genbegriffs
           bis 1939: klassische Genetik 127
    VIII. 3 Das Gen erhält eine biochemische Charakteristik 138
           VIII. 3A Eiweiss oder Nukleinsäure? 139
           VIII. 3B Der Gedankengang von Watson und Crick 159
           VIII. 3C Die Vorstellung der Ergebnisse 1953 164
           VIII. 3D Erweiterung der Kenntnisse bis 1962 169
           VIII. 3E Das Jahr der Nobelpreisverleihung.
                    Weiterführende Fragen 172

IX. Wissenschaftliche Einwände zum Genkonzept der Vererbung 183

X. Ergebnisse 191

XI. Die Frage der Erzeugung in Genetik und Technologie 211

XII. Schlussbetrachtung 215

Personenverzeichnis 223

Sachverzeichnis 227

Bibliographie 285

Weiterführende Literatur 311

Abbildungsverzeichnis 319

I. Ergebnisse der Forschung und Problemstellung

Die Geschichte der Naturwissenschaften wird in ihrer fortschreitenden Disziplinierung in Teilgebiete begleitet von historischen und wissenschaftstheoretischen Reflexionen. Sie folgen der Spezialisierung und geben aus eigener Perspektive der jeweiligen Fachgebiete Rechenschaft über deren Geschichte. Hingegen sind allgemeine Einordnung, Vergleich, Übersetzung der Merkmale in der Begriffsentwicklung eine Aufgabe von Wissenschaftstheorie und -geschichte als solcher. Sie reichen bis in die Erkenntnistheorie. Die Kategorien zu diesem Zweck stammen nicht aus den Naturwissenschaften. Denn sie thematisieren deren Maßstäbe – eine Leistung, die, ehemals federführend von der Theologie erbracht, säkularisiert fortgeführt wird von Philosophie und allgemeiner Wissenschaftsgeschichte. Auch solche Arbeit kann sich der disziplinären Gliederung anschließen. Doch wird sie zugleich deren Grenzen beleuchten – worin sich die Medizingeschichte und Philosophie nahekommen, etwa in einer sich begriffs- und problemgeschichtlich ausrichtenden *historischen Epistemologie*. **Hans-Jörg Rheinberger** weist ihr die Methode zu, nach den Mitteln zu fragen,

> „mit denen Dinge zu Objekten des Wissens gemacht werden, an denen der Prozess der wissenschaftlichen Erkenntnis in Gang gesetzt sowie in Gang gehalten wird". (Rheinberger 2007: 11)

Zum Verständnis der Einflussgrößen in der Entstehung von Forschungszwecken sei es unverzichtbar, historische Rahmenbedingungen zu berücksichtigen. Hinsichtlich des Anscheins einer rein faktenbezogenen Empirie als dem modernen wissenschaftlichem Ideal merkt **Lutz Geldsetzer** grundsätzlich an: Das *epistemische* Moment der Wissenschaft liege vielmehr in der Theoriebildung, indem sie zwischen Daten, Fakten einen Zusammenhang stifte, Antworten auf die Warum-Frage bezüglich der Fakten gebe. Notwendigerweise wirke somit die Ebene der Theorie auf die Faktenebene zurück. Erst im Licht der Theorie entstehen die Was-Fragen nach den Fakten. (Geldsetzer 1982: 70). Geschichte werde in hermeneutischer Arbeit als ein ideelles *Sinngebilde* konstruiert. Deshalb bestehe das Wahrheitskriterium:

> „in der logischen Kohärenz und Stimmigkeit sowie im Umfang der Integrationskraft geschichtlicher Theorien gegenüber den Sinngebilden aller Geschichtsforschungsbereiche".

Wenn diese auf Widersprüche, Dunkelheiten, Irrtümer untersucht werden, sei wiederum die logische Stimmigkeit das beweisende Kriterium für Inkohärenzen. Wissenschaftliche Untersuchung bewege sich nicht außerhalb der Wahrheitsfrage, *„keinesfalls jenseits von Idealismus oder Realismus"*, sondern bringe verschärft die *„Relevanz der philosophischen Letztorientierungen, eben die metaphysische Frage, ins Spiel"* (ibid. S. 86). So entsteht Orientierung mittels einer strikten Begriffslogik in ihrer historischen Entfaltung (Geldsetzer 1987).

Alfons Labisch äußert konsequent eine Auffassung von Wissenschaftsphilosophie, derzufolge das Geschichtsverständnis, um seinem Grundzug als Sinngebilde Rechenschaft zu tragen, kulturwissenschaftlich verankert sein müsse. Er kann auf diese Weise in der Epochenfolge idealtypische Abhängigkeiten im Wechsel von Sinngehalten für den europäischen Begriff der Gesundheit nachweisen (Labisch 1989; Labisch 1992; Labisch 2006). Auch zeigt er mit Vorsicht im Kulturvergleich Europa – China – Korea – Japan sehr verschiedene Paradigmen im Gesundheitsverständnis, ohne der Gefahr eurozentristischer Einebnung zu unterliegen (Labisch: Darstellung im Forschungsseminar, Wintersemester 2009/2010 des Instituts für Geschichte der Medizin an der Heinrich-Heine Universität Düsseldorf).

In der Quintessenz kann eine Wissenschaft, die sich ihrer Wurzeln bewusst bleibt, weiterhin wie **Robert Spaemann** und **Reinhard Löw** mit wissenschaftlichem Humor nach verdeckten teleologischen Implikationen im modernen Verständnis der Naturwissenschaften fragen und auf verbleibende Anthropomorphien nach Aufhebung aller Anthropozentrik deuten. Teleonomie ersetzt Teleologie:

> *„Um so ungehinderter kann man dafür das Erbe der Teleologie antreten und sich ihrer ‚abkürzenden' Sprech- und Schreibweise bedienen. Jeder weiß, wie es gemeint ist: ‚zweckmäßig ohne Zweck' und: nicht-dogmatisch und metaphysisch, sondern hypothetisch und heuristisch. Bemerkenswerterweise wird die Ausdrucksweise um so teleologischer, je weiter man sich von Lebewesen entfernt, bei Maschinen, Elementarteilchen oder Wirbelstürmen. Es ist nur konsequent, daß sie auch Personennamen bekommen"* (Spaemann, Löw 2005: 197).

Wissenschaftsgeschichte und Philosophie begegnen sich bei gemeinsamen inhaltlichen und methodischen Ansätzen in ihrer Zielsetzung.

Über historisch selbstauferlegte Beschränkungen in der Bewahrheitung möge der folgende Hinweis dienen. Er betrifft den Betrachtungszeitraum der hiermit vorgelegten Untersuchung.

> *„Es hat auch den Anschein, daß das moderne Fortschrittsbewußtsein im Abendland ständig eine Art ‚blinden Fleck' hinsichtlich der jüngsten Vergangenheit hervorbringt. Das*

Neue profiliert sich gerne auf Kosten des gerade eben Überholten, das es in umso tiefere Vergessenheit abdrängt. Dies scheint heute besonders für die zweite Hälfte des 19. Jahhunderts zu gelten, welche daher in die zeitgeschichtliche Forschung aufzunehmen ist" (Geldsetzer 1982: 98).

Im Folgenden werden zunächst Ergebnisse dargestellt, die von der Wissenschaftsgeschichte zur Frage der Entstehung und Entwicklung des Genbegriffs, eine Periode von Ursprüngen im 19. Jahrhundert bis zum Jahr der Vorstellung der DNS (1953) betrachtend, vorgelegt worden sind. Die Übersicht erstrebt nicht den einfachen Nachweis historischer Auflistungen unter der Voraussetzung eines etappenweise anwachsenden Schatzes gewisser oder nur vermeintlicher Erkenntnistatsachen. Das Augenmerk gilt methodischem Ansatz, Fragerichtung, Begründung für die Wahl des Betrachtungszeitraums und Art der Studie, als denjenigen Faktoren, welche auf das Ergebnis Einfluss nehmen. Auch berücksichtigt wird der Nachweis von Art und Weise des Quellenstudiums, wie eng Originaltexte herangezogen, ob und wie sie aufeinander bezogen, Kohärenzen, Weiterentwicklung oder Eliminierung von Begriffsmerkmalen daraus abgeleitet werden.

Der Chemiker und Wissenschaftshistoriker **Stephen Finney Mason** [(1923–2007); 1947–1953 am Museum for the History of Science/Oxford; 1956 University of Exeter; 1964 Gründer der Fakultät für Chemie der University of East Anglia; 1970 Kings College/London; 1988 Cambridge; 1991 Gründer der Historical Group of Science der Royal Society of Chemistry; Entdeckungen in experimenteller und theoretischer Spektroskopie u.a. von Spiralmolekülen zur Bestimmung der Konfiguration organischer Moleküle; Untersuchungen zu den schwachen Nuklearkräften von Biomolekülen] gibt in seiner „*Geschichte der Naturwissenschaft in der Entwicklung ihrer Denkweisen*", nach Epochen und Fachwissenschaften gegliedert, ausführlich und mit vielfachen Querverweisen Einblick auch in die Biologiegeschichte des 19. und 20. Jahrhunderts, als sich die Genetik zu einer selbständigen Wissenschaft zu formieren begann (Mason 1961). Nicht dargestellt werden die Einführung des Terminus Gen durch **Wilhelm Johannsen** und die begriffliche Entfaltung zur Vorstellung einer Doppelhelix als dem Genträger mit selbstreproduktiven Kräften, womit das Typische der belebten Stofflichkeit in die biochemische Darstellungsweise übersetzt war. Die Darstellung besteht in einer Geschichte wissenschaftlich positivistischer Faktenkunde. Sie verfolgt nicht die Absicht, eine Begriffsgeschichte darzulegen oder Relativitäten von Beschreibungsweisen nachzugehen. Textarbeit an Originaltexten wird nicht vorgestellt.

Eine mehrfach überarbeitete Geschichte der Biologie als Einzelwissenschaft gibt 1998 die Wissenschaftshistorikerin *Ilse Jahn* heraus. [(1922–2010); stellvertretende Direktorin des Museums für Naturkunde und Privatdozentin für Wissenschaftsgeschichte an der Humboldt-Universität in Berlin]. Unter verschiedenen Aspekten wird beschrieben, wie sich das Teilgebiet der Genetik bildete (Jahn 1998). *Brigitte Hoppe* [(geb. 1935); Professorin für Geschichte der Naturwissenschaften in der Forschungsabteilung des Münchner Zentrums für Wissenschafts- und Technikgeschichte, Ludwig-Maximilians Universität München] behandelt darin die Entstehung der Vererbungswissenschaften im Rahmen der theoretischen und methodischen Neuansätze des 19. Jahrhunderts. *Jörg Schulz*, [Wissenschaftsphilosoph am Institut für Geschichtswissenschaft, Lehrstuhl für Wissenschaftsgeschichte der Humboldt-Universität Berlin] legt die Phase der Wiederentdeckung der Mendelschen Regeln dar. *Konrad Senglaub* bespricht die noch im 20. Jahrhundert langwährenden Auseinandersetzungen um den Darwinismus. *Hans- Jörg Rheinberger* [(geb. 1946); ehemals Forschungsgruppenleiter für Molekularbiologie am Max-Planck-Institut für Biologie in Berlin-Dahlem, später Direktor des Max-Planck-Instituts für Wissenschaftsgeschichte] schildert die Etablierung der Molekulargenetik bis hin zu den Aufgaben der Genom-Analyse.

Als historische Übersichtsarbeit der gesamten Biologie konzipiert, einsetzend mit den frühen Hochkulturen und Antike, über das Mittelalter in die Gegenwart führend, ist die Darstellung daran orientiert, die Ideenentwicklung in epochalen Perioden verständlich zu machen. Sie will nicht aus Einzelnachweisen und Begriffsvergleichen an den Originaltexten der beteiligten Forscher und einer Konzentration auf den Genbegriff dessen Entstehung ableiten, sie will nicht aus den Verästelungen, Kontinuitäten und Gegensätzen die Einzelheiten einer bis heute widerspruchsvollen Geschichte der Genvorstellung aufzeigen oder Gründe der Widersprüche aufsuchen, ebenso, wie eine Problematisierung der Vorstellung auf die Gegenwart hin nicht das Ziel einer solchen Untersuchung sein kann.

Mit „*Grundzüge der Biologiegeschichte*" (1990) legt *Jahn* selbständig eine Geschichte aller Epochen vor, in der sie der Genetik einen ausführlichen Abschnitt widmet. Auch Entwicklungslinien dieser Wissenschaft aus den spekulativen Hypothesen des 19. Jahrhunderts sind dargestellt, über Mendelismus, Darwinismus, Mutationsforschung der klassischen Genetik noch vor der Phase des molekularen Genbegriffs. Die Durchsetzung der Evolutionstheorie gilt in dieser Darstellung als die Synthese der Einzelergebnisse der klassischen Periode und zugleich als die wesentliche Voraussetzung des späteren biochemischen Modells der Erbsubstanz, das jedoch nicht mehr in seinen Einzelheiten aus Vorläufervorstellungen hergeleitet wird. Ein zentrales Ziel der Darstellung besteht darin, **Darwins** Theorem als das organisierende Prinzip für die Erkenntnisarbeit von Biologie und Genetik zu erweisen. Angesprochen wird damit ein Problem, dem die Hypothetizität seiner Lösung von der Gegenwartsbiologie zunehmend bestritten wird.

Günter Wricke [(1928–2009); ehemals Leiter des Instituts für Angewandte Genetik der Technischen Universität Hannover] und **Wolfgang Horn** [(geb. 1940); Inhaber des Lehrstuhls für Zierpflanzenanbau der Technischen Universität München/Freising] stellen im Jahr 1978 aus dem Nachlass des Genetikers **Hans Kappert** [(1890–1976); Schüler von **Carl Correns** am Kaiser-Wilhelm-Institut für Biologie in Berlin-Dahlem] eine Facharbeit vor, die sich ausschließlich auf die Genetik konzentriert. *Kappert* habe für den Zeitraum von 1900 bis 1950 die *„erste zusammenfassende Darstellung der Geschichte der Genetik aus deutscher Sicht"* gegeben (Kappert 1978:7). Der Autor gibt seinen Rückblick *„Vier Jahrzehnte miterlebter Genetik"* aus der Sicht zweier Teildisziplinen der Genetik, Angewandter Genetik und Mutationsforschung. Sich auf den gewählten Zeitraum beschränkend wird für die Vorläufertheorien aus dem 19. Jahrhundert nur auf die *Idioplasma-Theorie* **Carl Nägelis** verwiesen, der Hinweis gegeben habe auf eine für das Erbgeschehen *selbständige Substanz*, welche schließlich strukturell mit dem *Chromosom* identifiziert worden sei. Begriffsentwicklung aus Gegenüberstellung von Originaltexten ist nicht das Ziel der Untersuchung. Vielmehr legt *Kappert* Wert darauf, solche Hypothesen zu schildern, die in den historischen Etappen zunächst den Mendelismus bestätigen, und solchen, anhand derer nachfolgend die Chromosomentheorie des Gens aufgestellt wurde. Der Einfluss physikalischer Sichtweise in der Nachfolge **Ernst Schrödingers,** obschon in den 40ziger Jahren des 20. Jahrhunderts einsetzend, wird nicht thematisiert.

Für den englischen Sprachraum legt 1965 **Leslie Cecil Dunn** [(1893–1974); 1928 Gast am Kaiser-Wilhelm-Institut Berlin; 1934/1935 Gastprofessor Universität Oslo; 1928 Professor für Zoologie, Columbia-Universität USA; Mitglied der U.S. National Academy of Sciences] *„A Short History of Genetics"* vor. Im ansonsten unveränderten Nachdruck 1991 ist ein Untertitel hinzugefügt, der die Zielsetzung andeutet: *„The Development of Some of the Main Lines of Thought: 1864–1934".* Formulierung und zeitlicher Rahmen lassen eine Herleitung der Begrifflichkeit der klassischen experimentellen Genetik des 20. Jahrhunderts aus den spekulativen Vorarbeiten des 19. Jahrhunderts erwarten. Abweichend von der Mehrzahl der Autoren geht Dunn unmittelbar auf Originalpassagen weichenstellender Veröffentlichungen ein, welche er auszugsweise in ganzen Abschnitten zitiert. Doch vertritt er die Auffassung, die Periode 1900–1906 *„can* *now be seen as the chief break in the continuity of ideas about the transmission system of heredity"*. Was vor dieser Zeit entwickelt worden sei habe außer der Veröffentlichung **Mendels** nur geringen Einfluss auf den späteren Verlauf der Ideenentwicklung (Dunn 1991: 33). Diese Auffassung unterstützt 1991 **Lindley Darden** [(geb. 1945); seit 1992 Professorin für Philosophie an der Universität von Maryland College Park, USA]. Für sie liegt der entscheidende Bruch größter Tragweite in der Ersetzung von *Merkmalseinheit* durch *Faktor*, einer Folge des sich durchsetzenden *Mendelismus* in den ersten Jahren des 19. Jahrhunderts. Die Einführung des Genbegriffs und seine Entwicklung zum chromosomalen Gen sei nur die konsequente Entfaltung jenes Schrittes (Darden 1991: 178).

Dunn zeichnet den weiteren Weg in zwei Perioden nach. Auf die Epoche desMendelismus (1900–1909) folge die klassische Gentheorie (1910–1939), die schließlich Gene auf dem Chromosom verortet und aus Mutationen auf deren Position und Nachbarschaftslagen geschlossen habe, ehe 1944 durch **Oswald Avery, Colin MacLeod, Maclyn Mc Carty** das übertragene Erbmaterial mit Desoxyribonukleinsäure identifiziert worden sei. Die historisch genaue und vielseitige Übersicht konzentriert sich, bis zu diesem Zeitpunkt führend, auf die späten Entwicklungslinien der betrachteten Periode, ohne sich in detaillierte begriffliche Vergleiche in den Originaltexten zu begeben, mit umfangreicher Bibliographie der Quellen. Für den Zeitabschnitt von 1864–1909 nimmt **Dunn** ausschließlich Bezug auf die Originalzitate, die **Alfred Barthelmess** 1952 in seiner Schrift *„Vererbungswissenschaft"* gibt. Eine begrifflich vergleichende Textarbeit an den daraus entnommenen Textabschnitten entfällt.

Barthelmess [gest. 1987] wirkte 1957–1973 an der Universität München in einer außerplanmäßigen Professur über Botanik, Genetik, Entwicklungsphysiologie und Geschichte der Naturwissenschaften. In ausführlichen Originalzitaten stellt er Kerntexte aus der Geschichte der Vererbungslehre vor und verbindet sie durch eigene Zwischentexte, in denen er den gedanklichen Verlauf zusammenfasst. Der Autor beginnt mit **Aristoteles** und **Hippokrates**, den *„Vätern der Vererbungswissenschaft"* und geht auch auf die historisch mit **Linné, Lamarck, Darwin** sich ergebende Auseinandersetzung um Artenkonstanz und Artenwandel ein. **Mendels** Lehre und die spekulativen Positionen **Darwins, Nägelis, Weismanns, Strasburgers** kommen in ihren eigenen Darstellungen ausführlich zu Wort. Mit **Haeckel** sei der erste, wenn auch misslungene Versuch einer Theorie gegeben, die es unternommen habe, alle bis dahin bekannten Phänomene zusammenzufassen. **Barthelmess** nennt die Methode seiner eigenen Darstellung eine *„rein historische"* auf Basis von *„repräsentativen Dokumenten"*, nicht sei sie eine *„kritische"*. Die Phase der Physikalisierung und die Hinwendung zur Nukleinsäure als einer Desoxyribonukleinsäure sind von seiner Untersuchung nicht mehr erörtert, die mit der Epoche der klassischen Genetik endet, aber weitergehende Tendenzen über die im historischen Verlauf angenommenen Stoffklassen für das Erbmaterial andeutet. Insgesamt ist die Darstellung an einer Ideenentwicklung über Vererbungsvorgänge interessiert, nicht an den Einzelheiten der Herausbildung des Genbegriffs oder dessen Voraussetzungen in den frühen Theorien des 19. Jahrhunderts. Die Geschicklichkeit der Darstellung liegt darin, die beteiligten Forscher in ihren eigenen Darstellungen sprechen zu lassen, sie durch Kommentare zu verknüpfen, um auf diese Weise deutlich werden zu lassen, wie die im Zitat vorgestellten Forschungsergebnisse aufeinander Einfluss nahmen.

Wie **Barthelmess** und **Kappert** konnte auch **Hans Stubbe**, der damalige Direktor des Instituts für Kulturpflanzenzüchtung Gatersleben der Deutschen Akademie der Wissenschaften zu Berlin (DDR), auf eine langjährige eigene praktische Erfahrung in der biologischen Forschung zurückblicken [(1902–1989); 1946 Professor für landwirtschaftliche Genetik an der Universität Halle-Wittenberg; 1951–1967 Präsident der Deutschen Akademie der Landwirtschaftswissenschaften; zahlreiche Ehrendoktorwürden; Vorstandsmitglied des Forschungsrates der DDR; Nationalpreis der DDR; parteiloser Abgeordneter der Volkskammer. In der Biologie bedeutsam ist seine experimentelle Widerlegung des *Lyssenkoismus*, der eine Vererbung erworbener Eigenschaften annahm].

1963 veröffentlicht er eine „*Kurze Geschichte der Genetik bis zur Wiederentdeckung der Vererbungsregeln Gregor Mendels*". Das Werk führt in klassischer Epochenteilung kapitelweise von der Vorzeit durch Antike, Mittelalter und Neuzeit und widmet anschließend jeweils ein Kapitel dem 19. Jahrhundert, der Mutationslehre **de Vries'** und der Zytologie dieser Zeit. Nach Darstellung der Wiederentdeckung der **Mendelschen** Regeln endet es in der Frühphase der klassischen Genetik mit „*ersten Vorstellungen über eine Chromosomentheorie der Vererbung*". Wie der Verfasser vorausschickt, wolle er für die Vererbungswissenschaft ihre „*großen Entwicklungslinien*" darstellen, „*zumal eine solche Zusammenfassung in deutscher Sprache fehlt*" (Stubbe 1963: VII).

Dem Terminus *Gen* kommt in der Darstellung nur eine nebensächliche Bedeutung zu. Seine Einführung durch **Johannsen** wird nicht erörtert. Dennoch richtet sich das Augenmerk für das 19. Jahrhundert und die Jahrhundertwende auf Theorien, die *singuläre Erbeinheiten* entwerfen und deren Weitergabe, Entwicklung und Veränderung postulieren. Der Autor gibt Zitate aus Originalquellen mit Vorläuferbegriffen der Genvorstellung (*Pangene, Gemmarien, Gemmules*), wobei er die Vererbungslehren als Ganze dem Vergleich unterwirft. Nicht zur Frage erhoben wird, ob darin eine etwaige Tendenz der begrifflichen

Entwicklung zum Genbegriff nachzuweisen ist. Untersucht wird nicht, wie der sich herausbildende Genbegriff Einfluss auf die Vorstellungen von Vererbung und Lebendigkeit der Lebewesen nimmt. Die Frage nach etwaigen begrifflichen Übergängen tritt zugunsten einer Betrachtung theoretischer Grundzüge der Lehren (*Keimplasmatheorie, Micellar- Hypothese, intrazelluläre Pangenesis*) in den Hintergrund.

1971 erscheint unter dem Titel „*Gentheorie*" eine Aufsatzsammlung renommierter Genforscher. Herausgeber ist der amerikanische Genetiker und Wissenschaftshistoriker der University of California/Los Angeles, **Elof Axel Carlson** [(geb. 1931); 1958 promoviert durch **Hermann Joseph Muller** in Zoologie; lehrt gegenwärtig als Emeritus-Professor an der State University/New York]. Jeweils im Anschluss an einen historischen Überblick des Herausgebers werden behandelt, zusammengesetzt aus Einzelaufsätzen, die Kapitel *Genstruktur, Genfunktion* und *Gentheorie*, darunter Aufsätze von **Seymour Benzer, Francis Crick, Richard Goldschmidt, Francois Jakob** und **Jaques Monod, Louis Stadler, James Watson**. Der Herausgeber bezeichnet die Ausführungen als „*moderne Auffassungen der Gentheorie*", einer Geschichte des Gens entspringend, die mit **Darwin, Spencer** und **Mendel** begonnen und nach Nichteinlösung „*zahlloser Probleme*" zu Gegensätzen geführt habe.

> „*Selbst Genetiker widersprechen sich häufig in ihren Ansichten über das Gen und das selbst dann, wenn sie mit demselben Organismus experimentieren*" (Carlson 1971: Vorwort).

Sich auf die „moderne" Gen-Auffassung konzentrierend behandeln die versammelten Aufsätze die Themen Genstruktur, Chemie, Funktion des Gens in einem faktizistischen Sinn und zielen nicht auf einen historisch-epistemologischen Vergleich. Der geschichtlichen Einordnung in das Thema jedes Kapitels dienen einführende Abschnitte, die dem Kapitel vorangestellt sind, neben zusätzlichen Erläuterungen des Herausgebers vor jedem Einzelaufsatz. Darin werden die wissenschaftlichen Leistungen des jeweils folgenden Autors zusammengefasst und in Zusammenhang gestellt.

E.-A. Löbbecke, der Übersetzer des Buches, gibt in einem eigenständigen Vorwort über die Kapiteleinteilung in *Genstruktur* und *Genfunktion* folgendes zu bedenken. Der geschichtlichen Entwicklung liege ein entscheidender Wandel des biologischen Denkens zugrunde, „*vom deskriptiven und philosophischen bis zum mathematischen-physikalisch-chemischen des modernen Naturverständnisses*". Nach einem besseren Wissen, wie das Gen physikalisch-chemisch beschaffen sei, bleibe die Frage nach seiner Funktion richtungsweisend für die biologische Forschung.

Für **Carlson** sind Fragen zu beantworten wie:

„Was für eine Struktur hat das Gen?", „Was hat das Gen für eine chemische Zusammensetzung?" und grundsätzlicher: *„Kann die Aktivität der Gene die zelluläre Organisation, den Stoffwechsel und die Verschiedenheit der Gewebearten erklären?".*

Die durchgängig verwendete Notation d a s Gen nennt nur einen möglichen Ausgangspunkt der Sichtweise: Die Genvorstellung wird als eine Gegebenheit der Wirklichkeit vorausgesetzt, eine historisch vorfindliche Tatsachenentdeckung. Zu klären blieben dann Einzelheiten solcher Wirklichkeit, wie Beschaffenheit, Mechanismus, Reichweite ihrer Wirkung. Die Frage des Zustandekommens solcher *Wirklichkeit* bestünde im wesentlichen in einer deskriptiven Faktengeschichte und nicht darin, die Entstehung einer so und so beschaffenen Wirklichkeitsauffassung, nicht, den Wirklichkeitscharakter eines Konzepts zu untersuchen, nicht, die Voraussetzungen des dargestellten Terminus und seiner Theorie auf die historisch je relative Konzeptualisierung der Naturwissenschaften zurückzuführen. Zugrunde gelegt würde eine Auffassung von Realismus, die solches als eingelöst oder unproblematisch begreift. Doch **Carlson** lässt mit **Goldschmidt** und **Stadler** weiterreichende Infragestellungen zu Wort kommen.

In seinem eigenen historischen Überblick stellt er den 1900 mit der Wiederentdeckung **Mendels** einsetzenden Diskurs an den Beginn der geschichtlichen Entwicklung: **William Bateson** setzte **Mendels** erbliche *Elemente* und *Faktoren*, mit *Merkmals-Einheiten* gleich. Terminologisch entstand die Folge einer Verwechselbarkeit von Merkmal und biologischer Ursache des Merkmals. **Johannsen** ersetzte alle *konkurrierenden Begriffe* wie *Faktor, Faktorenheit, Merkmal* durch ein bloßes Konzept ohne Definition, das er *Gen* nannte. **Thomas Hunt Morgan** sah nach Mutationsversuchen mit Drosophila-Fliegen das Chromosom als die *„stoffliche Grundlage der Vererbung"* an. **Alfred Henry Sturtevant** legte eine *Genkarte* vor. **Muller** nahm an, alle biochemischen Substanzen und physiologischen Abläufe seien gengesteuert, **George Beadle** sah die Genwirkung in einer Enzymproduktion und Enzymsteuerung: ein Gen – eine Wirkung. **Avery**, **MacLeod**, **Mc Carty** sahen in Desoxyribonukleinsäure die *„chemische Basis der Vererbung".* Das DNS-Modell von **Watson** und **Crick** sei das *„erste brauchbare chemische Modell des Gens"* gewesen, denn es habe Genreplikation, Mutationsmechanismen und Eiweißkodierung beschreiben können. Dennoch merkt **Carlson** entgegen einem naiven Realismus an:

> *„Es ist noch immer nicht möglich, eine exakte Definition des Gens zu geben. [...] Wie das Atom, ist auch das Gen eine Konzeption"* (Carlson 1971: 4).

Für die Gentheorie sei das *„Konzept der erblichen Einheiten"* auf **Darwins** theoretischen Beitrag durch dessen *provisorische Hypothese* zurückzuführen (ibid. S. 96). Der Frage nach einer in der Konsequenz der Begriffsauffassung und

Ideologie des Darwinismus liegenden Provisorizität nachzugehen, umfasst nicht die Aufgabenstellung der versammelten Aufsätze. Sie wird bei der Darstellung der Ordnungsgefüge biologischer Kontexte nicht thematisiert.

Die Bibliographien der wissenschaftshistorischen Werke zählen nahezu übereinstimmend zu den bedeutenden Arbeiten über die Geschichte der Genetik „*The Path to the Double Helix*" (1974; 1994²) von **Robert Cecil Olby,** [(geb. 1933); früher an der Universität von Leeds/Großbritannien, jetzt Research Professor im Department of History and Philosophy of Science der Universität von Pittsburgh/USA].

Der Autor zeigt eine Entwicklung zur Doppelhelix in Abhängigkeit von bestimmten Gesichtspunkten: Entdeckung von Makromolekülen, Genphysiologie, Nukleoprotein-Hypothese, Enzymtheorie des Vererbungsstoffs, Biophysikalisierung der Biologie. Auf diese Weise legt der Untersuchungsgang dar, wie die historischen Hypothesen für die Gensubstanz als eines hochpolymeren Kohlenhydrats, als eines Proteins und als eines Nukleoproteins zugunsten der Nukleinsäure verlassen wurden. Die Darstellung folgt dem Prinzip, Entwicklungslinien im Ganzen hervortreten zu lassen. Ihre Absicht besteht daher nicht darin, aus einem direkten Textvergleich auseinander hervorgehender Quellentexte die präzisen Übergänge an den Originalveröffentlichungen sichtbar werden zu lassen. Die Einleitung teilt mit, jedes der fünf Kapitel könne einzeln für sich zum Verständnis herangezogen werden. Im Mittelpunkt steht die Frage, auf welchem Weg der DNS diejenigen Eigenschaften zugesprochen werden konnten, die sie mit dem Doppelhelix-Modell erhielt. Von dem Nuclein-Konzept **Friedrich Mieschers** (1869) und den anderen Konzepten dieser Epoche könne nicht auf das spätere Modell geschlossen werden. Für **Olby** ergibt sich folgende Konsequenz:

> „*I therefore concluded that the difference between the nineteenth century conception of these substances and the precise picture of the, albeit ill-famed, tetranucleotide which emerged* […] *between 1909 and 1929 was so great that it was advisable to exclude the pre-1900 period of work on DNA*" (Olby 1974: XIXf).

Der Begriffsumfang des modernen Genbegriffs würde demzufolge keine Begriffsmerkmale enthalten, die in den Vorarbeiten des 19. Jahrhunderts entstanden wären. Die zu betrachtende Zeitspanne sei – so der Autor – auf die Periode von 1900 bis 1953 zu beschränken. Untersucht werden Konzepte und technische Möglichkeiten im Übergang von physiologischer Chemie (1910–1930) hin zur Chemie von Makromolekülen. Gezeigt wird, wie sich die Aufmerksamkeit vom Protein auf die Nukleinsäure gerichtet hat, woraufhin aus der Wechselwirkung zwischen den beiden Stoffklassen schließlich auf die Genfunktion geschlossen wurde. Entgegen allem Beitrag aus unterschiedlichen Wissensgebieten sieht *Olby* einen singulären Weg gegeben, dem sich die beteiligten Disziplinen stufenweise angegliedert hätten. Seine These ist: In den 30er/40er Jahren etablierte sich ein Forschungsprogramm, mit dem zahlreiche Aspekte *biologischer Spezifität* zurückgeführt worden seien auf molekulare Strukturen von Makromolekülen. Diese Sicht werde zwar kontrastiert durch ein Verständnis von Vererbung als eines dynamischen Prozesses in Verbindung mit embryologischen Konzepten von Feldern und Polaritäten. Indessen hätten die molekulargenetischen Konzepte dieser Jahre schon die spätere Kennzeichnung involviert, dass die biologische Spezifität durch molekulare Sequenzen determiniert sei. Weiterhin bleibe dennoch ein Problem ungelöst: Ist Bezug zu nehmen auf organisierte hierarchische Strukturen oberhalb der Ebene chemischer Moleküle, um vitale Kennzeichen und Vorgänge wie biologische Spezifität, Genverdopplung, erbliche Weitergabe, Zytoplasma, Chromosomen darzustellen? Oder kann all dies zurückgeführt werden auf die Eigenschaften riesiger und hochkomplexer Moleküle und Polymere? Welches wäre die Natur übermolekularer Entitäten? Mit **Michael Polanyi** (Polanyi 1968) deutet *Olby* an, dem *Reduktionismus* auf Molekulargenetik stehe eine andere Analyse der Hierarchie lebender Körper entgegen. Aus dieser ergebe sich, dass die Reduktion jener Hierarchie auf letzte Einheiten unsere genaue Sicht davon auslöscht, eine Analyse, die beweise, dass das reduktionistische Ideal falsch und sogar destruktiv ist.

Einem solchen Ansatz maß die Vererbungsforschung, während sie sich auf eine in Gene strukturierte Erbsubstanz ausrichtete, für Jahrzehnte keine größere Bedeutung bei. In *Olbies* Darstellung des Wegs zur Doppelhelix, unter Beschränkung auf den Zeitraum zwischen 1900 und 1953, wird diesem Ansatz nicht ausführlich nachgegangen.

Thomas Cremer [(geb. 1945); 1986–1988 Gastprofessor an der Yale University/USA; seit 1996 Professor für Anthropologie und Humangenetik an der Ludwig-Maximilians-Universität München; arbeitet in experimenteller Cytogenetik; entwickelte Techniken zur Sichtbarmachung der Chromosomen durch Fluoreszenz-Mikroskopie; derzeitig Untersuchungen zur funktionellen Zellarchitektur und deren epigenetischem Einfluss] untersucht mit „*Von der Zellenlehre zur Chromosomentheorie*" (1985) die Zeit der „*frühen Zell- und Vererbungslehre*". Gewählt ist ein Zeitraum von der Zelltheorie bei **Schleiden** und **Schwann** bis zur Chromosomentheorie der Vererbung bei **Walter Stanborough Sutton** und **Theorodor Boveri**. Für den Autor ist **Hans Nachtsheim** der „*Nestor der deutschen Humangenetik*". Sein eigenes Interesse an einer Geschichte der Chromosomentheorie sei geweckt worden durch **August Weismanns** „*Aufsätze über Vererbung*" (1892). Die von ihm selbst vorgelegte Arbeit sei eine theoriehistorische, mit der er die eigene Fachschublade der Cytogenetik verlasse.

Die Habilitationsschrift steht unter dem Oberbegriff *Wachstum wissenschaftlicher Erkenntnis*. Unter dieser Überschrift führt der Autor im ersten Teil des Buches in die Wissenschaftstheorie von **Thomas Kuhn** ein und setzt den zweiten, biologiehistorischen Teil, unter denselben Oberbegriff. Hier werden Mikroskopie, Histologie, Geschichte und Krise der Cytologie bis zur Entdeckung der Chromosomen dargestellt, Befruchtungslehre, die Lehre **Weismanns** als einer ersten Chromosomentheorie der Vererbung vor 1900, gegenüber derjenigen nach 1900 durch **Sutton** und **Boveri**.

In *Mendels* „Paradigma" sieht **Cremer** die „Geburt" der Vererbungslehre gegeben. Die Kreuzungsexperimente nach dessen „Musterbeispiel" seien es gewesen, welche die Genetik zur „*Vorstellung einer partikularen Vererbung in Form von Genen*" geführt hätten (Cremer 1985: 192).

Der „entscheidende Umbruch" für biologische Vererbungslehre liege im 19. und frühen 20. Jahrhundert: Entstehung des Paradigmas von getrennten, auf Chromosomen befindlichen Erbfaktoren, unter Anschluss an eine fortentwickelte Evolutionstheorie:

> „*Die Entstehung von Theorien, die eine partikuläre Vererbung mit Hilfe einer in den Chromosomen lokalisierten Vererbungssubstanz behaupteten, erscheint im Verein mit den gleichzeitig ablaufenden Auseinandersetzungen um das Problem der Evolution des Lebendigen […] als die eigentliche wissenschaftliche Revolution in der Entwicklung der Biologie, geistesgeschichtlich bedeutsamer als die spätere Klärung der Frage nach der molekularen Natur dieser Vererbungssubstanz, die sich als Konsequenz der frühen Theorien ergab.*" (Cremer 1958: XI).

Rheinberger nennt noch im Jahr 2010 den Forschungsstand gerade zu diesem Übergang – der nicht im Zentrum Cremers Arbeit liegt – eine „lückenhaft" untersuchte Zeitspanne, eine Notwendigkeit der Erforschung (mündliche Äußerung im Vortrag „Was ist ein Gen"? in der Ringveranstaltung „Lebenswissenschaften zwischen molekularer Medizin und Kulturwissenschaften" am 17.1.2011 an der Heinrich-Heine-Universität Düsseldorf).

Im dritten Teil seiner Arbeit nimmt **Cremer** noch einmal zur Frage des Erkenntniswachstums in der Naturwissenschaft Stellung und bejaht diese Frage eindeutig. Zu Beginn seiner Arbeit äußert er die Überzeugung, die Perspektive der neodarwinistischen Evolutionstheorie sei geeignet auch für das wissenschaftstheoretische Verständnis von Biologiegeschichte.

Die Untersuchung verfolgt die Absicht, die Veränderungen von „Paradigmen" darzustellen, durch welche die Chromosomentheorie der Vererbung als dem jüngeren Paradigma entstand, folglich, ohne die spätere Periode mit dem Ergebnis der molekularbiologischen Genvorstellung ausgiebiger zu erörtern. Doch schon aus der frühen Perspektive verwendet **Cremer** die Wortwahl einer.

„*Schriftnatur der Chromosomen*", als sei sie mit dem naturwissenschaftlichen Materiebegriff gesichert (S. 285 ff). Zugleich warnt er, weiterhin in einem Sinn, der den Ergebnissen der Biologie faktizistische Geltung einräumt:

> „*Neue Erkenntnisse werden eine Neubewertung der alten Fakten auch bei der Chromosomentheorie der Vererbung verlangen, wenn wir uns nicht damit zufrieden geben wollen, in der DNA eine Schrift an der Wand zu sehen, deren eigentliche Bedeutung für die Struktur des menschlichen Geistes und die Möglichkeit seiner Freiheit immer rätselhaft bleiben werden*" (Cremer 1985: 291).

Wie die sog. Väter der Chromosomentheorie, **Morgan**, **Muller**, **Bridges** in den 20er und 30er Jahren des 20. Jahrhunderts, verwendete fünfzig Jahre später noch der amerikanische Genetiker **Bruce Wallace** bevorzugt die Drosophila-Fliege zur genetischen Modellbildung. [(Geb. 1920); 1949–1958 tätig an den biologischen Laboratorien in Cold Spring Harbor, wo er Stellvertretender Direktor wurde; 1958–1981 Professor für Genetik an der Cornell University/Ithaca; 1970 Mitglied der Nationalen Akademie der Wissenschaften der USA].

In „*The Study of Gene Action*" (1997) betont er, die Absicht seiner Darstellung „*The Search for the Gene*" (1992) habe ausschließlich darin bestanden, eine Geschichte der „Identifikation" des Gens nachzuzeichnen, ohne auf die Wirkungsweise der Gene eingehen zu wollen (Wallace, Falkinham 1997: 1). Den Grundzug seiner Auffassung über den geschichtlichen Werdegang der wissenschaftlichen Begriffsbildung nennt seine Äußerung über die Etappe klassischer Biologie:

> „*Classical biology relied heavily on verbal descriptions of observations that, when articulated with sufficient skill, became accepted as explanations*" (Wallace 1992: VIII).

Unter den 98 Referenzen verwendeter Werke nennt der Verfasser vier Autoren, die im Sinne eines *déjà-vu* für seine eigene Arbeit gewirkt hätten, neben **J. A. Moore**, **Alfred Henry Sturtevant**, **James Watson** auch **Hans Stubbe**.

Im vorgelegten Werk zeichnet er für die Genetik einen linearen Erkenntnisverlauf, eine Suche nach d e m Gen, die bereits mit der antiken Pflanzenzüchtung begonnen habe. In dieser Sicht steht am Ende der Entwicklung die weitestgehende Erkenntnis des Gens. Herausgebildet habe sie sich über Domestikation der Tiere und Fortschritte der Landwirtschaft, über die Annahmen von **Montaigne**, **da Vinci**, **Maupertius** und **Mendel**, über die Chromosomen- Theorie der **Morgan-Schule**, **Mullers** Mutationsversuche, Bakteriophagen-Studien und DNA-Identifikation durch **Hershey** und **Chase**, **Watson** und **Crick**. Als Ziel dieses Erkenntnisweges gilt zunächst die Doppel-Helix mit einem genetischen Kode.

> *"At this point, several factual points have been established: 1. DNA is the genetic material; the gene is DNA. 2. DNA is a long fibrous molecule. […] 3. The gene is responsible for protein synthesis. […] 4. Protein molecules […] have a long fibrous primary structure in which one amino acid is attached to another in singular-file order"* (Wallace 1992: 149f). Aber: *"What genes do is only half the story. When they do it is the other half"* (ibid. S. 167).

Die Gen-Regulation ereignet sich nicht allein innergenetisch, sondern auch durch Gen-Produkte. Das Gen wird in unterschiedlichen Gensorten verschiedener Aufgaben gesehen (Strukturgene, Integratorgene, Rezeptorgene, Produktionsgene), um dem Problem gerecht zu werden, dass neben einer definierbar scheinenden Genfunktion auch die exakte Zeit und der Ort für das Einsetzen solcher „Funktionen" zu erklären sind.

Wallace erläutert, dass die „Suche nach dem Gen" als einer Folge von Erkenntnissen über die Vererbung durch begleitende Entwicklungen beeinflusst gewesen sei. Methodenkenntnisse, Forschungsweisen, Modellobjekte, Cytologie, Biochemie und Stammbaumkunde hätten sich verändert, die innerwissenschaftliche Modellbildung habe sich selbst reflektiert.

Das vorliegende Werk entwickelt nicht anhand von begrifflichen Studien, wie der Genbegriff sich als solcher herausbildet, sondern setzt ihn als eine formale Entität voraus. Für **Wallace** wird er in einer Entdeckungsgeschichte zunehmender Faktenkenntnis in wachsender Klarheit gefasst. Die Auseinandersetzungen des 19. Jahrhunderts in der Nachfolge **Weismanns**, **Nägelis**, **Hertwigs**, **Darwins**, **Haeckels** stehen am Rande oder bleiben unerörtert. Wie viele seiner Kollegen veranschlagt auch **Wallace** den Beginn der Genetik im Sinne „eigentlicher" Wissenschaft auf das Jahr 1900 mit der Wiederentdeckung der Ergebnisse **Mendels**, dem er ein gesondertes Kapitel widmet.

1997 veröffentlicht **Wallace** mit **Joseph Oliver Falkinham** [Jg. 1942; seit 1974 Professor für Mikrobiologie am Virginia Polytechnic Institute/USA] *„The Study of Gene Action"*. Anders als die Suche nach dem *Gen*, einer linearen Geschichte der Wissensvermehrung, sei die *Genwirkung* keineswegs in einer solchen Linearität erkundet worden. Vielmehr hätten sich die wechselnden Beschreibungen in Abhängigkeit und Konsequenz der jeweils möglichen Untersuchungstechnologien entwickelt. Sie bestimmten die Chronologie. Am Beginn stehe das Kreuzungsexperiment, das ausgehend vom Erscheinungsbild (gelbe oder grüne Erbsenfarbe, gerunzelte oder glatte Form) schloss, diese äußeren Merkmale seien das Resultat gewisser Produkte der Genwirkung. Biochemische Techniken hätten zu einem experimentell unmittelbaren Zugang zur Wirkweise der

Gene geführt, als es die Methode der Erschließung aus äußerer Morphologie zugelassen habe. Mit der Entdeckung der DNS-Struktur 1953 habe sich das Verständnis sowohl vom Bau des Gens, als auch von dessen Wirkung noch einmal grundlegend gewandelt: Genetik sei reduziert auf Chemie. Von daher sei das Gen in seinem Bau in hohem Ausmaß aus seiner Wirkweise erschlossen. Die Möglichkeit sei eröffnet gewesen, angemessen an die Genstruktur zu experimentieren. Doch erst 1975 habe eine schnelle Sequenzierung von DNS-Fragmenten beginnen können.

„*The Study of Gene Action*" setzt sich nicht eine Geschichte der Gendefinition zur Aufgabe. Die Untersuchungsmethode zielt nicht auf die Entstehung des Begriffs und die weitere Verfolgung seiner Merkmale, indem historisch die Quellen verfolgt würden. Das Gen als ein solches wird in struktureller und wirkmäßiger Betrachtung als eine in der Wirklichkeit vorfindliche Gegebenheit aufgefasst, welche, sei es linear, sei es diskontinuierlich, zunehmend erkannt worden sei.

> „*The search progressed by steadily reducing the possible sites at which the gene might reside and then its possible chemical composition until at last the gene was found*" (Wallace, Falkinham 1997: 212).

Die Autoren sehen einen wissenschaftlichen Fortschritt wie eine wachsende Annäherung an die Wahrheit gegeben, bei einem geschichtlichen Verlauf, den sie so zusammenfassen:

> „*Molecular genetics is, indeed, an extraordinary example of human achievement. During the century following the rediscovery of Mendel's paper in 1900, geneticists relentlessly pursued the gene itself, until they demonstrated that it resided in (or consisted of) DNA – a substance whose structure was once thought to be too simple for any purpose except for chromosomal scaffolding*" (S. 242).

Evelyn Fox Keller [(geb. 1936); Molekularbiologin und Philosophin, Professorin am Massachusetts Institute for Technology (MIT)] legt 2001 mit „*Das Jahrhundert des Gens*" eine kritische Darstellung der Vorstellungsentwicklung über Vererbung und Gene vor, in der sie sowohl nach der Begriffsentwicklung, als auch nach Zwecken und Nützlichkeiten ihrer Erforschung fragt. Anders als die Mehrzahl der Autoren bezieht sie eine Reihe maßgeblicher Forscher des 19. Jahrhunderts in ihre Betrachtungen ein und sieht die entscheidende Bruchstelle – im Unterschied zu den vorangehenden Autoren – nicht im Beginn des 20. Jahrhunderts. Eine „*entscheidende Komponente*" des Genbegriffs sei schon in seinen Ursprüngen gegeben, lange vor der Prägung des Wortes Gen. (Keller 2001: 28). **Keller** erläutert: Die *Determinanten* aus der *Keimbahntheorie* des **August Weismann** oder die *Pangene* des **Hugo de Vries** seien

„unmittelbare Vorläufer des Genbegriffs, und unvermeidlich übertragen sich auf ihn einige Eigenschaften der früheren Begriffe" (ibid. 35).

Die Autorin verfolgt mit ihrer Arbeit zwar nicht den Zweck, für den Leser die Entwicklung von Begriffsmerkmalen aus den Originaltexten darzustellen, sondern zielt auf wesentliche Essenzen in der Entwicklung der Vorstellung. So legt sie dar, dem Gen sei frühzeitig eine sich selbst tragende Stabilität zugesprochen worden. Dadurch habe sich die Auffassung über die *Eigentümlichkeit des Lebendigen* auf das Gen als deren Träger verlagert. Auf diese Weise entstehe ein neues Dogma, *„dass für die intergenerationale Stabilität dieser materiellen Elemente deren charakteristische Beständigkeit verantwortlich sei"* (ibd. 34).
Für die Hinwendung zur DNA als dem ausschlaggebenden genetischen Material sieht die Wissenschaftshistorikerin eine längere Vorgeschichte gegeben, als es den meisten Darstellungen entspricht.

Zuvor hatte **Keller** bereits Untersuchungen zu *Metaphern* in der Biologie des 20. Jahrhunderts veröffentlicht. In der Konzentration der biologischen Arbeit auf Gen und Genaktivität liege eine dogmatische Fixierung. Diese habe ein verwirrendes Instrumentarium neuer Techniken zur Analyse des Verhaltens einzelner Genabschnitte nach sich gezogen. In der Folge seien Fragen von Entwicklung und Zelldifferenzierung lange Zeit vernachlässigt worden, Fragen, die den Lehrsatz vom Gen als dem hauptsächlichen Akteur zunehmend untergraben hätten (Keller 1998: 41).

Eine *„history of the genetic code"* (so der Untertitel) unter besonderem Aspekt stammt aus der Feder der damaligen Wissenschaftshistorikerin am Museum für vergleichende Zoologie der Harvard University, **Lily Kay** [(1947–2000); 1989–1997 Angehörige des MIT; u.a. Gast am Max-Planck Institut für Wissenschaftsgeschichte in Berlin]. Untersuchungsziel ist, zu zeigen, wie sich in der Mitte des Jahrhunderts für das Erbmaterial und dessen Funktionsweise die Bezeichnung *genetischer Kode* durchsetzen konnte. Für **Kay** ist diese Benennung nicht eine aus der Natur abgeleitete Wahrheit, sondern eine *Metapher* unter dem Namen Information. Ihre Untersuchung *„Who Wrote the Book of Life?"* besteht in einer Sozialgeschichte der Wurzeln dieser Metapher. Kernthese des Buches ist, dass die Metapher eines biologischen bzw. genetischen Kodes nicht erst aus den Strukturbeziehungen des DNS-Moleküls abgeleitet worden sei, sondern den tieferen Ursprung in sozialen, politischen, militärischen und wirtschaftlichen Entwicklungen nehme (Kay 2000: 53). Untersuchungsmethode und Fragerichtung sind von vornherein orientiert an einer durchgängigen Parallelisierung von sozialen und kulturellen Entwicklungen mit der biologischen Begriffsbildung. Folglich werden Darstellungszweck und Perspektive nicht ausgerichtet an einer

Begriffsgeschichte des Genbegriffs oder einem innerbegrifflichen Vergleich mit dessen Vorbegrifflichkeit im 19. Jahrhundert, sondern am Begriff des genetischen Kodes, und zwar in besonderer Hinsicht.

„This book is not meant to be the history of the genetic code; [...] Rather it is a history of one of the most important dramatic episodes in modern science recounted from a novel vantage point: the dawn of the information age and its impact on representations of nature and society" (Kay 2000: XV; Sperrdruck i. Orig.).

Kay sieht die Periode der Wasserscheide (*„watershed"*) für das Verständnis in den 50ziger Jahren des 20. Jahrhunderts. Hier liege der Bruch der Repräsentationen, hier habe die Auffassung gewechselt von einer materiell-energetischen zum Konzept der Information. Daraus resultiere eine molekulare Vision des Lebens unter dem Blickwinkel der Information als einer *ontologischen Entität*, sogar als eines *kosmologischen Prinzips*, der uralten Metapher von Erkenntnis als Lesung in einem Buch des Lebens folgend. *Information* werde in der Molekularbiologie die Metapher für *biologische Spezifität*, obwohl vom linguistischen Standpunkt der genetische Kode nicht ein Kode sei, sondern nur die Wechselwirkungen zwischen Nukleinsäuren und Aminosäuren verbildliche. Mit der Informationsmetapher werde das Konzept der Spezifität, sowohl chemischer als auch biologischer Spezifität, aufgehoben, ein Konzept, welches in das 19. Jahrhundert zurückreiche, als begonnen worden sei, die materiellen Grundlagen des Lebens in Termini des Proteins zu fassen. Mit dem DNS-Master-Molekül habe das Protein den Rang eines untergeordneten Protein-Empfängers angenommen: Physikalisch-chemische Mechanismen übernehmen die Herrschaft über die Spezifität.

Kay betont die *„vielfach übersehene Tatsache"*, dass, schon vor **Watsons** und **Cricks** Veröffentlichung der DNS-Struktur, von **Alexander Dounce** ein Modell vorgelegt worden sei, nach dem ebenfalls die Proteinsynthese von einer DNS-Schablone über intermediär wirkende RNS verursacht werde (vgl. auch Kap. VIII 3. A der Dissertation). Die Autorin stieß damit auf einen Befund, der auch dem Autor der hiermit vorgelegten Untersuchung bei seinen Studien über die molekularchemische Modellentwicklung auffiel. Noch näher als Dounces Modell am DNS-Modell von Watson und Crick lag jedoch ein Modell, das **Sven Furberg** entwickelte. Den Einzelheiten (mit erstaunlich detailgetreuen Entsprechungen) im Vergleich der Modellformeln der Nobelpreisträger und ihrer unmittelbaren Vorgänger ist in Kapitel VIII.3.A, S. 153–158 dieser Arbeit nachgegangen. Die Bedeutung **Ernst Schrödingers** für die in den logischen Bedingungen vorausgehende Physikalisierung der Auffassung wird von **Kay,** wie in der hiermit vorgelegten Dissertation, betont (Kapitel VIII.3.A, S. 141–144).

Doch weder **Schrödinger**, noch **Dounce**, noch andere hätten Termini wie *Information, Programm, Anweisung, Alphabet, Wort, Botschaft, Text* verwendet. Erst in den mittfünfziger Jahren habe sich das Bild dahingehend verändert. Von besonderem Einfluss gewesen sei die Prägung des Terminus *Kybernetik* durch **Norbert Wiener** [(1894–1964); Schüler u.a. von **Bertrand Russell** u. **David Hilbert**; philosophisch beeinflusst von **Gottfried Wilhelm Leibniz** und **Baruch de Spinoza**; Mathematiker am MIT; 1948 Kommunikationstheorie mit **Claude Elwood Shannon**; 1964 National Medal of Science durch US-Präsident **Lyndon Baines Johnson**].

Im Jahr 1967 sei der Kode komplett gewesen.

Diese letzte Entwicklung, eine begriffliche Entfaltung, war in der Begriffsintention des DNS-Modells angelegt. Sie wurde von den Nobelpreisträgern schon kurz nach der epochemachenden Darlegung der DNS als einer Doppelhelix vom 25.4.1953 mit einer zweiten Veröffentlichung in Angriff genommen (Kapitel VIII.3.C, S. 168).

2009 stellen **Rheinberger** und **Staffan Müller-Wille** [(geb. 1964); Dozent und Research Fellow für Wissenschaftsgeschichte und –philosophie an der Universität Exeter/GB] eine wissenschaftshistorische Bestandsaufnahme vor: *„Das Gen im Zeitalter der Postgenomik"*. Die Autoren sehen für die gesamte Geschichte des Begriffs:

> „daß es eine solche einfache und allseits akzeptierte Definition des Gens zu keinem Zeitpunkt gegeben hat" (Rheinberger, Müller-Wille 2009: 11).

Schon **Johannsen** habe mit seiner Einführung des Wortlautes *Gen* absichtlich auf eine nur *„vage begriffliche Bedeutung"* gezielt.

Die Untersuchung beginnt mit frühen Vererbungstheorien aus dem *„Erbe des 19. Jahrhunderts"*. Bis weit ins 19. Jahrhundert habe die Biologie sowohl die Weitergabe durch Vererbung, als auch Entwicklung und evolutionäre Herkunft der Erbanlagen in einer theoretischen Einheit behandelt. Erst Darwin habe für die Weitergabe der Erbanlagen und ihre Entwicklung *„distincte Vermögen"* gesehen. Während jedoch mit seiner *provisorischen Hypothese* Körpersubstanz und Erbsubstanz nicht getrennt zu sein schienen, setzte das *Idioplasma* **Weismanns** ein eigenständiges System voraus, wenn auch aus gleichen organischen Molekülen wie die Körperzellen, eine *Keimbahn* aus einem *Keimplasma*, welches durch direkte äußere Einflüsse variiert wird. Die im Lebensverlauf entstandenen Veränderungen, ihre Geschichte, erscheinen somit vererblich und historisch gespeichert. Ein solcher Systemgedanke liege beiden Theorien, **Weismanns** und auch **Näglis,** zugrunde. **Darwin** und **de Vries** hingegen hätten autonome erbliche Einheiten mit einer umstandsbedingten, individuellen Entfaltungsmöglichkeit angenommen.

Mendel in Brünn, damals das „*Manchester Europas*", habe auf „*Konjunkturen zwischen Methoden von Biologie, Physik, Chemie und Mathematik*" zurückgreifen können und auf diese Weise ein spezifisches *Experimentalsystem* geschaffen: Definition eines formalen Forschungsobjektes, extreme Reduktion des Versuchsaufbaus, statistische Quantifikation, algebraische Formalisierung und Symbolisierung, daraus abgeleitete Regelhaftigkeiten mit Nachweis von Verhältniszahlen, welche auf eine unabhängige Weitergabe, Kombination und Rekombination von Erbanlagen schließen lassen (Rheinberger/Müller-Wille 2009: 39ff).

Mit der Chromosomentheorie der nachfolgenden „klassischen" Genetik habe sich der Prozess der Vererbung im Gen zu einem epistemischen Objekt „verdichtet":

„Die materielle Beschaffenheit der Gene spielte beim Experimentieren [...] auch keine Rolle. Hier ließen sich die Gene effektiv als abstrakte Elemente eines gleichermaßen abstrakten Raumes betrachten, dessen Struktur auf der Grundlage der sicht- und quantifizierbaren Ergebnisse von Kreuzungsexperimenten mit Modellorganismen erkundet werden konnten" (ibid. S. 58).

Die logische Voraussetzung liege in Johannsens Unterscheidung von Genotyp und Phänotyp:

„Man kann mit Sicherheit sagen, daß sie < das Gen > als ein epistemisches Objekt etablierte, das in seinem eigenen Raum zu studieren war" (ibd. S. 62).

Im weiteren Verlauf trennten sich Genetik und Erforschung der Embryonalentwicklung in separate Forschungsfelder.

Mutationen durch Röntgenstrahlen wiesen auf eine physikalische Natur des Gens und gaben eine Erklärung für die evolutionäre Variabilität. Chemische Auswirkungen des Gens (*Auto-* und *Heterokatalyse*) wurden angenommen, das Gen schien als ein materielles Partikel die wirksame Einheit in *Transmission, Mutation, Rekombination* zu sein. Als eine Funktionseinheit könne es jeweils ein Enzym determinieren. *Positionseffekte, Genkoppelungen, polygenetische* und *epigenetische* Einflusse zeigten schon in den vierziger Jahren des 20. Jahrhunderts, dass dem Genbegriff *„kein einfacher Untersuchungsgegenstand"* mehr zugrunde lag. Als Einheit der Funktion, Rekombination oder Mutation mussten unterschiedliche *„molekulare Dimensionen des Gens"* angenommen werden. 1951 erklärte **Muller** im Anschluss an seine Gendefinition die Eigentümlichkeit des Gens für zutiefst unbekannt: Das Gen verfüge über einen Mechanismus, die Synthese einer ihm entsprechenden Struktur hervorzubringen und dabei frühere Mutationen zu übernehmen. Ein solcher Mechanismus sei in der bisherigen Chemie nicht bekannt.

Biologie entwickelte sich in dieser Perspektive zu einer Biochemie, die sich im molekularbiologischen Bereich orientiert. Nachdem die Proteinstruktur aufgedeckt war wurde die Nukleinsäurestruktur dargestellt. Autokatalyse und Heterokatalyse werden auf ein *stereochemisches* Prinzip zurückgeführt: Basenkomplementarität zwischen DNS-Bausteinen. Die Spezifität eines Stücks Nukleinsäure liegt allein in seiner *Basensequenz* und steuert die Spezifität des Proteins in einer Aminosäuresequenz (*Sequenzhypothese*, **Crick**). Damit ist biologische Spezifität in Termini chemischer Spezifität ausgedrückt. Aber ist sie damit auch auf diese zurückgeführt? Ist sie es im Sinne allgemeiner chemischer Gesetzmäßigkeit?

Später, nach Entschlüsselung des genetischen „Kodes" zwischen Nuklein- und Aminosäure, traten mit Gensequenzierung und Genomik bei der Zuordnung von Genfunktionen mehr und mehr Fragen in den Vordergrund, wie Gene reguliert werden und sich gegenseitig regulieren. Die Abgrenzung des Gens wurde je nach Gesichtspunkt mehr oder weniger weitreichend angenommen, um zeitliche Arbeitsmuster, Ein- und Ausschaltvorgänge, springende Gene, auseinander liegende Genverbünde, epigenetische Ordnungsprinzipien nicht nur vom Standpunkt der genetischen Übertragung von Erbmerkmalen, sondern auch von der Entwicklungsbiologie hinsichtlich der Embryonalentwicklung erklären zu können. Der *„frühe molekulare Genbegriff"* hat sich in der molekularbiologischen Zellforschung der siebziger Jahre aufgelöst.

> *„Das simple Schema eine ‚Gens für dies' und ‚Gens für das', das Johannsen schon 1911 kritisiert hatte, bekam irreversible Risse"* (Rheinberger, Müller-Wille 2009: 100).

1987 habe das amerikanische *Humangenomprojekt* begonnen, das menschliche Genom zu erschließen. 2003 sei die Sequenzierung „grosso modo" vollendet. Wie sich herausstellte, sind ohne epigenetische Anleihen mit Blick auf die Zellaktivität als Ganzer, sogar auf den Organismus als Ganzem, Entwicklungsvorgänge und ihre Abstimmung aufeinander nicht zu verstehen. Neue Begriffe mit neuen Begriffsumfängen entstanden: das *Proteom*, als der Gesamtheit aller Proteine, oder das *Ribonukleom*, als der Ganzheit der Ribonukleinsäuren mitsamt ihrer verschiedenartigen Funktionen. In der logischen Voraussetzung finden sich nunmehr Gene „*als komplexe Systeme in ständiger Bewegung*".

Das Gewicht liegt nicht mehr auf Partikularität, sondern auf einem Systemcharakter des Gens, um mit den Befunden von Genetik und Entwicklungsbiologie vereinbar zu sein, und für eine Deutung gleichermaßen als Bedingung der Möglichkeit, Grundlage und Folge der Evolution dienen zu können.

Die Problemstellung: Maßgebliche Autoren sehen den Beginn für den sich schließlich durchsetzenden wissenschaftlichen Sprachgebrauch *Gen* in der Wiederentdeckung **Mendels** und der Etablierung des Mendelismus, bei erweiterten

Kenntnissen über Zellbestandteile und Befruchtungsvorgang. Die Zäsur liege n a c h den „spekulativen", zumeist noch vorexperimentellen Erörterungen des 19. Jahrhunderts. Allenfalls einzelnen Forschern, **Weismann, Haeckel, Darwin**, wird ein gewisser Einfluss nicht allein nur auf die Vererbungsauffassung, sondern die Präzision der späteren Terminologie zugestanden. In einem wenig geklärten Gegensatz dazu steht die Tatsache, dass der *epistemische Raum* der Vererbung gerade in den theoretischen Auseinandersetzungen in der zweiten 19er Jahrhunderthälfte entstand: *„als die Organismen eine >Geschichte< bekamen und die Lebensformen nicht mehr durch vorausgesetzte Artgrenzen fixiert waren"* (Rheinberger, Müller-Wille 2009: 106).

Für die frühe Periode, sogar für die Folgezeit sind Quellenstudien an Originaltexten der beteiligten Forscher, anhand derer zusammenhängend und unmittelbar gezeigt würde, wie Begriffsmerkmale eingeführt, auseinander hergeleitet und wechselweise begründet wurden, nicht oder nur ansatzweise gegeben. Stattdessen werden Lehrmeinungen über Vererbung in Grundzügen verglichen und die Quellen genannt. Begriffsarbeit im Detail, insbesondere hinsichtlich des Genbegriffs, wird kaum vorgestellt. Die vorliegende Arbeit hat sich daher zur Aufgabe gesetzt, die verfügbaren Quellen noch einmal von Grund auf in dieser Weise zu prüfen.

Bei der Sichtung des Materials stellte sich die Frage: Nimmt die Begriffsarbeit der sog. spekulativen Arbeiten der „Frühzeit" wirklich keinen oder nur geringen Einfluss auf die spätere Anerkennung exakter Begriffsmerkmale, auf die Modellbildung, auf die unvorhergesehenen Entdeckungen im 20. Jahrhundert bei veränderten Experimentalsystemen? Können die – teils wüsten – Spekulationen dennoch Voraussetzungen geleistet haben, mit ihren vorangehenden, aber dann eingeschränkten oder abgelehnten Begriffsmerkmalen über postulierte Erbeinheiten, bar chemischer und physikalischer Definitionen? Finden sich Hinweise auf frühere Weichenstellungen auf die interpretativen Einordnungen von Ergebnissen der sich seit 1906 etablierenden Genetik, in deren Entwicklung von Problemstellungen? Dass eine Übereinstimmung über die Definition des Gens niemals erreicht war, kann kein Einwand gegen eine solche Frage sein. Auch waren Übereinstimmungen phasenweise groß. Besonders gewachsen war die Einhelligkeit mit dem DNS-Modell, dessen Prinzipien bis in die 1970er Jahre universalisierbar schienen. Spätere Widersprüche innerhalb der Genetik und zwischen den Genvorstellungen biologischer Disziplinen (Genetik, Molekularbiologie, Biologie der Embryonalentwicklung, Evolutionsforschung, Populationsstatistik) finden in jüngsten Synthesen (*Evolutionary Developmental Biology*) zueinander: Das Gen als ein *Entwicklungssystem* hoher Redundanz, das in gradueller

Abstufung eingebunden sei in seine Umwelten Zelle, Gewebe, Organ, Organsystem, Organismus, äußere Lebenswelt, Art, Population. Es erscheint als Spiegel der eigenen – genetischen – Vergangenheit wie derjenigen der Art und der Population und wird zu einem Signum der Erdgeschichte, zu einem Parameter für Rückschlüsse auf die Geschichte der Evolution, nicht mehr nur als eine ermöglichende Bedingung, sondern als ihres Beweises. Von der hier gestellten Frage ist diese jüngste Entwicklung der Genmodelle nicht mehr umfasst. Sie wird von der aktuellen Wissenschaftstheorie bis hin zur Frage der *petitio principii* erörtert, weit entfernt von einer einheitlichen Modellbildung. Die vorgelegte Dissertation berücksichtigt durch Untersuchung der Frühzeit der Begrifflichkeit, ob hier Vorgaben für die spätere Sicht und für deren Diskrepanzen angelegt sind, sie untersucht aufs Neue den Anschluss des 20. an das 19. Jahrhundert in den Quellen auf Kohärenzen der Gedankenentwicklung.

Für die späte Phase in der Geschichte der Vorstellung ergab sich ein weiteres Desiderat. Keine der wissenschaftshistorischen Darstellungen hat bislang für den Zeitabschnitt der Formalisierung durch biochemische Formelbildung eine durchgängige Nebeneinanderstellung der Propositionen für die Formel gegeben, welche schließlich in Gestalt der DNS-Doppelhelix allgemeine Anerkennung fand. Um die definitiven Beiträge der beteiligten Forscher einsehen und auch das Maß der Leistung der Nobelpreisträger einschätzen zu können, wird die Entwicklung der formelhaften Darstellung in ihren Einzelheiten aufgezeigt. Dabei erweist sich – so viel sei vorausgeschickt – dass mit der Annahme einer auf die biochemische Stofflichkeit beschränkte Gesetzmäßigkeit („Basenspezifität") und deren Universalität im Pflanzen- und Tierreich bis auf den Menschen gleichwie unbemerkt eine neue *spezifische Differenz* für Lebewesenhaftigkeit entsteht.

„Das Gen" war das organisierende Prinzip für die Biologie des 20. Jahrhunderts (Keller 2001, Moss 2003, Müller-Wille/Rheinberger 2009). Mit dem Wandel der biologischen Sicht musste sich nicht nur das Verständnis vom Lebewesen und seiner Lebendigkeit, von Lebewesenhaftigkeit als solcher, ändern. Auch das Selbstverständnis des Menschen, mit der Evolutionstheorie beginnend, würde neue Züge erhalten, wenn die Gendefinition weiterhin das Gen als das Urelement der Spontaneität des Lebendigen ansähe. Eine Komponente dieser Arbeit beschäftigt sich daher mit dem paradigmatischen Einfluss, den das Genverständnis auf das Menschenbild nimmt.

Gewählt wurde der Weg, die wissenschaftsgeschichtliche Entwicklung des Genbegriffs, beginnend aus Anfängen im 19. Jahrhundert bis zur Akzeptierung des DNS-Modells, in den Originaltexten der Forschung von Grund auf zu sichten, um das Auftreten und Verschwinden von Begriffsmerkmalen in den Begründungen der Termini über erbliche Einheiten (Keimchen, Anlage, Pangen, Merkmalseinheit, Determinante, Faktor, Gen u.a.) über den gesamten Zeitraum hinweg zu untersuchen. Durch Darlegung des historischen Verlaufs, von Anfängen im 19. Jahrhundert bis zur Akzeptierung des DNS-Modells, einer Ableitungsgeschichte von Begriffsbestandteilen mit Kohärenzen und Brüchen, soll ein Beitrag geleistet werden zu erhellen, auf welchen Verständnispfaden mit ihren Ein- und Ausblendungen das spätere Bild entsteht. Sind Widersprüche frühzeitig angelegt, treten aber erst spät zutage? Woraufhin wurden Kohärenzen langfristig erfolgreich, ehe sie eigeschränkt oder für widersprüchlich befunden wurden?

Die Genvorstellung hat eine Tragweite erreicht, welche die theoretische Betrachtung der ersten Jahrzehnte überschreitet. Sie wurde zu einem Lenkungsinstrument der Lebenspraxis. Mit Prognosen werden elterliche Entscheidungen über die Zulassung von Leben beeinflusst. Medizinische Therapie verschiebt sich in einen molekularen Maßstab. Während des Lebensverlaufs vorgenommene Erbdiagnostik versucht schicksalhafte Voraussagen zu treffen. Nicht nur Industrie und Wissenschaft, sondern auch Handlung in der alltäglichen Lebenspraxis hängen davon ab, was und wie weitreichend, welche Lebensbereiche implizierbar erscheinen. Ohne einen Zusammenhang zur frühen Begrifflichkeit in ihren spekulativen Ausrichtungen und zu den Zielsetzungen im paradigmatischen Wandel der Biologie zu einer Lebenswissenschaft, ihrer Verselbständigung im 19. Jahrhundert, ist die sodann entstehende Führungsrolle der Genetik nicht zu erfassen. Die Vorstellung einer Genstrukturiertheit von Mensch, Pflanze und Tier nimmt über die Veränderung praktischer Möglichkeiten ethische Auswirkung.

II. Das Problem einer biologischen Vererbungslehre

Die Lehre von ‚bios', Leben, nimmt eine besondere Stellung im Naturverständnis ein. Sie reicht, seit dem Aufkommen der Evolutionstheorie, bis in die Selbstinterpretation des Menschen. Erst nach Entstehung der modernen Naturwissenschaften als dem Mittel der Interpretation entstand mit der Biologie eine eigenständig arbeitende Disziplin, die losgelöst vom gemeinsamen Dach der Disziplinen wie Naturphilosophie, Anthropologie, Psychologie, Ethik, unabhängig den Bereich der belebten Natur zu ergründen sucht. Das deutsche Wort Biologie, eine Neubildung, wird erstmalig um die Jahrhundertwende des 18. zum 19. Jahrhundert von einzelnen Forschern verwendet, zunächst mit verschiedenen Begriffsumfängen. Der Bremer Arzt und Professor der Mathematik und Medizin, **Gottfried Reinhold Treviranus** (1779–1864) bezeichnete als Absicht der neuen Wissenschaft:

> *„Die Gegenstände unserer Nachforschungen werden die verschiedenen Formen und Erscheinungen des Lebens seyn, die Bedingungen und Gesetze, unter welchen dieser Zustand statt findet, und die Ursachen, wodurch derselbe bewirkt wird. Die Wissenschaft, die sich mit diesen Gegenständen beschäftigt, werden wir mit dem Namen Biologie oder Lebenslehre bezeichnen"* (Treviranus 1802: 3; Orig. gesperrt gedr.).

Mit dieser Definition für einen eigenständigen Forschungsbereich unter dem Titel Biologie war in der Wissenschaft von der belebten Natur ein Paradigmenwechsel gegeben. Wie die Historikerin der Naturwissenschaften, **Brigitte Hoppe** (Jg. 1935), erläutert, rückte *Treviranus* unter Berufung auf **Kants** *„Metaphysische Anfangsgründe der Naturwissenschaft"* (1786) an die Stelle des einzelnen Lebewesens den naturphilosophischen Begriff *Leben* in den Mittelpunkt der wissenschaftlichen Betrachtung, eine Auffassung von belebter Substanz, die aus Kants dynamischer Materietheorie folgte (Hoppe 1975: 137). Nahezu zur gleichen Zeit tauchte der Terminus Biologie in den Werken von drei weiteren Autoren auf. Nach *Ilse Jahn* (1922–2010) waren es vor Treviranus der Braunschweiger Arzt und Anatomieprofessor **Theodor Gustav August Roose** (1771–1803) (Roose 1797) und der Leipziger Privatdozent **Karl Friedrich Burdach** (1776–1847) mit jeweils einer beiläufigen Erwähnung (Burdach 1800). Im Jahr 1802, somit im selben Jahr wie Treviranus, habe **Jean Baptiste de Lamarck** (1744–1829) bereits begrifflich auf eine wissenschaftliche Disziplin gedeutet (vgl. Jahn 2002: 283ff).

Lamarck bezeichnete die systematische Stellung der neuen Disziplin Biologie und umriss ihr Aufgabenfeld folgendermaßen:

> *„Cèst une des trois parties da la physique terrestre; elle comprend tout ce qui a rapport aux corps vivans, et particulièrement à leur organisation, à ses développemens, à sa composition croissante avec l'exercice prolongé des mouvements de la vie, à sa tendance à créer des organes spéciaux, à les isoler, à en centraliser l'action dans un foyer"* (Lamarck 1802: 134).

Treviranus und Lamarck waren noch weit entfernt vom Gedanken einer inneren Beeinflussbarkeit derjenigen Bereiche, die sie einer künftigen Biologie zuwiesen.

Moderne angewandte Naturwissenschaft jenseits theoretischer Grundlagenforschung, nicht anders als die althergebrachte Praxis der Züchtung von Pflanzen und Tieren, empfindet sich in dem Bedürfnis, die Handlungsfähigkeit des Menschen zu erweitern, wenn Strukturen der Natur aufgedeckt werden, um technisch imitiert werden zu können. Aus vergangenem und gegenwärtigem soll künftiges Leben erschlossen und ermöglicht werden. Dem Nabel des Lebendigen am nächsten zu sein scheinen weniger Chemie und Physik als die Biologie.

Mit der biologischen und humanmedizinischen Vererbungslehre begann ein Instrumentarium zu entstehen, das die Kontingenz des Wechsels mit einem kontinuierlichen Prinzip in Einklang zu bringen versucht. *„Die Lehre von der Vererbung bildet gewissermaßen den Mittelpunkt aller biologischen Wissenschaften"*, äußerte 1906 **William Bateson** (1861–1926) schon in der frühen Etablierungsphase der Genetik (Bateson 1906: 157). Bereits im Jahr darauf warnte er zur Frage der Einheit der Biologie, die Genetik werde eines Tages zu einer riesigen Sphäre anwachsen und möge sich niemals von ihrem elterlichen Körper lösen, sei es nur *„als Satellit oder die Sonne"* (Bateson 1907: 650).

Vererbung wurde demnach zur zentralen Frage der Biologie. Sie lautet wie folgt: Warum ist dieses oder jenes Lebewesen gerade so beschaffen, wie es ist? Oder, anthropozentrisch gefasst: Woher hat dieser Mensch, warum habe ich genau diese Eigenschaften und nicht andere? In weiterem Sinn wird die Frage zumeist als ein Problem der Arten gestellt: Warum und wodurch bleiben sich die Lebewesen in der Fortpflanzung gleich, wie verändern sie sich? Gibt es einen Artenwandel? Was ist Art? Die Frage besitzt unverkennbar metaphysische Struktur: Seiendes ist nicht einfach so, wie es ist, sondern es gilt als Erscheinung, das heißt, als Wirkung einer im Verborgenen hinter ihm liegenden bestimmenden Kraft; diese gilt es zu erkunden. Die Voraussetzung der Möglichkeit, eine solche Frage stellen zu können, ist Distanz zum Sosein des Gegebenen. Im geschichtlichen Verlauf hat sich der Inhalt der metaphysischen Antworten verändert. Mit der als richtig empfundenen Antwort verändert sich das Bild von Natur. Waren einstmals Gottheiten, später Gedanken des einzigen Gottes, in eher wenn auch nicht nur seelischmoralischem Zusammenhang zu berücksichtigen, so wird seit der rationalen Aufklärung mit der Frage zu der erblichen Herkunft von Eigenschaften ausschließlich nach selbsttätigen Wirkkräften *aus Natur* gefragt. Die naturwissenschaftliche Wende in der Weltsicht nahm Kräfte an, die nach naturimmanenten Gesetzlichkeiten agieren, welche konsequenterweise von einer Wissenschaft der Natur unter eigenständiger Prämisse zu entdecken seien.

Der solchermaßen verwendete Naturbegriff kennzeichnet Natur als Objekt. Natur wird objektiv betrachtet, indem Natur nicht ursprünglichst in uns selbst kontemplativ oder erlebend befragt, sondern eine äußere Umgebung experimentell vergegenständlicht wird. Statistische Mittelwerte führen zu Begriffen, die Sehen und Wahrnehmen anleiten, Wahrheit beschreiben und den diätetischen Umgang mit Nahrung, Fortpflanzung und Gesundheit anleiten. Die Methode des wissenschaftlichen Experiments prägt den Begriff der Praxis. Und doch ist die Praxis wissenschaftlichen Experiments nicht ursprüngliche Praxis. Der handelnde Umgang mit dem Gegenstand Natur ist bereits Theorie, die es sich gestattet, theoretisch voreingenommen auf die Objekte zu blicken durch das Hilfsmittel eines geschichtlich entstandenen Instrumentariums an Begriffen und Wahrheitsannahmen.

Martin Heidegger (1889–1976) unterschied eine instrumentelle Auffassung von Technik gegenüber einer anthropologischen. Instrumentell sei Technik ein Mittel für Zwecke. Anthropologisch sei sie wesentliches menschliches Tun. Technik komme keineswegs nur instrumentelle Bedeutung zu. Sie *„ist also nicht bloß ein Mittel. Die Technik ist eine Weise des Entbergens"* (Heidegger 1953:16). *„Die Technik west in dem Bereich, wo Entbergen und Unverborgenehit, wo* αληθεια*, wo Wahrheit geschieht"* (ibid. 17). *„Das Entbergen entbirgt ihm selber seine eigenen, vielfach verzahnten Bahnen dadurch, daß es sie steuert"* (ibid. 20). In der Frage der Kraft der Wirklichkeit gab Heidegger sich hier als Platoniker: *„Allein, über die Unverborgenheit, worin sich jeweils das Wirkliche zeigt oder entzieht, verfügt der Mensch nicht. Daß sich seit Platon das Wirkliche im Lichte von Ideen zeigt, hat Platon nicht gemacht. Der Denker hat nur dem entsprochen, was ihm zusprach"* (ibid. 21).

Die *„Weise des Entbergens, die im Wesen der Technik waltet und selber nichts Technisches ist"*, nannte Heidegger *„Gestell"* (ibid. 24). Die Physik der Neuzeit stelle Natur, *„sich als vorausberechenbaren Zusammenhang von Kräften darzustellen, deshalb wird das Experiment bestellt"* (ibid. 25). Das Gestell verlange „Bestellbarkeit der Natur als Bestand". Damit finde sich der Mensch *„immerfort am Rande der Möglichkeit, nur das im Bestellen Entborgene zu verfolgen und zu* *betreiben und von daher alle Maße zu nehmen*" (ibid. 29). Sogar Gott könne, wo alles Anwesende sich im Licht des Ursache-Wirkung- Zusammenhangs darstellt, für das Vorstellen alles Heilige und Hohe, das Geheimnisvolle seiner Ferne verlieren und zu einer Ursache, zur causa efficiens herabsinken (ibid. 30). Folge: Auch der Mensch werde als Bestand genommen. Entgegenwirken könne eine Kunst ähnlich der hellenischen, nicht ästhetisch genossenen, nicht wie die moderne Kunst bloß artistischen Kulturschaffens eines Sektors, sondern als einer ‚tékne' der Entbergung (ibid. 38f). Denn der zum Zweck der Bestellbarkeit geschaffene Bestand sei, anders als ein „*Vorrat*" nicht mehr als ein Gegenstand herauslösbar und lenke die Wahrnehmung der Wirklichkeit, da er im Gestell die Fragestellungen miteinander verzahne.

Die vorliegende Arbeit hat sich zur Aufgabe gesetzt, die Entstehung eines dieser Instrumente zu untersuchen und konzentriert sich auf einen biologischen Grundbegriff, der einen Naturgegenstand von merkmalsbestimmender Kraft beschreiben soll: das Gen. Gene gelten als verantwortlich dafür, wie Lebewesen werden. Gegenüber einer äußerlich einwirkenden Umwelt bildeten Gene den innersten Bestand des Organismus, der sein Aufwachsen lenke, seine materielle Erneuerung konform halte und eine in Grenzen variable Konstanz bei der Fortpflanzung ermögliche. Die moderne Formulierung der Entstehung von Lebewesen als eines Problems der Wirkungsweise und Beschaffenheit von Genen fragt nach den Kräften, die *organische* Werdeprozesse innerlich steuern. Die Terminologie richtet ihr Augenmerk auf Stofflichkeit in ihrem chemisch-physikalischen Bezug. So entstand eine Vererbungsvorstellung von hoher Praktikabilität. Sie verspricht die Heilung für bisher kaum beherrschbare und in ihren Ursachen naturwissenschaftlich vielfach noch unvollständig gedeutete Erkrankungen, beispielsweise Formen des Krebses oder der Degeneration, sowie von Erkrankungen, deren Genese als bekannt gilt, etwa des Stoffwechsels, der Fortpflanzung und des Bewegungsapparates. Körpereigene Eigenschaften werden veränderbar, Pflanzen und Tiere den aktuellen Bedürfnissen des Menschen passlicher gestaltbar denn je zuvor.

Die philosophisch-historische Analyse der gegenwärtigen Vererbungsvorstellung soll aufzeigen, durch welche Annahmen hindurch sich ein Begriff materieller Erbeinheiten bilden konnte, der zu gentechnisch handhabbaren Bestimmungskräften des genetischen Geschehens führte. Die allgemeinere Geschichte der Vererbungslehren interessiert dabei insoweit, als sie den Gedanken eines Prinzips Gen von eigenständiger Wirkursächlichkeit beförderte.

Zu Beginn steht ein Abriss von frühen biologischen Vorstellungen über die Fortpflanzung, noch bevor die Biologie sich in verschiedene Bezugssysteme unterteilte und die Vererbung zum Problem erhob. Ein Abschnitt ist der Entstehung der physiologischen Auffassensweise gewidmet. Mit ihr erreichte die Biologie eine neue Definition ihres Bereiches. Die veränderte Auffassung einer Wissenschaft des Lebendigen führte zu einem neuartigen Modell des Lebewesens, das **Herbert Spencer** (1820–1903) in seiner Schrift „*The Principles of Biology*" zusammenfasste (Spencer 1864). Die folgenden Abschitte führen durch die spekulativen Vererbungslehren **Darwins**, **Haeckels**, **Nägelis**, **Weismanns**, **Weigerts**, **De Vries'** und **Haackes**. Ihre Systeme entfalten spekulativ die Vorbegrifflichkeit dessen, was später *Gen* heißen sollte. **Gregor Mendel** (1822–1884) löste durch seine statistische und experimentelle Merkmalsanalyse eine Wende in der Betrachtung aus. Er definierte das körperliche Merkmal rein formal als eine Zusammensetzung aus zwei inneren „*Elementen der Keimzellen*", ohne sich in spekulativen Erörterungen zu verlieren, da er auf die Mechanismen der Merkmalsentwicklung in der Embryonalperiode nicht einging (Mendel 1866). Weil seine Veröffentlichung, obwohl nahezu gleichzeitig mit **Darwins** publiziert, erst nach 1900 in die maßgeblichen Erörterungen über vererbungsbestimmende Kräfte einbezogen wurde, folgt die Darstellung der Mendelschen Merkmalsgenetik nach Aufführung der Denkergebnisse der Forscher, die zunächst im wissenschaftlichen Diskurs über die Kräfte der Vererbung allein bestimmend waren.

Der modernen Vorstellung ist der nächste Teil des Abrisses gewidmet. 1903 führte **Wilhelm Ludwig Johannsen** (1857–1927) das „*Gen*" als einen Terminus der Biologie ein, um eine Arbeitshypothese zu schaffen, aufgrund derer ohne ungesicherte spekulative Vorannahmen geforscht werden könne. Sie führte zum sogenannten klassischen Genbegriff, einer Chromosomentheorie der Vererbung. Nach Kreuzungsversuchen an der Taufliege und strahleninduzierten Mutationen wurde das Gen mit einem umschriebenen Chromosomenabschnitt identifiziert. „Gen" hieß nun sowohl materielle Einheit als auch Einheit der Funktion. Als dessen Merkmale gelten Selbstreplikativität und Selbstselektivität. Eine biochemische Beschreibung für den Vorgang der Vererbung identischer Selbstverdoppelung gaben 1953 **Francis Harry Compton Crick** (1916–2004) und **James Dewey Watson** (geb. 1928), gestützt auf eine bildliche Darstellung des Erbmaterials mittels Röntgenbrechungsanalysen durch **Rosalind Franklin** (1920–1958) und **Maurice Hugh Frederic Wilkins** (1916–2004). Mit dieser Darstellung war das Gen und seine Mutation nicht mehr nur physikalisch erschlossen, sondern auch chemisch in Form austauschbarer Basentripletts einer Desoxyribonukleinsäure gedeutet, eine Deutung, die selbst wiederum eine neue chemische Gesetzmäßigkeit nahelegte, die sich nur in der belebten Natur findet und zur Erklärung des Bestandserhaltes von Lebewesen dient: die Affinität bestimmter Basen zu Paaren, aus deren Abfolge sich die Eigentümlichkeit von gewissen Körpermerkmalen und –funktionen ableiten lasse. Die chemische Gesetzmäßigkeit gilt somit – durch ihre Bestimmung der Vererbungsabläufe – als eine *bio* chemische. Sie wird für die Naturwissenschaft der Moderne zu derjenigen *differentia specifica*, die den Artunterschied zwischen lebenden Wesen und unbelebter Stofflichkeit kennzeichnet.

Da eine genzentrierte Auffassung der Vererbung schon in frühen Anfängen vereinzelt, später zunehmend, nicht unwidersprochen blieb, werden im letzten Teil Hinweise auf wissenschaftliche Einwände gegeben, die in den Abschnitten zuvor aus ihren Anfängen entwickelt wurden, um im Anschluss daran Voraussetzungen und Konsequenzen einer auf dem Genbegriff beruhenden Auffassung des Lebewesens betrachten zu können.

III. Beschreibungen der Fortpflanzung, die das spätere biologische Verständnis der Vererbung prägten

Lange bevor Vererbung als ein biologisches Problem aufgefasst wurde, hatte man Detailkenntnisse von Befruchtung und Fortpflanzung entwickelt. Der holländische Arzt **Reignier de Graaf** (1641–1673) stellte 1672 in *„De mulierum organis generationis inservientibus"* eine Ähnlichkeit zwischen Vogeleiern und Eierstockfollikeln von Kaninchen fest und hielt den Follikel für das Ei des Säugetiers (Graaf 1672). Erst **Karl Ernst von Baer** (1792–1876), Professor der Zoologie in Königsberg, konnte 150 Jahre später an Hunden zeigen, daß Follikel und Ei nicht identisch sind, sondern dass Säugetiereier eigene Gebilde innerhalb der Follikel darstellen (Baer 1828: *„Über die Entwicklungsgeschichte der Thiere"*). Noch Baer nahm in den organischen Gebilden eine zielstrebige Wirkung nach Zwecken an. Er widersprach **Johann Friedrich Meckel** (1781–1833) aus Halle, der in einer Vorform des biogenetischen Grundgesetzes behauptete, dass durch pathologische Unterbrechungen in der frühen Embryonalentwicklung des Menschen Lebewesen mit Organen niedrigerer Tiere entstünden.

1673, ein Jahr nach de Graaf, zeichnete der spätere Leibarzt von Papst Innocens XII, **Marcello Malpighi** (1628–1694), das Bild der ersten Entwicklungsschritte des Eies (*„De ovo incubato observationes"*, London 1675, und *„Dissertatio epistolica de formatione pulli in ovo"*, London 1673). Nach ersten Hinweisen auf Spermatozoen des Menschen berichtete 1677 **Antonij van Leeuwenhoek** (1632–1723) in Briefen an die Royal Society von Samentierchen, die er bei zahlreichen Tieren beobachtet hatte. Er gilt zugleich als Entdecker der roten Blutkörperchen. Neben **Robert Hooke** (1635–1702), einem Begründer des Zellbegriffs, und Malpighi, gehört Leeuwenhoek zu den ersten, die auch die pflanzliche Zelle sahen, noch ohne diese als ein Elementargebilde des Lebendigen aufzufassen. Leeuwenhoek war zudem einer der Pioniere, die frühzeitig Protozoen und Bakterien mikroskopierten (*„Ontledingen en Ontdekkingen"*, Leiden und Delft 1693–1718).

Für das Verständnis der Entwicklung eines Lebewesens bestand in der ersten Hälfte des 18. Jahrhunderts die herrschende Sicht in einer Präformationstheorie. Alle Lebewesen müßten als Keime zugleich mit der Erschaffung der Welt angelegt worden sein. Folglich sei auch jedes neue Geschöpf in unsichtbar kleiner Form, aber strukturell vollständig in allen seinen Teilen schon in der elterlichen Keimzelle vorhanden. Entwicklung sei nichts als ein Größenwachstum bis zum ausgewachsenen Organismus, eine Entfaltung im engen Wortsinn. **Malpighi** und **Lazzaro Spallanzani** [(1729–1799; er erkannte 1789 durch künstliche Insemination eines Kröteneies die Bedeutung der Befruchtung], sowie **Jan Swammerdam** [(1637–1680; „*Miraculum naturae, sive uteri muliebris fabrica*" 1672], glaubten das Jungtier in der Eizelle vorgebildet (*Ovisten*). Swammerdam nahm eine so extreme Einschachtelung an, dass die Keimzelle, in immer kleinerer Größe ineinander geschachtelt, alle Nachfolgezellen der Generationenreihe enthalten müsse. In dieser Sicht entsteht das neue Lebewesen nicht durch Zeugung, sondern durch eine Fortpflanzung im engen Sinn. Adam und Eva müßten in den Fortpflanzungsorganen sämtliche späteren Menschen vorgebildet enthalten haben, biologisch die Grundlage der Erbsünde.

Animalkulisten hingegen wie **Leeuwenhoek** oder **Gottfried Wilhelm von Leibniz** (1646–1716) sahen eine Präformation nicht in der Eizelle, sondern im männlichen Samen gegeben.

> *„Auch habe ich mehr als einmal gesagt, dass in Folge Gottes Weisheit in seinen Werken alles harmonisch sein müsse und dass die Natur mit der Gnade gleichlaufend sei. Ich glaube deshalb, dass alle Seelen, die einmal menschliche Seelen werden werden, wie auch die der andern Arten von Geschöpfen, in dem Samen und in den Vorfahren bis hin zu Adam schon bestanden und daher seit Anfang der Dinge immer in der Weise eines organischen Körpers bestanden haben. [...] Auch ist diese Lehre durch die mikroskopischen Beobachtungen des Herrn Leeuwenhoek und anderer guter Beobachter genügend bestätigt worden"* (Leibniz 1710: 159).

Als **Caspar Friedrich Wolff** (1734–1794) die Embryonalentwicklung von Kükeneiern untersuchte, stellte er fest, dass Blutgefäße nicht einfach auswachsen, sondern sich erst nach und nach entwickeln. Wolff untersuchte das unbebrütete Ei, bevor ein pulsierender Punkt („punctum saliens") auftaucht und durch sein Schlagen den ersten Hinweis auf das sich entwickelnde Herz gibt. Aus der ungeordneten Anordnung von Kügelchen in dem betreffenden Keimfleck und der Unmöglichkeit, weitere mikroskopische Auflösung erreichen zu können, schloss Wolff auf einen nicht organisierten Zustand dieses Bezirks, aus dem das Herz hervorginge. Die Organe durchliefen in ihren frühen Entwicklungsphasen verschiedene Formen, ehe sie ihre endgültige Gestalt erreichten. Da sie nicht von vornherein den erwachsenen Gliedern glichen, widersprach Wolff einer Präformation im Keim und stellte dieser die erneuerte Lehre einer *Epigenese* der Embryonalentwicklung entgegen. Der anfänglich formfreie organische Stoff werde erst sukzessiv bis in seine endgültige Gestalt geformt (Wolff 1759). Im 19. Jahrhundert konnte sich diese epigenetische Sicht nach lang währenden Auseinandersetzungen gegenüber dem Präformismus durchsetzen, doch noch der molekularbiologischen Genvorstellung des 20. Jahrhundert wurde immer wieder entgegengehalten, ein präformationistisches Konzept zugrunde zu legen.

Fast ein Jahrhundert dauerte es, bis der Schweizer Anatom **Rudolf Albert von Koelliker** (1817–1905) glaubhaft beweisen konnte, dass Spermatozoen keine Parasiten sind, sondern im elterlichen Organismus entstehen (Koelliker 1841). Er nahm an, dass erbliche Eigenschaften durch Zellkerne übertragen werden („*Die Bedeutung der Zellenkerne für die Vorgänge der Vererbung*", 1885). Der französische Botaniker und Algologe **Gustave Adolphe Thuret** (1817–1875) schloss aus Beobachtungen der Vereinigung der Ei- und Spermazellen von Seetang, dass Eizellen für die weitere Entwicklung einer Befruchtung bedürfen. Einzelheiten der Befruchtung wie Kernverschmelzung, Halbierung und gleichmäßige Verteilung der elterlichen Kernsubstanzen auf die Tochterzellen hatte **Eduard van Beneden** (1846–1910), Professor für Zoologie in Liège, gezeigt („*Recherches sur la maturation de l'oeuf et la fécondation*", 1883).

Vererbung als solche war jahrhundertelang nicht als ein fragwürdiger Begriff gesehen worden. Die Vorstellung einer für sich bestehenden Gesetzmäßigkeit der Vererbung entstand erst mit der Sicht einer prinzipiellen Veränderlichkeit der tierischen und pflanzlichen Arten (**Krumbiegel** 1933).

Etwa einhundert Jahre vor Einführung des Terminus Genetik zur Benennung der neuen Grundlagenwissenschaft der Biologie findet sich in der biologischen Literatur das Wort *genetisch*, das **Johann Wofgang von Goethe** (1749–1832) und die Naturphilosophie um die Wende in das 19. Jahrhundert zur Kategorie erhoben hatten (**Jahn, Löther, Senglaub**: 2002). Indem Goethe das Wort genetisch in die Methodenfrage der Naturbetrachtung aufnahm, verwendete er es als einen wissenschaftlichen Terminus. Im Zusammenhang mit den Arbeiten zur Morphologie nannte er die ihm für Naturphänomene angemessen scheinende Auffassensweise eine „*genetische Behandlung*" und erklärte:

> „*Wenn ich eine entstandne Sache vor mir sehe, nach der Entstehung frage und den Gang zurück messe, so weit ich ihn verfolgen kann, so werde ich eine Reihe Stufen gewahr, die ich zwar nicht neben einander sehen kann, sondern mir in der Erinnrung zu einem gewissen idealen Ganzen vergegenwärtigen muß*" (Goethe 1891: 303f).

Die Erstausgabe von 1891 („Sophienausgabe") führte im Kapitel „*Vorarbeiten zu einer Physiologie der Pflanzen*" einen eigenen Abschnitt mit dem Titel „*Genetische Behandlung*". **Dorothea Kuhn** (Jg. 1923) schlug vor, diesen Abschnitt unter „*Versuche einer Methodologie der Wissenschaft von den Lebewesen*" zu gruppieren. Kuhn datiert die Entstehung des Textabschnitts, einer Handschrift, die erst mit Goethes Nachlass im Druck veröffentlicht wurde, in die späten 90er Jahre des 18. Jahrhunderts, die Zeit, in der Goethe mit **Schelling** zu naturwissenschaftlichen

Erörterungen zusammengetroffen sei. Schellings dynamisches Naturkonzept sei der Bemühung Goethes um eine ganzheitliche Sicht entgegen gekommen, der zu gleicher Zeit, im Jahr 1797, ein Handexemplar von **Kants** „*Metaphysischen Anfangsgründen der Naturwissenschaften*" erwarb. Goethe hob darin durch Unterstreichungen Kants Unterscheidung von atomistischen und dynamischen Naturwirkungen hervor (Kuhn 1987: 1013f).

IV. Die veränderte Auffassung einer Wissenschaft vom Leben

Das 19. Jahrhundert war eine Epoche, in der sich Naturwissenschaften und Philosophie trennten. Nach der Physik bildeten sich weitere zunehmend selbständig unter eigener Prämisse arbeitende Disziplinen. In Folge der wachsenden Kritik an den Annahmen der Naturphilosophie setzte sich ein empiristisches Konzept durch, mit dem erkenntnistheoretischen Programm, Erkenntnis ausschließlich aus „Erfahrung" herzuleiten. Verneint wurde jede wissenschaftliche Relevanz der Naturphilosophie. Deren deduktiver Weg, aus Begriffen und Oberbegriffen ein vollständiges System der Natur abzuleiten, galt den Vertretern der sich von der Philosophie abhebenden Naturwissenschaften als spekulativ und dogmatisch. Die Orientierung an Zweckkausalitäten sei auf metaphysische Fragestellungen einzuschränken, um jener Anthropomorphie im Naturverständnis zu entgehen. Der philosophische Zugang zum Naturverstehen wurde isoliert. Beherrschend dagegen wurde die Forderung nach einem fachbezogen arbeitenden Wissenschaftsverständnis, das aus experimentell untersuchten Einzelheiten der Naturbeschreibung nach *induktiver Methode* das Bild von größeren Ganzheiten bis hin zur Einheit der Natur zu entwerfen habe.

Rudolf Ludwig Karl Virchow (1821–1902), 1849 Professor für Pathologische Anatomie an der Universität Würzburg, 1856 in Berlin, richtete das Pathologische Institut der Charité ein und wurde dessen Vorsteher. Er begründete mit der *Zellularpathologie* eine Lehre, die Krankheit aus einer Störung der Lebensabläufe in den Zellen der Organismen ableitet. In den letzten Lebensjahren *Schellings* gab *Virchow* (1847) ein prägnantes Beispiel für die kritische Einstellung der Naturwissenschaft und Medizin seiner Zeit gegenüber der Naturphilosophie. Diese sei eine solche Abwendung von der Natur, dass sie eine *„Rückkehr zur Natur nur dadurch möglich mache, dass sie sich selbst auflöste"*. Wie konsequent urteilte der Pathologe zum Beweis seiner These, eine Auflösung werde sich im wissenschaftshistorischen Verlauf in drei Stadien bewahrheiten: Naturphilosophie – Naturgeschichte – Naturwissenschaft (Virchow 1847). *Carl Friedrich Philipp Ritter von Martius* (1794–1868), 1826 Professor für Botanik und Direktor des Botanischen Gartens in München, 1840 Sekretär an der Königlich Bayerischen Akademie der Wissenschaften, nannte die Kritik an jener Methode: die Naturphilosophie sei ein *„Zurechtlegen der Thatsachen aus a priori angenommenen Principien"*. So werde ein „*Dogmatismus in der Medicin*" beherrschend, aufgrund der „*damals alles geistige Leben absorbirenden speculativen Philosophie der Schelling, Hegel und Anderer*" (Martius 1878). Ähnlich sah es **Emil Heinrich Dubois-Reymond** (1818–1896). Er lehrte seit 1846 als Privatdozent Anatomie an der Akademie der Künste in Berlin, wurde 1855 Professor der Physiologie an der Universität und 1867 Sekretär der mathematisch-naturwissenschaftlichen Klasse der Preußischen Akademie der Wissenschaften. Dubois-Reymond beschrieb drastische Folgen einer „*falschen Naturphilosophie*". „*Die Spekulation verdrängte die Induktion aus dem Laboratorium, ja fast vom Seziertisch*". Entgegen hielt er die Forderung nach einer induktiven Darstellung, da diese in der Physiologie die Beste sei. Die Philosophie müsse aus der naturwissenschaftlichen Methode lernen, nicht aber umgekehrt (Dubois-Reymond 1872). Ein weiterer prominenter Kritiker der Naturphilosophie war der deutsche Arzt und Psychiater **Wilhelm Griesinger** (1817–1868). Griesinger wurde 1849 Professor und Direktor der Universitätsklinik in Kiel, im Jahr darauf, als Leibarzt des ägyptischen Vizekönigs, Leiter der medizinischen Schule in Kairo und Präsident des Gesundheitswesens von Ägypten. In Tübingen übernahm er 1854 eine Professur für Klinische Medizin, leitete 1860 in Zürich die Klinik für Innere Medizin und wurde 1864 Direktor der psychiatrischen Klinik an der Charité in Berlin. Griesinger begründete eine Anordnung der psychischen Erkrankungen auf anatomisch-pathologischer Grundlage. Für ihn war unter den medizinischen Schulen der zwanziger und dreißiger Jahre des 19. Jahrhunderts „*die unfähigste und hochmütigste die aus der Schellingschen Romantischen Medizin hervorgegangene*" (Griesinger 1864). Für seine heftige Ablehnung der romantischen Medizin war Griesinger in seinen Studienjahren vorübergehend der Universität verwiesen worden.

Auch der spätere Direktor des Physikalischen Institutes Berlin und der Physikalisch- Technischen Reichsanstalt in Charlottenburg, Chirurg, Physiologe und Pathologe, **Hermann Ludwig Ferdinand von Helmholtz** (1821–1894) (1848 Anatomielehrer an der Kunstakademie von Berlin, 1849 Professor für Physiologie in Königsberg, 1855 Bonn, 1858 Heidelberg, 1871 Berlin, 1888 Direktor der Reichsanstalt) forderte das induktive Denken als grundlegend für Naturwissenschaften und Medizin. Er sah in der deduktiven Methode von **Platon** bis **Hegel** einen „*psychologischen Anthropomorphismus*", dem gegenüber **Sokrates** „*die induktive Begriffsbildung in der lehrreichsten Weise entwickelt habe*" und doch unverstanden geblieben sei. Dem allzulangen metaphysischen Dogmatismus sei durch keine andere Methode zu begegnen gewesen, „*als daß wir die Gesetze der Tatsachen durch Beobachtung kennenzulernen suchen; […] durch Induktion, durch sorgfältige Aufsuchung, Herbeiführung, Beobachtung solcher Fälle, die unter* *das Gesetz gehören."* Erst daraufhin sei ein Naturgesetz in seinen Konsequenzen wieder deduktiv auf Gültigkeit und Umfang an der Erfahrung zu prüfen, *„eine Arbeit, die eigentlich nie aufhört"* und niemals eine *„unbedingte Wahrheit"*, sondern nur *„hohe Grade der Wahrscheinlichkeit, daß sie praktischer Gewißheit gleichstehen"*, liefere (Helmholtz 1877).

Das neue und vehement geforderte Wissenschaftsideal blieb nicht unwiderspochen. *Friedrich Adolf Trendelenburg* (1802–1872), ab 1833 Philosophieprofessor in Berlin, 1846 Mitglied der Königlich Preußischen Akademie, lehnte entgegen seiner Kritik an *Hegel* weiterhin eine anorganische Naturauffassung ab, in der Wirkursachen nicht die Triebkräfte für ideale Zwecke wären. *„Die organische Ansicht sieht die Welt unter dem Gesichtspunkte des Zweckes und der vom Zweck durchdrungenen Kräfte wie einen lebendigen Leib."* Äußere Entwicklungen verliefen ebenso zweckgerichtet wie die körperlichen Vorgänge (Trendelenburg 1870: 500).

Friedrich Wilhelm Joseph von Schelling (1775–1854) hatte bereits im Alter von 16 Jahren mit *Hegel* und *Hölderlin* das Tübinger Stift besucht. Auf *Goethes* und *Fichtes* Fürsprache lehrte er seit 1798 als Professor an der Universität Jena in einem Kreis von von führenden Literaten seiner Zeit, wie *Friedrich von Hardenberg* (Dichtername *Novalis*; Mitglied der Preußischen Akademie der Wissenschaften; „Hymnen an die Nacht"), den Brüdern *August Wilhelm* und *Friedrich Schlegel* (Shakespeare- Übersetzung), *Ludwig Tieck* (übersetzte Cervantes und vollendete die Übersetzungsarbeit Schlegels), einem Kreis, aus dem sich die sog. Romantische Schule entwickelte. *Schelling* erhielt 1803 einen Ruf nach Würzburg, wurde in München Mitglied der Akademie der Wissenschaften und bekleidete von 1807 bis 1823 das Amt des Direktors der Akademie der Bildenden Künste. 1820 war er Professor in Erlangen, 1827 Professor an der neuen Münchner Universität, ehe er 1841 schließlich, zehn Jahre nach dem Tod *Hegels* an Cholera, vom preußischen König nach Berlin berufen wurde. Über Philosophie las er hier, zugleich Mitglied der Preußischen Akademie der Wissenschaften, in den Jahren 1842–1848. *Schelling* richtete seine Lehre auf die Frage nach den ersten Bewegungskräften von Natur, wenn diese als eine Totalität aufgefasst würde, die *aus sich selbst* erklärbar sei. Mit seiner Frage nach urspünglichen und letzten Bewegungsursachen, nach Natur in ihrem Charakter als wirkendem Subjekt, einem Subjekt reiner Produktivität, meinte Schelling weiter zu fragen als die empirische Physik, der er entgegnete, bei mechanisch vorgestellter Bewegungsursächlichkeit nur zu sekundären, mathematischen Bewegungen vorstoßen und Natur lediglich als Objekt in ihrer Außenseite erfassen zu können. In naturphilosophischer Frageweise stellt sich für *Schelling* Natur als in sich selbst bewegter

Makroorganismus dar. *„Die Natur ist schlechthin tätig, wenn in jedem ihrer Produkte der Trieb einer unendlichen Entwicklung liegt"* (Schelling 1799a: Entwurf, Erster Hauptabschnitt Sp. 13). Natur wirke in sich und konstitutiv nach teleologischem Prinzip und nicht, wie auch in heutiger Einschränkung, teleonomisch nur im Sinne eines heuristischen Behelfs der Darstellung einer Als-ob-Frage.

Nach **Schellings** Darlegungen ist ein Verstehen von Natur in ihrer Einheit ohne Anthropomorphie nicht möglich. Natur sei uns gleichartig, wie ein System des Geistes zu begreifen. Sie stelle sich dar als Entwicklungssystem sich widerstreitender Kräfte, gegliedert in Stufen von Materie als unreifem, noch schlummerndem Geist, bis hin zur höchsten Stufe, dem Bewusstsein ihrer selbst. Die in der historischen Naturentwicklung angeschauten Naturprodukte gingen aus einer Einheit der Natur hervor, die für die Natur ursprünglich sei und die mit dem Prinzip der Polarität zugleich entgegengesetzte Tendenzen enthalte. Jedes Werden trifft auf einen hemmenden Gegensatz, jeder Naturkörper ist ein Produkt treibender und hemmender Kraftwirkungen. Natur entwickelt sich durch Trennung in Gegensätze mit Wiedervereinigung, von *„Antithesis"* zu *„Synthesis"*, ohne dass verbleibend starre Gleichgewichtszustände, dem Anschein nach rein unorganische Körper, entstünden. Die Chemie der Vorgänge gehe nicht allein auf Mechanik zurück, sondern sei Resultat des Einflusses einer höheren Stufe der Natur, die organische Gebilde produziert. Denn das Lebendige sei das Produkt derselben Natur. Die Bereiche der anorganischen und organischen Natur seien durch dasselbe Prinzip miteinander verbunden. Schelling nennt sein System der Wissenschaften das *„Identitätssystem"*, wenn er wie Hegel den Aufbau der Natur mit Begriffen apriori aus der Erfahrung des Geistes deduktiv herleitet und von daher eine Begründung der Möglichkeit von Natur zu geben versucht:

„Die ganze Natur, nicht etwa nur ein Theil derselben, soll einem immer werdenden Produkte gleich seyn. Die gesammte Natur also muß in beständiger Bildung begriffen seyn, und alles muß in jenen allgemeinen Bildungsproceß eingehen" (Schelling 1799b: Entwurf, Erster Hauptabschnitt, III, Sp. 33).

Die Voraussetzung apriorischer Naturerkenntnis sieht Schelling mit der Apriorizität der Natur gegeben und damit die Rechtfertigung für den Ansatz der Naturphilosophie:

„Nicht also wir kennen die Natur, sondern die Natur ist a priori, d. h. alles Einzelne in ihr ist zum Voraus bestimmt durch das Ganze oder durch die Idee einer Natur überhaupt. Aber ist die Natur a priori, so muß es auch möglich seyn, sie als etwas, das a priori ist, zu erkennen" (Schelling 1799c: Einleitung, III, Sp. 279).

Ebenso einflussreich auf das Denken der Epoche wie **Schelling** war sein Zeitgenosse **Georg Wilhelm Friedrich Hegel** (1770–1831). 1801 habilitierte er sich in Jena. Eine 1805 erlangte außerordentliche Professur (100 Taler Jahresgehalt) gab er auf und wurde 1808 Direktor des Ägidiengymnasiums in Nürnberg. 1816 übernahm er in Heidelberg eine Philosophieprofessur, die Erfüllung seines höchsten Lebenswunsches, wie Hegel sich ausdrückte. Seit 1818 bis zu seinem Tod lehrte Hegel in Berlin, wo er zum Rektor der Universität avancierte und mit seiner Staatsphilosophie Einfluss auf führende Politiker und das kulturelle Leben gewann.

Hegels Lehre ist gekennzeichnet von einem Streben nach umfassender Systembildung in einem panlogischen Idealismus. Hegel folgt **Platons** Definition der Idee als der wahren Wirklichkeit. Die Idee ist Urbild, bleibendes Wesen der Dinge. Die sinnlich erscheinenden Dinge besitzen nicht die volle Wirklichkeit, sie nehmen nur defizitären Anteil daran. Für Hegel ist die Welt Entfaltung eines objektiven Denkens, sie ist „*Begriff*". Aufgrund der treibenden Kraft des Gegensatzes, dem „*Widerspruch*", verwirklicht sich die Idee, im Bewusstsein wie in der Natur, stufenweise und jeweils in drei Schritten, These, Antithese, Synthese. Jeder Gegensatz der Entwicklung wird in einem höheren Begriff „*aufgehoben*". Ihm steht wieder ein neuer Gegensatz entgegen. Die Entwicklung der Wirklichkeit ist, wie die des Bewusstseins, eine „*dialektische*". Hegel entwickelte seine Naturphilosophie in der „Enzyklopädie der philosophischen Wissenschaften im Grundrisse". Darin ist Natur „*als ein System von Stufen zu betrachten, deren eine aus der anderen notwendig hervorgeht und die nächste Wahrheit derjenigen ist, aus welcher sie resultiert, aber nicht so, daß die eine aus der anderen n a t ü r l i c h erzeugt würde, sondern in der inneren den Grund der Natur ausmachenden Idee.*" (Hegel 1817: Enzyklopädie § 249). 1830 ergänzte **Hegel** und widersprach den schon vor **Darwins** Veröffentlichung „On the Origin of Species" gängigen Entwicklungsvorstellungen. Es sei eine ungeschickte Vorstellung, „*die Fortbildung und den Übergang einer Naturform und Sphäre in eine höhere für eine äußerlich-wirkliche Production anzusehen, die man jedoch um sie d e u t l i c h e r zu machen, in das D u n k e l der Vergangenheit zurückgelegt hat. Der Natur ist gerade die Äußerlichkeit eigentümlich, die Unterschiede auseinander fallen und sie als gleichgültige Existenzen auftreten zu lassen; der dialektische Begriff, der die S t u f e n fortleitet, ist das Innere, das nur im Geiste hervortritt. Solcher nebuloser, im Grunde sinnlicher Vorstellungen, wie insbesondere das H e r v o r g e h e n, z. B. der Pflanzen und der Tiere aus dem Wasser und dann das H e r v o r g e h e n der entwickelteren Tierorganisationen aus den niedrigeren usw. ist, muß sich die denkende Betrachtung entschlagen*" (Hegel 1830: Enzyklopädie § 249; Hervorhebg. i. Orig.). Schon ohne die idealistische Hypothese teilen zu müssen erinnert Hegels Kritik an moderne Einwände auf naturwissenschaflich-realistische Antworten zur Frage der *missing links* in der Artendifferenzierung.

Der Ideenrealismus Hegels setzt ein teleologisches Prinzip voraus und greift damit **Aristoteles** Fassung der Idee als einer Entelechie auf. Das Lebendige „*ist nur, indem es sich zu dem macht, was es ist; es ist vorausgehender Zweck, der selbst nur das Resultat ist*" (Hegel 1830: Enzyklopädie § 352). Die Natur ist aus der Idee entlassenes „Anderssein", die Natur strebt die verlorene Einheit wiederzugewinnen. Die wiederentstandene Einheit ist der Geist, das Ziel der Natur.

Das Prinzip des metaphysisch-logischen Systems **Hegels** besteht darin, die Wirklichkeit als Entwicklungsergebnis einer absoluten Vernunft, der Idee, zu begreifen. Aufgabe der Naturphilosophie sei deshalb, „*beweisen, daß Vernunft in der Natur ist*", nicht empirische, sondern begriffliche Darstellung der Natur. So ergibt sich für die Wissenschaften eine Trennung ihrer Aufgaben. Empirische Wissenschaften sollten Struktur und Bau der Natur darlegen, die Naturphilosophie müsse den Aufbau der Natur als Notwendigkeit beweisen.

Im Verlauf der Reaktion auf den sog. Deutschen Idealismus beschritten die Naturwissenschaften innerhalb sich differenzierender Einzeldisziplinen, bei empirisch und induktiv vorgehender Methode und unter mechanistisch-atomistischen Voraussetzungen einen Weg nach neu gefasster Exaktheit, wobei auch der Begriff des Exakten sich wandelte (**König** 1966).

In der Erforschung der Lebewesen verwendet eine sich verselbständigende Biologie des 19. Jahrhunderts zunehmend Termini aus Energielehre, physikalischer Mechanik, Chemie. Die Eigengesetzlichkeit des Lebendigen wird mehr und mehr in die inneren Zusammenhänge der unbelebten Stofflichkeit eingefügt und tritt nicht nur als Erklärungsziel, sondern auch für die Frage nach der Anordnung des Lebendigen im Gefüge der Natur als einer Ganzheit in den Hintergrund.

Theodor Ambrose Hubert Schwann (1810–1882), Entdecker des Pepsins, wirkte seit 1839 als Professor für Anatomie und Physiologie in Leuwen und ab 1848 in Liège. Er hatte als Assistent an der Universität in Berlin zusammen mit ***Matthias Jacob Schleiden*** (1804–1881) die Theorie der Zelle aufgestellt (Schleiden 1883: 137–176). Schleiden, Dr. jur. et phil., wurde 1840 außerordentlicher Professor für Botanik in Jena, wo er das Physiologische Institut gründete. Er erwarb 1850 eine Medizinprofessur, wurde Direktor des Botanischen Gartens, trat jedoch 1863 von seinem Lehrauftrag in Jena zurück und nahm an der Universität von Dorpat vorübergehend eine Professur der Anthropologie an, ehe er sich dem Leben eines Privatgelehrten widmete. Schwann und Schleiden gaben mit der Zellenlehre der wissenschaftlichen Auffassung über Lebewesen eine bedeutende Wende, eine Voraussetzung für die spätere Annahme eines gemeinsamen Ursprungs von Pflanzen- und Tierwelt. Das Prinzip Zelle sei eine den Pflanzen und Tieren gemeinsame Grundstruktur (Schwann 1839). **Schwann** wies darauf hin, dass die Entstehung neuer Zellen „*innerhalb der schon fertigen Zellen, und zwar auf eine höchst merkwürdige Art und Weise von dem bekannten Zellkern aus*" geschehe "(Schwann 1839, S. 4) und deutete dieses „*Prinzip der Zellenbildung*", das bei allen pflanzlichen und tierischen Zellen verwirklicht sei, für einen Beweis der „*Analogie*" der tierischen und pflanzlichen Zelle.

Schwann stellte zur Frage der „*Grundkräfte der Organismen*" die „*teleologische Ansicht*" einer „*physikalischen*" entgegen, die nur aus der Gestaltungskraft der „*blinden Notwendigkeit der Naturgesetze*" bestehe: Ist „*die Kraft der Organismen ebenso wie die physikalischen Kräfte in der Materie als solcher enthalten, und wird sie nur durch eine gewisse Kombination der Moleküle frei, wie etwa durch Kombination einer Zink- und Kupferplatte Elektrizität frei wird, so kann durch die Zusammenfügung der Moleküle zu einem Ei auch die Kraft frei werden, wodurch das Ei neue Moleküle anzuziehen imstande ist, und diese neu zusammengefügten Moleküle erhalten eben durch diese Zusammenfügungsweise wieder dieselbe Kraft, neue Moleküle anzuziehen*" (ibid. S. 186f). Eine teleologisch wirkende Kraft im Organismus, welche das Lebewesen nach einer „*ihr vorschwebenden Idee formt, welche die Moleküle so zusammenfügt, wie sie zur Erreichung gewisser, durch diese Idee gesetzter Zwecke notwendig sind*", (S. 184) vollständig zu widerlegen, sei „*überhaupt nicht möglich, wenn man nicht alle Erscheinungen nach der physikalischen Ansicht wirklich erklärt*". Der Physikalismus gilt ihm als vorrangig. Zulässig seien teleologische Deutungen erst, „*wenn man die Unmöglichkeit der physikalischen nachweisen kann*" (S. 187).

Ein vitalistischer Gedanke zweckgerichteter Kräfte wird in den Schlussfolgerungen der „*Mikroskopischen Untersuchungen über die Übereinstimmung in der Struktur und dem Wachstume der Tiere und Pflanzen*" weitestgehend ausgeschlossen. Dennoch bleibt ein auf die Zellebene verlagertes vitalistisches Moment insofern erhalten, als die Spezifität auf der Ebene der Zelle die kennzeichnenden Vorgänge des Lebendigen verbürgt.

> „*So müssen wir überhaupt den Zellen ein selbständiges Leben zuschreiben, d. h. die Kombinationen der Moleküle, wie sie in einer einzelen Zelle vorhanden sind, reichen hin, die Kraft frei zu machen, durch welche die Zelle in der Lage ist, neue Moleküle anzuziehen. Der Grund der Ernährung und des Wachstums liegt nicht in dem Organismus als Ganzem, sondern in den einzelnen Elementarteilen, den Zellen*" (S. 190).

Im II. Abschnitt seiner Untersuchung hingegen hatte Schwann entwicklungsbestimmende Kräfte in beiden Ebenen gesehen.

„Die Zelle, einmal gebildet, wächst durch ihre individuelle Kraft fort, wird aber dabei durch den Einfluß des ganzen Organismus so geleitet, wie es der Plan des Ganzen erfordert. Dies ist das Grundphänomen der ganzen tierischen und pflanzlichen Vegetation" (S. 39).

Um ein erweitertes Verständnis von Entstehung, Fortpflanzung, Vererbung, Wachstum und Metabolismus der Organismen zu erforschen, wären somit zuerst die baulichen, funktionellen und molekularen Gesetzmäßigkeiten der Zellen zu entschlüsseln. Die Strukturen im Mikroskospischen sollen zu einer umfassenden Erklärung des Lebensphänomens verhelfen, ohne auf teleologische Deutungsmuster wie den Begriff der Entelechie als Lebenskraft zurückgreifen zu müssen, den ein Jahrhundert später **Hans Driesch** (1867–1941) ein letztes Mal zum systematischen Programmentwurf einer Vererbungslehre verwendete (Driesch 1909, 1921). In der Folge wurde der Kraftbegriff der mechanischen Physik auf die belebte Natur ausgedehnt. *„Leben ist nur eine besondere Art der Mechanik, und zwar die allerkomplizierteste derselben"* schloss der schon zu seiner Zeit hochgeehrte Arzt und Pathologe **Virchow** in diesem Sinn (Virchow 1865).

Die Stärke der Tendenz zu einer materialistischen Formulierung der Wirklichkeit war bis in das populäre Bewusstsein von einer Durchschlagskraft wie diejenige des sich im späten 20. Jahrhundert verbreitenden Psychologismus, in dem nicht allein Anthropomorphie, sondern subjektivistische Anthropozentrik als unvermeidlich zur Beschreibung aller Bereiche der Wirklichkeit vorausgesetzt wird.

Schelling hatte einen Kraft- und Bewegungsbegriff vorbereitet, der nicht aus der physikalischen Mechanik von Druck und Stoß abgeleitet wird, sondern – aufbauend auf **Kants** dynamischem Konzept von Materie – zum Begriff einer inneren Dynamik von Materie führt.

Immanuel Kant (1724–1804) lehrte ab 1770 in Königsberg auf einer Professur für Logik und Metaphysik, nachdem er, neben anderen Berufungen, während 15jähriger Privatdozentur eine Professur für Dichtkunst in Jena ausgeschlagen hatte.

1786–1788 war er Rektor der Universität, an der er bis 1796 las, mit Vorlesungen über Enzyklopädie und Geschichte der Philosophie, Metaphysik, Moralphilosophie, Naturrecht, Religion, Logik, Mathematik, Physik, Geographie, Mineralogie, Anthropologie und Pädagogik.

Unter Ablehnung des überlieferten Materiebegriffes als dem *„Soliden"*, *„absoluter Undurchdringlichkeit"*, der als ein *„leerer Begriff"* aus der Naturwissenschaft zu verweisen sei (Kant 1786, Metaphysische Anfangsgründe A 81), entwarf er eine Definition, die der Materie innere Bewegungskräfte beimisst. Materie erfüllt einen Raum durch eine „*besondere bewegende Kraft*", nicht „*durch ihre bloße Existenz*". Sie leiste „*allem Eindringen*" Widerstand mittels einer in entgegengesetzter Richtung und bewegungsursächlich wirkenden „*Zurückstoßungskraft*". Dieser korrespondiere als „*Ursache der Annäherung anderer zu ihr*" eine „*Anziehungskraft*". Auf beide Kräfte, „*ziehender*" und „*treibender*", seien sämtliche Bewegungskräfte der materiellen Natur zurückzuführen (A33–35). Die „*expansive Kraft*" einer Materie heißt Kant „*Elastizität*", Materie ist „*ursprünglich elastisch*" (A 37). „*Durch bloße Anziehungskraft, ohne Zurückstoßung, ist keine Materie möglich*" (A 57).

Mit der naturphilosophisch beschriebenen Forderung nach Einführung einer „*dynamischen Erklärungsart*", die „*der Experimatalphilosophie weit angemessener und beförderlicher*" sei, weil sie „*darauf leitet, die den Materien eigene bewegende Kräfte und deren Gesetze auszufinden*" (A 102), gibt Kants Naturphilosophie theoretisch ein Begründung desjenigen Konzepts, das im 19. und 20. Jahrhundert umgesetzt wird. Nicht ohne Widersprüche wurde in der Konsequenz die Vorstellung der äußeren mechanischen Bewegung durch den Gedanken innerer *chemischer* Bewegung ergänzt und mit den neuentdeckten Phänomenen von Galvanismus, Magnetismus und Elektrizität in Verbindung gebracht. Grundbegriffe der Dynamik, Bewegung und Kraft, erhalten die Bedeutung einer eigenständigen Qualität, die nicht mehr auf die Wirkung von Körpern zurückgeführt wird. Das neue Bewegungskonzept eröffnete einer Chemie den Raum, ihrerseits nach Bewegungsursächlichkeiten zu suchen. Indem Materie in anorganische und organische Materie (*Protoplasma*) unterschieden wird, für deren Beschreibung biologischer Vorgänge schließlich eine spezielle *organische* Chemie zuständig wird, werden die Ursächlichkeiten der Bewegung der belebten Substanz in Eigenheiten der neu spezifizierten Materie gesehen, – ein Denkmodell, nach dem auch die Naturwissenschaft der Gegenwart ihre Vorstellungen entwickelt.

Verschiedene Faktoren beeinflussen die Entwicklung einer wissenschaftlichen Disziplin. Neben dem Forscher als Mensch in seiner Vorbildung und Interessenlage liegen in jeder wissenschaftlichen Richtung eigene Entfaltungstendenzen, die sich aus der Art der Vergegenständlichung ihrer Objekte ergeben. Sodann sind es die Entwicklungen in den Grund- und Nachbardisziplinen einer Wissenschaft, die auf sie selbst zurückwirken (**Rothschuh** 1969: 155). Zu erwähnen ist, dass auch die ideelle Einstellung historischer Wandlung unterliegt, die nicht nur politisch und wirtschaftlich motiviert ist, sondern mit einem Wandel der metaphysischen Grundannahmen die Meinung darüber ändert, welches die Grundlagenwissenschaften seien.

Wie ***Karl Edmund Rothschuh*** zeigt [(1908–1984); 1948 Professor für Physiologie an der Universität Münster, 1949–1951 Universität Würzburg, 1960 Direktor des Instituts für Medizingeschichte in Münster], hatte sich das Nachdenken über Lebewesen seit jeher in Analogmodellen bewegt. *Psychomorph* gedacht waren es Strebungen einer Tier- oder Pflanzenseele, welche zielstrebig Vorgänge im Organismaus aufeinander hinwirken lässt. *Technomorph* ähnelten Lebensabläufe handwerklichen und technischen Geräten. Die gegenseitige Abstimmung der Organe des Lebewesens konnte wie die Zweckbeziehungen der Teile einer Apparatur dargestellt werden. Mit der verselbständigten Biologie im 19. Jahhundert wandelte sich das Vorverständnis grundlegend. Es entstand das Ziel, ohne Rückgriff auf Technik, Psyche, völlig eigenständige Gesetzmäßigkeiten nachzuweisen, eine *Biomorphie*.

Rothschuh nennt einen weiteren Tendenzwechsel dieser Epoche. Man habe sich einer *quantitativen* Erfassung und Einordnung von Lebensabläufen zugewandt. Während zuvor experimentelle Untersuchungen kaum quantitativ arbeiteten, sondern den Wert der Forschung vor allem in *qualitativen* Erkenntnissen sahen, entwickeln sich bis zum Ende des 19. Jahrhunderts eine physikalische und eine chemische Richtung, die „experimentell, messend, analytisch eine Reduktion der physiologischen Zusammenhänge *auf die Gesetze der Physik und Chemie anstreben*" (Rothschuh 1969: 161).

Noch im Beginn des 19. Jahrhunderts wurden physiologische Versuche, z.B. in der Sinnesphysiologie des Sehens, durch Selbstbeobachtung überprüft. Dieser Maßstab, der zuvor noch als der sicherste galt, wurde zugunsten von Tierexperimenten unter „kontrollierten Bedingungen" aufgegeben, geleitet von der Absicht, Subjektivität auszuschließen. Das Interesse erstreckt sich auf stoffliche Zusammensetzungen und ihre quantitative Analyse, von deren Zahlenverhältnissen Rückschlüsse auf Naturkonstanten erwartet werden. Der Verlauf von Körpertemperatur, Blutdruck, Nervenleitungsgeschwindigkeit, Muskelaktion und Stoffwechselvorgängen wird exakt quantifiziert und physikalisch objektiviert. Körperliche Abläufe in einem mathematisch-physikalischen Kalkül darzustellen, wurde zum Ideal der Erkenntnis. ***Emile Dubois-Reymond*** (1818–1896) hatte vorausgesagt: „*Es kann nicht fehlen, daß dereinst die Physiologie, ihr Sonderinteresse aufgebend, ganz aufgeht in die große Staatseinheit der theoretischen Naturwissenschaften, ganz sich auflöst in organische Physik und Chemie*" (zit. nach Rothschuh 1969: 166).

Nicht mehr nach zielgerichteten Lebenskräften solle gesucht werden, sondern nach Kräften der anorganischen Natur, die in der Materie begründet seien und zweckfrei auch die organischen Abläufe bestimmten. Um 1870 entsteht eine physiologisch-chemische Richtung, die sich durch ihre eigene Arbeitsweise rechtfertigt. Schon 1826 hatte **Christian Friedrich Nasse** (1778–1851; 1815 Professor in Halle, 1819 in Bonn; Einführung der Vivisektion in Deutschland) das Ziel umrissen: Physiologie habe den Gegenstand „*nach seiner Wirksamkeit, nach seiner Entwicklungsweise, nach seinen Gesetzen*" zu bestimmen und habe dabei „*sich selbst zum Zweck*". Denn ihre Forschung werde verfälscht, „*sobald Ansichten und Deutungen, die nicht aus ihr selbst entnommen sind, ihr beigemischt werden*" (zit. nach **Lohff** 1990: 31).

Ihrer eigenen Methode folgend will Physiologie ohne jedes teleologische Ansinnen nach der Wirksamkeit der Natur in den einzelnen Körperteilen und den wechselseitigen Abhängigkeiten der Wirkungen, *Funktionen*, fragen. Die empirische Physiologie entwickelt im Rahmen der Grundlagenwissenschaften Physik und Chemie Annahmen und bestätigt oder negiert sie durch das Experiment. Nicht aus naturphilosophischer Methode, sondern im fachwissenschaftlichen Zusammenhang, aus dessen Axiomatik die Grundlagen der Theorie abgeleitet werden, wird auch die Stiftung der allgemeinen Zusammenhänge erwartet. Der neue Systemgedanke beabsichtigt dies sogar für die Wissenschaft vom Menschen. Die akademische Ausbildung des Arztes konzentriert sich in der zweiten Hälfte des 19. Jahrhunderts auf naturwissenschaftliche Fächer. Bei Kenntnis des Latein entfallen hingegen die Vorlesungen über Logik, philosophische Anthropologie und Psychologie sowie Rhetorik. Ein Physikum ersetzt das Philosophikum in der Propädeutik.

Eine weitere Tendenz ist die Ersetzung einer unmittelbarer einsichtigen Begrifflichkeit durch Fachsprachen, welche mit der Wissenschaftsdifferenzierung einhergeht. Der sukzessive Zuwachs an Fachtermini ist Folge der Hinwendung zur induktiven Methode, die der Verallgemeinerung von Einzelforschungen zunächst größeres Gewicht beimisst als der deduktiven Erkenntnis aus Prinzipien. Die Evolutionsvorstellung bot sich als das neue Prinzip an, das immer wieder in Einzeluntersuchungen zu bestätigen sei, und unter dem alle Vorgänge der Organismenwelt zu subsumieren seien.

Brigitte Hoppe weist darauf hin, dass die Biologie zu Beginn des 19. Jahrhunderts eine neue Definition ihres Bereichs erhalten habe, durch welche ihr heutiges Verständnis begründet werde. Neben der Aufgabe des früheren ontologischen Fundaments sei ein neues Bewusstsein der Kluft zwischen unbelebten und belebten Naturkörpern entstanden, welches in anhaltenden Diskussionen aus den Antworten des 18. Jahrhunderts nach „*erkennbaren Kriterien für ihre Eigenart*" fragte (Hoppe 1975: 134).

Mit den letztendlich entwickelten Attributen von Selbstreproduktion, eigenständiger Regeneration und Selbsterhaltung, in Abhängigkeit vom chemisch-physikalischen Gesetz als der ersten Bedingung für die Lebendigkeit der Materie, wurde Leben zu einem neu abzugrenzenden Begriff. Alle Lebenserscheinungen – auch die Vererbung – werden *physiologisch* gesucht in der stofflichen Zusammensetzung von anatomischen und histologischen Strukturelementen und deren Abläufen. Der Materiebegriff scheint einerseits genügend Evidenz und andererseits hinreichend Dunkelheit für alle weitere Nachforschung in sich zu bergen, um das naturwissenschaftliche Interesse an den Lebenserscheinungen ganz auf sich zu konzentrieren. Mit dem materialistischen Konzept ist der Plan gegeben zu den präzisierenden Forschungen der Epoche. Der ursprünglich *platonische* Gedanke einer zugrundeliegenden umfassenden Idee wird in einer bestimmten Hinsicht ausgerichtet. 1853 fordert **Carl Wilhelm Nägeli** für den Aufgabenbereich der Biologie:

> *„So wie Wasser nicht ein Gemenge von Wasserstoff und Sauerstoff ist, […] sondern in den uns noch unbekannten allseitigen Beziehungen der genannten Atome liegen muss, ebenso kann das Wesen des Organismus nicht durch die Summe von soviel Atomen organischer und anorganischer Verbindungen, sondern allein durch den noch unerforschten innern Zusammenhang derselben bezeichnet werden. Dieser innere Zusammenhang, diese Resultierende von freien und gebundenen Bewegungen, wir mögen sie Wesen, Idee, Lebenskraft nennen, ist in jeder individuellen Entwicklung vorhanden. […] Da jede dieser Lebenskräfte nichts anderes als eine Totalität von eigenthümlich combinirten, unserer Forschung und Erkenntniss zugänglichen, manifesten und latenten Bewegungen der kleinsten Theile ist, so eröffnet sich uns auch die Aussicht, einst das Wesen jeder materiellen Erscheinung zu erfassen, indem dieselbe in ihre nähern und fernern, endlich in die letzten Bestandtheile zerlegt und daraus wieder construirt werden kann"* (zit. n. Hoppe 1975: 163, Unterstreichungen v. Kurt Plischke).

Mikroskopische Anatomie und Entwicklungsphysiologie erfassen nach und nach einzelne Lebensvorgänge und überführen sie im chemisch-physikalischen Zusammenhang in eine mathematische Ausdrucksweise. Biologie denkt physiologisch, sobald Lebenserscheinungen als Funktionen physikalischer und chemischer, jetzt biochemisch genannter Materiekräfte begriffen werden.

Eine dieser Lebenserscheinungen ist Vererbung. Wie die anderen Erscheinungen wird sie als eine Resultante beteiligter Elementarteilchen aufgefasst.

Als den ordnenden Zusammenhang hinsichtlich eines Geschehens zwischen ganzen Lebewesen entwickelte später **Charles Robert Darwin** (1809–1882) ein Theorem, das hier vorläufig nur kurz skizziert werden soll, eine Entwicklungshypothese, die eine Durchschlagskraft für das moderne und postmoderne Naturverständnis bis zu einer weltbildprägenden Allgemeinvorstellung nach sich zog. Sie wurde nachmalig auch von anderen Wissenschaften als der Biologie verwendet und weiterentwickelt. Die *Evolutionstheorie* genannte Entwicklungsvorstellung führt das Vorkommen der anatomischen Baupläne der Lebewesen auf einen Wettbewerb um Nahrung und Fortpflanzung und eine sich anschließende Selektion zurück. In dieser Sicht gelten der jeweilige Bestand an Eigenschaftskonstellationen, die Lebewesen, als zeitlich begrenztes Äquilibrium gegenüber einem völligen Aussterben der betreffenden Konstellation. Der somit nicht zielgerichte Vorgang wirke sich über die Weitergabe der sich durchsetzenden Eigenschaften der Lebewesen im Weg fortwährend neu erbrachter Anpassungen an veränderte Umwelten bis in die partikulären, materiell gedachten Vererbungsträger aus. Die solchermaßen ererbten Merkmale erscheinen als alleiniges Ergebnis eines allein sich selbst und den nicht eingrenzbaren Umweltveränderungen unterworfenen vorangegangenen Geschehens. *„Der Typus der Entwicklung"* ist nicht eine Naturkonstante, sondern die Folge eines *„Erbgangs"* (**Hoppe** 1975: 184).

In der Sicht der von **Darwin** gegebenen Theorie handelt es sich um eine Ereigniskette gewisser Teilchen entgegen deren Vergehen. Erbgang ist ein Ereignisverlauf in der Materie.

Historisch gesehen beschrieb diese Hypothese, auch bei anderen Autoren dieser Zeit, einen Funktionsmechanismus von Teilchen noch vor einer chemisch anerkannten und experimentell gestützten Definition spekulativ. Der hypothetische Charakter der Evolutionshypothese wird heute von weiten Kreisen der Biologie zwar nicht bestritten, aber in Klammern gesetzt – eine Hypothese zweiter Ordnung. Indem nur *namentlich* eine Hypothetizität angesetzt wird, entsteht ein *asylum ignorantiae*, welches eine Falsifizierbarkeit der Theorie verhindert, und ein Circulus im Aufweis von Kategorien des Erkennens.

IV. 1 Spencer: Physiologische Einheiten. Lebewesen als belebte Materie

Als Sohn einer englischen Lehrerfamilie hatte **Herbert Spencer** (1820–1903) keinen Schulunterricht erhalten, sondern war im elterlichen Haus vor allem in Mathematik und Naturwissenschaften ausgebildet worden. Mit 17 Jahren wurde er Eisenbahningenieur, ein Jahrzehnt später begann sein schriftstellerisches Schaffen, aus dem ein zehnbändiges Lebenswerk hervorging. In *„A System of Synthetic Philosophy"* (Spencer: 1862–1892) verwendet er die evolutionstheoretischen Vorstellungen *Darwins* nicht nur für Prinzipien der Biologie, sondern auch für Psychologie, Soziologie, Ethik und Philosophie insgesamt.

Im Band der *„Principles of Biology"* nennt Spencer Vererbung ein Gesetz im Sinn eines Naturgesetzes. Es besteht für ihn darin, dass jede Pflanze oder jedes Tier andere Lebewesen von derselben Art wie es selbst produziert. Die Erhaltung der Gleichheit der Art, die Übernahme derselben allgemeinen Struktur, weniger die Wiederholung einzelner Eigenschaften mache das Wesen der Vererbung aus (Spencer 1864:238). Spencer fordert nicht induktiv wie **Mendel**, aus dem Verlauf einzelner Merkmale auf eine Gesetzmäßigkeit zu schließen.

Einen Hinweis für die angeborene Tendenz zur Erhaltung gleicher Strukturen findet er in der Regenerationsfähigkeit von Pflanzen und Tieren: Ein Stück eines Begonienblattes wächst in fruchtbarer Erde wieder zu einer vollständigen Begonie heran. Auch ein abgetrenntes Fragment eines Polypen bildet sich wieder zu einem vollkommenen Individuum, wenn auch nicht alle Teile der höheren Lebewesen über diese Fähigkeit verfügen. Spencer gibt eine Erklärung für Regeneration, die den Grund in hypothetische Untereinheiten der lebendigen Substanz verlegt und ihnen eine zweckgerichtete Kraft zuspricht. Die lebenden Partikel der regenerationsfähigen Anteile besitzen eine angeborene Tendenz, sich selbst in die Form des Organismus zu versetzen, in die sie gehören. Daher sei anzunehmen, dass ein Lebewesen aus spezifischen Einheiten aufgebaut ist, die mit der *„intrinsischen Fähigkeit"* (*intrinsic aptitude*) versehen sind, sich zur Form der betreffenden Species zu vereinigen.

In der Frühphase genetischer Beschreibungsversuche von Eigenschaften materieller Einheiten zeigt sich immer wieder das Bestreben, organische Abläufe mit anorganischen Vorgängen zu vergleichen, um gegebenenfalls eine in beiden Bereichen wirkende gesetzmäßige Kraft entdecken zu können. Auch **Spencer** denkt sogleich an ein anorganisches Kristall. Die Atome eines Salzes besitzen für ihn in ähnlicher Weise die intrinsische Fähigkeit, in einer speziellen Weise zu kristallisieren. Und so würden auch die *„vitalisierten"* Moleküle eines Gewebes eine Neigung zu einer bestimmten Organisation zeigen, sei es in der Reproduktion eines ganzen Organismus, sei es im Ersatz verlorener Teile.

Für diese Fähigkeit sei bislang keine adäquate Bezeichnung gegeben. Spencer schlägt den Terminus einer *„organischen Polarität"* vor, einer *„Polarität der organischen Einheiten"*. Daraus ergibt sich für ihn die entscheidende Formulierung des biologischen Problems, eine Frage, die ein ganzes Jahrhundert beschäftigen und einen eigenen biologischen Wissenschaftszweig, die Genetik, ins Leben rufen sollte: Was sind diese Einheiten selbst, und durch welchen Namen können sie angemessen benannt werden?

Die nächsten vierzig Jahre, bis zur buchstabengemäßen Formulierung der Bezeichnung des Erb „faktors" durch **Wilhelm Johannsen**, die bis auf den heutigen Tag von Biologen als ausreichend erachtet wird, sind angefüllt mit spekulativen Systemen von Forschern, die sich in Gegensatz zu aller Naturphilosophie und ihrer Konsequenzen sehen. Ob der spätere Gang, ein Agens der Genesis der Welt der Lebewesen zu fixieren, auf diese Weise nicht weiterhin spekulativen Prämissen unterliegt, bleibt ein Desiderat wissenschaftstheoretischer Untersuchung.

Spencer bekennt einerseits, dass es nicht die Atome von Albumen, Fibrin, Gelatine oder der damals noch hypothetischen Proteinsubstanz sind, die sich zu den organischen Gestaltungen formieren könnten. Chemische Einheiten seien eindeutig nicht die Inhaber dieser Fähigkeit. Andererseits wohne die betreffende Fähigkeit auch nicht in dem, was bislang *morphologische* Einheiten genannt werde, nämlich der Zelle. Obwohl die Zelle die letzte sichtbare Einheit der Organismen ist, müsse auch die Zellbildung wieder als ein Ausdruck einer Fähigkeit zu organischer Gestaltung angesehen werden. Wenn aber die Fähigkeit zu organischer Polarität weder von chemischen noch von morphologischen Einheiten eingenommen werde, so seien intermediäre Einheiten zu vermuten, die im Übergangsbereich zwischen den chemischen und morphologischen Einheiten zu finden wären. Für diese Gebilde schlägt der englische Philosoph deshalb einen eigenen Namen vor. Sie sollen „*physiologische Einheiten*" heißen (Spencer 1864: 180ff).

Damit liegt eine erste Definition des Erbfaktors als eines vererbungsbestimmenden Elements vor: Eine physiologische Einheit ist etwas, das aufgrund seiner chemischen Konstitution morphologische Fähigkeiten besitzt. Mit dem Begriff des Physiologischen will Spencer Grundbedingungen des Lebens erfassen, die in chemischen Materialeigenschaften eine notwendige Bedingung finden. Unter Bezugnahme auf physikalische Kategorien wie Kraft, Bewegung und Materie wird die Eigenart des Lebendigen im Begriff des Physiologischen aufgehoben, mit dessen Gesetzlichkeit dann auch die hinreichende Bedingung erfüllt wäre.

In seinem Werk wendet Spencer den Evolutionsgedanken *Darwins* an. Dieser hatte 1859 die als sein Hauptwerk geltende Schrift „*On the Origin of Species by Means of Natural Selection, or the Preservation of Favoured Races in the Struggle for Life*" veröffentlicht. Es ist der Gedanke einer Variabilität aller Arten unter dem Primat des Umwelteinflusses, den Darwin entwickelt, wobei er auch die artefizielle Pflanzen- und Tierzucht mit den Abläufen der Natur gleichsetzt. In Darwins Theorie war zunächst die Frage offengeblieben, wie die Veränderungen in der Substanz der Lebewesen entstehen und wie die materielle Grundlage ihrer Vererbung vorzustellen sei. Dazu lieferte der Urheber der auch gegenwärtig herrschenden Auffassung von Evolution eine Darstellung in seinen späteren Schriften.

IV. 2 Darwin: Tätigkeitszentren der Pangenesis. Eine provisorische Hypothese

Charles Robert Darwin (1809–1882) studierte Medizin in Edinburgh und Cambridge, sowie Naturwissenschaften. Im Anschluss daran nahm er an einer

Forschungsreise auf der „Beagle" teil, die ihn nach Südamerika und Australien führte. Seine Beobachtungen legte er in Tagebucheintragungen nieder und entwickelte Jahre später daraus ein Paradigma von der Abstammung der Lebewesen. Es führte bis in die 1920er Jahre zu heftigen Kontroversen, wird jedoch von heutiger Naturwissenschaft kaum mehr bezweifelt, bei behauptet hypothetischem Charakter.

Individuell eingetretene Abweichungen vom allgemeinen Bauplan einer Tier- oder Pflanzenart sieht Darwin als das Rohmaterial der Evolution an. Für diese kleinen „*Variationen*" sucht er einen Ansatzpunkt in der Erbmasse der Lebewesen. „*Die individuellen Unterschiede sind von höchster Bedeutung für uns, weil sie vererbt werden*" (Darwin 1859:39, Übers. v. Kurt Plischke). Darwin setzt für seine Betrachtung der Vererbung eine Erblichkeit erworbener Eigenschaften voraus. Seine Hauptthese: Die generationsweise Akkumulation geringfügiger Unterschiede durch umweltbedingte Selektion führe zu Veränderung der Arten und zu Entstehung neuer Arten, die durch stärkeres Angepasstsein besser zur Fortpflanzung gelangen.

Darwins Wegweisung liegt abseits von **Mendel**. Andere Vererbungstheorien bleiben unberücksichtigt und Mendels Erklärung der Hybridenbildung hätte **Darwin** vermutlich nicht geschätzt, da die beständige Variation einer sich summierenden Evolution daraus zunächst nicht abzuleiten ist, sondern regelmäßige Wiederholungen älterer Formen begründet werden (**Olby** 1966: 62). Nach der Wiederentdeckung von Mendels Theorien im Jahr 1900 entstand ein langwährender Streit, in dem sich die Parteien in Mendelisten und Darwinisten gruppierten.

Für sein Modell des Lebewesens beruft sich **Darwin** auf eine „*große deutsche Autorität, auf Virchow*", der, ein Jahr vor Darwins „*Entstehung der Arten*", im Jahr 1858 mit „*Die Cellularpathologie in ihrer Begründung auf physiologische Gewebelehre*" den zellulären Bau der Lebewesen (*omnis cellula e cellula*) hervorhob. 1878 führt Darwin an, dass ein Organismus aus unzähligen Elementen bestehe, die er „*Thätigkeitscentren*" nennt. Jedes übe eine eigene besondere Tätigkeit aus. Es werde dazu von anderen Teilen angeregt, und doch gehe die eigentliche Leistung von ihm selbst aus. Jedes Tätigkeitselement lebe seine Zeit, sterbe und werde ersetzt (Darwin 1878: 401). In dieser Sicht gilt eine organische Einheit als „*in einer gewissen Ausdehnung von allen übrigen unabhängig*" (Darwin 1878: 403). Genannt ist hier ein gewichtiges Kriterium des späteren Gens.

Sein Modell des Organismus überträgt Darwin auf die Vererbung und nennt seine Vorstellung eine „*provisorische Hypothese der Pangenesis*". Sie besagt, jedes „*Theil der Organisation*" trage zur Reproduktion des Ganzen bei, denn alle

Teile gäben „*Gemmulae*", „*kleine Keimchen*" ab, die durch den Körper zirkulierten und in den Keimorganen konzentriert würden. Sie würden in einem Strom transportiert, der unaufhörlich den ganzen Körper durchfließe (Darwin 1878: 385). Dabei sei es nicht notwendig, dass die Gemmulae auch im Blut aufträten. Jedes von ihnen, die Darwin an anderer Stelle auch als „*kleine Körnchen*" und „*Atome*" bezeichnet, werde mit „*gehöriger Nahrung*" versorgt, durch Teilung vervielfältigt und sei in der Lage, wieder zu den gleichen Zellen heranzuwachsen, aus denen es stamme. Die Keimchen besäßen „*in ihrem schlummernden Zustande eine gegenseitige Verwandtschaft zueinander*" und könnten sich deswegen in den Geschlechtsorganen zu „*Sexualelementen*" vereinigen. Noch unentwickelt vermehrten sie sich zunächst durch „*Selbsttheilung*" (Darwin 1878: 407).

Vererbung, so definiert Darwin, sei letztlich nichts anderes als eine Form von Wachstum. „*Ein Organismus ist ein Microcosmus, – ein kleines Universum, das aus einer Menge sich selbst fortpflanzender Organismen gebildet wird, welche unbegreiflich klein und so zahlreich wie die Sterne am Himmel sind*" (Darwin 1878: 438f).

Da er Arten für unbegrenzt variierbar hält, kann Darwin mit diesem Lebensmodell eine einfache Erklärung für Variation geben: Veränderung beruht auf zwei „*distincten*" Ursachengruppen, entweder auf Mangel, Überschuss oder Umstellung der Keimchen, oder auf ihrer Wiederentwicklung aus zuvor ruhendem Zustand (Darwin 1878: 429).

Robert Spaemann [(Jg. 1927); wiss. Assistent am Collegium Philosophicum von Joachim Ritter/Münster; ord. Professuren Stuttgart, Heidelberg; bis 1993 Inhaber des Lehrstuhls I der Philosophie, Ludwig-Maximilians-Universität/München; Ehrendoktor der Universitäten Fribourg, Washington, Navarra] und **Reinhard Löw** [(1949–1994); Geschäftsführender Direktor an der Universität München Phil. Lehrstuhl I 1993/1994; Partington Prize für Wissenschaftsgeschichte/London; Internationaler Preis für Anthropolgie/Barcelona] weisen darauf hin, dass die in der Evolutionstheorie angenommene unbegrenzte Variationsbreite unbewiesen blieb. Die naturwissenschaftlichen Befunde, „*die Darwin zu seiner Stützung heranzog – Paläontologie, das biogenetische Grundgesetz, neue Erkenntnisse aus der Pflanzengeographie, der vergleichenden Anatomie, der menschlichen Zuchtwahl […] konnten, einzeln genommen auch g e g e n Darwins Theorie eingewendet werden*" (Spaemann, Löw 1985: S. 214, Sperrdr. i. Orig. kursiv), und: „*Zuchtwahl heißt: menschliche Selektion innerhalb einer Tierart, etwa durch Domestikation*" (ibd. S. 234, Anm. 10). Die von Züchtern ausgeübte Selektion mittels Domestikation und Tierzucht hat jedoch niemals zu einem echten Artenwandel geführt. Ein

Rückschluss auf eine artenmutierende „objektive" Natur im Sinne der Kraft eines Beweises ist folglich nicht einzusehen.

Gleich **Mendel** verwendet **Darwin** eine Vorstellung partikulärer Einheiten der Vererbung, nur hatte **Mendel** keine materielle Beschreibungsweise gewählt. **Darwin** bezieht die Erbelemente nicht auf allgemeine Eigenschaften, sondern auf Zellen und ihre Teile, die er als Tätigkeitszentren begreift. Erbeinheiten verlangen für Darwin Keimchen, die sie übertragen und sich wieder zu voll ausgebildeten Strukturen auswachsen. Die Keimchen sind ähnlich den modernen Erbfaktoren schon als etwas gedacht, das der Selbstteilung fähig ist, um sich identisch fortzupflanzen. Allerdings bedürfen schon die im Körper zirkulierenden, erblich weitergegebenen „Atome" einer Nahrungszufuhr und stehen daher wie das ganze Lebewesen gemäß der Prämisse der Evolutionstheorie in einem struggle for life. Wenn auch die Annahme einer Zirkulation selbständiger Teilchen bald fallengelassen wurde und stattdessen die Idee einer Organisation der Erbanlagen entstand, so hielt sich noch diese Vorstellung: Die Erbträger sind ähnlich wie ganze Lebewesen zu Ernährung, Wachstum und Vermehrung ihrer selbst fähig und konkurrieren untereinander um ein Überleben.

IV. 3 Haeckel: Theorie der Plastide

Ernst Haeckel (1834–1919), Dr. med. et phil., ist ein klassischer Vertreter materialistischer Weltanschauung. Er hatte als Assistent bei **Virchow** gelernt und wurde 1865 ordentlicher Professor der Zoologie in Jena, später auch Direktor des zoologischen Instituts der Universität. Er führte selbst keine eigenen Versuche zur Vererbung durch, sondern entwickelte theoretisch Vorstellungen dazu, indem er die neuen Beschreibungsweisen von Physiologie und Zytologie mit **Darwins** Evolutionstheorie zusammenführte. Darüberhinaus war sein Bestreben, die biologischen Auffassungen zu einem allgemeinen philosophischen Weltbild zu erheben. **Darwins** provisorische Hypothese der Pangenesis lehnte er entgegen seiner Hochschätzung der neuen Evolutionsvorstellung ab und ersetzte sie unter Berufung auf **Aristoteles** durch eine *„Perigenesis der Plastidule"*. Sein Leitbegriff der Materie erhält an vielen Stellen Züge aus dem seelischen Erfahrungsbereich, die auf Anorganisches projiziert werden. **Haeckels** Absicht ist es, den Dualismus von Stoff und Geist aufzuheben und eine pantheistische Naturreligion zu begründen. Er führte damit in seiner Sicht Gedanken **Spinozas** und **Goethes** weiter. Sein religiöser Anspruch führte sogar zu einer freikirchlichen Vereinigung, dem *Monistenbund*.

Mit **Darwin** und **Haeckel** entstehen neue und entscheidende Weichen für die spätere Genbiologie, in der das Urphänomen der Genesis ohne Bezugnahme auf Seele, Geist vermeintlich ohne metaphysischen Standpunkt nach empirischem Objektivitätsideal dargestellt werden soll. Die Sicht kehrt sich um: Denken, Kultur, Geistiges wird zum Epiphänomen der Materie, ein phylogenetisches Entwicklungsprodukt. Menschliches wird aus Tierischem abgeleitet, Organisches steht in der natürlichen Hierarchie neben dem Anorganischen und soll aus letzerem historisch-genetisch und kausalmechanisch abgeleitet werden. Basis der Eigenschaftsentwicklung werden die materiellen Vererbungspartikel, die — erst einmal hypostasiert — in der Wissenschaftssprache definiert und schließlich chemisch formalisiert werden. Damit wird der Blick hinweggelenkt von der in vormaligem Verständnis zentralen Tatsache, der Mensch nehme eine für den Erkenntnisvorgang unhintergehbare und in der natürlichen Hierarchie herausgehobene Stellung ein, einer Sicht, nach der die materiellen Erbträger allenfalls Potentiae im Sinne notwendiger Begingungen sind, die – zumindest für den Menschen – ihre Verwirklichung schließlich durch Geist, Denken, Entscheidung finden, in einem lebenslang währenden Prozess der „Genexpression", einem Gespräch einer Seele mit sich selbst darüber, was ihr zukomme und was ihr nicht zukomme.

In seiner „*Generellen Morphologie der Organismen*", hatte **Haeckel** als einer der Ersten Wert gelegt auf eine Aufgabenteilung zwischen Zellkern und Zelleib, dem Plasma (Haeckel 1866). Der Kern sei der Grund für die Vererbung von Eigenschaften, das Protoplasma sei das Organ der Anpassung an die Verhältnisse der Außenwelt. Es erfährt dabei stoffliche Veränderungen, leitet sie an den Kern der Zelle weiter, der sie speichert und erblich reproduzieren läßt. Haeckel regt den Gedanken an, dass der Kern die stoffliche Grundlage der Vererbung liefere. **Oskar Wilhelm August Hertwig** (1849–1922) kam 1885 in „*Das Problem der Befruchtung und die Isotropie des Eies, eine Theorie der Vererbung*" darauf zurück. Auch **Eduard Adolf Strasburger** (1844–1912) ging mit „*Neue Untersuchungen über den Befruchtungsvorgang bei den Phanerogamen als Grundlage für eine Theorie der Zeugung*" im selben Jahr darauf ein. Dass der Kern materiell Erbmasse in sich speichern könne, hatte viele Jahre als unmöglich gegolten, da das Auflösungsvermögen damaliger Lichtmikroskopie von einem völligen Zergehen des Zellkerns in der Interphase zwischen den Kernteilungen zu zeugen schien.

1870 griff der Jenaer Zoologe **Haeckel** mit „*Beiträge zur Plastidentheorie*" **Darwins** provisorischer Hypothese vor, unter Beibehaltung der sonstigen Prämissen der Evolutionstheorie (Haeckel 1870). Da die Konzentration auf den Zellkern als dem Substrat der Vererbung zum bleibenden Gedanken in der Biologie wurde, kann zugleich von einem ersten Ersatz der darwinschen Pangenesis-Vorstellung gesprochen werden.

„*Plastiden*", „*Bildnerinnen*" nennt Haeckel zwei Formen von Elementarorganismen, das seien „*selbständige Individuen erster Ordnung*", eine Zählung, in der wiederum die oben erwähnte Umkehrung in der Ableitung der Lebewesen zu sehen ist, woraufhin das ehemals Unterste nach oben gestellt wird.

Sowohl kernlose Plasmastücke, „*Cytoden*" bzw. „*Cellinen*", als auch kernhaltige Einzeller setzen in Haeckels Vorstellung die Gruppe der Plastiden zusammen. Die Cytoden seien durch Urzeugung entstanden. Sie gingen in der historischen Entwicklung in kernhaltige Zellzustände über. Neben der Urzeugungstheorie greift Haeckel auf zwei weitere, damals junge Theorien zurück: die Lehre eines Protoplasmas als dem Entstehungsstoff der Lebewesen und die Lehre eines Kohlenstoffs als dem wesentlichen Element der Plasmachemie. In allen Organismen sei ohne Ausnahme „*überall eine eiweissartige, festflüssige, contractile Substanz, das Plasma oder Protoplasma, der wichtigste Körperbestandtheil und der eigentliche Träger der Lebenserscheinungen*" (Haeckel 1870: 496). Diese Theorie könne jetzt als „*fast allgemein anerkannt gelten*". Der Kern gilt als ein „*histologisches Element von grösster Bedeutung*", wenn auch seine „*specielle Function noch heute fast eben so dunkel ist, wie zu Schleidens und Schwanns Zeiten*". Die Vermutung liegt nahe: „*Der Kern dient der Fortpflanzung und Vererbung, das Protoplasma vermittelt die Ernährung und Anpassung*" (Haeckel 1870: 497). Die „*tiefsten Abgründe des Meeres*" seien bedeckt mit „*ungeheuren Massen von feinem lebenden Protoplasma*". Es verharre hier in der „*einfachsten und ursprünglichsten Form*" in 5000 Fuß Tiefe wie der Urschleim **Lorenz Okens** [(1779–1851); auf Empfehlung Goethes 1807 apl. Professor für Medizin an der Friedrich-Schiller-Universität Jena, 1812 ord. Professor für Naturwissenschaften, 1819 Aufgabe der Professur wegen seiner liberalen politischen Einstellung, 1822 Gründer der *Versammlung Deutscher Naturforscher und Ärzte*, 1828 Professor für Physiolgie in München, 1832 Rektor der Universität Zürich und Professor für Allgemeine Naturgeschichte, Naturphilosophie und Physiologie. Einige der von ihm eingeführten Fachbegriffe sind noch heute gebräuchlich].

Für **Haeckel** ist erst in den „*ausgedehnten Abgründen des offenen Oceans*" um 20.000 Fuß Tiefe eine Nahrungsaufnahme aus aufgelösten organischen Stoffen nicht mehr möglich. Hier sei es fraglich, ob das Protoplasma nicht fortwährend durch Urzeugung entstehe (Haeckel 1870: 519). Haeckel identifiziert den so beschriebenen Urschleim mit dem zellulären Protoplasma. Dieses, der „*Bildungsstoff*", von ihm auch „*Zellstoff*" genannt, sei die „*einzige materielle Grundlage, an welche ausnahmslos und nothwendig alle sogenannten Lebenserscheinungen* *ursrpünglich"* geknüpft seien. Vier *„unzerlegbare"* Elemente setzten den Stoff des Lebens zusammen: Kohlenstoff, Sauerstoff, Wasserstoff und Stickstoff. Häufig trete Schwefel als ein fünftes Element hinzu. Der Kohlenstoff gilt Haeckel als derjenige

> *„Grundstoff, welcher vermöge seiner eigenthümlichen physikalischen und chemischen Eigenschaften den verschiedenen Kohlenstoffverbindungen ihren eigenthümlichen organischen Charakter aufprägt und insbesondere das Protoplasma, den Lebensstoff zur materiellen Basis aller Lebenserscheinungen gestaltet. […] Die sämmtlichen Eigenschaften der Organismen sind demnach in letzter Instanz durch die physikalischen und chemischen Eigenschaften des Kohlenstoffs und der mit ihm verbundenen übrigen Elemente ebenso mit Nothwendigkeit bedingt, wie die sämmtlichen Eigenschaften jedes Salzes und jeder anorganischen Verbindung durch die physikalischen und chemischen Eigenschaften der sie zusammensetzenden Elemente bedingt sind"* (Haeckel 1870: 546f.).

Dem monistischen Ansatz seiner Methode folgend wird die belebte Natur zunehmend in die Paradigmen der Chemie und Physik eingepasst, um ein einheitliches Weltbild zu schaffen. Haeckel fragt: Gelten *„überall und jederzeit dieselben nothwendigen Gesetze"*, so dass es nur eine Natur gäbe? *„Oder gibt es zwei grundverschiedene Naturgebiete, eine anorganische Natur, in welcher nothwendig wirkende Ursachen (Causae efficientes) ausschließlich thätig sind, und eine organische Natur, in welcher daneben noch zweckmässig schaffende Ursachen (Causae finales) thätig sind?"* Nach Haeckel votieren die Anhänger der Entwicklungslehre im ersten Sinn.

Zufolge dieser Revolutionierung der Auffassung stellte sich die Aufgabe, eine *„genetische Molecular-Theorie"* auszubilden. In *„Die Perigenesis der Plastidule oder die Wellenerzeugung der Lebenstheilchen"* nahm Haeckel das neue wissenschaftliche Ziel in Angriff. Künftig solle *„die Gesamtheit der organischen Entwicklungsphänomene streng mechanisch, aus physikalisch-chemischen Elementar-Vorgängen"* erklärt werden (Haeckel 1876: 17). Leben heißt dann *„die Summe von physikalischen und chemischen Processen"* (Haeckel 1876: 34), und die Eigenschaften, welche die *„hergebrachte oberflächliche Naturauffassung"* nur den Organismen zuschreibt, kommen ebensogut den *„Anorganen"* zu als ein Gemeingut aller *„Naturkörper"*, oder, um es genauer auszudrücken, aller Atome, *„der kleinsten Körpertheilchen, welche die neuere Chemie einstimmig als die letzten Bestandtheile aller Körper"* betrachtet (Haeckel 1876: 37).

> *„Jedes Atom besitzt eine inhärente Summe von Kraft und ist in diesem Sinne beseelt. Ohne die Annahme einer Atom-Seele sind die gewöhnlichsten und allgemeinsten Erscheinungen der Chemie unerklärlich. Lust und Unlust, Begierde und Abneigung, Anziehung und Abstossung müssen allen Massen-Atomen gemeinsam sein; denn die Bewegungen der Atome, die bei Bildung und Auflösung einer jeden chemischen Verbindung stattfinden müssen, sind nur erklärbar, wenn wir ihnen Empfindung und Willen beilegen"* (Haeckel 1876: 38).

In der Frühphase der Biochemie wird also die Anthropomorphie der Formalisierung ausgesprochen. Nachdem der Formelzusammenhang voll ausgebildet ist, entsteht für die begriffliche Umschreibung der Formelaussage ein scheinbarer Verzicht auf Ausdrücke der unmittelbaren Lebenserfahrung.

Als Vererbungsträger denkt sich Haeckel eine besondere Art von Molekül, das „*Plastidul*". Es unterscheide sich von den übrigen Molekülen darin, dass es die Eigenschaften des Lebens in sich vereinige:

> *„Als wichtigste dieser Eigenschaften erscheint uns die Fähigkeit der Reproduction oder des Gedächtnisses, welche bei jedem Entwickelungs-Vorgang und namentlich bei der Fortpflanzung der Organismen wirksam ist. Alle Plastidule besitzen Gedächtniss; diese Fähigkeit fehlt den anderen Molekülen".*

Haeckel nennt Eigenschaften des späteren Gens. Entscheidend ist die Auffassung eines „*Gedächtnisses*". Ein solches wurde später in chemischen Termini umschrieben: Erbgedächtnis als eine individuell verschiedene Basensequenz in Form einer Nukleinsäurekette mit der Merkfähigkeit, aus welchen Aminosäuren ein körperspezifisches Eiweiß zusammenzusetzen ist. Den Fehlern dieses Gedächtnisses wird die innovative Kraft der Mutation zugesprochen — ein in sich sinnloses Ereignis, das seinen Sinn erst qua Auslese erhalte.

> *„In der Tat überzeugt uns jedes tiefere Nachdenken, dass ohne die Annahme eines unbewussten Gedächtnisses der lebenden Materie die wichtigsten Lebensfunctionen überhaupt unerklärbar sind. […] Nur die Plastidule sind reproductiv, und dieses unbewusste Gedächtniss der Plastidule bedingt die characteristische Molecularbewegung derselben"* (Haeckel 1876: 41ff).

Vererbung besteht somit in einer Übertragung von Bewegungsmustern der Moleküle durch sie selbst. Die „*Molecular-Bewegung der Plastidule*" müsse in den Tochterzellen „*wesentlich dieselbe sein*" wie in den Mutterzellen. „*Die Vererbung ist Uebertragung der Plastidul-Bewegung, Fortpflanzung der individuellen Molecular-Bewegung der Plastidule von der Mutter-Plastide auf die Tochter-Plastide.*" Anpassung besteht somit in veränderten Plastidulbewegungen. Sie geschehen durch einen Wechsel in der „*ursprünglichen Ernährung*" des „*elementaren*" Organismus, wodurch eine „*theilweise Abänderung der ursprünglichen Plastidul-Bewegung*" eintrete. Durch „*Umlagerung der Atome*" würden die Plastidule selbst verändert. Jede Plastidulbewegung setze sich zusammen aus der „*überwiegenden Reihe der alten Plastidul-Bewegungen welche durch Vererbung getreu von Generation zu Generation sich erhalten haben*" und einem „*geringen Antheil von neuen Plastidul-Bewegungen, welche durch Anpassung erworben wurden.*"

Der Kampf um Dasein herrrscht auch unter den Molekülen (Haeckel 1876: 45ff).

Hier erhebt sich die Frage, wie die Eigentätigkeit des Vererbungsträgers Plastidul eine Arbeitsteilung verschiedener Gewebe entstehen läßt. Was löst gewebliche Differenzierung aus? Haeckel bemerkt damit ein Problem, das auch die Wirkung von Genen in einer omnipotenten Genausstattung betrifft. Er löst das Problem durch ein allgemeines Gesetz, das Ontogenese und Phylogenese miteinander verbindet. Die „*ontogenetische Arbeitsteilung der Zellen* [...] *ist nur die rasche, nach dem biogenetischen Grundgesetz erfolgende Wiederholung der langsamen phylogenetischen Gewebebildung*" (Haeckel 1876: 49). Einzelheiten darüber, wie ein historisches Gedächtnis in den Plastidulen wirksam wäre und von diesen in morphologische Bautätigkeit umgesetzt würde, vermag er nicht anzugeben. Mit der Annahme eines Besitzes eines phylogenetischen Gedächtnisses wird für das Plastidul eine historische Kategorie unterstellt, die aus den chemischen und physikalischen zeitlich invarianten Gesetzmäßigkeiten zunächst nicht ohne weiteres abzuleiten ist. Ihr obliegt das Zustandekommen der in sich zweckvollen Organisation der Bestandteile des Lebewesens, während für die Einzeleigenschaften Plastidule haftbar gemacht werden.

Die naturwissenschaftliche Theorie erhebt Anspruch, alle Erfahrungsbereiche zu beschreiben. So führt Haeckel aus, die geschlechtliche Zeugung sei „*weiter Nichts, als die Verwachsung zweier Plastiden, welche durch weitgehende Arbeitsteilung ihrer Plastidule sich sehr verschiedenartig entwikkelt haben. In der That wird so das dunkle Mysterium der geschlechtlichen Fortpflanzung in der einfachsten Weise aufgeklärt, und das wunderbare Rätsel der weltbewegenden Liebe in der nüchternsten Form gelöst*" (Haeckel 1876: 52). „*Die innige Neigung, welche durch die chemische Wahlverwandtschaft der beiden liebenden Zellen bedingt ist, führt beide nothwendig zusammen. Die neu entstandene Zelle ist das Kind der mütterlichen Eizelle und der väterlichen Spermazelle*", da eine „*vollständige Verbindung der verschiedenen Molecular- Bewegungen*" stattfindet. Die Bewegung der ersten Plastide des neuen Lebewesens, welche die „*ganze weitere Entwicklung bedingt, ist die Resultante aus den beiden verschiedenen Plastidul-Bewegungen der weiblichen Ei-Plastide und der männlichen Sperma-Plastide*". Die Lebensbewegung des Kindes „*ist die Diagonale zwischen der mütterlichen und der väterlichen Lebens-Bewegung*" (Haeckel 1876: 54).

Das Erkenntnisideal des Mathematikers und rationalistischen Philosophen **René Descartes** [***de Quartis***](1596–1650), durch Erklärung *more geometrico* Gewissheit zu gewinnen, findet spätestens hier Eingang in die biologische Genetik.

Auch auf diesem Weg verbleibt eine Restdunkelheit. Die Plastidulbewegung sei zwar die „*wahre bewirkende Ursache*" der „*Mechanik des biogenetischen Processes*" aber „*unserer unmittelbaren Erkenntniss verschlossen*". Haeckel fordert daher vorläufig einen Analogievergleich mit anderen Bewegungserscheinungen: Das „*anschaulichste Analogon*" sei die „*verwickelte Wellenbewegung*". **Darwins** Stammbaum der Abstammung erhält nunmehr das Bild einer verzweigten Wellenbewegung, einer „*ramificierten Undulation*" (Haeckel 1876: 60ff).

Es ist naheliegend, daß der enzyklopädisch orientierte **Haeckel**, phantasievollen Konsensen nicht abgeneigt, auf seine Wellenvorstellung der Plastidulbewegung durch die Entwicklung in einem ganz anderen Bereich stieß. Seit Newton hatte die Erörterung der Frage nach der Natur des Lichts kein Ende gefunden. ***Isaac Newton*** (1643-1772) hatte sich vorgestellt, Licht bestehe aus einem Strom von Teilchen, der sich geradlinig fortpflanze. Im 18. Jahrhundert wurde diese Korpuskulartheorie des Lichtes weithin anerkannt. Im 19.Jahrhundert indes griff der Arzt und Professor für Naturphilosophie aus London, **Thomas Young** (1773-1829), die Wellentheorie des Lichts von **Christian Huygens** (1629-1695), Mathematiker und Physiker in den Niederlanden, auf. Nach dieser Theorie dehnt das Licht sich wellenförmig in einem Äther aus. Später konnten strittige Phänomene, die einem gewellten Vorgang zu widersprechen schienen, durch die Annahme einer zusammengesetzten Longitudinal- und Transversalschwingung beseitigt werden. In den fünfziger Jahren des 19. Jahrhunderts wurde die Annahme einer solchen Bewegung der Lichtstrahlen nicht mehr bestritten. Da es sich durchaus um eine Korpuskelbewegung verwickelter Art handelt, zusammengesetzt aus verschiedenen Schwingungsrichtungen, über die in den wissenschaftlichen Journalen lebhaft debattiert wurde, könnte Haeckel Anleihen bei der Optik genommen haben. Diese Hypothese kann hier nicht weiter verfolgt werden.

Ein wesentlicher Charakterzug von **Haeckels** Theorie besteht darin, dass er die Frage der Bewegung in den Vordergrund rückt. Vererbung ist ihm eine Übertragung von Abläufen von Bewegungsformen. Passend zur Denkweise seiner Zeit mussten diese nun mechanisch erklärt werden. Die Voraussetzung seiner „*Hypothese von der Perigenesis der Plastidule*" sei das „*mechanische Princip der übertragenen Bewegung*", das schon **Aristoteles** als die „*wichtigste Ursache der individuellen Entwicklung*" angesehen habe (Haeckel 1876: 71). Wenn die „*schwingende Molecular-Bewegung dieser Plastidule*" sich bei der Vermehrung der Plastiden als Vererbung auf die neugebildeten Plastiden übertrage, „*gestaltet sie sich zu einer verzweigten Wellenbewegung*".

In der Formulierung seiner Kernaussage übernimmt **Haeckel** die Redewendung einer ähnlich lautenden Aussage von **Aristoteles** in „De generatione animalium" und ersetzt einzelne Begriffe durch seine eigenen:

> „*Darwin sagt ausdrücklich, dass alle Formen der Reproduction abhängen von der Aggregation von Gemmulae, welche von allen Theilen des Körpers abgeleitet sind. Wir sagen*

hingegen: Alle Formen der Fortpflanzung hängen ab von der Uebertragung der Plastidul-Bewegung, welche bloss von dem zeugenden Theile des Körpers auf die erzeugten Plastiden direct übertragen wird, aber weiterhin vermöge des Gedächtnisses und der Arbeitstheilung der Plastidule die Wellenbewegung der Vorfahren in den Nachkommen ganz oder theilweise reproduciren kann" (Haeckel 1876: 72f).

Die Übernahme der Redewendung zeugt davon, daß Haeckel völlig davon überzeugt war, im aristotelischen Sinn zu argumentieren, in der Bemühung, eine außerordentliche Autorität heranzuziehen, um **Darwin** in der Vorstellung von Pangenesis zu widerlegen. Doch bei **Aristoteles** heißt es dazu: „*Man muß es also gerade umgekehrt darstellen, wie die Alten es taten. Sie sagten, Same bilde sich aus allen Gliedern, wir werden sagen, Same sei, was seiner Natur nach zu allem werden könne*" (Aristoteles, De generatione animalium I 723, 20a ff). Allerdings besteht bei Aristoteles ein gravierender Unterschied: In seiner Lehre wird Same gerade nicht aus einer Idee stofflicher Gesetzmäßigkeiten abgeleitet, sondern als Ursprung von Bewegung aufgefasst, die ihrerseits auf vorhergehende Bewegung zurückgeführt wird. Geformte Bewegung ist nach Aristoteles nicht von vornherein aus Prinzipien der Materie ableitbar. Erstaunlich ist, dass **Haeckel** keine Zweifel entstanden waren, denn durch ein einfaches Argument erteilt **Aristoteles** jeder Pangenesis-Vorstellung eine Absage. Bei ihm heißt es nämlich:

„*Warum soll nicht aus dem Samen eine solche Umwandlung möglich sein, so daß sich aus ihm Blut und Fleisch bilden könnten, ohne daß er selber Blut und Fleisch enthielte? […] Denn in diesem Falle müßte jedes am besten sein Wesen am Anfang haben, wenn es noch unvermischt ist, in Wirklichkeit jedoch erreicht Fleisch und Knochen sein rechtes Wesen erst später, ebenso jedes andere Glied. Vom Samen aber zu behaupten, einer seiner Teile sei Sehne, ein anderer Knochen, geht allzu sehr über unser Fassungsvermögen*".

Aristoteles ersetzt Pangenesis durch Epigenesis und erklärt Präformation dadurch für nicht möglich.

Anders als **Darwin** jedoch negiert **Haeckel** in seiner Sicht eine *durchgängige* Präformation. Jener behaupte eine „*materielle Übertragung wirklicher Moleküle durch die ganze Reihe der blutsverwandten Generationen und somit die materielle Zusammensetzung jedes Keims aus körperlichen Theilchen seiner sämmtlichen Vorfahren.*" Er dagegen nehme „*eine unmittelbare Übertragung der körperlichen Moleküle nur von den zeugenden Individuen auf das Erzeugte*" an.

Die „*monistische*" Naturwissenschaft seiner Zeit stelle „*an uns mit Recht die Anforderung, […], alle Naturerscheinungen mechanisch zu erklären und mit Ausschluß jeder Teleologie auf bewirkende Ursachen, auf causae efficientes zurückzuführen*". Dieser ersten Anforderung genüge die *Perigenesis*-Theorie. „*Denn rein mechanisch sind die Prinzipien von der übertragenen Massenbewegung und von der Erhaltung der Kraft, welche derselben zu Grund liegen*" (Haeckel 1876: 78).

Sogar *„der ganze uns erkennbare Weltprocess in seiner unbegrenzten Ausdehnung, die Gesammtentwicklung der Sonnensysteme und Planeten nach Kant, die anorganische Entwicklung des Erdballs nach Lyell und die organische Entwickelung auf demselben nach Darwin sind in gleicher Weise durch feste und unabänderliche Gesetze der Mechanik mit Nothwendigkeit bedingt."* Seine Ablehnung von Teleologie führt Haeckel zu universalmechanistischem Verständnis. Es sei auch *„die Entwickelungsgeschichte der Menschheit und jedes einzelnen Menschen durch dieselben festen Gesetze der Bewegungslehre geregelt"*, denn der *„Entwickelungs-Process"* der organischen Natur beruhe *„wie derjenige der anorganischen Natur im Grunde doch nur auf Massen- Bewegungen, und diese Massen-Bewegungen sind sämmtlich auf Anziehungs- und Abstossungs-Verhältnisse der Moleküle und der sie zusammensetzenden Atome, sowie des die Atome verbindenden Aethers zurückzuführen"* (Haeckel 1876: 60). *„So fügt sich der biogenetische Process, als eine besondere und höchst verwickelte Form der periodischen Massen-Bewegung, ohne Zwang in den gesetzmässigen Gang des gesammten Weltprocesses ein, und die bewirkende Ursache derselben ist die Perigenesis der Plastidule"* (Haeckel 1876: 79).

Bereits hier ist zu sehen, wie sich die Streichung der Pan-Vorstellung für den späteren Genbegriff vorbereitet, die schließlich bei **Johannsen** erfolgt. Doch noch immer ist nicht geklärt, wie aus einem materiellen Speicher, dessen atomare Bausteine nur regellose Gitterbewegungen ihrer chemischen Elementenklasse durchführen, eine organisch geformte Bewegung zur Zusammensetzung eines lebenden Wesens entstehen kann — ein Vorgang, zu dessen Verstehen nach **Aristoteles** auf die Kategorie einer Kausalität nach Zwecken nicht verzichtet werden kann.

IV. 4 Nägeli: Idioplasma. Eine mechanisch-physiologische Theorie

Carl Wilhelm von Nägeli (1817–1891) war durch sein Studium der Medizin und der Biologie bei **Oken** in Zürich mit der Naturphilosophie **Hegels** vertraut. Bei **Augustin de Candolle** (1778–1841), Botaniker in Genf, erlernte er Botanik, über die er selbst später in Zürich, Freiburg und München lehrte. Nägeli war der Ansprechpartner **Mendels**, ohne dessen Ausführungen größere Bedeutung beizumessen, obschon auch seine Fachrichtung in der Botanik lag, in der er sich gleichfalls mit umfangreichen Hybridisierungsexperimenten beschäftigte.

Im Jahr 1884 veröffentlichte ***Nägeli*** das zusammenfassende Werk seiner Forschungen, die *„Mechanisch-physiologische Theorie der Abstammungslehre"*. Für ihn gehört die Entstehung der organischen Welt zum *„innersten Heiligthum der Physiologie"*. Denn eine Lehre davon sei *„rein physiologischer Natur"*. Deren

Hilfswissenschaften seien Zoologie, Anatomie, Histologie, Botanik, Paläontologie, Geologie und Anthropologie (Nägeli 1884: 1). Zugleich fügte er ein Kapitel über die „*Schranken der naturwissenschaftlichen Erkenntnis*" ein. Auch Nägeli ist Mechanist. In der Einleitung zählt er die Voraussetzungen dieses Naturverständnisses auf. Das Kausalgesetz bestehe in einem allgemeinsten mechanistischen Prinzip: dem Gesetz der Erhaltung von Kraft und Stoff. Danach komme jede natürliche Erscheinung durch von Kräften beeinflusste Bewegungen zustande. Auf dem Gebiet des Stofflichen müsse ein ursächliches Erkennen mechanistisch denken, da Mechanik die Wissenschaft sei, die solche Bewegungen erfasse. Naturwissenschaft sei umso vollkommener, je mehr die mechanistischen Prinzipien angewendet würden. Da alles nach Ursache und Wirkung „*natürlich*" entstehe, sei die „*Entstehung der organischen Welt aus der unorganischen eine Gewißheit*" (Nägeli 1884: 2).

Vererbung wäre damit in demselben Kontext zu sehen. Für Nägeli ist es **Darwin**, der die argumentative Lücke ausgefüllt hat, da dieser mit der natürlichen Zuchtwahl ein mechanistisches Prinzip in die Naturgeschichte eingeführt habe, aus dem sich die Entstehung und Höherzüchtung der Lebewesen erklären lasse. Diese könnten damit als die „*Verdrängung des weniger Befähigten durch das Befähigtere*" verstanden werden, wobei nach dem Vervollkommnungsprinzip das Kind die Eigenschaften der Eltern als mechanische Notwendigkeit erbe (Nägeli 1884: 15).

Nicht Massenbewegungen, sondern Bewegungen der kleinsten Teilchen würden die Mechanik des organischen Lebens ausmachen. Die Vererbungslehre müsse sich deshalb „*vorzugsweise auf das molecularphysiologische Gebiet begeben*", um Kongruenz mit den chemischen und physikalischen Gesetzen im Rahmen der neuen Abstammungslehre zu erlangen. Aus diesem Zusammenhang heraus bleibt nur noch eine Hypothese möglich: „*Dass das Wesen der Organismen in der Beschaffenheit und Anordnung der kleinsten Theilchen derjenigen Substanz bestehe, welche die Vererbung bei der Fortpflanzung und die specifische Entwicklung des Individuums bedingt.*" Nur so seien auf „*realem Boden*" bestimmte „*mechanische Vorstellungen*" zu gewinnen.

Das Annehmen einer molekularbiologischen Auffassung markiert eine Wende in der Geschichte von Biologie und Medizin. Auf dem Grund von **Darwins** Selektionshypothese, einer Auswahl der Besten als der Bestangepassten, bei der jede Transzendenz in der Auffassung von *gut* als Solchem unberücksichtigt bleibt, konzentriert sich das Interesse nun auf einen Mikrobereich von Molekülen, aus deren Analyse vollkommener Aufschluss und die Heilbarkeit der lebendigen Phänomene erwartet wird. Die Medizin beginnt allmählich, ausschließlich naturwissenschaftliche Deutungsmuster zu verwenden. Körperliche Vorgänge werden *physiologisch* d.h. als *Funktionen* beschrieben, und zwar in chemisch-physikalischem Zusammenhang. Partikel bewegen sich entlang oder durch Membranbarrieren, solitär oder im Strom, Gradienten entstehen und werden abgebaut, elektrisch geladene Teilchen verändern Spannungen und Potentiale, woraufhin etwas Bestimmtes passiert. Eine nicht leicht einzuordnende, aber *mechanische* Reaktion in einem komplexen Kontinuum von Funktionsabläufen setzt ein. Sie verändert die Abläufe bis hin zur Krankheit. In dieser Weise wird dargestellt, wie das Herz schlägt, Tränen und Schweiß fließen, Nerven leiten, Gedanken und Gefühle in einem Gehirn entstehen. Und auf diese Weise wirkt das Medikament an seinem Rezeptor.

In der Vererbungslehre führte die Vorstellung wirksamer Partikel in mechanisch-kausalem Konnex zu neuen Fassungen der Idee von etwas Angeborenem, Angelegtem, dessen Verwirklichung nicht bereits mit der Anlage gegeben und gesichert ist. Im 19. Jahrhundert erhält der Substanzbegriff in der Vererbungslehre eine Grundlage, die uneingestanden von einem metaphysischen Materialismus ausgeht. Der Stoff enthält „*das Wesen der in der organisirten lebenden Substanz befindlichen unsichtbaren Anlagen für die sichtbaren Erscheinungen des entwickelten Zustandes*" (Nägeli: 1884: 19). Ein Gedanke des Grundbuches des Abendlandes wird beibehalten, jedoch nicht als Sinnbild und ohne Jenseitsbezug. Der Gedanke heißt nun: Das organische Leben auf der Erde ist in der Urzeit aus anorganischen unbelebten Verbindungen entstanden – wenn auch nicht mehr aus einem Klumpen Erde.

Nägeli, an der Wende zur darwinistischen Vererbungsauffassung, konnte vor einem Jahrhundert noch einen Einwand erheben, den heute kein Naturwissenschaftler mehr bereit wäre, mit ihm zu teilen: Eine „*irrthümliche Folgerung*" enthalte die Hypothese von der natürlichen Zuchtwahl dennoch. Sie schließt von der Differenzierung von Rassen auf eine Entstehung der Arten.

Mit zunehmender Differenzierung und abstrakter werdender Begrifflichkeit konnten Widersprüche eliminert, in die entferntesten Winkel einer zu Unübersichtlichkeit herangewachsenen Theorie verdrängt, oder dem Bereich ewiger „provisorischer" Hypothetizität zugeordnet werden. Einer der Voraussetzung gebenden Schritte auf diesem Weg ist die Theorie von einem „*Idioplasma*" als Ursache der erblichen Anlagen.

Auch *Nägeli* fordert einen besonderen Stoff der Vererbung, ein Plasma aus „Albuminaten". Dessen Moleküle sind zu verschiedenen „krystallischen" Gruppen aneinandergelagert, den „*Micellen*", einer „*meist halbflüssigen schleimartigen Masse, die lösliche und unlösliche Molekülaggregate gemischt enthält*". Nur ein Teil davon stellt *„wirkliche"* Anlagen dar. Schon die unorganische Materie ist voller *„Spannkraft"*, *„potentieller Energie"*, und bringt von selbst Bewegung hervor, *„soweit sie ausgelöst wird"*. Nach diesem Muster stellt sich Nägeli auch die Anlagen vor, doch mit dem Unterschied, dass eine Anlage nicht wie die unorganisierte Materie von selbst Bewegung hervorbringt. Die Tätigkeit einer Anlage besteht nur darin, einer schon bestehenden Bewegung von Entwicklung die Richtung zu geben. Bewegt ist der Anlagenstoff schon zuvor allein durch den Umsatz von Nahrung (Nägeli 1884: 23).

Da die aus dem Anlageplasma sich ergebende Entwicklungsbewegung *„bestimmt und eigenthümlich"* ist, führt Nägeli dafür den Ausdruck *„Idioplasma"* ein. Es enthält die Anlage für jede *„wahrnehmbare Eigenschaft"*. Die verschiedenen Molekülkonfigurationen, *„Modifikationen"* der Albuminate, legen jede Eigenschaft und die zugehörigen Materiebewegungen ihrer Ausbildung fest. Es bestehen ebensoviele Idioplasmaarten, wie individuelle Kombinationen von Eigenschaften der Lebewesen.

Der Anlagebegriff wird differenziert. **Nägeli** unterscheidet Anlagen in entwicklungsfähigem *„fertigen"* Zustand von solchen, die sich noch in einer unfertigen Entwicklungsphase befänden und anderen, die schon kurz vor ihrem Verschwinden stünden. Das Idioplasma, auch *„Stereoplasma"* genannt, enthalte deswegen unterschiedliche Kräfte. Sie seien bedingt durch die Anordnung der Micelle. Höhere Organismen enthielten aufgrund ihrer Micellen eine Arbeitsteilung, die niederen blieben zeitlebens nur einfache *„Plasmatropfen* wie eine *„wenig disciplinirte Truppe […] mit losem Verbande, wie sie im Mittelalter unter ihrem Feldhauptmann in den Kampf zog"*. Das komplizierte Idioplasma höherer Organismen gleiche dagegen einer *„regelmässigen Armee, in der die verschiedenen Ober- und Unterabtheilungen einem einheitlichen Plane folgen, sodass jede bis herunter auf den einzelnen Mann in bestimmter Beziehung zu den übrigen und zum Ganzen steht"*. Den Befehlshabern und ihren Befehlen entsprechen im Nägelischen Idioplasma anziehende und abstoßende Beziehungen der Plasmateilchen.

Die Micellen seien scharweise aneinander gelagert. Ihre Ordnung bilde mikrokosmisch den Makrokosmos aus Organen, Geweben und Zellen ab, ohne eine analoge Anordnung zu besitzen, d.h. ohne eine direkte Entsprechung zu den Zellen des ausgebildeten Organismus. Wie **Haeckel** als Ordnungsprinzip einen übergeordneten Einfluss, eine Art phylogenetischen Gedächtnisses annimmt, so berücksichtigt auch **Nägeli** eine Grauzone zwischen materieller Anlage und materieller Körpereigenschaft. Das Idioplasma besitze ein festes Gefüge. Mit der Unterstellung einer reihenförmigen Lage der Micellen kommt Nägeli der späteren Auffassung über die Anordnung der Basen nahe. Jedoch blieben die Micellen nicht an ihrem Ort, während der Organismus sich entwickle. In der Entwicklungsperiode, in der Anfang und Ende der Entwicklungsvorgänge durch das Idioplasma bestimmt würden, ändere sich auch dieses. Micellen träten aus ihm aus und wanderten ständig zu den Bildungsstätten. Die Zellen der Gewebsbildung enthielten einen „*eigenthümlichen Bildungstrieb*", den das Anlageplasma modifiziere. Erst am Schluss der Entwicklung nehme es wieder seine ursprüngliche Beschaffenheit an und bilde Keimzellen mit gleichem Idioplasmagefüge. Der Wandel des Bildungstriebes ergebe sich aus einem Zusammenwirken der inneren Ursachen des Idioplasmas mit äußeren Einflüssen. Das Idioplasma sei keine autonome, sondern eine bedingte Erbsubstanz. „*Bildungstrieb*" sei erst die Wirksamkeit eines „*beeinflussten Idioplasmas*", ein „*Nisus formativus*" (Nägeli 1884: 31).

Welche Vorgänge finden statt, wenn sich die „*Modificationen*" des Idioplasmas im Vollzug der Entwicklung zum ausgewachsenen Lebewesen ändern? **Nägeli** nimmt an, dass mit der sukzessiven Entfaltung von Anlagen auch das Idioplasma wachse. Da die Micellen in parallelen Reihen lägen, träten endständig oder innerhalb einer Reihe weitere Micellen hinzu. Einer Anlage entspreche eine Micellengruppe in Längsrichtung einer Reihe. Weil die Micellreihen verschieden schnell wüchsen, würden ihre Anlagen zu unterschiedlichen Zeiten verwirklicht. Das Idioplasma könne durch seine Micellen das Protoplasma direkt beeinflussen, weil dieses strukturell dem micellaren Aufbau entspreche. Dessen Albuminate bestünden aus Reihen von „*Kristalloiden*", die allseitig von einer Wasserhülle umgeben seien. Anders als die idioplasmatischen Zellreihen überkreuzten sie sich in verschiedenen Richtungen. Als Vorbild für seine Plasmavorstellung dient Nägeli der körnige Aufbau von Stärke, die aufgrund „*mechanischer Prämissen*" weitere Körner anlagere und wachse (Nägeli 1884: 36f).

Die meisten Merkmale seien generationenlang unveränderlich. Nägeli fordert deshalb, dass die anlagebestimmenden Micellreihen zumindest während der Ontogenese streng parallel bleiben. Nur im Verlauf der Phylogenese würden sie bisweilen umgelagert, so dass neue Anlagen entstünden. Die sich einlagernde Micelle besitze eine „*etwas andere Natur*" (Nägeli 1884: 40).

Aus **Haeckels** biogenetischem Grundgesetz übernimmt **Nägeli** die Erklärung für einen Einschaltmechanismus der Anlagen: Das Idioplasma rekapituliert die Geschichte der Bauformen des Lebewesens und vollzieht die Phylogenese des Stammes nach (Nägeli 1884: 50). Aber auch Nägeli kann nicht angeben, wie eine immaterielle, historische Kategorie mit den materialistischen Prinzipien in Verbindung zu bringen ist, so dass auch noch die historische Ordnung aus

Materialursachen abgeleitet werden könnte. Wie setzt das Idioplasma seine Anlagen in protoplasmatische Entwicklungsvorgänge um? Für die Wirkweise des Erbmaterials entsteht eine Analogie.

Gemäß Nägelis grundlegender Unterscheidung von Vererbungsplasma (Idioplasma) und Ernährungsplasma (Protoplasma) besteht die erste Leistung des Idioplasmas darin, ein „*weicheres Ernährungsplasma*" zu erzeugen, „*ein nicht albuminartiges Baumaterial, dem es eine bestimmte Gestalt verleiht*". Die ihm korrespondierenden Micellengruppen würden aktiv, indem sie in einen „*Zustand besonderer Erregung*" gerieten. Nägeli entlehnt die Vorstellung materieller Erregung den damaligen Ansichten über eine Erregung von Nervenzellen und ihrer Ausbreitung in Nervenfasern. Jedoch übe die Erregung der Micellreihen eine anhaltendere Wirkung auf ihre Umgebung aus, da sie langsamer abklinge als die Erregung der sensiblen und motorischen Nerven. Auch bewirke sie ein Längenwachstum ganzer Micellreihen. Latente Anlagebezirke vollzögen das Wachstum „*in passiver Weise*" mit. Die Erregtheit der Anlagesubstanz bestehe in „*Spannungs- und Bewegungszuständen seiner Micelle*", sie selber werde aus der Nachbarschaft beeinflusst und verursache ihrerseits die „*chemischen und plastischen Vorgänge der nächsten Umgebung*". Während seines Wachstums verändere das Idioplasma nicht seine Beschaffenheit, sondern nur seine Spannungs- und Erregungszustände. Da es sich durch alle Zellen hindurch „*in unmittelbarer gegenseitiger Berührung*" befinde, werde eine jede Veränderung überall „*wahrgenommen*", so dass auch ein lokal einwirkender Reiz „*sofort überallhin telegraphirt*" werde und überall die gleiche Wirkung habe. Die idioplasmatischen Spannungen und Bewegungen glichen sich stetig untereinander aus (Nägeli: 1884: 53ff).

Das Vererbungsplasma scheint mithin fähig, seine Homöostase selbst zu regulieren.

Mit der Parallelsetzung von Vererbungsleistung und Nervenaktivität versucht Nägeli gleichwie eine spirituelle Komponente zu berücksichtigen, wobei er Geist und Stoff als Abstufungen derselben Sphäre sieht, in der sich die eine aus der anderen entwickelt habe. Bereits Nägeli verwendet damit eine Interpretation, die sich noch im 20. Jahrhundert gestiegener Beliebtheit erfreute. Er bewegt sich an der Übergangsstelle von spekulativer Naturwissenschaft zu einer Erfahrungsweise, die Sinnlichkeit auf experimentell gewonnene Vorstellungen und daraus gewonnene Begriffe zurückführt — ein Weg, der zur Entstehungszeit solcher Wissenschaft als Offenbarung von Erscheinungen aufgefasst wurde. Das Idioplasma, so heißt es bei Nägeli, sei ein „*System dynamischer Leitungen in einer einfacheren und mehr materiellen Sphäre, während die Nervensubstanz ein solches*

Leitungssystem in einer complicirteren und mehr geistigen Sphäre darstellt". Für den Übergang der Sphären macht er die Naturgeschichte verantwortlich. Wahrscheinlich sei im Tierreich *„die eine Hälfte des idioplasmatischen Systems nach und nach zum Nervnsystem geworden"* (Nägeli: 1884: 59).

Termini aus dem nichtmateriellen Bereich wurden im Verlauf der weiteren Naturbeschreibung so einbezogen, dass sie später in der Differenzierung des Genbegriffes darin nicht mehr ohne weiteres erkennbar werden. Ein ähnlicher Ersatz liegt vor, wenn *Verstand* (oder *Denken* oder *Geist*) in *Nervenzellsubstanz* bzw. *elektrochemische Funktion* übersetzt wird, ohne Deutungen zuzulassen, in denen die Herkünfte aus Anthropomorphien erkennbar bleiben.

Die biologisch denkende Sicht der Vererbung begann, das dem Lebendigen eigentümliche Moment, zugleich dessen Besonderheit einebnend, in den Rahmen von Chemie zu verlegen. Begriffliche Anpassungen von auf verschiedene Bereiche und Aspekte gerichteten Denk- und Arbeitsweisen – späterhin eigenständige wissenschaftliche Disziplinen – sahen sich unter dem Erfordernis einer noch zusammenzuführenden kohärenten Beschreibung dessen, was als Naturgesetzlichkeit aufzufassen sei.

Nägeli vergleicht seinen Vererbungsbegriff mit der zu seiner Zeit herrschenden Auffassung von Körpereiweiß. Er unterscheidet bereits Atomsorten, die auch heute für die Zusammensetzung von Aminosäuren und Nukleinsäuren namhaft gemacht werden. Die *„grosse Mannigfaltigkeit und Complicirtheit der Anordnung"* sei bei der Kleinheit der Vererbungspartikel am besten gewährleistet, wenn *„die hypothetische Formel der Chemiker mit 72 oder mehr Atomen Kohlenstoff nicht das Eiweißmolekül, sondern ein aus mehreren Molekülen mit je 24 oder 12 Atomen C krystallisch gebautes Micell darstellt".* Verschiedene Moleküle könnten *„aus 12 C, 3 N mit oder ohne S und aus ungleichen Mengen H und 0 zusammengesetzt sein"* (Nägeli 1884: 63ff). Aus welchem Grund Nägeli auf einen Unterschied in der Schwefelhaltigkeit aufmerksam wurde, spricht er in seiner Idioplasmatheorie nicht aus. Jedoch fiel ihm damit ein Kriterium auf, das in die heutige Formulierung eines Vererbungsstoffes als Unterschied von Purinen und Pyrimidinen der basischen Grundstoffe einging.

Da Nägeli eine Anlage als nicht allein durch einzelne Micellen und Micellreihen vorgegeben versteht, sondern erst durch ihre *„Zusammenlagerung zu Gruppen, die durch ihre Configuration auf den Querschnitt der Körper* (gemeint sind die Micellenkörper; Anm. K. Plischke) *sich charakterisieren"* zeigt der Vererbungstheoretiker auf den internen Zusammenhang der Vererbungsregionen für die Entstehung von Eigenschaften (Nägeli 1884 ibid.). Ähnliches gab später **Richard Benedict Goldschmidt**, Professor am Kaiser-Wilhelm-Institut für Biologie in

Berlin-Dahlem, immer wieder zu bedenken, nachdem schon das Gen als der Anlageträger formuliert war. Goldschmidt wandte noch in den fünfziger Jahren des 20. Jahrhunderts ein, dass die verantwortliche Vererbungsgröße nicht in einzelnen Genen zu sehen sei, sondern im ganzen Chromosom, wenn nicht gar Genom. In den Kapiteln zur Etablierung des Genbegriffes wird darauf eingegangen.

Nägeli kritisiert die Hypothesen von **Darwin** und **Haeckel**. Den Pleonasmus **Darwins** der *provisorischen Hypothese* sieht **Nägeli** als eine in zweiter Potenz hypothetische Vermutung an. Die Keimchen der Pangenesis seien falsch bezeichnet, wenn **Darwin** sie als Körnchen oder Atome identifiziere. Einzelne Kohlenstoffatome, einzelne Eiweißmoleküle könnten nicht Eigenschaften ihrer Herkunftszelle tragen, sondern behielten immer und überall ihre chemischen Eigenschaften. Zusammengesetzte Albuminate wiederum besäßen nicht die von **Darwin** angenommene Vermehrungsfähigkeit. Insgesamt könne daher die Pangenesishypothese Vererbung nur plausibel machen, wenn den Keimchen nicht physische, sondern metaphysische Qualitäten zugesprochen würden. Die Vorstellung einer unmittelbaren Entsprechung von Keimchen und Plasmaportionen führe die ganze Hypothese ad absurdum.

> *„Wir bedürfen, um die Erblichkeit zu begreifen, nicht für jede durch Raum, Zeit und Beschaffenheit bedingte Verschiedenheit ein selbständiges besonderes Symbol, sondern eine Substanz, welche durch die Zusammenfügung ihrer in beschränkter Zahl vorhandenen Elemente jede mögliche Combination von Verschiedenheiten darstellen und durch Permutation in eine andere Combination derselben übergehen kann"* (Nägeli 1884: 69ff).

Genau diese Forderung wurde mit der Beschreibung des Erbgutes als einer Erbinformation aus Basentripletts vier verschiedener, in wechselnden Kombinationen auftretender basischer Grundstoffe, eingelöst. Die heutige Molekulargenetik verwendet mit dieser Sicht eine Substanz, wie sie schon **Nägeli** verlangt, *„welche durch die Zusammenfügung ihrer in beschränkter Zahl vorhandenen Elemente jede mögliche Combination von Verschiedenheiten darstellen"* kann, *„um die Erblichkeit zu begreifen"*.

Es wird hier deutlich, dass eine rein theoretisch erdachte Beschreibung von Vererbung später experimentell in die Tat umgesetzt wurde, die die wissenschaftliche Vorstellung von Vererbung bis ins Allgemeinverständnis seither lenkt.

So wie **Nägeli** an **Darwins** Vorstellung eine direkte Korrespondenz zwischen partikulärem Erbträger und Zell- bzw. Körperregion ablehnt, so tritt er auch **Haeckel** entgegen. Dieser setze Bewegung und materielle Beschaffenheit derartig in eine kausale Beziehung, dass ein Molekül nicht nur Bewegung, sondern *„das ganze Wesen des Organismus in sich vereinigen soll"*. **Nägeli** kritisiert, dass **Haeckelsche** Plastidule für sich bestehende isolierte Gegebenheiten darstellen, um biogenetische Schwingungen zu erklären. Der damalige Stand der Chemie zeige aber, dass die Moleküle in den organischen Körpern nicht vereinzelt seien. **Darwin** und **Haeckel** hätten auf der Basis der damals noch jungen Atomvorstellung die organisierenden Kräfte der Vererbung im einzelnen Atom und Molekül erblickt. Die Micellenvorstellung dagegen mache dafür den „*organisirten*" Molekülverband verantwortlich.

> „Entweder sind die kleinsten Theilchen der Keimsubstanz in Folge besonderer und übernatürlicher Begabung die individuellen Träger der Eigenschaften des Ganzen und dadurch im Stande, diese Eigenschaften wieder ins Leben zu rufen, oder die kleinsten Theilchen sind gewöhnliche Moleküle, die bloss mit ihren natürlichen Kräften und Bewegungen ausgestattet sind und die einen specifischen Organismus nur dadurch hervorzubringen vermögen, dass sie der Entwicklung desselben durch ihre besondere Zusammensetzung mit Nothwendigkeit eine eigenthümliche Bahn anweisen" (Nägeli 1884: 81).

So zugespitzt ist sogar **Darwin** ein Metaphysiker und **Haeckel** ein Poet (Nägeli 1884: 75). Ein „*Kind ist die Resultierende aus Kraft und Stoff der Eltern und stellt seinem Wesen nach die geeinte Fortsetzung ihrer Ontogenien dar. Die Entfaltungsmerkmale des Kindes aber hängen ab von der Entfaltungsfähigkeit der Anlagen in dem gemischten Idioplasma, in welchem sich ein neues Gleichgewicht gebildet hat*" (Nägeli 1884: 540). Die Auffassung aller Genetik fasst ihr früher Theoretiker **Nägeli** zusammen in dem Satz. „*Nur in den idioplasmatischen Anlagen ist das vollständige Wesen der Organismen enthalten*" (Nägeli 1884: 275).

Selbiges erwartet man heute vom Gen.

IV. 5 Eine neue Perspektive für den Umgang mit Natur

Am 28. März 1865 war **Nägeli** geladen, vor der Königlichen Akademie der Wissenschaften Bayerns anläßlich der 106. Feier ihrer Gründung eine Festrede vorzutragen. Der Redner hält als das Wesentliche der neuen Wissenschaft fest: „*Wir tauschen die alte Poesie des Wunders an die neue Poesie der Gesetzmäßigkeit*" ein, „*dass auch der Ursprung und das Bestehen der Arten, dass der Anfang und die Existenz der organischen Welt durch die einfachen und allgemeinen Naturkräfte bedingt werden, dass das ganze materielle Sein nur Eines ist und auch in seinen complizirtesten Gebieten sich dem Prinzip der Causalität unterwirft*" (Nägeli 1865: 37). Ausgehend von seiner Überzeugung einer Generatio spontanea, der umstrittenen Urzeugung von Lebewesen, sagt Nägeli eine menschliche Imitation der Natur voraus. Wenn „*ausserhalb der Organismen die gleichen chemischen und morphologischen Processe stattfinden wie innerhalb derselben, dass sich eiweissartige und zuckerartige Stoffe bilden und dass aus ihnen sich eine Zelle organisire*", würden die Bedingungen für eine Urzeugung vorliegen. Aufgrund der Entdeckungen der Chemie seien „*mit Sicherheit*" eines Tages alle organischen Verbindungen im Labor herzustellen (Nägeli 1865: 13f).

Ansonsten ist die Rede ein Beispiel für ein *teleologisches* Argumentieren, in der sich ihr Autor zugleich vehement gegen ein solches von ihm als unwissenschaftlich angesehenes Verhalten verwendet. Zudem fordert Nägeli, die **Darwinsche** Nützlichkeitstheorie um ein Vervollkommnungsprinzip zu erweitern. **Darwin** lege das Gewicht der Umgebungseinflüsse nicht auf klimatische Verhältnisse, sondern auf die „*mitconcurrirende belebte Umgebung*". Gerade für die Entstehungszeit der ersten Lebewesen auf der Erde könne das Nützlichkeitsprinzip nicht verständlich machen, weshalb „*zusammengesetztere und höher organisirte Wesen sich entwickelten*". Denn Mitbewerber seien nicht vorhanden und die äußeren Bedingungen gleich gewesen.

Nägeli stellt sich einer Theorie richtungsloser Mutation entgegen. Denn Veränderungen seien nicht unbestimmt und gleichmäßig „*nach allen Richtungen*". Sie zielten stattdessen „*mit bestimmter Orientierung nach Oben, nach einer zusammengesetzteren Organisation*" (Nägeli 1865: 27).

Eine solche Um-zu-Erklärung ist am Ende des 20. Jahrhunderts von Erklärung durch Zufälligkeit verdrängt worden, in welcher Funktionalität die Rolle von Kausalität übernimmt, nicht nur in der Biologie, auch in der Medizin.

Wenn hingegen das Werden von Lebewesen nur unter Berücksichtigung einer Zieltendenz begriffen werden kann, dann müßte ein entwicklungsbestimmender „Erbfaktor" nach derselben Prämisse aufgefasst werden. **Nägeli** zieht diesen Schluss nicht explizit. Für ihn gestaltet das Nützlichkeitsprinzip die physiologischen Vorgänge. Es führe durch Summation geringer Unterschiede zur Entstehung der Arten. Das Vervollkommnungsprinzip dagegen veranlasse eine diskontinuierliche sprungweise Veränderung der Morphe. Alle Eigenschaften seien durch das „*Gesetz der Erblichkeit*" festgehalten (Nägeli 1865: 29).

Für die Nachwelt prophezeite er Düsteres. Ehemals sei die Physiognomie von Pflanzendecke und Tierwelt gestaltet gewesen durch ein selbständiges Auftauchen neuer Organisationsformen wie auch durch klimatische Wechsel. Zu seiner Zeit sei jede Revolution durchgreifender. Denn inzwischen sei es der Mensch, der sie mit Absicht und Intelligenz erzeuge. Kulturpflanzen ersetzten wildwachsende Pflanzen, Haustiere wilde Tiere. Durch Bevölkerungswachstum würden vor allem Raubtiere untergehen, sodann die größeren Gewächse. „*Selbst der deutsche Eichenwald* […] *scheint bestimmt, fast nur noch in der Sage und im Liede fortzuleben, und schließlich sterben die Arten zu Hunderten*" (Nägeli 1865: 36).

Nach dem Wechsel der Poesie erscheint eine alte Prosa im Naturverstehen.

IV. 6 Hertwig und Strasburger: Der Aufenthaltsort des Vererbungsplasmas

Nägeli zufolge ist das Idioplasma im Organismus ubiquitär verbreitet: Es durchziehe netzartig das Zellplasma, verlaufe in Zellwänden und -membranen und sei im Kern der Zelle konzentriert. Partikel lösten sich ab, träten ins Protoplasma ein und lagerten sich an seine kristallinen Körner an, um ihren erblichen Einfluss auszuüben. Den Befruchtungsvorgang hatte Nägeli theoretisch so dargestellt: Die parallelen Längsreihen von Micellen

> *„stehen seitlich in enger Berührung, so dass durch diesen Contact gleichsam Leitungen zwischen ihnen hergestellt werden, welche ähnlich wie Nervenleitungen funktionieren. Sowie nun das männliche System sich an das weibliche angelegt hat, so geht die Leitung aus einem System in das andere hinüber, und indem jede bestimmte Micellgruppe oder Anlage des weiblichen Systems mit der gleichnamigen des männlichen Systems gleichsam in Nervenverbindung sich befindet, so ist den sich ablösenden und hinüber wandernden Micellen des männlichen Systems der Weg, sowie der Ort der Bestimmung genau vorgezeichnet"* (Nägeli 1884: 222).

Die Anthropomorphie in Nägelis Bild ist nicht zu übersehen. Doch liegt die Beschreibung bereits nahe an der Vorstellung eines crossing-over mit Faktorenaustausch der benachbarten Tetradenfäden.

Im selben Jahr, in dem Nägeli seine *„Mechanisch-physiologische Theorie der Abstammungslehre"* veröffentlichte, teilten **Eduard Adolf Strasburger** in Bonn [(1844–1912); Professor für Botanik, 1869 Universität Jena, 1880–1912 Universität Bonn, 1891 Mitglied der Royal Society, 1891/1892 Rektor der Universität Bonn; Entdecker der Kernteilung pflanzlicher Zellen] und **Oskar Wilhelm August Hertwig** in Berlin [(1849–1922); lernte bei Haeckel, 1881 Professor für Anatomie der Universität Jena, 1888 Direktor des Anatomischen Instituts II der Universität Berlin; erkannte die Kernverschmelzung von Ei- und Samenzellkern am Seeigel] zytologische Befunde über Befruchtungsabläufe mit. Aus ihrer Entdeckung schlossen sie auf die Lage des hypothetischen Vererbungsstoffes. Strasburger hatte Pflanzen untersucht, Hertwig Tiere.

Beinahe zehn Jahre zuvor hatte **Hertwig** beobachten können, wie ein Samenfaden in ein Ei eindringt, der Kopf des Samenfadens zu einem Kern wird und mit dem Eikern verschmilzt (Hertwig 1875). 1885 schloss Hertwig, die Befruchtung müsse in einer Verschmelzung von geschlechtlich differenzierten Zellkernen bestehen und nicht das Protoplasma, sondern die Kernsubstanz sei der befruchtende Stoff. Daher sei zu folgern, *„dass die Kernsubstanzen zugleich die Träger der Eigenschaften sind, welche von den Eltern auf die Nachkommen vererbt werden"* (Hertwig 1885: 276). *„Die Ähnlichkeit der Kinder mit den Eltern* *muss vorzugsweise, wenn nicht ausschließlich, materiell erklärt werden, weil in dem kindlichen Organismus nachweislich eine innige Vermischung der von beiden Eltern herstammenden Zellkerne stattgefunden hat"* (Hertwig 1885: 276f Anm.2).

Aus den Befruchtungserscheinungen zieht *Hertwig* den entscheidenden Schluss für die Vererbungstheorie: Die Kernsubstanzen sind *„zugleich die Träger der Eigenschaften, welche von den Eltern auf ihre Nachkommen vererbt werden"*. Allein die Kernsubstanz sei der Stoff, *„welcher die Entwicklungsprocesse erregt"* (Hertwig 1885: 276).

Damit stellte sich das Problem der Vererbung als ein Problem des Charakters dieses Stoffes dar. Hertwig fragt: Wirkt der Befruchtungsstoff auch in *„gelöstem Zustand"*, oder nur *„organisirt"*? Ist die Befruchtung ein *„rein physiologischer"* oder bereits ein *„morphologischer Vorgang"*? Sein Grundgedanke lautet: Die von ihm beobachtete Kernsubstanz der Geschlechtszellen ist identisch mit dem von *Nägeli* theoretisch erschlossenen Idioplasma, mitsamt dessen Eigenschaften (Hertwig 1885: 286). Das Nuklein befruchte nicht nur, sondern vererbe auch die Eigenschaften (Hertwig 1885: 290). *Nägeli* hatte dem Idioplasma eine feste morphologische Struktur zugeschrieben. *Hertwig* schloss, auch das Nuklein befinde sich vor, während und nach der Befruchtung in einem organisierten Zustand. Daher sei die Befruchtung nicht nur ein chemisch-physikalischer Vorgang, sondern zugleich ein morphologischer. *„Geformte Teile des Spermakerns verbinden sich mit geformten Teilen des Kerns der Eizelle. Die Befruchtungsstoffe wirken als morphologische Theile, das heisst in organisirtem Zustand"* (Hertwig 1885: 291).

Das morphologische Moment sei für die Vererbung gegenüber dem chemischen und physikalischen das Entscheidende. *Nägeli* habe daher die Stoffe des Idioplasmas als Micellen bezeichnet. Erwiesen sei, daß die Vererbungsstoffe sich nicht in Lösung befänden, sondern geformt und organisiert seien.

Die Organisation des Stoffes scheint dauerhaft. Der Spermakern steht wie der Eikern in kontinuierlichem Zusammenhang mit den vorausgegangenen Kerngenerationen. Ihre Kontinuität sei niemals unterbrochen, Neubildungen fänden nicht statt (Hertwig 1885: 298). Die mütterliche und väterliche Organisation werde beim Zeugungsakt auf das Kind durch Substanzen übertragen, die ebenfalls organisiert seien. Die Organisation denkt sich Hertwig nach Art des Idioplasmas von Nägeli. Die Entwicklungsreihe der Lebewesen sieht er als nicht durch desorganisierte Zustände unterbrochen. Denn diese würden intermittierend Urzeugungen voraussetzen, während deren Organisationen neu entstehen.

Dennoch finden Wandlungen in der Organisation statt. Sie entfalten *„neue Spannkräfte"*. Bei der Kopulation, Entwicklung und Reifung der Geschlechtsprodukte bilden sich die Kernsubstanzen zwar um, aber lösen sich nicht auf. Die Art ihrer Wandlung bleibt daher ein offenes Problem (Hertwig 1885: 301f).

Hertwig konnte ein Argument für den grundsätzlichen Unterschied zwischen Nährplasma und Kern- bzw. Vererbungsplasma, den **Nägeli** eingeführt hatte, hinzufügen. **Hertwigs** Lehre von der *„Isotropie"* des Eies besagt, dass die im Ei enthaltene Dottersubstanz nicht wie das Kernplasma *„gesetzmäßig"* angeordnet sei. Die spätere Organisation des Lebewesens könne deshalb aus der Anordnung der Dotterkügelchen nicht abgeleitet werden.

Über den Ablauf der Befruchtung hatte auch **Strasburger** weiteres gefunden. Beide Kernfäden bestünden aus einem Gerüstwerk. Sie träten zwar unmittelbar zueinander, aber *„sie durchdringen sich nicht gegenseitig, sondern legen sich nur an einander. Es findet somit nicht ein Vermischen der Substanz der beiden Kernfäden statt, die beiden Gerüstwerke treten vielmehr nur in Contact ohne thatsächlich zu verschmelzen"* (Strasburger 1884: 84f). Es vermischten sich nur die Kernsäfte, gegebenenfalls auch die Kernkörperchen. **Strasburger** zieht aus seiner Beobachtung dieselbe Konsequenz wie **Hertwig**: *„Da das Kind somit nur durch Vermittlung des Zellkerns die Eigenschaften vom Vater erbt, so müssen in den Eigenschaften der Zellkerne die specifischen Charaktere des Organismus begründet sein"* (Strasburger 1884: 104).

In der Vererbung stehen sich folglich ein konservatives und ein mutatives Prinzip gegenüber. Dieses wirkt von außen auf den Organismus ein. Es ist nicht als solches in den Erbträgern angelegt, die von innen her erhaltend wirken und in festen Korrelationen zueinander stehen. *„Träger der erblichen Eigenschaften ist der Zellkern"* und besitze daher, so führt **Strasburger** aus, ein *„festes Gefüge"*. Zwar habe auch das ungeordnetere Zytoplasma insgesamt die Dignität von Idioplasma, jedoch nur *„zweiten Ranges"*. Der Zellkern verkörpere das *„starre, conservative Princip in dem Organismus"*, während das fügsame *„Cyto-Idioplasma [...] Organ der Anpassung"* sei (Strasburger 1884: 110f).

Auch Strasburger schlägt eine dynamische, nicht eine chemische erste Wirkung des Erbmaterials vor. Er sagt, die Wechselwirkung zwischen Zellkern und Zytoplasma sei eine *„dynamische, das heisst, sie findet ohne Stoffwanderung statt"*. *„Moleculare Erregungen"* pflanzten sich vom Kern in das umgebende Plasma weiter und beeinflussten den Stoffwechsel. Die molekularen Erregungen würden sogar die Specieseigentümlichkeit der Vorgänge garantieren. Umgekehrt könnten die vom Kern angeregten Entwicklungsvorgänge auf ihn zurückwirken. Das Zellplasma trete an den Kern heran, dringe zwischen die Windungen des

Kernfadens und veranlasse ihn zur Teilung. Jedes in der Entwicklung folgende Organ sei das „*Resultat der stoffbildenden Thätigkeit der vorausgehenden Organe*" (Strasburger 1884: 111ff).

IV. 7 Weismann: Determinanten und Biophoren

Die Frage nach der Natur des Erbgutes, nach den Modalitäten seiner generationsweisen Weitergabe und seiner Verwirklichung zu *Eigenschaften* hat zu einer neuen Vorstellung geführt: Erbe wird als ein stoffliches Material angesehen. Aus der Faktorenanalyse dieses Materials erwartet sich der Biologe Aufschluss über die Entstehung der Formen des Lebewesens. Da man eine physikalisch wirksame Kraft vermutet, soll diese in der Begrifflichkeit der aktuellen Naturwissenschaft formuliert werden. Der zugrundeliegende Naturbegriff hat sich gewandelt. Die unmittelbare Selbsterfahrung wird als Erkenntnisquelle abgelehnt. Natur wird nicht mehr als ein Selbstsein erfahren, das dem Menschen von dem ihm eigenen Selbst her erschließbar wäre. Die Natur wird zu einem vermeintlich *reinen*, d.h. bar jeder Anthropomorphie erfassbaren, *realistischen* Objekt. Deduktive Ansätze der Identitätsphilosophie werden zurückgewiesen. Die Faktoren der Vererbung werden in den Prämissen der Mechanik, Chemie und Physiologie gesucht, welche Bewegungsabläufe als Funktionen stofflicher Gesetzmäßigkeiten deuten. Der Erbfaktor ist ein chemisches Agens, das über morphologische, will sagen gestaltbildende Fähigkeiten verfügt und sich in einem festen Ordnungsverhältnis zu den anderen Erbfaktoren befindet. Die Erbfaktoren beeinflussen Wachstums- und begleitende Ernährungsprozesse der Körpersubstanz. Da der darwinistische Wettbewerb um Selektionsvorteile auch an der Ernährung dieses Plasmas angreift, beeinflusst er sogar die hypothetischen Erbfaktoren. Sie liegen im Zellkern, sind bis ins Zytoplasma beweglich und bewahren die Stabilität der Form mittels Anlagen. Der Zeitpunkt der Verwirklichung jeder Anlage wird durch ein phylogenetisches Gedächtnis vorgegeben. Über seine Natur besteht Unklarheit.

Hertwig hatte darauf hingewiesen, daß die Kerngenerationen kontinuierlich in Verbindung stehen müssten, damit die Organisation der Vorfahren auf ihre Nachfahren übertragen werden könne. Diese Gegebenheit müsse also auch im Vererbungsplasma ihren Niederschlag finden. Eine Theorie dafür gibt **August Friedrich Leopold Weismann** (1834–1914) in einem Modell des Keimplasmas. Seine Lehre veränderte sich im Lauf der Jahre wie die Anschauungen der Forschung. Zu Beginn hatte er eine Ausbreitung des Keimplasmas durch die ganze Zelle angenommen und sich darin **Nägeli** angeschlossen. Später beschränkte er das Keimplasma auf den Zellkern.

Weismann lehrte als Professor der Zoologie an der Universität von Freiburg im Breisgau. Er sah die Kontinuität des Keimplasmas in der Fortpflanzung durch eine „*Keimbahn*" begründet, in der ein unsterbliches Ahnenplasma erhalten bleibe. Es unterscheide sich damit vom Somatoplasma höherer Organismen, das mit ihrem Tod zugrundegehe. „*Potentiell*" unsterblich sei hingegen der Einzeller, der sich durch Zweiteilung seines Zelleibes vermehre und an beide Tochterzellen dasselbe Erbgut weiterreiche.

Die Vererbungstheorie eignet sich auch die Vorstellung der Unsterblichkeit an; dieses Wichtigste, das dem Wesensbegriff entspringt, teilt sie dem stofflichen Erbmaterial zu. Durch die Vorstellung radikaler Mutabilität aller Art und Eigenschaft wird freilich auch der Wesensbegriff für das Lebewesen fallengelassen; dies zichtet Konsequenzen für das ethische Selbstbildnis, das der Mensch sich zu geben vermag.

Weismann fragt: „*Wie kommt die einzelne Zelle dazu, das Ganze mit ‚Portrait-Ähnlichkeit' reproduzieren zu können?*" (Weismann 1885: 197). Wie kann sie „*die sämmtlichen Vererbungstendenzen des gesammten Organismus in sich vereinigen?*" (Weismann 1885: 200). Die Antwort seiner Lehre ist: Es besteht nicht eine Kontinuität der Keimzellen, sondern des Keimplasmas. Mit diesem Begriff und seiner Entfaltung will Weismann grundsätzlich klären, ob „*Selectionsprozesse allein die Entwicklungsprozesse der Organismenwelt*" bestimmen, oder ob erworbene Veränderungen, die „*durch die Fähigkeit der Organe selbst*" entstehen, die maßgebliche Rolle im Vererbungsgeschehen spielen (Weismann 1895: VI).

Weismann hebt vom Idioplasma als dem eigentlichen Keimplasma ein „*histogenes*" Kernplasma ab. Im Keimplasma seien alle Anlagen zur Arterhaltung aufbewahrt. Das histogene Kernplasma sei durch Zerlegung des Keimplasmas entstanden und enthalte nur Bruchstücke desselben. Weismann bedenkt, dass sich bei jeder Keimzellverschmelzung das Ahnenplasma verdoppeln müßte, wenn die Keimzelle das komplette Erbmaterial ihrer Ahnenreihe enthielte. Er nimmt daher an, dass bei den Reifeteilungen der Keimzellen eine Reduktionsteilung eintritt, in der sich die Mutterchromosomen ungeteilt auf der Äquatorialplatte in zwei Gruppen anordnen, ehe sie auseinanderweichen, so dass die Tochterzellen nur den halben Chromosomensatz enthalten. Alle anderen Zellteilungen seien Äquationsteilungen, wobei die Chromosomen durch eine Längsspaltung exakt halbiert würden. In den vorangegangenen Reifeteilungen sieht Weismann die individuelle Variation gegeben. Die Chromosomenzahl der Zellen reduziere sich auf die Hälfte und werde zu verschiedenen Anteilen auf die Tochterzellen verteilt. Deshalb enthielten die Keimzellen zuletzt je nach Anordnung der Chromosomen verschiedene Ahnenplasmen. Erst bei der Befruchtung könnten die auf solche

Weise weitergegebenen Ahnenplasmen erneut zu einem vollständigen Erbgut kombinieren.

Mit dieser Auslegung muss Weismann, ohne dass zu seiner Zeit der Genbegriff bereits entwickelt gewesen wäre, als ein Urheber der heute für gültig befundenen Chromosomentheorie der Vererbung gesehen werden.

Als Materialist leitet Weismann den Kraftbegriff vom Materiebegriff ab: *„Alle Kraft ist an Materie gebunden"* (Weismann 1885: 275). Folglich enthält Keimplasma für ihn die Kraft der Entwicklung. Keimplasma sei eine Materie, *„deren beherrschende Organisation den Aufbau des Embryos durch Umwandlung blossen Nährplasmas zu Stande bringt"* (ibid.).

Schon zwei Jahre vor Veröffentlichung seiner grundlegenden Schrift *„Die Continuität des Keimplasmas"* deutete er auf den inneren Zusammenhang der Erbsubstanz: Es gebe keine einzelnen und voneinander geschiedenen Träger der erblichen Eigenschaften, denn das erkläre nicht, wie solche Moleküle die Anordung des Keimplasmas beibehalten können (Weismann 1883: 16). Denn Vererbung beruhe auf der Kontinuität der *„Keimmoleküle"* durch die Generationen hindurch (Weismann 1892c: 76). Sie wüchsen und ernährten sich gleich den sonstigen Zellbestandteilen, doch im Lauf der Entwicklung veränderten sie sich nicht.

> *„Wie wir allen Plasma- Molekülen die Fähigkeit zu wachsen, d.h. Nahrungsstoffe zu assimilieren und sich durch Theilung zu vermehren, theoretisch zuerkennen müssen, so werden auch die Moleküle des Keim-Plasma's unter günstigen Ernährungsbedingungen wachsen und sich vermehren können, ohne dass aber dadurch schon ihr Wesen geändert, ohne dass also dadurch die Vererbungstendenzen, deren Träger sie sind, geändert würden"* (Weismann 1892c: 82).

Mit dieser Setzung über das Erbmaterial gewinnt er die Möglichkeit, **Darwins** Pangenesisprinzip für die Keimmoleküle zu verwenden. *„Man braucht blos anstatt Moleküle ‚Keimchen' zu sagen, so hat man den Grundgedanken der Darwin'schen Pangenesis"* (Weismann 1892c: 86). Daraus folgt weiter, dass das Keimplasma der Selektion untersteht. Wenn man *„alle im Laufe der Ontogenese eintretenden Differenzierungen von der chemischen und physikalischen Molekülarstruktur abhängig denken"* muss, ergibt sich: *„Variationen in der Molekülarstruktur der Keimzellen werden bei jeder Art stets vorkommen und müssen durch Selection gesteigert und fixiert werden können"* (Weismann 1892c: 89). Bei Veränderung der Lebensbedingungen wird sich jedes Individuum *„entsprechend seinen Kräften"* den neuen Bedingungen anpassen. *„Das Mass dieser Kräfte aber beruht eben auf der Keimesanlage, und sobald dann Selection eintritt, so findet sie nur scheinbar zwischen den ausgebildeteten Individuen, in Wahrheit aber zwischen den stärkeren und schwächeren Keimesanlagen statt"* (Weismann 1892c: 96).

Weismann bereitet hier den Gedanken vor, dass die **Darwinsche** Selektion auf die Gestaltungskräfte des Lebewesens selbst einwirkt, auf das, was später als Gen ausgegrenzt wird. *„Dann operirt also die Naturzüchtung nur scheinbar mit den Qualitäten des fertigen Organismus, in Wahrheit aber mit den in der Keimzelle verborgenen Anlagen dieser Eigenschaften"* Weismann 1892c: 119). Er glaubt sogar, *„dass alle Instinkte rein nur durch Selection entstehen, dass sie nicht in der Uebung des Einzellebens, sondern in Keimesvariationen ihre Wurzel haben"* (Weismann 1892c: 104).

Die Theorie des Keimplasmas als einer im Inneren des Lebewesens verborgenen Entität von Molekülen, auf die das gesamte Werden und der Eigenschaftsbestand der Organismen zurückzuführen seien, stiftet eine neue Metaphysik. Sie grenzt in zuvor ungekannter Definition ein jenseitiges Prinzip aus, aus dem die Eigentlichkeit der Lebewesen begründet werden soll und bereitet einem neuen Paradigma den Weg.

> *„Wollte man aber meine Erklärung deshalb zurückweisen, weil sie in das Dunkel des Keimplasmas hinabsteigt, von dessen Bau und Lebensvorgängen wir direct Nichts erfahren können, so bedenke man, dass die Wurzel der Veränderungen nirgends anders liegen kann, als hier, dass wir uns also irgend eine Vorstellung davon bilden müssen, wollen wir nicht auf ein tieferes Eindringen in die Räthsel der Phylogenese ganz verzichten"* (Weismann 1892c: 17).

Weismann stellt sich das Keimplasma als ein *„Ahnenplasma"* vor; er bezeichnet es außer als *„Biophorengruppen"* vereinzelt auch als *„Id"*. Es sei aus Untereinheiten aufgebaut, die weder als *„kleinste Lebenstheilchen"* wie **Spencers** physiologische Einheiten aufgefasst werden dürften (Weismann 1892a: 16), noch als Pangene und Gemmulae im Sinne **Darwins**. Denn sie würden nicht in den Körperzellen erzeugt und nicht in den Fortpflanzungszellen gesammelt. Das Keimplasma sei vielmehr eine *„eigens dazu bestimmte Substanz"*, die sich nicht immer wieder neu zusammensetze, sondern sie *„wächst nur, vermehrt sich und überträgt sich von einer Generation auf die andere"* (Weismann 1892a: XII). Es sei aufgebaut aus *„gleichwerthigen Lebenseinheiten"*. Sie könnten nicht *„chemische"* Moleküle sein, da solche nicht imstande seien zu assimilieren und sich zu vermehren. Weil sie *„Grundkräfte des Lebens"* seien, müsse für sie ein eigener Name gewählt werden: *„Lebensträger"* oder *„Biophoren"* (Weismann 1892a: 52f). Diesen Faktoren, ursächlich für Vererbung, spricht Weismann Eigenschaften zu, wie sie für Lebewesen aufs Ganze bekannt sind, Stoffwechsel, Assimilation, Wachstum und Vermehrung (ibid.). Weismann lehnt sich für den Begriff des Biophors an **Haeckels** Plastidultheorie an. Die Deutung des Vererbungsträgers ist in gewisser Weise vitalistisch. Das Keimplasma sei ein

„Magazin von den verschiedenen Biophoren-Arten, welche in den betreffenden Zellkörper eintreten und ihn umgestalten". Gewebsspezifische Biophoren veränderten die anfänglich noch undifferenzierte Embryonalzelle zu Nerven, Drüsen und Muskelzellen und vermehren sie (Weismann 1892a: 65). Jede Zellgruppe sei ein *„Vererbungsstück"*, eine *„Determinate"*, der ein *„Bestimmungsstück"* im Keimplasma als *„Determinante"* gegenüberstehe (Weismann 1892a: 76). Die Architektur des Keimplasmas sei *„historisch überliefert".* Seine Lebenseinheiten seien hierarchisch gestaffelt. Mehrere Biophoren bildeten Determinanten, die ebenfalls gruppenweise organisiert seien, die Ide. Dieser Name solle Anklang nehmen an **Nägelis** Idioplasma (Weismann 1892a: 82ff).

Als nächstes muss **Weismann** erklären, auf welche Weise die Hierarchie der Biophoren das heranwachsende Lebewesen entstehen läßt. In der Embryonalentwicklung werde das Keimplasma-Id fortlaufend in kleinere Determinantengruppen zerlegt, die immer einfacher aufgebaut seien und weniger Determinanten enthielten. Drei Einflussgrößen wirkten auf den Vorgang der Differenzierung ein: die *„Architektur"* des Keimplasmas, eine unterschiedliche Vermehrungsgeschwindigkeit jeder Determinante und eine Anziehungskraft bestimmter Determinanten untereinander, die ihnen aufgrund ihrer spezifischen Natur als Lebenseinheiten zukomme. Ein Chromosom setze sich aus einer ganzen Reihe von Iden zusammen (*Idant*). Bei der Kernteilung werde jedes Id in zwei identische Hälften zerlegt, die gleichmäßig auf die Tochterzellen verteilt würden. Bei Regenerationsprozessen erhielten die Teilungszellen die gleichen Determinanten wie die Mutterzellen. Hingegen würden in den Zellteilungen der Embryonalperiode verschiedene Determinanten-Kombinationen verteilt. Die Entwicklung in die Gewebevielfalt ergebe sich aus einer normierten Reifung der Determinanten mit festgelegten Inaktivitätsphasen für jede Determinante (Weismann 1892a: 86–95). Mit seiner Vorstellung einer Zweiteilung der Ide zu gleichartigen Tochteriden nennt Weismann bereits ein Prinzip identischer Reduplikation, das später seinen Niederschlag in einer Doppelhelix mit Genen findet. Die Annahme von Aktivität und Inaktivität der Determinanten, die nachmals ebenfalls in Modellen der Genaktivierung anzutreffen ist, kann auch als eine teleologische Komponente seiner Theorie gelesen werden. Denn **Weismann** denkt Entwicklungsprozesse auf ein Ende hin, das er durchaus auch teleologisch verankert: Jede Determinante gelange *„an den ihr bestimmten Platz im Körper"* (Weismann 1892a: 100).

Weismann ist von einer rein naturgesetzlichen Formulierung der Phänomene noch entfernt, wenn er zum Ausdruck bringt, dass über die *„Kräfte, welche in und zwischen den Biophoren walten, noch so gut wie Nichts"* bekannt sei, denn *„es*

87

giebt noch eine ganz andere Art der Correlation, darin bestehend, dass die Abänderung eines Theils die eines anderen nach sich zieht, der in keinem anatomischen oder auch nur funktionellem Zustand mit ihm steht" (Weismann 1892a: 113f). Das Id sei *„nicht ein Miniaturbild des Körpers, sondern ein Bau ganz eigener Art"*, dessen Baueinheiten so zueinander angeordnet seien, *„wie sie zunächst in der Ontogenese gegen ihr Endziel hin"* weiter befördert würden.

> *„Es sind keine Abbilder der fertigen Theile, welche das Keimplasma zusammensetzen, es sind nicht einmal Theilchen, welche ausschließlich für die Bildung der entsprechenden Theile des fertigen Körpers vorhanden sind. Ein jedes von ihnen (den Biophoren und Determinanten) nimmt vielmehr an vielen andern der vorhergehenden Entwicklungsstadien auch einen gewissen und zwar bedeutsamen Antheil, indem es die Architektur jeder Id-Stufe mit bestimmen hilft und somit auch die weitere ontogenetische Vertheilung der Determinanten auf die weiteren Zellstufen. […] Es sind Theilchen, von deren Beschaffenheit die Beschaffenheit des correspondierenden Theils des fertigen Körpers abhängt"* (Weismann 1892a: 121).

In der Weise dieses geistigen Ringens um vererbungbestimmende Faktoren, mit den Festlegungen über das, was sie umfassen sollen und was dabei außer Acht zu bleiben hat, wird das Fragekonzept vorbereitet, aus dem sich dann das „Gen" als der Faktor der Vererbung herauskristallisiert.

Die These von der Kontinuität des Keimplasmas fordert, dass die Keimzelle des Kindes dieselben Ide enthält, *„welche in der Keimzelle enthalten waren, aus welcher der Elter sich entwickelte"* (Weismann 1892: 241). **Weismann** denkt sich das Keimplasma so, dass es sich mit der Entwicklung des Lebewesens ebenfalls verändert. Es leitet den zellulären *„Teilungsprocess der Ontogenese"*, wobei es selbst *„sich in gesetzmässiger Weise verändert"*. Dennoch müßten auch die Keimzellen des Kindes wieder denselben Inhalt besitzen, wie die seiner Eltern. Diese Schwierigkeit behebt der Autor durch die Annahme, dass nur ein Teil des Keimplasmas *„direkt"*, ohne Änderung seiner Zusammensetzung auf die Keimzellen der Nachkommen übertragen werde. Er bleibe während der gesamten Ontogenese unverändert, weil er in einer eigenen Keimbahn weitergegeben werde. Er befinde sich in einem *„inaktiven Zustand"* und verteile sich bei den Zellteilungen der Organogenese *„nicht in Gruppen in die Tochterzellen"*. Vom Stadium des Einzellers bis zum Urkeimzellen entwickelnden Vielzeller werde eine gewisse Portion des Keimplasmas identisch weitergereicht, welche alle Qualitäten anlagemäßig enthalte, ohne sie zu verwirklichen. Sie werde *„passiv den Urkeimzellen zugeführt"* (Weismann 1892a: 253). Der aktive Teil des Keimplasmas scheide sich davon während der Ontogenese ab und verursache die gewebliche Differenzierung. Die gewebespezifizierenden Kräfte wirkten sich erst aus, *„wenn die Substanz des Keimplasma's zerlegt und ihre Bestandtheile, die Determinanten, neu gruppiert werden"*, wie es für das jeweilige Organgewebe erforderlich sei

(Weismann 1892a: 268). Weismann nimmt an, dass sich die Spaltungen der Determinantengruppen so lange fortsetzen, *„bis nur noch eine Determinantenart in der betreffenden Zelle vorhanden ist"*. Die übrigen Gruppen würden sich nach ihrem eigenen Rhytmus vermehren und die Architektonik des Ids verändern, wodurch die weiteren Zerlegungen vorausbestimmt seien (Weismann 1892a: 296).

Modern mutet die Aussage an, *„das Keimplasma des durch Vereinigung der Geschlechtskerne gebildeten ‚Copulationskerns' besteht zur Hälfte aus Idanten der Mutter, zur Hälfte aus solchen des Vaters, und diese Combination zweier Vererbungssubstanzen leitet nun die Ontogenese"* (Weismann 1892a: 307).

Weismann kann nicht angeben, woraus letzten Endes die Dominanz bestimmter Erbfaktoren des einen Elternteils gegenüber der Rezessivität der anderen abzuleiten wäre. Er nimmt einen Kampf der Erbteilchen an und bleibt hierin in **Darwins** Vorstellungswelt: *„Der Bau des Kindes ist das Resultat des Kampfes sämmtlicher im Keimplasma enthaltenen Ide"* (Weismann 1892a: 340). Eine Determinante löse sich in ihre Biophoren auf, die in das Zellplasma einwanderten, sich vermehrten und die Zellstruktur gestalteten. Die einander entsprechenden väterlichen und mütterlichen Determinanten nennt er *„homolog"* (Weismann 1892a: 346) *„Sie zielen auf die Bestimmung derselben Körperstelle hin"*, könnten aber trotzdem *„heterodynam"* sein und verschiedene Mermale an derselben Stelle intendieren. *„Sobald also in demselben Zellkörper solche bestimmenden Biophoren einwandern, welche in ihrer Wachsthumsenergie nicht ganz gleich sind, wird ein Kampf der Theile [...] entstehen müssen, in welchem der Stärkere siegt und der Schwächere mehr oder weniger unterdrückt, ja völlig beseitigt wird"* (Weismann 1892a: 349).

Weismann wendet **Darwins** Vererbungsmechanismus sogar auf sich selbst an: *„In meinem Fall scheint nicht das ganze Gehirn der Mutter gefolgt zu sein, denn in dem betreffenden Charakter kommen auch sehr prägnante väterliche Züge vor"* (Weismann 1892a: 371). *„Es kann der Intellekt von der Mutter, das Wollen vom Vater stammen, die dichterische Begabung von der Mutter, Selbstlosigkeit vom Vater sich miteinander verbinden, und Alles dies in einem Schädel enthalten sein, dessen, Form wesentlich der einen der Eltern gleichtue"* (Weismann 1892a: 377). So sei der Kampf der *„beiden homologen Anlagen von Vater und Mutter"* eine *„Ganomachie"*. **Weismann** nennt hier einen Begriff, der vom Wortlaut an **Platons** Gigantomachie erinnert, die Riesenschlacht um das Sein. Für Weismann endet der Kampf homologer elterlicher Anlagen *„mit dem Untergang, dem völligen Aufgezehrtwerden (Gamophagie) des einen"*. Diesen Begriff habe er **Josef Müllers** Werk „Über Gamophagie, ein Versuch zum weiteren Ausbau der Theorie der Befruchtung und Vererbung" aus dem Jahr 1892 entlehnt.

Nachdem Lebewesen nicht als Geschöpfe, sondern als evolutionistisch variable Einheiten aufgefasst waren, die aus rein materieller Herkunft zu verstehen seien, musste für die Seite der organischen Substanz gegenüber dem unbelebten Stoff ein neues Prinzip dargestellt werden. Für dieses boten sich nun Vorstellung und Begriff eines Plasmas an, als eines Substrats, auf das dessen eigene Art biologischer Kausalität zurückzuführen sei, und welches sowohl die Eigentümlichkeit der belebten Materie gegenüber der unbelebten als auch den dunklen Entstehungsgrund der Lebewesen in sich vereinige.

Wissenschaftsphilosophierend warnt *Weismann* drei Jahre später in „*Neue Gedanken zur Vererbungslehre*" davor, zu vergessen, daß Begriffe wie „*Atom*", „*Weltäther*", „*Elemente*" nur Symbole sind „*für das, was wir nicht wissen*" (Weismann 1995: VI).

Hier scheint sich der Wissenschaftler einer Gefahr bewusst, zu glauben, wissenschaftliche Formalisierung erfasse die Gesamtwirklichkeit.

IV. 8 Weigert: Aktivierung von Anlagen

1887 gab **Carl Weigert** (1845–1904), Professor der Pathologie und Direktor der Senckenbergischen Stiftung in Frankfurt, in seiner Schrift „Neuere Vererbungstheorien" einen Überblick über die Theorien von **Darwin**, **Haeckel**, **Nägeli** und **Weismann** und ließ vor allem **Weismanns** Sicht gelten. **Weigert** stellte der Forschung seiner Zeit ein heute noch ähnlich aktuelles Problem, wenn er fragt: „*Unter welchen Umständen*" wird die „*schlummernde Keimplasmawirkung*" geweckt? Denn es erhebe sich mit der Anlagetheorie eines in Iden geordneten Keimplasmas, dessen Anlagen durch materielle Bewegungsabläufe der Biophoren zu vorbestimmten Zeiten verwirklicht würden, folgende Schwierigkeit: Woraus entstehen die unterschiedlichen Aktivitätszustände der als selbsttätig angenommenen Vererbungssubstanz? Was ruft den Übergang vom Passiven ins Aktive und umgekehrt hervor, so dass eine gewebliche Differenzierung resultiert? Weigert interpretierte **Weismanns** Keimplasma gleichwie epigenetisch. Der Keim enthalte nicht Anlagen,

> „*sondern nur die Anlagen zu den Anlagen, oder eigentlich zu den Anlagen der Anlagen …, wobei man sich das Wort Anlagen so oft wiederholt denken muß, als Zwischenstufen zwischen dem Keime und den fertigen Gebilden vorhanden sind*" (Weigert 1887: 103).

Eine Anlage sei eine „*Wachstumstendenz*". Tendenzen seien nicht „*reell*", sondern „*potentiell*" in der Substanz der Vererbung enthalten. Während **Weismann** die Verifizierung eines Merkmals von der Zahl dessen Anlagen im Idioplasma abhängig mache, sieht **Weigert** eine noch unterschiedliche „*Energie*" der einzelnen Anlagen gegeben, eine *„idioplastische Kraft"* geringeren oder größeren Ausmaßes. Die Folge sei, dass die idioplastische Wirkung ganz oder teilweise erlöschen könne. Dass rote Blutkörperchen bei voller Funktionsfähigkeit keine Zellkerne mehr enthalten, nimmt **Weigert** als Beispiel für einen völligen Schwund einer ehemals gegebenen idioplastischen Wirkung, die im Normalfall zu einer vollständigen kernhaltigen Zelle führt. Als Exempel für nur eine noch bruchstückhaft verbliebene idioplastische Wirkung nennt er die Regeneration der Ganglienzellen des Zentralnervensystems. Im Gegensatz dazu bleibe im Ersatz des abgetrennten Schwanzteiles bei Eidechsen die gesamte idioplastische Kraft wirksam (Weigert 1887: 89–104).

Nach **Weigert** erfordert die Lehre vom Idioplasma die Annahme einer eigenen Gesetzlichkeit. Diese sei im ganzen Reich der organisierten Wesen dieselbe. Für die Vererbungsforschung stellt sich somit die Aufgabe, nach allgemein für alle Lebewesen bestehenden Grundgesetzen in dem wie beschrieben terminierten Idioplasma zu suchen.

IV. 9 De Vries: Intrazelluläre Pangenesis

Auch der Direktor des Botanischen Gartens von Amsterdam und Professor für Pflanzenphysiologie **Hugo De Vries** (1848–1935) kritisierte an **Weismann**, dass *„uns die Theorie des Keimplasmas bei der Erklärung der Organdifferenzierung im Stich läßt"* (De Vries 1889: 110). Nicht die Organismen, sondern die Zellen seien die Einheiten der Erblichkeitslehre. Unter Konzentration der Pangene nur auf die Zelle sollte jetzt die Hypothese von Pangenen die Annahme eines Keimplasmas überflüssig machen. **De Vries** hatte sich seit einigen Jahren mit dem Problem der Mutation beschäftigt und war darauf gestoßen, dass die einzelnen Erbeigenschaften unabhängig voneinander variieren. Er teile deswegen die seit **Darwin** *„herrschende Ansicht"*, dass die *„erblichen Eigenschaften einer Art"* als *„prinzipiell selbständige Einheiten"* anzusehen sind.

Forschungsziel sei eine mechanisch-materialistische Vererbungslehre, welche Vorgänge im Protoplasma *„aus der Gruppierung seiner Moleküle und aus der Zusammensetzung dieser letzteren aus Atomen"* ableite. Diese Erklärung der Lebenserscheinungen sei *„endgültig"* (De Vries: 1889: 34). Die Existenz von Lebewesen sei zurückzuführen auf die *„chemischen Eigenschaften, welche das Kohlenstoffatom bei unserer Erdtemperatur hat"*. Bei allem Physikalismus merkte **De Vries** dennoch eine weitere Kategorie an: Neben physikalisch und chemisch definierter Gesetzmäßigkeit seiner Merkmale sei die Eigentümlichkeit des Protoplasmas auf die im geschichtlichen Entwicklungsverlauf entstandene Besonderheit zurückzuführen.

Da die Vererbungsforschung ihre Aufmerkamkeit auf die Zelle zu richten habe, seien die Stammbäume von Zellen zu betrachten. Hierfür griff De Vries **Weismanns** Unterscheidung von Keimplasma und Somatoplasma auf und schlug vor, die Generationsfolgen körperlicher Zellen gegenüber Keimbahnzellen „*somatische Bahnen*" zu nennen (De Vries 1889: 86). Er legte fest: „*Nie entsteht, nach meiner Definition, eine Keimbahn aus einer somatischen Bahn*" (De Vries 1889: 88).

Erblichkeit ist somit auf den Begriff der Keimbahn zu beziehen. **Weismann** hatte den Gedanken geäußert, die Naturzüchtung setze nur scheinbar an den Qualitäten des fertigen Organismus an, sondern verändere stattdessen die in den Keimzellen verborgenen Anlagen dieser Eigenschaften. **De Vries** übernahm den Gedanken und die Formulierung **Weismanns** und führte die Vorstellung sogar auf **Darwin** zurück. Denn auch dieser nehme für die Weitergabe eines Charakters und dessen nachheriger Entwicklung im Lebewesen gesonderte Vermögen in der erblichen Substanz an.

Die Generationsfolge von der befruchteten Eizelle bis zu den neuen Keimzellen bezeichnete **De Vries** als „*Hauptkeimbahn*". Sie gebe „*wohl stets auf ihrer ganzen Länge somatische Zweige ab*" (De Vries 1889: 90). Nur bei Pflanzen und niedrigeren Tieren kämen auch Nebenkeimbahnen vor. Die Hauptkeimbahn verästele sich in einer Weise, dass die Mehrzahl der somatischen Bahnen nicht dem Hauptstamm der Keimbahn, sondern „*Keimbahnästen*" entspringe. In diesem Bereich träten Übergänge zwischen den beiden Arten der Keimbahnen auf.

De Vries war später einer der Wiederentdecker der Vererbungsregeln **Mendels**, die nach ihrer Veröffentlichung im Jahr 1865 weithin unbeachtet geblieben waren. Noch vor ihrer Kenntnis entwickelt De Vries ähnliche Vorstellungen über etwaige Gründe der Erblichkeit: 1. Eine Art ist zusammengesetzt aus einzelnen *Faktoren*, den *erblichen Eigenschaften* oder *Anlagen*. 2. Verschiedene Arten von Lebewesen entstehen in den ihnen gemeinsamen Anteilen aus denselben Einheiten. 3. Da die Einheiten selbständige Wesenheiten sind, sind sie zeitlich getrennt voneinander entstanden. Sie sind unbhängig voneinander, in jedem Verhältnisse miteinander mischbar und können jede für sich in beliebigem Grad ausgeprägt sein, sowie einzeln verloren gehen (De Vries 1889: 31–33).

De Vries schloss sich **Darwin** an, der für Erbeigenschaften eine stoffliche Grundlage angenommen hatte, und folgte ihm durch die Bezeichnung *Pangene*. Diese „*lebendige Materie*" besitze unsichtbare Eigenschaften, die verantwortlich seien für die sichtbaren Merkmale. Die biologisch gedachten Hauptattribute des Lebens: Assimilation, Ernährung, Wachstum, Vermehrung durch Teilung, „*müssen wir einfach in sie verlegen, ohne sie erklären zu können*" (De

Vries 1889: 70). **De Vries'** Annahme von molekular gestalteten Pangenen deckt sich mit **Weismanns** Begriff keimplasmatischer Biophoren. Insgesamt aber dachte **De Vries** noch 1889 pangenetisch wie **Darwin**: Die gesamte „*lebendige Materie des Kindes ist aus denselben Pangenen aufgebaut, als die seiner Eltern*". **De Vries** deutete die Entwicklungsreihe insgesamt pangenetisch. **Weismann** hingegen wollte die unmittelbare materielle Kontinuität nur auf das Keimplasma der Keimzellen beschränken — eine Auffassung, die sich später in der Gentheorie durchsetzte.

Die Pangenesis-Vorstellung nach **De Vries** nahm an, „*die lebendige Materie des Kindes*" sei „*aus denselben Pangenen aufgebaut [...] als die seiner Eltern*". Vererbung geschehe dadurch, dass bei der Zellteilung „*alle vorhandenen Arten von Pangenen auf die beiden Tochterzellen übergehen*". Die Pangene könnten „*bei ihren successiven Theilungen ihre Natur mehr oder weniger ändern*", so dass neue Arten von Pangenen entstünden (De Vries 1889: 73), also Mutabilität.

Nach **De Vries** verläuft der Strom von Keimchen trotz allem nicht mehr wie bei **Darwin** durch den ganzen Organismus, sondern bleibt auf jede einzelne Zelle beschränkt. Zwar bestehe das gesamte lebendige Protoplasma aus Pangenen, doch würden sich die Pangene des Zellkerns nur während der Kernteilung aktiv verhalten. Ansonsten ernährten und vermehrten sie sich in Vorbereitung auf die nächste Teilung der Zelle, ohne erblichen Einfluss auf die Zelltätigkeit zu nehmen (de Vries 1889:211).

Ein Pangen sei eine Partikel, die aus „*zahllosen*" Molekülen bestehe. Ihre Wirksamkeit aber sei „*anderer Ordung wie die chemischen Moleküle*". **De Vries** stellte bereits an dieser Stelle, in der Frühzeit genetischer Theoretisierung, eine Transport-Hypothese auf, die der späteren Vorstellung von einem unidirektionalen Informationsfluss ähnelt: Die Weitergabe von erblichen Aktivitäten könne nur als „*eine Übertragung der erblichen Eigenschaften vom Kern auf das Cytoplasma stattfinden*". De Vries führte die Vielfalt der Lebewesen theoretisch zurück auf Kombinationen einer „*verhältnismässig geringen Anzahl von Faktoren*" (De Vries 1889: 188f). Im Kern seien alle Arten von Pangenen der betreffenden Species versammelt, „*im übrigen Protoplasma in jeder Zelle aber wesentlich nur diejenigen, welche in ihr in Thätigkeit gelangen sollen*" (de Vries 1889: 195). Zur Frage nach dem Zeitpunkt ihres Transportes nahm De Vries an, „*dass sowohl kurze Zeit nach der Befruchtung, als auch während oder nach jeder Zelltheilung ein solcher Transport stattfindet*" (de Vries 1889: 199).

Mit der Annahme, dass im Kern „*alle Arten von Pangenen der betreffenden Species*" vorliegen würden, entwickelte **De Vries** bereits eine Vorstellung von omnipotenten Zellkernen. Er glaubte, dass sogar ein „*Stammbaum*" der Pangene im

Zellkern aufbewahrt sei. Da sich die Pangenesis nach seiner Auffassung nur intrazellulär abspielt, brauche er *„ein Eindringen der ausgewanderten Pangene oder ihrer Nachkommen in andere Kerne [...] nicht anzunehmen"* (De Vries 1889: 207). Omnipotenz — er verwendete diesen Namen noch nicht — ist eine Eigenschaft, die sich zwischen Möglichkeit und Wirklichkeit bewegt, kein „empirisches" Faktum. Für De Vries besitzen die erblichen Anlagen die Fähigkeit, Merkmale *„über Tausende von Generationen"* latent zu erhalten. Es handle sich um Anlagen, die andererseits befähigt seien, aus unbekanntem Grund als Merkmale aus ihrer Latenz herauszutreten und wirksam zu werden. Die dafür verantwortlichen Faktoren seien zu *„kleineren oder grösseren Gruppen vereinigt"*. Bei ihrer Aktivierung werde im Normalfall die ganze Gruppe *„in erhöhte Thätigkeit gesetzt"*, ähnlich *„wie ein Gallenreiz eine bestimmte Eigenschaft zum Vorherrschen"* bringe. Die Expressivität des Merkmals sah De Vries durch die Quantität der an ihm beteiligten Pangene bedingt. Denn die Gewebe- und Organdifferenzierung beruhe nicht auf einer bestimmten Verteilung von Pangenen mit von vornherein verschiedener Kompetenz, sondern darauf, *„dass einzelne Pangene oder Gruppen von solchen sich stärker entwickeln als andere"* (De Vries 1889: 68ff).

Entgegen **Hertwig**, der aufgrund seiner Entdeckung der Kernverschmelzung von Ei- und Samenzellkern bei der Befruchtung die Träger der erblichen Eigenschaften nur auf den Zellkern beschränken wollte, hielt **De Vries** eine solche Annahme für eine *„viel zu weitgehende und durch nichts berechtigte Folgerung"*. Bewiesen sei zwar, dass alle Eigenschaften im Zellkern *„vergegenwärtigt"* seien, hingegen nicht ihr Fehlen im Protoplasma. *„Das ganze lebendige Protoplasma besteht aus Pangenen"* (De Vries 1889: 190).

Die Theorie von den Plasmagenen wurde im 20. Jahrhundert wieder aufgegriffen, so in der Lehre von eigenen Genen der Mitochondrien. Zunächst aber richtete sich das Interesse auf den Zellkern und seine Chromosomen.

Auch für die Theorie der Plasmagene bot **De Vries** ein Modell an (De Vries 1889: 190–193). Im Rahmen der neu etablierten zellulären Denkweise sprach er den *„Zellorganen"* (er nannte sie auch *„Vacuolen"* und *„Chromatophoren"* – Termini, die sich bis heute behaupten, während die Vriesschen Zellorgane jetzt Zellorganellen genannt werden) einen eigenen *„Stammbaum"* zu, der unabhängig sei von den Zellkernen. Diese Gebilde, obwohl *„Organe"* der Zelle, würden durch eigenständige Teilungen auf die Tochterzellen übertragen. In jeder Zelle sei während ihrer phylogenetischen Frühgeschichte eine Arbeitsteilung eingetreten. Im Zellkern befänden sich seither alle inaktiven Pangene, während die aktiven ins Plasma der Zelle gewandert seien und ihm dadurch seine Eigenschaften verliehen hätten.

Das Erbgedächtnis der Zelle sei gewissermaßen inaktiv in ihrem Kern versammelt. Aktivierte Pangene flössen aus dem Kern zu den Zellorganellen, vereinigten sich hier „mit den bereits vorhandenen Pangenen, vermehren sich und fangen ihre Tätigkeit an" (De Vries 1889: 211f). Die Pangenesis trägt *„dem Bau der Zelle Rechnung"*, sie ist *„intrazellulär"*.

IV. 10 Haacke: Zelleib als Vererbungsträger. Eine oppositionelle Lehre

Der von **Haeckel** promovierte **Wilhelm Johann Haacke** [(1855–1912) (Direktor des Zoologischen Gartens in Frankfurt, habilitierter Dozent für Zoologie an der Technischen Hochschule von Darmstadt] ging von zwei Annahmen aus: erstens einer Vererbung im Plasma entstandener Eigenschaften, zweitens Pangenesis. Das Keimplasma werde von jeder Körperzelle beeinflusst (Haacke 1893). Er modifizierte **Darwins** Pangenesisvorstellung insofern, als er eine dynamische Übertragungsweise annahm, die nicht von materiellen Pangenen ihren Ausgang nimmt. Da die Weitergabe von Eigenschaften dynamisch geschehe, sei der Zellleib und nicht der Kern Träger der Vererbung. Denn die Zellen berührten sich nicht an den Kernen, die im Inneren der Zelle liegen, sondern mit ihrem Leib (Haacke 1893: 49). **Haacke** widersprach mit seiner Auffassung der Lehre **Weismanns** und anderen Forschern seiner Zeit. Er entwarf mit der Vorstellung eines *Dynamischen* der Vererbung bereits ein Konzept, das später, nach Formulierung des klassischen Genbegriffes, und noch später, nach biochemischer Formalisierung, in den Vordergrund rückte.

Das Plasma der Eizelle sah **Haacke** aus *„Individualitäten"* von bestimmten Formen so aufgebaut, dass sich die Form der Eizelle ergebe. *„Gemmarien"* nennt er deren Plasmaelemente. Die Form der Gemmarien wechsle mit der Tierart. Doch als kleinste morphologische Elemente des Plasmas sah er nicht jene Gemmarien an, sondern hielt diese wiederum für zusammengesetzt aus einheitlichen *„Gemmen"*, die sich regelmäßig zu rhombenförmigen Säulen ausbilden würden. Sämtliche *„Grundverhältnisse"* des Tierkörpers seien erklärbar durch die Zusammenfügung der Gemmen an ihren Grund- oder Seitenflächen. Die Rhombenform dieser Gemmen sei, ähnlich wie auch die hexagonalen Kristallisationsmuster von Wasser, nicht weiter abzuleiten. Eine Gemme entstehe als *„chemische Zusammensetzung"* von Molekülen wie ein *„Kalkspatkristall aus den Molekülen des kohlensauren Kalks, an welche Kristallwasser gebunden ist"*. Haacke wählte den Ausdruck „Gemme", um den Baustein der Gemmarien zu unterscheiden von **Darwins** *„Gemmulae"* (Haacke 1893: 119).

Die Vererbung geerbter und neu erworbener, im Plasma gespeicherter Eigenschaften sei beeinflusst durch Akteure der Vererbung, die nicht in den morphologisch sich ewig gleichbleibenden Bausteinen der Erbpartikel, den Gemmen zu sehen seien, sondern in den Gemmarien. Erstere zögen sich indessen gegenseitig an und stünden miteinander in einem Gleichgewicht wie die Einheiten, aus denen sie bestünden. Das Gleichgewicht sei labil. Äußere Einflüsse, Wärme, Nahrung, physikalische und chemische Kräfte würden es stören, die Ordnung der Gemmarien verschieben und mittels Formänderung des Organismus in das Erbgedächnis eingehen. Hierin beruft **Haacke** sich auf Ergebnisse **Nägelis** (Haacke 1893: 312). Dieser hatte bereits aus Molekülen zusammengesetzte vererbungsrelevante Plasmaelemente angenommen, die *Micellen*. Anders als **Haacke** *Gemmen* stellte sich **Nägeli** kleine Erbeinheiten multipel geformt vor. Micellen mit der Eigenschaft, Vererbungsträger zusammenzusetzen und sich selbst beständig umzugruppieren, schienen gemäß Nägelis Theorie eine interne Kraft dieser Bewegungen zu enthalten. Nicht so die Gemmarien Haackes, diese würden durch äußeren Anstoß verändert.

Neben **Haeckel**, der schon den Plastidulen dynamische Eigenschaften verliehen hatte, ist hier **Spencer** zu erwähnen. Ihn nennt **Haacke** den Urheber seiner Vererbungsauffassung, da dieser mit dem Modell „*physiologischer*" Einheiten zu solchem Verständnis die Lehre gegeben habe.

Entgegen aller entwicklungsmechanischen Fundierung seines Konzeptes erklärt Haacke materialistische Deutungen für unzureichend, um die Gestalt der Lebewesen beschreiben zu können. Die „*spezifische Formbildung*" sei „*in letzter Linie transcendental*", und „*allein diesseits der allerletzten Elemente der Materie vermag ich das Transcendentale der Formbildung nicht anzuerkennen*" (ibid.).

Die Geschichte der Formulierung einer Vererbungssubstanz aus materiell definierten partikulären Einheiten war an einen Punkt gelangt, an dem die Zweckvorstellung bereits verlassen ist. Voraussetzungen der Theorie waren in den Hintergrund getreten. Hatte noch **von Baer** 1827 nach Entdeckung des Säugetiereies in den Eifollikeln der Eierstöcke von Hunden für die Entstehung organischer Gebilde eine zielstrebige Wirkweise nach Zwecken angenommen, so wurde dieser Gedanke fortan ersetzt durch die Hypothese eigenständig wirksamer Erbeinheiten, aus deren *immanenten chemikophysikalischen* Gegebenheiten nun Vererbungsgesetze einer solchen Natur sowohl die Regelmäßigkeiten als auch die Abweichungen der Gestalt- und Eigenschaftsbildung von Lebewesen zu erklären suchten, denn Chemie und Physik der Moderne geben sich prinzipiell bar jeder *causa finalis*, jeder Zweckursächlichkeit.

Den Gedanken übergeordneter Größen, aus denen Baupläne der Arten abzuleiten wären, übernahm eine noch vage Gesetzlichkeit nach Art eines *bio-genetischen* Grundgesetzes im Rahmen der Vorstellung, dass jeder Artcharakter in langfristigen Perioden historisch vollkommen relativ aus einer Wettkampfgeschichte von um ihr Überleben rivalisierenden Pflanzen und Tieren zu verstehen sei. Die Organismen und die sie zusammensetzenden Partikel seien gesteuert von Zufälligkeiten sowohl in ihren Baustoffen selbst, als auch den Umwelteinflüssen, die aber beide bedingt seien von den Regelmäßigkeiten der Grundlagenwissenschaften Physik und Chemie. In der Metaphysik der Stofflichkeit vereinigte eine physiologisierte Chemie die Physik mit Chemie zu einer Biologie der kleinsten belebten Teilchen. Sie ermöglichte für die Interpretetion des makroskopisch und zunehmend mikroskopisch Gesehenen einen egalisierenden Zusammenhang zwischen belebter und unbelebter Substanz. Die Herkunft aller Bewegung ist verlegt in die Prinzipien von Materialien, die, in der modernen Metaphysik der Stoffllichkeit, in anscheinend regional autonomen Naturbereichen, von den Einzelwissenschaften zu werten seien und eine veränderte Methodik der Nachforschung erfordern.

V. Die erste experimentell entwickelte Vererbungslehre. Mendel: Merkmale sind zusammengesetzt aus Elementen

In vorauseilendem Unterschied zur Fachbiologie seiner Zeit steht der Gelehrte **Johann Gregor Mendel**.

Über den Lebensweg Mendels berichtet *Ingo Krumbiegel* (Krumbiegel 1955): Geboren ist Mendel am 22. Juli 1822 im österreichischen Schlesien in Heinzensdorf, aufgewachsen auf dem bäuerlichen Gut seiner Eltern in einer Umgebung, die seine Neigung zu lebenslanger Beschäftigung mit Pflanzen weckte. Sein Vater, ein begeisterter Pflanzenbauer und Obstzüchter, und der Pfarrer seiner Heimatgemeinde, der ebenfalls mit Vorliebe Fruchtbäume pflegte, versorgten die Dorfbewohner mit Pflanzensamen. Sie unterwiesen sie in der Technik der Veredelung und den neuesten Kenntnissen der Obstbaumhaltung. In einem Schulgarten des Gutes Waldburg lernten die Schulkinder allgemeine Naturkunde und praktischen Umgang mit Bienen und Pflanzen. Nach der Volksschule und einer Schule des Piaristenordens besuchte Mendel das Gymnasium. Missernten und der Umbau des elterlichen Hofes hatten zur Folge, dass Mendels Eltern das Schulgeld nicht mehr zahlen konnten. Mendel war mit 16 Jahren allein auf sich gestellt. Während der Schulzeit gab er Privatunterricht, in den Ferien arbeitete er auf dem Hof seiner Eltern. Ein Vorbild für das auch später von ihm ausgeübte lernende Lehren fand er in dem Onkel seiner Mutter, der es als Autodidakt zum ersten Lehrer von Heinzensdorf gebracht hatte. In seiner Kinderzeit war Mendels liebste Spielgefährtin die jüngere Schwester Theresia. Sie mochte ihren Bruder über alles und verzichtete auf einen Teil ihres Erbes, um ihm das Studium zu ermöglichen. An der Universität Wien interessierte sich Mendel besonders für Biologie und Physik. Es war denn auch sein Physikprofessor, der ihn durch Fürsprache dem Orden der Augustiner empfahl. 1843 wurde er als Novize in das Kloster von Brünn aufgenommen und erhielt den Namen Gregor. Er kam in einen Kreis von hervorragenden Gelehrten der Sprachen, Philosophie, Naturwissenschaften und Musik. Außer Latein und Griechisch lernte er Hebräisch, Chaldäisch, Syrisch und Arabisch, sowie Tschechisch für die Predigt. 1847 wurde er Diakon und bald darauf Priester. Schon ohne offiziellen Studienabschluss war es ihm gestattet, am Gymnasium von Znaim zu unterrichten. 1848 wurde Mendel promoviert, doch zwei Jahre später missglückten ihm die Abschlussprüfungen in Zoologie und Physik für das Universitätsexamen. Dementgegen hatte er als Neunundzwanzigjähriger von seinem Abt und Bischof die Erlaubnis zum Studium in Wien erhalten. Drei Jahre später wurde er Lehrer an der Realschule von Brünn. Er gelangte nicht nur zu hervorragenden Lehramtszeugnissen, sondern war auch unter seinen Schülern ungewöhnlich beliebt. Sein Examen 1856 in Wien endete schließlich erfolglos, ohne dass bekannt wäre, ob Mendel aus eigenem Antrieb davon zurücktrat oder durchfiel.

Die nächsten sieben Jahre begründen seinen Nachruhm. Mendel widmete sich während dieser Zeit ganz dem Studium der Gartenerbse. Er hatte die Entstehung von Bastarden als ein Kernproblem der Vererbung entdeckt; **Darwin** hingegen sah in seiner Theorie, welche Mutabilität ad infinitum beweisen sollte, sämtliche Konstanzen prinzipiell als vorübergehend an. Der nachmalig führende Grundlagentheoretiker der Biologie seiner Zeit erhielt allem Anschein nach keine Kenntnis von **Mendels** Argumentation. Mendel setzte sich mit Darwins Begründung in ganzem Umfang auseinander. In der Klosterbibliothek sind sämtliche Schriften des Evolutionstheoretikers heute noch vorhanden, versehen mit Randnotizen von Mendels Hand. Aus seinen Ergebnissen ist eine Neubildung von Arten durch Entstehung von Bastarden nicht abzuleiten, da Kreuzungen keine Merkmale neu kreieren, sondern nur vorherbestehende Eigenschaften in regelmäßiger Folge neu kombinieren lassen. **Bateson**, Begründer des Namens *Genetik*, erklärte 1914, *„daß die Entwicklung der Evolutionsbiologie einen ganz anderen Verlauf genommen hätte, als wir ihn beobachtet haben, wenn Mendels Werk Darwin in die Hände gefallen wäre"* (zit. nach **Krumbiegel** 1955: 55).

1868 wurde Mendel Abt seines Klosters und stellte sich in Rom dem Papst vor. In seiner neuen Amtswürde blieb ihm nur wenig Zeit für wissenschaftliche Arbeit. 1874 belastete ein neues Religionsfondgesetz das Kloster mit Abgaben, denen das Klostervermögen nicht gewachsen war. Während andere Klöster sich beugten, leistete Mendel bis an sein Lebensende hartnäckigen Widerstand. Er stellte die Rechtsgültigkeit des Gesetzes an sich infrage. Nach schweren Auseinandersetzungen musste Mendel Pfändung hinnehmen, obwohl er vom Landtag Mährens in den Verwaltungsrat der Hypothekenbanken gewählt und vom Finanzminister zum Mitglied der Landeskommission für Grundsteuer berufen war. Mendel fühlte sich verfolgt. Er vereinsamte. 1884 starb er mit einer geschädigten Niere und einem insuffizient gewordenen Herz.

In den einleitenden Bemerkungen zu seinen Versuchen bezeichnet **Mendel** sein Ziel: eine Frage zu lösen, *„welche für die Entstehungsgeschichte der organischen Formen von nicht zu unterschätzender Bedeutung ist"*. Denn bisher sei es nicht gelungen, *„ein allgemein gültiges Gesetz für die Bildung und Entwicklung der Hybriden aufzustellen"* (Mendel 1866: 3). Schon die systematische Einreihung der Leguminosen sei *„schwierig und unsicher. [...] Wollte man die schärfste Bestimmung des Artbegriffs in Anwendung bringen, nach welcher zu einer Art nur jene Individuen gehören, die unter völlig gleichen Verhältnissen auch völlig gleiche Merkmale zeigen, so könnten nicht zwei davon zu einer Art gezählt werden"* (Mendel 1866: 6).

In der Betrachtung von Vererbungserscheinungen führte Mendel als erster das äußere Gesamtbild einer Pflanze auf wenige streng unterschiedene Einzelmerkmale zurück (Mendel 1866: 7). Er hoffte, so das Verschwinden und Wiederauftreten eines von ihm definierten Merkmales statistisch festhalten zu können (Mendel 1866: 4). Somit verglich er nicht, wie es die Methode seiner Vorgänger einzig zugelassen hatte, das Gesamterscheinungsbild zwischen Vor- und Nachfahren. Sie hatten sich in ihrem Ähnlichkeitsvergleich zumeist darauf beschränkt darzulegen, wie weit ein Einfluss der väterlichen oder mütterlichen Seite auf die Nachkommen festzustellen sei. Die zahlenmäßige Merkmalsverteilung auf große Zahlen von Individuen blieb dabei außer acht. Historiker der Genetik sehen hierin den Grund dafür, daß Erbgesetze nicht früher entdeckt wurden (**Bowler** 1989: 96; **Cremer** 1985: 210; **Dunn** 1965: 5).

Mendel wählte einen anderen Weg. Zunächst bestimmte er nach rein äußerlichem Aspekt, was als ein Merkmal gelten solle. In ausgedehnten Zuchtreihen musste sich die betreffende Eigenschaft erst einmal als merkmalskonstant erweisen, damit die Trägerpflanze für den Hauptversuch verwendet werden konnte. Eine Tatsache der Vererbung sei bekannt: Konstante Merkmale, die beiden Elternpflanzen gemeinsam sind, gehen unverändert auf die Nachkommen über (Mendel 1866: 7). Mendel schlug daher folgende Versuchsanordnung vor. In einem ersten Experiment sollten diejenigen Eigenschaften zweier Stammpflanzen, die als different definiert werden können und dasselbe Merkmal betreffen – heute als Allele eines Gens bezeichnet – zu einer einheitlichen Eigenschaft vereinigt werden („Hybridengeneration"). Danach sollte mittels Selbstbefruchtung der Hybriden untereinander und ihrer Nachkommen das weitere Erbverhalten des hybridisierten Merkmals beobachtet und statistisch erfasst werden. Nur in solcher Anordnung sei eine präzise Beobachtung wohldefinierter Merkmale über längere Generationsfolgen hinweg möglich.

Indem er zweigeschlechtliche Pflanzen, sowohl als männliche Samenpflanzen wie auch als weibliche Pollenpflanzen verwendete, wollte Mendel prüfen, ob auch die geschlechtliche Herkunft erblichen Einfluss auf die Merkmalsausprägung nimmt (Mendel 1866: 9).

Als Versuchsobjekt wählte Mendel Erbsen der Art Pisum sativum. Diese Pflanze sei konstant und übersichtlich in ihren Merkmalen, leicht vor einer irreführenden Fremdbestäubung zu schützen und fruchtbar in den Nachkommen. Zur Befruchtung öffnete er die noch unausgereifte Knospe, entfernte mit einer Pinzette alle Staubfäden, und belegte die Narbe mit dem Pollen der anderen, ein *„differirendes"* Merkmal tragenden Pflanze (Mendel 1866: 6). Er erzielte hohe Nachkommenzahlen und listete die Veränderung einzelner Merkmalspaare gegenüber dem elterlichen Stammpaar in der Erbfolge exakt auf. Für das Auftreten, Verschwinden und Wiedererscheinen einer Merkmalsausprägung ergaben sich in jeder Generation – in statistischer Variationsbreite – feste Zahlenverhältnisse, die auf alle Merkmale zutrafen. Diese Tatsache führte Mendel dazu, etwas Regelhaftes anzunehmen, das der Vererbung zugrunde liegen müsse. Insbesondere vermutete er, dass es für die nach sinnlichem Aspekt abgrenzbaren Merkmale schon in den Pollen und Keimzellen der Pflanzen innere *„Elemente"* geben müsse. Offenbar handelte es sich bei diesen um etwas bislang Unsichtbares von noch unerforschter Daseinsweise.

Die folgenden Merkmalspaare verwendete er als differierende Stammeigenschaften:

1. grüne gegenüber gelben Albumina der Samen,
2. runde Erbsen mit allenfalls seichten Einsenkungen gegenüber unregelmäßig gekanteten, tief gerunzelten Erbsen,
3. weiße Samenschalen versus graubraunen,
4. nicht verengte gegenüber deutlich eingeschnürten, reifen Samenhülsen,
5. hellgrüne gegenüber *„lebhaft"* gelben Hülsen,
6. achsen- gegenüber endständig angeordneten Blüten,
7. kurze gegenüber langen Blütenachsen.

Jeweils zwei Pflanzen mit gegensätzlichem Merkmal bildeten ein Stammpaar für die Kreuzung. In getrennten Versuchsreihen verfolgte Mendel die Veränderung nur von einem Merkmalspaar oder eine Kombination von zweien, dreien und mehreren, um einen gegenseitigen Einfluss der Merkmalspaare auf die hybriden Merkmale erkennen zu können (Mendel 1866: 8–11).

Die Nachkommen der ersten Generation waren allsamt in dem betrachteten Merkmal einheitlich und glichen nahezu vollkommen nur dem einen der beiden *differierenden* Stammerkmale des Elternpaares. Als nächstes kreuzte Mendel die uniformen Merkmalsträger untereinander. Dabei ergab sich etwas Erstaunliches. Die Nachkommen der zweiten Generation trugen wieder genau diejenigen Eigenschaften, von denen Mendel in der Stammgeneration ausgegangen war. Das herrschende Merkmal, das sich in der ersten Filialgeneration einheitlich durchgesetzt hatte, musste sich also wieder in die Ausgangsmerkmale aufgespalten haben. Für alle der sieben untersuchten Merkmalspaare fand sich in der Spaltungsgeneration dasselbe Zahlenverhältnis von 3:1. Dasjenige Merkmal, das sich in der Hybridengeneration als dominierend erwiesen hatte, war jetzt nurmehr dreifach häufiger vertreten als die alternierende, zunächst verschwundene und nun wieder aufgetauchte Eigenschaft. Die Vererbung auf die ersten Nachfahren sei demzufolge durch eine „*Uniformitätsregel*" geleitet, während im zweiten Vererbungsgang eine „*Spaltungsregel*" wirke.

In strenger Begrifflichkeit sprach Mendel von *Regeln*; der Titel eines *Gesetzes* wurde erst später parallel gebräuchlich („Erbgesetze").

Auch in den weiteren Generationen übte die Spaltung ihren Einfluss aus. Der Proporz blieb stets derselbe. Um die Natur eines Merkmals zu prüfen, überließ Mendel jeweils Erbsen gleichen Merkmals wiederholt der Selbstbefruchtung. Sein Ergebnis: Die zuerst dominierende Eigenschaft spaltete sich in allen folgenden Generationen immer wieder im Verhältnis von 3:1 auf. Die Merkmalsträger hingegen, die das in der uniformen Hybridengeneration verschwundene Merkmal erneut aufwiesen, bildeten seit der Spaltung des dominierenden und uniformen Merkmals in sämtlichen Nachfolgegenerationen untereinander nur immer wieder dieses eine, in erster Generation überdeckte Merkmal aus. Genau besehen zeigt das in erster Generation völlig zurückgewichene Merkmal nachherig sogar ein recht dominantes Verhalten, da es, mit seinesgleichen gekreuzt, weiterhin unterschiedslos auftritt, während hingegen das dominierende Merkmal fortwährend Merkmalsträger an die Gruppe der gegenteiligen verliert. Je nach dessen Durchsetzungskraft definiert Mendel einen Merkmalstyp als „*dominant*" oder als „*recessiv*": „*In der weiteren Besprechung werden jene Merkmale, welche ganz oder fast unverändert in die Hybride-Verbindung übergehen, somit selbst die Hybridenmerkmale repräsentieren, als dominirende und jene, welche in der Verbindung latent werden, als recessive bezeichnet. Der Ausdruck recessiv wurde deshalb gewählt, weil die damit benannten Merkmale an den Hybriden zurücktreten oder ganz verschwinden, jedoch unter den Nachkommen derselben, […], wieder unverändert zum Vorschein kommen*" (Mendel 1866: 7).

Ein Name erklärt noch nicht ein seltsames Phänomen: Wieso konnte eine Eigenschaft wie die grüne Erbsenfarbe in der zweiten Filialgeneration plötzlich wieder auftreten, obwohl die Angehörigen der vorangegangenen Generation ausschließlich gelbe Erbsen getragen hatten? Und woher dieses Wiederauftreten einer zuvor verschwundenen Eigenschaft in jeder weiteren Generation in einem ganz bestimmten Zahlenverhältnis? Mendel kam auf einen einfachen Gedanken, den vor ihm noch niemand entwickelt hatte. Dieser Gedanke läßt sich so formulieren: Jedes Merkmal, statistisch begriffen, setze sich – gewissermaßen im Verborgenen – aus zwei Komponenten zusammen. Seien die beiden inneren Bestandteile eines Merkmals einheitlich, so ergebe sich auch ein einheitliches äußeres Erscheinungsbild, entweder des dominanten oder des rezessiven Merkmals. Bei einer inhomogenen Zusammensetzung im Vererbungsverlauf dagegen falle das Ergebnis innerlich verschieden aus. Äußerlich sichtbar werde nur die dominante Eigenschaft, die über den rezessiven Anteil des Merkmals infolge ihrer Dominanz überwiege [l. c.]. Der Unterschied zwischen dominant und rezessiv unterliegt damit selbst noch einmal einem *Innen-/Außen-Unterschied.* Um diesen Unterschied, der für Dominanz und Rezessivität verantwortlich ist, zu beschreiben, lagen Mendel keine sprachlichen Kriterien vor, die eine wissenschaftliche Formalisierung erlaubt hätten, in der die Anthropomorphie der Beschreibung nicht mehr nachzuweisen gewesen wäre wie in biochemischer Terminologie. Er verwendete rein abstrakt Groß- und Kleinbuchstaben des Alphabets.

Der neue Merkmalsbegriff birgt in seiner weiteren Verwendung eine Neuheit. In Hinsicht auf die Vererbung wird nicht zwischen wesentlicher bzw. substantieller Eigenschaft und akzidentell d.h. unwesentlicher unterschieden. Gleichgültig, ob es sich um einen Farbcharakter oder das Bauprinzip eines lebensnotwendigen Organs handelt, als „erblich" wird thematisiert, was über mindestens einen Generationswechsel als konstant beobachtet wird, ohne Bezugnahme auf sein Wozu für das Lebewesen. In der neuen Relativität erscheint jedes *Merkmal* als ein den anderen gleichwertiges einer Art, einer Gattung, eines Individuums. Ein ursächlich bedingendes Eingehen von allgemeinen Merkmalen in spezielle, von übergeordneten in untergeordnete, eine Hierarchie von Eigenschaften und ein kausaler Einfluss der Hierarchieprinzipien auf die Einzeleigenschaft wird auf diese Weise nicht ersichtlich. Die Thematisierung dieser Probleme entfällt für die Frage nach der Vererbung; sie wurde später hin und wieder eine der Aufgaben der Physiologie, doch ohne deren vorrangige Aufgabe zu bilden – biologische Teildisziplinen, die nur teils zueinander finden.

Mendel zählt weitere Merkmale auf, deren Erbverhalten zu vernachlässigen sei, weil Grenzen nicht klar und deutlich zu ziehen wären: Unterschiede in der Länge der Pflanzenstengel, von Größe und Gestalt der Blätter, in Anordnung, Größe und Farbe der Blüten und Hülsen (Mendel 1866: 7). Die Abgrenzung relevanter und unrelevanter Merkmale entscheidet nicht im Voraus darüber, was als erblich und nicht erblich angesehen wird. Das Entscheidungsverfahren folgt nicht einem *wissenschaftlich* begründeten Merkmalsbegriff, aus dem erschlossen werden kann, was eigentlich als ein Merkmal gelten darf, sondern bleibt zu gewissen Teilen willkürlich, trotz seiner objektivierenden Absichten. Mendel schränkt daher ein, dass die Merkmale wegen der Schwierigkeit der Bestimmung eines *mehr oder weniger* eine sichere Trennung nicht zulassen. Erst aus dem Erfolg der

Versuche will er ableiten, ob die Merkmale „*in hybrider Vereinigung sämmtlich ein übereinstimmendes Verhalten zeigen*" und ob daraus auch das Verhalten der Merkmale „*von untergeordneter typischer Bedeutung*" zu beurteilen sei. Mendel ist sich der Schwierigkeiten eines Merkmalsbegriffs in seiner quantitativen und qualitativen Abgrenzung also durchaus bewusst.

Der von ihm noch tastend und vage gebrauchte Begriff eines Merkmals wurde später ausgedehnt auf die Vorstellung der erblichen Körperfunktion. In dieser Sicht erblich sind nicht nur Eigenschaften wie Farbe, Größe und Gestalt, sondern auch stoffliche Bewegungen oder Bewegungsmuster von Organen.

Das Problem der erblichen Herkunft von Eigenschaft verlagert sich somit auf das Problem der Differenz von dauerhaft gedachter Erbeinheit und Bewegung. Wie kann aus einem materiell gedachten Erbfaktor Bewegung entstehen, eine Funktion des Faktors? Mendel nähert sich zwar der Problematik, wenn er die Schwierigkeit einer Ausgrenzung von Eigenschaften bemerkt, doch fehlen Termini wie die der *physiologischen Funktion* oder der *biochemischen Stoffwechselreaktion*. In der Schlussbemerkung seiner Untersuchung gebraucht er den Begriff des Elements als des vererbungsbestimmenden Prinzips, ohne ihn näher zu bestimmen.

> „*Die unterschiedlichen Merkmale zweier Pflanzen können zuletzt doch nur auf Differenzen in der Beschaffenheit und Gruppierung der E l e m e n t e beruhen, welche in den Grundzellen derselben in l e b e n d i g e r W e c h s e l w i r k u n g stehen*" (Mendel 1866: 42; Sperrdruck v. Kurt Plischke).

Mit dieser Bestimmung ist der Vererbungsforschung das Paradigma gesetzt. Mendel überträgt als Erster zwingend den Elementbegriff auf das Phänomen der erblichen Weitergabe von Eigenschaften.

Die Aufgabe der sich verselbständigenden Wissenschaft von der Vererbung – der Name *Genetik* bestand noch nicht – war somit gestellt: Ist das Vererbungselement elementar im Sinne einer Urhebung der Bewegungen der sich ihm anschließenden *Funktionen*? Oder ist das Element nur ein Erstes in dem Sinn, dass es eine Matrix für die Körperbausteine bildet, also für das, was bei Mendel etwaig Eigenschaft heißt? Und: Ist das Element elementar kraft seiner selbst, oder ist es Element immer nur dank eines anderen, vorhergehenden Elements? Was wäre in diesem Fall das durch die Elementwirkung übertragenen Allgemeine in den zahlreichen Elementen der Vererbung?

Die Elementarisierung des Erbgedankens wurde wiederum zwingend eingeführt durch die Idee Mendels, generationenübergreifend den Verlauf zuvor abgegrenzter Einzeleigenschaften zu verfolgen. Mendel konnte daraufhin den einzelnen Eigenschaften jeweils für sich bestehende Ursachen zusprechen. Da er dann eine Eigenschaft nicht als ein unteilbares Ganzes auffasste, sondern noch einmal als zusammengesetzt durch zwei eigenschaftsevozierende Momente, war eine neue Beschreibung für den altbekannten Unterschied von äußerer Erscheinung und innerer Ursache gefunden.

Für das von innen heraus bestimmend Wirkende gebraucht Mendel nicht nur den Begriff *Element*, den er erst in der Schlussbemerkung zu seinen Versuchen einführt, sondern auch die Ausdrücke *Anlage, Faktor* und *Keimzell-* bzw. *Pollenform*. Konstante Nachkommen könnten nur dann gebildet werden, *„wenn die Keimzellen und der befruchtende Pollen gleichartig, somit beide mit der Anlage ausgerüstet sind, völlig gleiche Individuen zu beleben"* (Mendel 1866:24). *„Wir müssen es daher als notwendig erachten, dass auch bei Erzeugung der constanten Formen an der Hybridpflanze vollkommen gleiche Factoren zusammenwirken"* (ibid.), also mindestens zwei Faktoren verschiedener Herkunft. Mendel hatte schon damit eine Entdeckung gemacht, die für den weiteren Verlauf der Geschichte der Genetik von nicht zu überschätzender Bedeutung ist. Und noch mehr: *„Indessen wird es nach den Regeln der Wahrscheinlichkeit im Durchschnitte vieler Fälle immer geschehen, dass sich jede Pollenform A und a gleich oft mit jeder Keimzellform A und a vereinigt"* (Mendel 1866: 29). Nach Wiederentdeckung der Mendelschen Ergebnisse wurde diese von Mendel eingeführte Unterscheidung zu einem der Merkmale des Genbegriffs: Jedes Gen tritt in zwei *allelen* Formen auf.

Mendel gewann eine weitere Einsicht, die mit seiner Herleitung der Eigenschaftsbildung von Lebewesen aus eigenständigen Partikularursachen in Einklang steht. Die Vererbung eines jeden gemischten *„hybriden"* Merkmals sei unabhängig von der Vererbung der anderen Eigenschaften der Pflanze, da deren Ausbildung gleichfalls eigenständig nur der Spaltungsregel unterliege (Unabhängigkeitsregel). Die Frage nach dem Zusammenhang der Eigenschaften zu einer Organisation und deren Vererbungsweise ist nicht gestellt.

Für die Methodik der Fragestellung einer biologischen Suche nach dem wirksamen Vererbungsfaktor bleibt festzuhalten: Die beschriebenen Regularitäten der Vererbung ergeben sich allein aus den Gesetzen der Kombinatorik. Jeder Nachkomme eines Pflanzenhybrids wird als ein Glied einer Folge von Kombinationen angesehen, die sich wiederum als Ergebnis zweier vorangehender Entwicklungsreihen ergeben. Die Vorgeschichte jedes Merkmalsanteils geht so in das aktuelle Merkmal ein, allerdings regelhaft und nicht regellos *post regulam per selectionem* als einer der Willkür unterliegenden Überregel. Doch auch die von Mendel eingeführte Betrachtungsweise leitet die faktische Existenz eines Merkmals aus dessen Geschichte ab, einer exakten Kombinationsgeschichte seiner Bestandteile. Alle Charakteristika, er nennt sie Merkmale, werden als sukzessive, von Generation zu Generation sich aufbauende Zusammensetzung begriffen. Ein Merkmal ist auch hier das Produkt seiner Geschichte, doch völlig anders als bei Darwin, dessen Theorie auch Dominanz und rezessive Unterordnungkennt. Bei Mendel beherrschen Dominanz- und Rezessivitätsverhältnisse ebenfalls unbekannter Herkunft das statistische Auftreten von Merkmalen von vornherein zu einem weiten Grad *regelhaft* und nicht erst im Nachhinein darwinisch selektiert. Beide Anthropomorphien haben eine verschiedene Berechtigung, aber bei Darwin ist die Anthropomorpie viel ersichtlicher. Umso erstaunlicher, dass gerade dies von der Biologie heute noch bestritten wird – eine kontingent historisch entstandene Folge, die sich anscheinend selbst selektioniert hat im wissenschaftlichen, damals sogar antireligös motivierten „struggle for life".

Mit **Mendels** und **Darwins** Beschreibung wird Vererbung als ein selbständiges Prinzip vorgestellt, das eine Wissenschaft eigener Provenienz erfordert. Denn bewiesen scheint nun, dass Vererbung eine irgenwie geartete Gesetzmäßigkeit besitzt, die ihr eigenständig innewohnt. Gemäß **Mendel** besteht diese Gesetzmäßigkeit aufgrund der Weitergabe spezifischer Erbelemente mittels Keimzellen, weil, wie er sagt, die Keim- und Pollenzellen „*in gleicher Anzahl allen konstanten Formen entsprechen, die aus der Kombinierung der durch Befruchtung vereinigten Merkmale hervorgehen*" (Mendel 1866: 25). Nach Vereinigung einer Keim- mit einer Pollenzelle zu einer einzigen Zelle entwickele sich „*durch Stoffaufnahme und Bildung neuer Zellen*" ein selbständiger Organismus.

> „*Diese Entwicklung erfolgt nach einem konstanten Gesetze, welches in der materiellen Beschaffenheit und Anordnung der Elemente begründet ist, die in der Zelle zur lebensfähigen Vereinigung gelangten.* Sind die Fortpflanzungszellen gleichartig und stimmen dieselben mit der Grundpflanze der Mutterzelle überein, dann wird die Entwicklung des neuen Individuums durch dasselbe Gesetz geleitet, welches für die Mutterpflanze gilt. Gelingt es, eine Keimzelle mit einer ungleichartigen Pollenzelle zu verbinden, so müssen wir annehmen, dass zwischen jenen Elementen beider Zellen, welche die Ungleichheit bedingen, irgendeine Angleichung stattfindet. Die daraus hervorgehende Vermittlungszelle wird zur Grundlage des Hybriden-Organismus, dessen Entwicklung nothwendig nach einem anderen Gesetze erfolgt, als bei jeder der beiden Stammarten*" (Mendel 1866: 41; Unterstreichung v. Kurt Plischke).

Den Merkmalsformen, nunmehr als eine Zusammensetzung aufgefasst, gehen ursachgebend spezialisierte Keimzellen voraus, die den entwickelten Merkmalen in für eine Wissenschaft der Vererbung noch fragwürdiger Weise inhaltlich und zahlenmäßig *entsprechen*. Die Art und Weise der Entsprechung des so gefassten Innen-/Außen- Unterschieds fordert, ja eröffnet eine neue Beschreibung, um das Phänomen der Eigenschaftsbildung zu ermitteln. Das Problem der Vererbung liegt wieder auf einer Ebene hinter der äußerlich sichtbaren Eigenschaft, diesmal in statistisch erschlossenen, biologischen Elementen. Mendel konzentriert die Ursächlichkeit der Vererbung daraufhin, dass auf der Basis etwaiger Keim- und Geschlechtszellen, die man später *Gameten* nennt, eine Spezialisierung eintrete, die für die Ausgestaltung jedes Merkmals maßgebend sei. Mit dieser Formulierung konnte der artbildende Faktor als ein eigenes biologisches Wesen aufgefasst werden. Er stellt sich dar als ein intrazellulärer, noch geheimnisvoller Bürge von Konstanz im sich wiederholenden Wechsel des äußeren Erscheinungsbildes. Trotz ihrer äußerlich so unauffälligen Ähnlichkeit wären die Keimzellen innerlich verschieden. Die statistische Merkmalsanalyse stellte für Medizin und Biologie die Aufgabe, für das hinter den Merkmalen Vermutete eine neue Formalisierung zu schaffen, auf die der begriffliche Zusammenhang der Naturwissenschaft des Lebendigen dann ausgerichtet werden musste. Ob in diesem neu gefundenen Beieinander von Formel und durch sie verstandenem Sein nicht wieder eine metaphysische Diskrepanz verbleibt, kann an dieser Stelle der Geschichte des Gens nicht entschieden werden.

Aus **Mendels** Ansatz ergeben sich folgende Regelmäßigkeiten:

1. Alle Nachkommen unterschiedlicher Elternpflanzen sind in denjenigen differierenden Merkmalen, die sich zu einer reinen Linie herauskristallisiert hatten, uniform. Entweder setzt sich zunächst ein dominierendes Merkmal einheitlich durch (dominant-rezessiver Erbgang), oder es entwickelt sich eine Mittelstellung zwischen den elterlichen Stammerkmalen (intermediärer Erbgang).
2. In der zweiten Filialgeneration kommen die differierenden Ausgangsmerkmale wieder einzeln zum Vorschein. Mendel erklärt die elterlichen Merkmale deshalb zwar als in einer Hybride vereinigt, doch nicht als „*verschmolzen*" (**Correns** 1905: 201; **Stubbe** 1963: 108). Im engeren Wortsinn ist die Hybride der ersten Filialgeneration daher gar keine echte Hybride, nicht, was die in ihr weiterwirkenden Entstehungsgründe ihrer nur einheitlich scheinenden Eigenschaft anlangt. Mendel gebraucht für die Ursachen der Eigenschaft im Abschluss seiner Untersuchung den Ausdruck *Element*. Die Eigentümlichkeit des wieder auflösbaren Mischungszustandes der elementaren Vererbungsfaktoren klingt anders als in dem Ausdruck *Hybride* im Ausdruck *Bastard* an.
3. Die merkmalsbildenden Entitäten liegen somit in den Keimzellen, Pollen und Samen, getrennt vor, so dass sie zufällig kombinieren können. Auch sie sind daher als distinkte Einheiten zu betrachten, wie die definitorisch abgegrenzten Merkmale der äußeren Erscheinung, von denen Mendel anfangs ausgegangen war. **Correns** erklärte **Mendels** Nachweis „*getrennter und beliebig verschiebbarer Anlagen für die später am Organismus sich zeigenden Merkmale*

im Keimplasma der Fortpflanzungszellen" zum wichtigsten Ergebnis der Versuche Mendels (Correns 1905: 190).
4. Auch die Frage nach der geschlechtlichen Abhängigkeit einer Merkmalsausprägung war jetzt beantwortet. Die Herkunft von der Samen- oder Pollenpflanze, den als männlich oder weiblich geltenden Stammpflanzen, hatte sich für das Dominanzverhältnis als gleichgültig herausgestellt. „*Es wurde ferner durch sämmtliche Versuche erwiesen, dass es völlig gleichgültig ist, ob das dominierende Merkmal der Samen- oder Pollenpflanze angehört; die Hybridform bleibt in allen Fällen genau dieselbe*" (Mendel 1866: 11).
5. Die schwächere Eigenschaft ergibt sich nur aus der Reinform ihrer Elemente, während die stärkere Eigenschaft sowohl in Reinform, als auch in Mischform vorliegen kann, die beide äußerlich nicht voneinander zu unterscheiden sind. Dem Verhältnis von 3:1 dominanter gegenüber rezessiven Merkmalsträgern in ihrem Aussehen liegt ein inneres Verhältnis von 2:1:1 zugrunde. Ein Teil der Pflanzen ist rein dominant, ein Teil rein rezessiv, und zwei Teile sind gemischt dominant-rezessiv, da sie jeweils aus einem dominanten und einem rezessiven Erbfaktor zusammengesetzt sind. Weil sich in ihrem Fall äußerlich der dominante Charakter durchsetzt, ergibt sich dem Aussehen nach das Verhältnis von 3:1.

Die betreffenden Proportionen werden von der modernen Biologie als die *Mendelschen Erbregeln* behandelt. Die Genetik subsumiert darunter Erbgänge von Eigenschaften, deren Auftreten im Erbgang den Mendelschen Zahlenverhältnissen entsprechen. Für Merkmale, die einem *Mendelschen Erbgang* unterliegen, kann die Humangenetik eine Prognose über die Wahrscheinlichkeit geben, nach der Eltern einer bestimmten genetischen Konstellation, welche aus den Merkmalsträgern in der Reihe ihrer Vorfahren abgeleitet wird, ein krankes oder gesundes Kind erwarten dürfen.

Der Grundgedanke in alledem ist der folgende. Für sämtliche Charakteristika eines Lebewesens sieht Mendel zwei ursächliche Anteile gegeben, einen mütterlichen und einen väterlichen bzw. einen weiblichen und einen männlichen Beitrag, der sich jeweils durch ein eigenes Element in den Keimzellen Geltung verschaffe. Je nach den Dominanzverhältnissen der Elemente der beiden Geschlechter ähnelt der Nachwuchs merkmalsweise (aufgrund der Unabhängigkeitsregel) einer der beiden Seiten. Die Aufteilung jeder Eigenschaft in ein mütterliches und ein väterliches Element und die freie Kombinierbarkeit der Elemente nach den Zufallsregeln der Kombinatorik legt eine zwingende Kopplung der Erbfaktoren zu Nachbarschaftsgruppen nicht nahe. Theoretisch beinhaltet diese Vorstellung von Vererbung also eine prinzipielle Mischbarkeit der Eigenschaften von allem zu jedem, sofern nur die Lebendigkeit des neuen Lebewesens gewährleistet ist. Dieser radikale Schluss wurde von der damaligen Vererbungsbiologie jedoch nicht in die Praxis umgesetzt. Erst in technologischer Perspektive erscheint er naheliegend. Eine gezielte Eigenschaftsübertragung wurde später aufgrund der Vorstellung von Genen als dem leibhaftigen Fundament der Mendelschen Merkmalsfaktoren gentechnisch entwickelt, nachdem das Wesen des Erbfaktors durch eine Molekularvorstellung in biochemischer Formulierung umschrieben und als hinreichend verstanden angesehen wurde.

VI. Die Entstehung eines entteleologisierten Vererbungsbegriffs

Auf den Seiten 40 bis 43 seines epochemachenden Werkes zieht **Mendel** die Schlussfolgerung aus seinen Untersuchungen der Hybridisierbarkeit von Pflanzen. Mendel – wie **Darwin** ein in Biologie und Medizin kenntnisreicher Gelehrter ohne die Ordination an einer Universität – entwickelte Grundgedanken, die erst später von einer eigenständigen Vererbungswissenschaft entfaltet wurden. In diesem Abschnitt gebraucht Mendel wiederholt den Ausdruck Element. Aus heutiger Sicht ist man geneigt, hierfür den Terminus Gen zu setzen.

Mendel erläutert, die Entwicklung der zu einer einzigen Zelle verschmolzenen Keim- und Pollenzelle aufgrund von Stoffaufnahme und Bildung neuer Zellen erfolge

> *„nach einem constanten Gesetze, welches in der materiellen Beschaffenheit und Anordnung der Elemente begründet ist, die in der Zelle zur lebensfähigen Vereinigung gelangten".* Seine Versuche hätten erwiesen, *„dass die Hybriden verschiedenartige Keim- und Pollenzellen bilden, und dass hierin der Grund für die Veränderlichkeit ihrer Nachkommen liegt".*

„Elemente" also seien es, die eine Bildung konkreter Eigenschaften und die Gesetzmäßigkeiten der Vererbung bestimmen. Die Art und Weise dieser Determination sieht Mendel begründet 1. in den Materieeigenschaften dieser biologischen Elemente (ihrer *„materiellen Beschaffenheit"*) und 2. in ihrer *„Anordnung"*. In diesen Satz wird die ganze Novität von Mendels Vererbungsauffassung zusammengefasst. Alle Bestimmungsstücke der Vererbung liegen vor in einem regionalen Mikrobereich, der somit die biologischen Forschungen auf diesen sich konzentrieren läßt.

Für seine Erklärung der Vererbung aus dem Zusammenwirken paariger Elemente musste Mendel als gesichert voraussetzen, daß bei der Bildung der Zygote *„eine vollständige Vereinigung der Elemente beider Befruchtungszellen"* stattfindet. Das galt damals keineswegs als gesichert. Mendel beruft sich auf die Ansicht *„berühmter Physiologen".* Als Alternative sei nur denkbar, dass der Keimsack auf die Pollenzelle rein äußerlich wirke, wie die *„Rolle einer Amme".* Doch daraus würde sich ergeben, dass die Hybride immer nur der Pollenzelle ähnele.

Lily Kay weist auf eine wichtige Aussage von **Hans Kalmus**: **Mendels** Denken in paarig angelegten Eigenschaften gehe zurück auf dessen Vorbildung in scholastischer Philosophie und auf eine Rezeption von **Aristoteles** Substanzlehre.

Entgegen der in der Geschichte der Naturwissenschaften herrschenden Auffassung deute **Mendel** gerade nicht auf materielle erbliche Einheiten in der Verursachung der einzelnen Merkmale, sondern auf eine Bestimmung der Erscheinungen durch gegensätzliche Essenzen. Mendels Konzept der Dominanz entspringe einer Umwandlung der Wesens-Philosophie von **Aristoteles**. Die Mendelsche Auffassung des Gegensatzes von Dominanz und Rezessivität gehe zurück auf Aristoteles Unterscheidung von Wirklichkeit und Möglichkeit. Dessen Aussage, so führt **Kalmus** aus, dass das Mögliche nicht immer realisiert werde, sei

> *„direkt anwendbar auf Rezessivität; ein rezessives Merkmal, obwohl es nicht in der ersten Hybridengeneration manifest werde, müsse nichts desto trotz potentiell gegenwärtig sein, da es in späteren Generationen wiedererscheinen könne. […] Schließlich ist Mendels grundsätzliche Erkenntnis der Tatsache, daß die Gegensätze seiner Merkmalspaare nicht miteinander verschmelzen, vorweggenommen in der Darlegung der verschiedenen Arten von Verbindung in der Metaphysik. Aristoteles unterscheidet zwischen zwei Arten der Verbindung: Mischung und Synthese. In der ersten kommen zwei oder mehr ‚Prädikate' zusammen, um eines – ein Neues – zu bilden, während letztere weniger enge Verbindungen verschiedener Art betrifft. Mendel verwendet, wenn er über ‚eine dauernde oder vorübergehende' Verbindung spricht […] ebenfalls solche Notationen"* (Kalmus 1983: 67, Übers. von Kurt Plischke).

Bezeichnenderweise benutze **Mendel** in seiner Darstellung keine Konzepte der Chemie seiner Zeit. Die Analogie zwischen chemischen Atomen und physiologischen Einheiten der Vererbung sei viel später erst durch **William Bateson** im Jahr 1902 eigeführt worden (Kalmus 1983: 74). Erst die Wiederentdecker Mendels im Jahr 1900 hätten seine Theorie durch Termini partikulärer Vererbungseinheiten dargestellt, nachdem **Weismann** die von **Wilhelm Waldeyer** beschriebenen Chromosomen als die Träger der Erbeigenschaften vorgeschlagen hatte, mit der zufälligen Chromosmenverteilung während der Meiose als dem Grund der Aufspaltung von Erbeigenschaften (ibid. S. 79). Singuläre, partikuläre, alternative Vererbungsträger, *Allele*, seien nicht **Mendels** Terminologie zuzuschreiben, wenn er differierende Elemente in den Zellen als die möglichen Ursachen für die Unterschiede der Hybridenpflanzen bezeichnet.

Grundlegend für Mendels Sicht sei die Auffassung einer teleologisch zielgelenkten Natur der bestimmenden Substanzen. *„Die Definition des Möglichen muß immer enthalten/ enthält immer die/ eine Notation des Wirklichen. Ähnlich fasst Mendel Anlage bzw. Faktor als ein mögliches Etwas auf, das bezogen ist auf ein manifestes Wirkliches bzw. Eigenschaft."* (ibid. S. 66; Übers. v. Kurt Plischke).

Für die Entwicklung der Jungpflanze nach Verschmelzung des Pollens mit der Keimzelle – **Mendel** unterscheidet sich hierin von **Aristoteles** – sind Mendel zufolge zwei Möglichkeiten denkbar. Zum einen könne zwischen den Elementen,

„*welche die gegenseitigen Unterschiede bedingen*", eine Angleichung stattfinden. Wäre sie vollständig, dann wären die Differenzen der elterlichen Elemente „*bleibend vermittelt*". In diesem Fall müßte das hybride Merkmal unter allen späteren Nachkommen unverändert erhalten bleiben. Wäre hingegen die Angleichung der „*widerstrebenden Elemente*" von Keim- und Pollenzelle bloß vorübergehend, so wäre die Vermittlung zwar soweit vorangeschritten, dass noch „*die Bildung einer Zelle als Grundlage der Hybride möglich*" werde, aber nicht „*über das Leben der Hybride hinaus*" reiche.

Auch Mendel nimmt also für die von ihm hypothetisch angenommenen, erblich weitergereichten Elemente einen prinzipiellen Wettstreit an. Das Ergebnis dieses Konkurrenzverhaltens bestimme die Eigenschaften des Nachwuchses in ihrer Ausprägung gleichwie die Dauer ihres Bestehens. Im Fall des fehlenden Ausgleichs gelinge es dem gegensätzlichen Element bei der Bildung der neuen Befruchtungszellen wieder, aus der erzwungenen Verbindung herauszutreten. Jedoch verläuft der Mendelsche Wettstreit der Elemente nach einer festen und vorhersagbaren Regel.

Die Vorstellung einer gewissen Beliebigkeit der Kombination der Erbelemente, eine Auffassung, die **Aristoteles** nicht teilen würde, stellte einen Vorgriff auf die mit dem späteren Genbegriff verknüpfte Mutationsvorstellung dar und gibt wieder, wie sich die Biologie die Gametogenese bis heute vorstellt. „*Bei der Bildung dieser Zellen betheiligen sich alle vorkommenden Elemente in völlig freier und gleichmäßiger Anordnung*". Es entstünden daher ebensoviele Arten von Befruchtungszellen, „*als die bildungsfähigen Elemente Combinationen zulassen*". Die verschiedenen Faktoren, *Elemente* eines Merkmals, träfen zufällig aufeinander, und alle Merkmalsausprägungen, die für die Merkmale bekannt sind, könnten in vielfältiger Mischung auftreten: Der Erbfaktor untersteht dem Zufall.

Mit dieser Herleitung der genetischen Ereignisse ist nicht erklärt, weshalb sich Faktorenunionen so ausbilden, dass verschiedene Typen, *Arten* von Lebewesen auftreten. Zwar wäre **Mendels** Erklärung der Vererbung von Eigenschaften noch vereinbar mit **Darwins** Hypothese, dass auch die Arten im Ganzen nur zufällige, bloß vorübergehend sich artgemäß erhaltende Einheiten sind. Doch in einem *struggle for life* könnte das genetische Moment des Arterhalts, der Erbfaktor, nicht als eine Kraft der Anpassung angesehen werden, da ja die ganze Art nur ein Zufallsprodukt und in keiner Weise Ziel des Lebensgeschehens wäre – eine Frage, die bei Mendel offenblieb, während Darwin sie für beantwortet hielt.

Ob der hier zwischen Mendel und Darwin bestehende und nur kurz skizzierte Unterschied tatsächlich bereits mit dem Hinweis behoben ist, die Unabhängigkeitsregel von Mendels Ergebnissen entstehe nur durch die Anordnung der

Gene der von ihm untersuchten Merkmale auf verschiedenen Chromosomen, bleibt zu klären.

Ein weiteres Problem beantwortet eine Erklärung von Erbgeschehen als eines in rein **Darwinscher** Weise zufallsdirigierten nicht. Weshalb ist jede Faktorenkonstellation gerade so, dass aus all den zufällig koinzidierenden Merkmalskombinationen immer wieder ein lebensfähiges Gebilde entsteht? Woher stammt das Lebendige der Lebewesen? Eine organisierende, also gerichtete Kraft im Sinne der Lebendigkeit kann weder aus einem zufälligen Zusammenspiel vieler Einzelkräfte noch aus physikalischen und chemischen Gesetzmäßigkeiten von Elementen, von unbelebter Stofflichkeit, abgeleitet werden. Ohne den Zufallsbegriff grundsätzlich zu erörtern, tritt dieses Problem auch in der modernen Form entteleologisierter Biologie wieder auf, unter dem Terminus einer Selbstorganisation der Materie (**Eigen** 1981; **Eigen/Winkler** 1981), wenn sie eine Definition des Begriffs Leben meidet.

Den Beobachtungen der Naturwissenschaften entsprechend, in biologischen Experimenten, und auch phänomenologisch, zeigen die selbstorganisierten Molekülkomplexe Bestrebungen: zu Lebendigkeit, zu Lebenserhaltung, zu Nahrungsaufnahme (Stoffwechsel), zu Fortpflanzung/Vermehrung.

Die Evolutionsbiologie nennt das Beharrungsvermögen der Natur mit der Tendenz, Typen von Lebewesen entsprechend ihren je eigenen Bauplänen immer wieder gleichartig entstehen zu lassen, *Arterhalt*. Sind Naturkörper, die durch möglichen Zufall im mutativen Augenblick ihrer Fortpflanzung dem genannten Zusammenhang mehr entzogen zu sein scheinen als in allen anderen Entwicklungsstadien, homines aut homunculi? Wie könnte *Tendenz*, eine kennzeichnende Eigentümlichkeit von Lebewesen, in einer modernen Biologie aus einer *causa materialis* abgeleitet werden, ohne *anthropomorph* gedacht zu sein? Als die Prinzipien ihrer Theoriebildung wählt die moderne Naturwissenschaft: erstens, die Gleichsetzung alles Lebenden untereinander, von Mensch und Tier und Pflanze, innerhalb einer Ebene, ohne hierarchisches Prinzip. Zweitens: paradigmatische Unterschiedslosigkeit von Lebendigkeit mit unbelebter Substanz.

Die Leistung **Mendels** besteht in der theoretischen Entwicklung und experimentellen Entfaltung einer neuen Auffassung von Merkmal bzw. Eigenschaft von Pflanzen. Sie wurde von der Biologie weiterentwickelt als anwendbar auf alle Gattungen von Lebewesen. In solcher Auffassungsweise wird Eigenschaft zunächst weder aus ihrer Beziehung zu den Nachbarschaftsentitäten abgeleitet, aus *differentiae specificae* scholastischer Sichtweise, noch auf Wesenheiten bezogen. Nivellierte Eigenschaften erhalten essentiellen Wert für die Erklärung von Vererbung, während doch der Wesensbegriff als teleologisch abgelehnt wird:

Prinzip Nihilismus auf unterster materieller Ebene, das auf alle höheren Ebenen übertragen wird, oder: Ablehnung jeder Über-/ Unterordung, also Verzicht auf Ordung. Das widerspricht aber der Vorstellung von Lebewesen als Organismen. Und konsequenterweise wird beharrlich zu untermauern versucht, die von Aristoteles entwickelte Theorie verlassen zu haben, mehr noch, in 150-Jahrfeiern Darwins beginnt der Vortrag mit einem selbstsicher vorgetragenen Hinweis darauf, dass die moderne Biologie sich erst und gerade dadurch befähigt habe, indem die *Wesensphilosophie* des Aristoteles aufgegeben worden, ja als falsch bewiesen sei. Der Begriff Hyopthese ist hypothetisch gebraucht, die Falsifizierbarkeit scheint ausgeschlossen.

In biologisch-materialistischer Akzentverschiebung der Biologie verblieb Eigenschaft als eine Zusammensetzung von zwei inneren Elementen, die in einem Wettstreit von Substanzen das Aussehen der Eigenschaft bestimmen, selbst bei dem scholastisch, dialektisch und philosophiehistorisch polyglott geschulten Augustinermönch Gregor Mendel: „*Die unterscheidenden Merkmale zweier Pflanzen können zuletzt doch nur auf Differenzen in der Beschaffenheit der Elemente beruhen, welche in den Grundzellen derselben in lebendiger Wechselwirkung stehen*" (Mendel 1866: 42). Dem würde niemand widersprechen. Außer, dass es mit an Sicherheit grenzender Wahrscheinlichkeit weitere Faktoren gibt, die dicht schon im Mikromolekularen benachbart sind und ebenfalls Einfluss nehmen.

Wo fängt die wissenschaftliche Willkür des *abstrahere, definire* an? Wohin führt sie?

Die an dieser Stelle eingeführte Verwendungsweise des solcherart gebrauchten Elementbegriffs zur Erklärung von Eigenschaft bekräftigte für die sich verselbständigende Vererbungsforschung eine neue Aufgabe: innerhalb von Naturgesetzen eines physikalisch-chemischen Mikrokosmos ohne das heuristische Prinzip von in der Vererbung wirksamer Zwecke nach Mustern der Weitergabe von Eigenschaften zu suchen. Doch sowohl die Eigenschaften, als auch die Muster sind im Ergebnis nicht nur bedingt durch die methodisch-statistische Empirie, sondern aufgrund gleichlautender Vorannahmen über die Untereinheiten der erblichen Materie.

Wie jedes „hybrid" kombinierte Merkmal als zufälliger Kreuzungspunkt zweier Anlagereihen des Merkmals angesehen wird, so der historische Ursprung von Lebewesen: ein zufällig kombiniertes Ensemble von Merkmalen, die sich alle in einer Zufallsnatur von eigenen Anlagereihen ableiten. Das einzelne Lebewesen wird wie jedes seiner Merkmale zur Folge einer Historie von Zufällen. Und dies gilt nicht erst für das Merkmal in toto, sondern schon für seine

Untereinheiten. Woraus dann die Zusammensetzung aller Merkmale eines Lebewesens aus allen seinen Anlagereihen rührt, wird auf diese Weise notwendigerweise unüberschaubar komplex. Eine solche Auffassung eröffnet das Feld für eine veränderte Nachforschung der Lebewesenhaftigkeit von Organismen. So genetisch organisiert erscheinen sie mit einer Qualität versehen, die zuvor weder wissenschaftlich beschrieben, noch in eine Alltagspraxis für Vermehrung von Pflanzen, Zeugung von Tieren und Menschen umgesetzt werden konnte. Mit dem Namen Genetik entstand darauf in der Geschichte von Biologie und Medizin eine eigenständige Forschungsauffassung, um den apokryphen Agens der Genesis auf den Grund zu gehen. Mit der statistischen Merkmalsauffassung hatte sich eine neue Handlungsweise biomedizinischer Forschung den Weg gebahnt, ehe der Terminus Gen gefasst war. Den Namen gab sich die neue Wissenschaft, nachdem drei Jahre zuvor der Oberbegriff ihrer Forschungstätigkeit gefunden war.

In Hinsicht auf das spätere Verständnis der Vererbung als eines gengelenkten Vorgangs bewirkte *Mendel* eine richtunggebende Wende:

1. Elementarität der Erbursachen. Mendel elementarisiert Erblichkeit, indem er sie nicht mehr auf ein weiteres Ordnungsgefüge bezieht.
2. Historisierung. Die infolge ihrer Elementarität eigenständigen Erbelemente werden als geschichtlich bedingt angesehen. Voraussetzung dafür ist die Unabhängigkeit des einzelnen Erbfaktors bei seiner Weitergabe.
3. Scheinbare Mutation. Der Erbfaktor ist nicht das letzte Element, sondern zusammengesetzt aus Untereinheiten. In Verbindung mit seiner Geschichtlichkeit erklärt sich die Möglichkeit wechselnder Erscheinungsbilder trotz Vorhandenseins identischer Ursachen.
4. Zufall. Das Aufeinandertreffen der erblichen Elemente, die als Wirkursachen aufgefasst werden, ist von Zufall beherrscht, nicht erklärbar aus dem Zusammenhang der ansonsten als gesetzlich determiniert angesehenen Natur. Kausalvorstellungen der Vererbung verlieren ihren teleologischen Zusammenhang: Ursächlichkeit besteht in statistischen Regeln von Wahrscheinlichkeiten.

VII. Das Schicksal der Entdeckungen Mendels

Abgesehen von einem Briefwechsel mit **Nägeli** (vgl. *Correns* 1905: 189–265) und drei bibliographischen Erwähnungen (**Hoffmann** 1869; **Focke** 1881; **Bailey** 1891) hat **Mendels** Arbeit von 1866 den wissenschaftlichen Diskurs fünfunddreißig Jahre lang nicht beeinflusst. Die Gründe sind vielfältig und sollen hier nicht im einzelnen nachvollzogen werden. Eine Übersicht gibt **Jahn** (Jahn 1957/1958: 215ff).

Von Mendel selbst ist als einzige Bemerkung zum Schicksal seiner Schrift überliefert: „*Meine Zeit wird kommen*" (vgl. *Gasking* 1959: 77).

Zur Zeit ihrer Veröffentlichung trafen die entscheidenden Gedanken **Mendels**, die Unabhängigkeit der Merkmale voneinander und ihre Spaltbarkeit infolge ihrer zufälligen Zusammensetzung aus vermuteten Teilfaktoren in den Keimzellen, auf ein noch sehr unvollständiges zytologisches Bild von der Vererbung. Es bot noch nicht die Einzelheiten, um die von ihm rein rechnerisch erschlossenen Merkmalselemente materiell nachvollziehen und begründen zu können. Bis 1900 wurde es durch eine Reihe von Entdeckungen erweitert. Man beobachtete Verschmelzung von Samen- und Eikern, erkannte Zellteilung und Reduktionsteilung, ein nach Mendel zu postulierendes Phänomen. So war zu verstehen, dass jeder Befruchtung mit Kernverschmelzung eine Reduktionsteilung vorausgehen muss, damit die Menge an Erbmaterial, erfassbar an der Chromosomenzahl, konstant bleiben kann. Die sich ergebende Darstellung der Haploidie der Gameten gegenüber diploider Zygote erklärte Mendels Umschreibung desselben Tatbestandes als einer Aufteilung und Zusammenfügung von angenommenen Merkmalsfaktoren, wie auch die Kernverschmelzung jetzt den Grund für die Idee der Zusammensetzung jedes Merkmals aus einer mütterlichen und väterlichen Komponente gab (**Gasking** 1959: 78). Doch die Absicht, das Bestehen von Arten auf spezifische Essenzen zurückzufahren, wurde seit **Darwin** häufig von dem Bestreben übertönt, die Möglichkeit und den Umfang von Mutationen zu ermitteln.

Drei Vererbungsforscher erkannten im Jahr 1900 unabhängig voneinander die Bedeutung von Mendels Erklärung der Spaltbarkeit von Merkmalen, nachdem sie selbst Forschungen in derselben Richtung angestellt hatten und dabei auf ähnliche Zahlenverhältnisse gestoßen waren. Sie entwickelten ebenfalls die

Vorstellung einer Merkmalsspaltung. So hatte später *de Vries* 1889 in der Abhandlung über „*Intrazelluläre Pangenesis*" eine Unabhängigkeit der Merkmale angenommen. Strenggenommen handelt es sich elf Jahre darauf nicht um eine „Wiederentdeckung" Mendels, sondern um die Entdeckung seiner Ergebnisse, die jetzt entfaltet wurde (*Jahn* 1957/1958: 215). Dabei ist der Aufweis seiner Monographie abzuheben von der „experimentellen Neu-Entdeckung" derselben Gesetzmäßigkeit, wie Mendel sie fand, durch *de Vries*, *Carl Erich Franz Joseph Correns* (1894–1933) und *Erich von Tschermak-Seysenegg* (1871–1962) (Jahn ibid.).

Der erste von ihnen war *De Vries*. In einer „*vorläufigen Mitteilung*", die bei der Deutschen Botanischen Gesellschaft am 14. März 1900 eintraf, erklärt dieser das „*Spaltungsgesetz der Bastarde*":

> „*Im Bastard liegen die beiden ontogenetischen Eigenschaften als Anlagen nebeneinander. Im vegetativen Leben wird gewöhnlich nur die dominirende sichtbar. […] Bei der Bildung der Pollenkörner und Eizellen trennen sie sich. Die einzelnen Paare antagonistischer Eigenschaften verhalten sich dabei unabhängig voneinander. Aus dieser Trennung ergibt sich das Gesetz: Die Pollenkörner und Eizelle der Monohybriden sind keine Bastarde, sondern gehören rein dem einen oder anderen der beiden elterlichen Typen an. Für Di-Polyhybride gilt dasselbe in Bezug auf jede Eigenschaft für sich betrachtet*" (de Vries 1900: 86). Daher gelinge es oft, „*durch die Spaltungsversuche einfache Eigenschaften in mehrere Faktoren zu zerlegen. So ist z. B. die Farbe der Blüthen häufig zusammengesetzt, und erhält man nach der Kreuzung die einzelnen Factoren theilweise getrennt, theilweise in verschiedenen Mischungen*" (De Vries: 1900: 89).

Damit war bündig formuliert, was **Mendel** schon 1866 in den Verhandlungen des Naturforschenden Vereins Brünn dargelegt hatte. Von dieser Grundlage sollte die Frage nach dem Agens des Werdens von Lebewesen nun ihren Ausgang nehmen.

Nägeli, der einzige, mit dem Mendel seinerzeit wissenschaftlich korrespondierte, hatte bezweifelt, dass Mendels Ergebnisse an der Gartenerbse im Pflanzenreich verallgemeinert werden könnten. *De Vries* hielt jetzt eine hohe Allgemeingültigkeit entgegen:

> „*Aus diesen und zahlreichen weiteren Versuchen folgere ich, dass das von MENDEL für Erbsen gefundene Spaltungsgesetz der Bastarde im Pflanzenreich eine sehr allgemeine Anwendung findet, und dass es für das Studium der Einheiten, aus denen die Artcharaktere zusammengesetzt wird* (sic!), *eine ganz prinzipielle Bedeutung hat*" (De Vries 1900: 90).

Correns bezeichnete am 13. Dezember 1911 in einem Vortrag vor dem Wissenschaftlichen Verein in Berlin den Wert von Mendels Bemühungen:

„Die Zeit des ‚Gedankenexperimentes' in der Vererbungslehre ist vorbei. Mühsam, in jahrelanger oder jahrzehntelanger Arbeit muß jetzt Baustein für Baustein gesichert werden. Dafür hoffen wir aber auch, ein festes Gebäude aufzurichten, das nicht dem Schicksal der bisherigen Vererbungstheorien verfallen soll. Es ist gewiß eigenartig, daß den Grundstein dazu ein Mönch gelegt hat, Gregor Mendel" (Correns 1912: 75).

VIII. Die Ausgestaltung des Genbegriffes in seiner modernen Form

Dem im 20. Jahrhundert etablierten Genbegriff ging die Formulierung eines einprägsamen Terminus voraus. Die Art, wie er begründet wird, gibt Hinweise auf die Abstraktion.

VIII. 1 Begründung des heutigen Terminus technikus durch Wilhelm Johannsen

Die Naturwissenschaft prägte eine Vorstellung des Gens als einer die Gestalt des Organismus verursachenden, materiellen Einheit. Diese würde in der Eigentümlichkeit ihrer Existenz von der Bausubstanz des Organismus getrennt vorliegen. Solche Sichtweise entstand, während sich in der Biologie ein neuer Forschungszweig verselbständigte. Er arbeitet gemäß dem Oberbegriff der Theorie unter dem Namen Genetik.

Darwin hatte zwischen erblichen und nicht erblichen Merkmalen nicht streng geschieden (**Babcock** 1954: 220). Doch aufgrund seiner Studien wurden biologische Erscheinungen zu einem Problem ihrer erblichen Weitergabe erhoben, da sie nun als ein unabdingbares Subjekt der Variation erschienen (**Dunn** 1965: 215).

1906 schlug **Bateson** den Namen *Genetics* vor, als Titel eines Kongresses für die von den Teilnehmern betriebene Art biologischer Forschung und als die Bezeichnung der neuen biologischen Disziplin. Nachdem bereits eine neue Terminologie als das Werkzeug der solchermaßen arbeitenden Wissenschaftler entstanden sei, fehle noch ein Name für diese Wissenschaft.

> „*To meet this difficulty I suggest for the consideration of this Congress the term G e n e t i c s, which sufficiently indicates that our labours are devoted to the elucidation of the phenomena of heredity and variation: in other words, to the physiology of Descent, with implied bearing on the theoretical problems of breeders, whether of animals or plants*" (Bateson 1907: 91, Sperrdr. v. Kurt Plischke).

Das neue Aufgabengebiet der Biologie, die Genetik war also umrissen.

Möglich geworden sei die Begründung einer Wissenschaft der Genetik mit dem Konzept der Einheitlichkeit und Abgegrenztheit von Merkmalen (Bateson 1907: 93), das Bateson auf **Mendel** zurückführt.

1911 definierte **Goldschmidt** mit seiner in Leipzig und Berlin erschienenen „*Einführung in die Vererbungslehre*" ebenfalls den neuen Arbeitstitel und führte die Bezeichnung *Genetik* in den deutschen Sprachraum ein. Das *Gen* definierte er darin folgendermaßen:

> „*Ein Gen ist also ein Etwas, dessen Gegenwart in den Geschlechtszellen dafür sorgt, daß in dem Organismus der sich aus den Geschlechtszellen entwickelt, eine bestimmte Eigenschaft auftritt; es ist der Erbträger der Einzeleigenschaft [...]. Nun soll zwar einem bestimmten Gen eine bestimmte Eigenschaft zugeordnet sein. Das besagt aber nicht, daß auch die Eigenschaft in ihrer definitiven Ausprägung mathematisch genau festgelegt ist*" (Goldschmidt 1911, zit. nach Goldschmnidt 1920³: 69).

Das Gen ist für Goldschmidt eine „*erbliche Reaktionsnorm*", d. i. „*eine erbliche Anlage für das Auftreten einer bestimmten Eigenschaft in bestimmter Stufe unter bestimmten Bedingungen*". Daraus folgt, dass mit ein- und demselben Gen unter verschiedenen Bedingungen verschiedene Phänotypen verwirklicht werden. Die in den Genen liegenden Reaktionsmöglichkeiten auf jeweilige Bedingungen der Außenwelt bestimmen die Breite der Reagibilität, denn das im Vererbungsweg entstehende Resultat „*geschieht im Rahmen der ererbten Reaktionsnorm, nicht etwa durch Beeinflussung dieser*" (ibid. S. 105f).

Goldschmidt war es, der sich später als einer der schärfsten Kritiker eines lokalistischen Genbegriffes erweisen sollte.

Die zytologische Vererbungskunde war bis zur Jahrhundertwende fortgeschritten. 1888 prägt der Leiter der Abteilung für systematische und topographische Anatomie an der Friedrich-Wilhelms-Universität Berlin, **Heinrich Wilhelm Gottfried Waldeyer** (1836–1921), für die beobachteten Stäbchen im Zellkern die Bezeichnung *Chromosom* und wählte dafür eine begriffliche Doppelbildung aus griechisch *chroma*, die Farbe, und *soma*, der Körper, da es sich um körperliche Gebilde handele, die durch Farben dauerhaft zu fixieren seien (Waldeyer 1888). **Strasburger** konnte die Zahlenkonstanz der Chromosomen bezeugen. **Theodor Boveri** (1862–1915) bewies ihre Individualität. **Wilhelm Roux** (1850–1924) hatte bereits aufgrund ihrer präzisen Teilung und Verteilung der entstehenden Hälften auf die Tochterzellen vermutet, die Kernstäbchen seien die Überträger der Vererbungseinheiten (Roux 1883).

So abweichend wie die Vorschläge über dasjenige, was als genetische Ursache angesehen werden könne, waren die Bezeichnungen. **Karl Friedrich von Gärtner** [(1772–1850); Arzt und Botaniker in Calw] hatte von „*Faktor*" gesprochen, darunter aber noch die gesamte Zutat eines Elternteils aufgefasst (Gärtner 1849). **Darwin** hingegen stellte sich Keimchen und Pangene als singuläre materielle und strukturidentische Partikel zu den Körperbestandteilen ihrerer Ahnen vor, die sich nur noch auszuwachsen bräuchten. **Haeckel** wollte *Pangene* durch *Plastidule* ersetzen, denn nicht eine materielle Kontinuität, sondern Bewegungserscheinungen würden vererbt. Mit **Nägeli** war eine Beschreibung gefunden, nach der die Vererbung an eine kontinuierliche Grundsubstanz gebunden sei, an ein *Idioplasma* aus *Micellen*. **Weismann** machte daraus ein *Keimplasma* von *Biophoren* und *Potentiae*. *Vererbungsstoffe* mit *Anlagen* führte **Haacke** ein. **De Vries** vermutete 1889, die Gemmulae oder Pangene der Darwinschen Pangenesislehre seien zelluläre Elemente und Qualitäten, die zwar aus dem Zellkern ins Zytoplasma wandern könnten, niemals aber in umgekehrter Richtung. Er gab damit einer Vorstellung Ausdruck, die fast ein Jahrhundert später als *unidirektionaler Informationstransfer* von DNS zu Protein wiederkehrte. Für seine Auffassung von Vererbungsträgern verwendete er **Haeckels** *Plastidul*, indem er diese Bezeichnung auf die neuen Kenntnisse der Zytologie anwendete. Alle diese Theorien waren gedankliche Schöpfungen. **Mendel** hingegen war zurückgekehrt zum Begriff *Faktor*, nicht wie bei **Gärtner** den gesamten Erbteil eines Elters bezeichnend, sondern doppelt angelegte Determinanten für einzelne Merkmale, und gab mit seiner Sicht einer doppelten Anlage für jedes Merkmal in zwei Grundgesetzen der Genetik den Anstoß für die spätere wissenschaftliche Genetik. Als Namen für erbeinheitliche Wirkkräfte wurden gebräuchlich auch *Faktoreneinheiten* und **Batesons** *Merkmals-Einheiten*, unter denen eine atomistische Sicht wie diejenige **Mendels** sich durchzusetzen begann.

1896 fasste der Direktor des Zoologischen Institutes der Columbia Universität von New York, **Edmund Beecher Wilson** (1856–1939), die bis dahin gediehene Auffassung von Vererbung folgendermaßen zusammen:

> „Vererbung ist die Wiederkehr, in aufeinanderfolgenden Generationen, von gleichen Formen des Metabolismus, und dies wird verursacht durch die Übertragung einer spezifischen Substanz oder Idioplasma von Generation zu Generation, für die wir Grund gefunden haben, sie mit Chromatin zu identifizieren. Das bleibt wahr, wie wir auch immer die morphologische Natur des Idioplasmas erfassen mögen, sei es als einen Mikrokosmos unsichtbarer Germe oder Pangene, wie es de Vries, Weismann und Hertwig annehmen, oder als ein Warenhaus von spezifischen Fermenten, wie Driesch vorschlägt, oder als einen Komplex molekularer Substanz, gruppiert in Mizellen, wie in Nägelis Hypothese" (Wilson 1896: 362f. Übers. K. Plischke).

In der begrifflichen Verworrenheit dieser Situation unterbreitete 1903 in einer Vorlesung **Wilhelm Johannsen** (1857–1927), Professor für Botanik in Kopenhagen, in philologischer Maßnahme den Vorschlag,

> „bloß die einfache Vorstellung soll Ausdruck finden, daß durch ‚etwas' in den Gameten eine Eigenschaft des sich entwickelnden Organismus bedingt, oder mitbestimmt, oder mitbestimmt werden kann. Keine Hypothese über das Wesen dieses ‚etwas' soll dabei aufgestellt

oder gestützt werden. Darum scheint es am einfachsten, aus Darwins bekanntem Wort die uns allein interessierende letzte Silbe ‚Gen' isoliert zu verwerten; um damit das schlechte Wort ‚Anlage' zu ersetzen." Das von jeder Hypothese „*völlig freie*" Wort drücke nur „*die sicher gestellte Tatsache aus, daß jedenfalls viele Eigenschaften des Organismus durch in den Gameten vorkommende besondere, trennbare und somit selbständige ‚Zustände', ‚Grundlagen', ‚Anlagen' – kurz, was wir eben Gene nennen wollen – bedingt sind*" (nach Johannsens schriftlicher Darlegung 1909: 124).

So einfach ist der Kern des Gedankens *Gen*, der auch heute bedacht werden sollte.

Das durch den Ausdruck „*Gen*" Bezeichnete sei etwas, das Eigenschaften von Lebewesen bedingen, mitbestimmen könne, indem es selbst ein Mitbestimmtes sei, nicht mehr, nicht weniger. Buchstabengetreu streicht Johannsen Pan aus Pangen hinweg und erhält Gen. Und das Gen selbst ist bedingt. Es ist nicht von sich aus einzige Quelle des Werdens.

Eine ausschließliche Konkurrenz um die Weitergabe von Genen als Ansatz einer darwinistischen Rivalität (**Dawkins** 1976) ist aus diesem Grundgedanken jedenfalls nicht abzuleiten, der ebenfalls eine neue Möglichkeit anbot, die Bedingtheit lebendiger Wesen zu beschreiben.

Die schriftliche dänische Ausgabe der Vorlesungen *Johannsens* erschien 1905, zwei Jahre nach seiner für die Biologie epochemachenden Formulierung in Kopenhagen. Die deutsche Übersetzung seines Werks stammt ebenfalls von Johannsen. Im Vorwort legt er Wert auf die Feststellung, dass die neu eingeführten Bezeichnungen „*Gen*", „*Genotyp*", „*Phänotyp*" gerade nicht nur „*Wörter*" seien, welche, „*wo Begriffe fehlen*", sich eingestellt hätten. Für Goethekenner ein geflügeltes Wort und nicht nur ein Verweis auf die berühmte Quelle dieser Worte, sondern auf die Autorität ihres Stifters. Welche Sicherheit **Johannsen** seiner Begriffsgebung beimessen möchte, wird an der betreffenden Textstelle in **Goethes** dramatischer Dichtung deutlich, der das Zitat entnommen ist. Der Lehrling des Doktor Faustus erhebt Mephistopheles gegenüber Einwand, den es zu entkräften gilt, wenn jener von diesem *begrifsrealistisch* fordert, es müsse doch ein Begriff bei dem Worte sein. Darauf antwortet Mephistopheles sophistisch entwaffend:

„*Schon gut! Nur muß man sich nicht allzu ängstlich quälen;*
Denn eben wo Begriffe fehlen,
Da stellt ein Wort zur rechten Zeit sich ein.
Mit Worten läßt sich trefflich streiten,
Mit Worten ein System bereiten
An Worte läßt sich trefflich glauben,
Von einem Wort läßt sich kein Jota rauben." (Verse 1994–2000)

Kann solchen Unsicherheiten der Wortwahl und Phonetik durch begriffliche, wissenschaftliche Terminierung entgangen werden?

Johannsen stellt sich explizit einem solchen Problem mit seinem Vorschlag innerhalb der Wissenschaft von der biologischen Vererbung, wie er im folgenden die Wahl desjenigen Namens, der sich bis in die Gegenwart bewährt hat, begründet.

Er hat mit der Wortwahl Gen einen Begriff angedeutet, dessen Umfang und Inhalt bis auf den heutigen Tag erörtert wird, einen Begriff, nach dem sich eine Wissenschaft bezeichnet, die als Grundlegung von Biologie angesehen wird, und zugleich einen Begriff, der an seiner wachsenden Umstrittenheit für die Theorie der Vererbung nichts eingebüßt hat (vgl. das letzte Kapitel), während der Begriff zugleich ein wachsendes Instrumentarium für die medizinische Therapie und die industrielle Herstellung von Nahrungsmitteln bereithält, das sich von der vorwissenschaftlichen Kultivierung von Pflanze und Tier so schnell abgehoben hat, wie die Differenzierung und Begriffsbildung der modernen Leitwissenschaften. Im Gefolge der Genetik entstehen neue Wertsetzungen für das Menschenbild (Präimplantationsdiagnostik unter sog. Embryonenverbrauch, *Wertwandel* von Elternschaft, Krankheiten mit Einfluss auf die Prognostik).

Doch was entfernte *Johannsen* aus der Vorläufervorstellung des neuen Hauptbegriffs über die Genesis von Lebewesen, wenn er die Jotai *Pan* streicht, um *Gen* zu erhalten? Er begründet seine Wahl philologisch. Das Wort Pangen sei eine ungünstige Doppelbildung, da sie zwei verschiedene Stämme vereine, den Stamm Pan, das Neutrum von griechisch πασ, „all", „jeder", mit dem Stamm Gen aus γι–γ(ε)ν–ομαι, „entstehen" bzw. „werden". Nur den Sinn des letzteren möchte Johannsen durch den biologischen Begriff Gen vermittelt wissen. Der Vorzug bestehe überdies in der leichteren Kombinierbarkeit mit anderen Bezeichnungen. An die Stelle von „*das Gen, welches die Eigenschaft bedingt*" könne nun der Ausdruck „*das Gen der Eigenschaft*" treten (Johannsen 1909: 124, Johannsen 1926: 165).

Der neue Begriff gibt den Anspruch auf, eine räumliche Herkunftserklärung für Gene zu geben. Die von **Darwin** gewählte Vorsilbe hatte darauf deuten sollen, dass es sich um Partikel handele, die aus allen Teilen des Körpers stammten und materiell in die Keimzellen eingehen würden. Indessen entsteht gerade diese Unsicherheit. Der bloße Bedingungscharakter eines Merkmals durch Gene, den *Johannsen* betont, gerät außer Sicht, indem durch die Abkürzung „*das Gen der Eigenschaft*" anstelle von „*das Gen welches die Eigenschaft bedingt*" ein Bild von einlinearer Ursachenbeziehung entsteht.

Erst mit dem erneuten Zusammenwachsen der später auseinandergewichenen biologiegenetischen Teildisziplinen der Evolutionsgenetik und der Entwicklungsbiologie über die Fragen der Embryonalentwicklung zu einer „evolutionären

Synthese" in dem Fach „evolutionäre Entwicklungsbiologie" (Evolutionary Developmental Biology) wurde die Biologie genau auf diesen Unterschied wieder aufmerksam und fordert erneut, es dürfe nicht ein Gen *für eine Eigenschaft* heißen, sondern man müsse sagen, Gen, *das die Eigenschaft bedingt.*

Innere Ursache und äußere Erscheinung, sind enger zusammengerückt. In rein materiellem Blickwinkel findet sich kein Unterschied mehr zwischen einem Innen und einem Außen. Ob Nukleinsäuren Eiweiße kodieren oder umgekehrt, ist gleichgültiges und zufälliges Ergebnis irgendwelcher evolutionärer Vorgänge. Funktionen, Epiphänomene von Stoffen bilden ihre Gesetzmäßigkeiten aufeinander ab, vermittelt durch ein zufälliges und alles entscheidendes mutatives Moment. **Johannsens** Absicht bestand jedoch genau darin, solche Konsequenzen und Prämissen auszuschließen, wenn er Worte wie Erbeinheit, Erbfaktor, Determinante, ersetzt. Noch 1926 betont er, der Terminus Gen präjudiziere keine Vorstellung über die Natur dieser „*Gebilde*". Auch die formelhafte Fassung in Buchstabensymbolen dürfe keine Stofflichkeit oder Substantialität vortäuschen. Denn bei den geläufigen Genformeln wie Aa, Bb, Cc vergesse man „*aber nicht den in der Formel nicht aufgenommenen Rest*" (Johannsen 1926: 434, 535).

Hinsichtlich dessen schlägt er eine weitere Neuheit vor. Die chromosomalen Gegebenheiten wie Aa, Bb etc. sollen *Allele* heißen, während hingegen das von **Bateson** eingeführte *allelomorph* durch die Endung morph auf etwas Geformtes deute, für das sich keinerlei Hinweis finde.

Außer dem Begriff des Gens empfiehlt **Johannsen** in derselben Vorlesung von 1903 zwei weitere Begriffe, die Wissenschaftsgeschichte machen sollten: *Genotyp* und *Phänotyp*. Das Wort Phänotyp solle andeuten, „*daß aus der Erscheinung selbst kein weiterer Schluß gezogen werden darf*", sondern nur „*eben was als typisch beobachtet werden kann*" (Johannsen 1909: 123). Der Phänotypus dürfe nicht notwendigerweise als Ausdruck einer biologischen Einheit gedacht werden. Seine Erscheinung sei nur oberflächlicher Natur. Phäno- und genotypische Unterschiede sind für Johannsen keineswegs mit Notwendigkeit identisch.

Es ist zu beachten, daß der Schöpfer der Genbezeichnung dem genetischen Gefüge eine teleologische Bedeutung zumisst, auch bei Mutation. Er nennt seine Auffassung *Teleogonie*, wörtlich soviel wie zweckgerichtete Erzeugung. Die dritte, um fünf Vorlesungen erweiterte Auflage seiner „*Elemente der exakten Erblichkeitslehre*" – inzwischen hatte **Thomas Hunt Morgan** (1866–1945) die Chromosomentheorie der klassischen Vererbung entwickelt – erklärt 1926 in der letzten Vorlesung, „*daß Zweckmäßigkeit mit Organisation überhaupt gegeben ist*" (Johannsen 1926: 698). Eine Neukombination der Gene reagiert „*gleich als Ganzes zweckmäßig selbsterhaltend mit den Mitteln, Charakteren und Fähigkeiten,* *welche die Kombination früher getrennter Gene bedingt."* **Johannsen** wendet sich ausdrücklich gegen **Darwins** Auffassung der erblichen Wirkung einer Selektion. Nicht ein positives, schaffendes Prinzip sei die Selektion, sondern sie spiele nur eine große negative, vernichtende Rolle. Der Gedanke ist dem Autor so wichtig, daß er ihn schon im Vorwort grundsatzhaft ausspricht (Johannsen 1926: IV).

Auch in der Mutationsvorstellung hebt sich Johannsen von Darwin ab. Während dieser für Mutanten eine Art Neubildung postuliere, können sie für Johannsen alle aus gemeinsamen Ursprungsformen entstanden sein (Johannsen 1909: 461f).

Vier Definitionsmerkmale in Bezug auf die Natur der Entität Gen und seine Wirkweise sind festzuhalten:

1. Das Gen im befruchteten Ei verkörpert nach Johannsen eine *Reaktionsnorm* des Organismus. Es bedingt sämtliche Entwicklungsmöglichkeit des durch Befruchtung gegründeten Organismus. Eine determinierende Funktion besitzt es nicht, denn: *„Duo quorum faciunt idem, non est idem"* (Johannsen 1926: 167f).
2. Eine Ein-Gen-eine-Eigenschafts-Hypothese der Genwirkung lehnt Johannsen ab. Ein Gen müsse nicht nur eine einzelne Eigenschaft bedingen, sondern könne an weitgehenden Reaktionen beteiligt sein (Johannsen 1909: 460).
3. Für eine materielle Existenz des Gens im Sinne einer *„morphologisch-organischen Struktur"* finde sich keinerlei Beweis (Johannsen 1909: 367f).
4. Die Trennbarkeit der Gene zahlreicher Merkmale, während andere sich *„nicht oder nicht glatt"* trennen ließen, erinnere gleichwohl an das Verhalten *„chemischer Körper"* (Johannsen 1909: 125). *„Biochemische Analogien"* lägen nahe (Johannsen 1909: 377).

Nach **Arndt Michaelis** und **Rigomar Rieger** begreift Johannsen die unabhängigen, kombinierbaren und spaltbaren Erbeinheiten Mendels als eine Rechnungseinheit mit der Realität einer unbekannten Natur. Johannsen habe die Bezeichnung Gen für die *„Einzelfaktoren des Genotyps geprägt"*. Damit habe er nicht ein *„morphologisches Gebilde im Sinne von Darwins ‚gemmules' oder Biophoren, Determinanten u.a. spekulativ-morphologischer Begriffe anderer Autoren"* gemeint. (Michaelis, Rieger 1954: 43).

VIII. 2 Die beginnende Differenzierung des Genbegriffs bis 1939: klassische Genetik

Das erste Jahrzehnt des zwanzigsten Jahrhunderts diente der Etablierung von **Mendels** Konzept. Im Anschluss daran erweitert sich mit der Methodik der

Untersuchung die Darstellung. Am Ende dieser folgenden Epoche ist *Gen* physikalisch als die Grundlage der Vererbung definiert. ***Johannsens*** theoretisch vorbereitender Terminus erhält den Charakter einer naturwissenschaftlichen Definition, sowohl mit der von ihr geforderten Exaktheit, als auch mit Anbindung an benachbarte Wissenschaften. Zur Leitwissenschaft für das zu formulierende neue *biologische* Gesetz mit dem Namen Gen wurde im weiteren nicht die Biologie, sondern die Physik erhoben. Wissenschaftshistorisch ergibt sich daraus die Frage nach Lücken in der Einheit der von der Wissenschaft erzielten Darstellung des Genproblems.

Wilson, der 1896 die Auswirkung von Erbfaktoren in generationsweise sich wiederholenden Stoffwechselvorgängen erkannt hatte, untersuchte in jahrelanger Arbeit durch mikroskopische Beobachtung die Zellteilung von Keimzellen und ihren Chromosomen. Auf diese Weise gelang es ihm, das Geschlechtschromosom von Insekten darzustellen.

Zwei weitere Wissenschaftler, mit denen der Begriff der klassischen Genetik eng verknüpft ist, sind ***Thomas Hunt Morgan*** (1866–1945) und ***Hermann Joseph Muller*** (1890–1967), gleichfalls Mitbegründer der amerikanischen Genetikerschule. Wilsons Schüler ***Morgan*** entdeckte die Taufliege Drosophila melanogaster als ein Objekt für Kreuzungsexperimente. Die an ihr entstandene Chromosomentheorie der Vererbung schließt aus crossing-over und Mutation auf eine benachbarte Lage der Gene auf den Chromosomen. Sie trifft genaue Aussagen darüber, welches Gen für welche der untersuchten Eigenschaften sich neben welchem anderen Gen befinden müsse. ***Muller***, der Schüler von Morgan, fand in der Verwendung von Röntgenstrahlen eine Untersuchungstechnik, die mit ihren minimalen Dosisunterschieden an die Kleinheit der zytologischen Verhältnisse heranreichen sollte. Nachdem auf diese Weise Mutationen physikalisch punkthaft zielgerichtet verursacht und beschrieben waren, fanden sich Wege, sie mit gleicher Genauigkeit auch chemisch auszulösen. Im Ergebnis stand ein physikalisches Genkonzept *„in klarem Gegensatz zum abstraktem und statistischen"* der Vorzeit (***Dunn*** 1965: 218).

Morgan wie ***Bateson*** hatten der Vorstellung einer Stabilität des Gens zunächst widersprochen. „*Once crossed, always contaminated*" hatte ***Morgan*** 1905 erklärt (Morgan 1905: 877ff). Aufgrund der Studien in den 1920iger und 1930iger Jahren entstand ein Bild der erblichen Einheit, das nach seiner rechnerischen Begründung nun experimentell nicht nur makroskopisch, sondern auch zytologisch begründet werden konnte: das Gen als ein Element von hoher, jedoch nicht absoluter Stabilität (***Dunn*** 1965: 218).

Die Leistung dieses Konzepts lag in der Möglichkeit einer genauen Lokalisation solcher Gene auf dem Chromosom. Einen bislang nicht weiter verfolgten Anstoß dazu hatte schon **Boveri** zur Zeit der Wiederentdeckung von **Mendels** Lehre gegeben, als er 1903 vor der Deutschen Zoologischen Gesellschaft seine „*Ergebnisse über die Konstitution der chromatischen Substanz des Zellkerns*" vortrug (**Boveri** 1903 nach Boveri 1904: 117f; **Nachtsheim** 1951: 7).

Aufgrund der **Mendelschen** Unabhängigkeitsregel der Verteilung der Erbmerkmale sei entweder eine Lokalisation auf verschiedenen Chromosomen anzunehmen, oder ein Austausch von Chromosomenteilen. Mendel hatte bereits „*stillschweigend*" eine Stabilität der merkmalsbestimmenden Einheiten vorausgesetzt (**Babcock** 1954:19). **Boveri** befand sich mit seiner Aussage jedoch in Widerspruch zu **Johannsens** Gen von 1903, das keine stoffliche Grundlage besitzen sollte.

In den USA interessierte sich **Wilson** ebenfalls für die zytologische Seite der Vererbung. Aufgrund mikroskopischer Untersuchungen der Zellteilung von Keimzellen vertrat er schon frühzeitig, noch vor der Wiederentdeckung **Mendels**, eine Chromosomenauffassung der Vererbung (Wilson 1896: 326f). Wilson bezog sich auf **Darwins** Vorstellung von vererblichen Tendenzen in kleinen Einheiten. Seine Begründung blieb zunächst theoretisch.

Überzeugende Untersuchungen gelangen dem belgischen Zytologen **Frans Alfons Ignace Janssens** (1863–1924) im Jahr 1909 mit einer „*Theorie de la Chiasmatypie*". Er hatte unter dem Mikroskop die Bildung von Keimzellen bei Amphibien verfolgt und dabei beobachtet, dass die Chromosomen sich nach ihrer Paarung der Länge nach nicht nur in zwei Hälften spalten, sondern in vier *Chromatiden*. Noch vor Anordnung der Chromosomen auf der Äquatorialplatte überkreutzen sich je ein Faden der homologen, längsgespaltenen Chromosomen an mehreren Stellen. Die aus der Längsspaltung entstandenen Fäden brechen an diesen *Chiasmata* entzwei und tauschen Stücke untereinander aus (nach Johansson 1988: 49).

Ein Jahr später begann **Morgan**, der wie **Wilson** an der Columbia-Universität beschäftigt war, die Taufliege Drosophila melanogaster für Kreuzungsversuche zu kultivieren. Der Vorteil dieser Fliege für den Experimentator besteht in ihrer kurzen Generationsdauer von nur 14 Tagen. Jedes Weibchen kann während seines Lebens über 1000 Nachkommen in die Welt setzen.

In ausführlichen Zuchtreihen stellte Morgan ein spontanes Auftreten neuer Merkmale fest, Fliegen mit gelbem anstatt eines grauen Körpers oder mit weißen statt roter Augen. Auch die Flügel waren unterschiedlich geformt und groß. Zwar entsprach der Erbgang der neuen Eigenschaften den Mendelschen Regeln, nicht aber die Geschlechtsverteilung. Die Rückkreuzung der Fliegen ergab, dass jegliches Auftreten neuer Eigenschaften stets miteinander verknüpft war. Folglich mussten die Erbfaktoren miteinander verbunden sein, als ob sie auf einem Geschlechtschromosom, wie schon Wilsons Darstellung vermuten ließ, verbunden seien. Nach Morgans Ergebnissen sind spezielle Gene für die Geschlechtsmerkmale anzunehmen, während die sonstigen Eigenschaften von anderen Genen hervorgerufen werden. Da besondere Gene männlich und weiblich determinieren, nannte er sie Geschlechtschromosomen um solche Chromosomen abzuheben, die sowohl Geschlechtsmerkmale, als auch weitere Merkmale bestimmen. Diese betreffen nicht die Geschlechtseigenschaften, werden aber geschlechtsgebunden vererbt und weichen deshalb in der Regularität ihrer Weitergabe vom Mendelschen Erbgang ab. Männliche Fliegen erhalten die geschlechtsgebundenen nichtgeschlechtlichen Merkmale des weiblichen Elternteils, weibliche die des väterlichen.

Morgan hatte das Gesetz der Genkoppelung entdeckt. Eine feste Beziehung in der Weitergabe verschiedener Eigenschaften infolge räumlicher Nähe der ihnen korrespondierenden chemikalischen Faktoren auf dem Chromosom erschien ihm naheliegend: „*The ‚association' of certain factors in inheritance is due to the proximity in the chromosome of the chemical substances (factors) that are essential for the production of those characters*" (Morgan 1911: 365–417) – offenbar ein Hinweis für eine chemische Substantialität der Mendelschen Faktoren auf Chromosomen. Das Chromosom scheint mittels seiner Materie die Ursache der Eigenschaftsbildung zu determinieren.

Calvin Blackman Bridges (1885–1938) erbrachte 1916 mit seiner Dissertation „*Nondisjunction as Proof of the Chromosome Theory of Heredity*" die Begründung. Durch ein fehlerhaftes Auseinanderweichen der Chromosomen entstehen Irregularitäten von der Regelhaftigkeit der geschlechtsgebundenen Vererbung.

Die Gentheorie der Vererbung hatte mit der Chromosomentheorie zu einer neuen Beschreibung gefunden:

1. Chromosomen sind die materiellen Träger der Gene.
2. Jedes Gen liegt an einer bestimmten Stelle eines Chromosoms.
3. Gene werden gekoppelt weitergegeben.
4. Ein *Crossing-over*, eine stückweise Überkreuzung von Chromatiden, den Längsteilungsfiguren der Chromosomen, mit Brüchen an den Kreuzungsstellen und Austausch der Bruchstücke, führt zu einem Genaustauch zwischen den beteiligten Chromosomen: Mutation.

Morphologisch sichtbare Vorstellungen über die Lage der Gene entstanden, nachdem das Riesenchromosom in der Speicheldrüse der Taufliege entdeckt war, dessen Größe für das Auflösungsvermögen damaliger Lichtmikroskopie mikroskopische Bilder zuließ.

Schon 1916 hatten **Morgan** und sein Schüler **Calvin Bridges** das Gen zunächst prinzipiell für mutierbar erklärt.

> *„Aus a-priori-Gründen besteht kein Grund, weshalb verschiedene mutative Veränderungen nicht an demselben Locus eines Chromosoms Platz nehmen könnten. Wenn wir ein Chromosom als eine Kette chemischer Partikel denken, dann kann eine Anzahl möglicher Rekombinationen oder Wiederarrangierungen innerhalb jedes Partikels stattfinden. Jede Veränderung könnte einen Unterschied im Endprodukt der Zellaktivität verursachen und Anlaß zu einem neuen Mutantentyp geben"* (zit. n. **Carlson** 1966: 75)

Die wissenschaftliche Formulierung der Genvorstellung ist ein Beispiel nicht nur dafür, wie in den Entdeckungen der Forschung Theorie und Experiment sich wechselseitig bedingen, sondern, dass die Theorie häufig dem Experiment vorauseilt, ehe sie von diesem eingeholt, „bewiesen" wird. Auch pure Empirie bewegt sich auf dem Boden von theoretischen Vorannahmen.

Von Interesse war nun die Frage der Häufigkeit eines solchen Genaustausches durch crossing-over. **Morgan** hatte 1909 geschlossen: Wenn die Gene einen bestimmten Platz in einem Chromosom einnehmen und auf diesen linear angeordnet sein sollten, dann müsse die Entstehung von Chiasmata, Kreuzungen der Schwesterchromatiden, umso wahrscheinlicher sein, und je größer der Abstand der Gene sei, umso häufiger würden sie zwischen den Chromatiden ausgetauscht (n. Johansson 1988: 55).

Für höhere Pflanzen, Tiere und den Menschen könne in Prozenten die Mutationshäufigkeit angegeben werden. Der Prozentsatz bezeichnet eine Gesamtzahl der Genaustäusche bezogen auf die Zahl der Gameten, die die Nachkommen erzeugten, beispielsweise fünf Mutationen pro 100.000 Keimzellen. Für die einprozentige Crossingover-Wahrscheinlichkeit, einem zum angegebenen Beispiel vergleichsweise hohen Wert, wurde zu Ehren des Forschers die Einheit des *Zentimorgan* gesetzt.

Verschiedene Gene erwiesen sich als unterschiedlich stabil. Die Mutationsfrequenz schien nicht nur von den Nachbarschaftsgenen des mutierenden Gens abhängig zu sein, sondern auch von den äußeren Lebensverhältnissen des Organismus. Bislang handelte es sich um Vermutungen. Nun konnte zumindest beobachtet werden, wie Verschiebungen im Erbgefüge stattfinden, die mit Veränderungen zugehöriger Eigenschaften in Einklang stehen. Nicht gezeigt war, wie der Forscher selbst von außen so in das innerste biologische Werdeprinzip der Lebewesen eingreifen kann, um planmäßige Veränderungen ohne mutative Unsicherheiten entstehen zu lassen.

Für die Aufklärung der Genlage fand **Morgan** 1923 außer der linearen Anordnung der Gene und ihrer Bindung in Kopplungsgruppen Begrenzungen dieser Gengruppen (Morgan 1923; Morgan 1926: 32).

Das einzelne Gen ist auch in dieser Vorstellung prinzipiell als unabhängig in seiner erblichen Wirkung gedacht und gilt als die Grundeinheit der Vererbung. Es hat im wahrstenSinne des Wortes eine materiell definierbare *Ursache* dessen zu repräsentieren, was sich an körperlichen Eigenschaften des Lebewesens bilde, ein Aktivierungsvermögen von Entwicklungen. Was im 19. Jahrhundert für ein *Plasma* galt, schien nun in einzelnen stofflichen Einheiten gefunden zu sein. Vererbungseinheiten, die nicht mehr spekulativ gefordert, sondern in einem dauerhaften Aufenthaltsort eindeutig lokalisierbar zu sein schienen, fasslich, sogar im Moment ihrer Weitergabe, sogar bei äußerlichem Eigenschaftswechsel des neuen Lebewesens gegenüber seinen Vorfahren. *„Das Keimplasma muß deshalb aus unabhängigen Elementen irgendwelcher Art aufgebaut sein. Es sind diese Elemente, die wir genetische Faktoren oder kürzer Gene nennen"* (Morgan 1917: 705–711).

Seinen langgehegten Zweifel an der Integrität des Gens hatte **Morgan** 1917 beseitigt und als *materielle* Realität, nicht nur, wie noch **Johannsen**, als einen hypothetischen Faktor akzeptiert. Für die Darlegung des *„Mechanism of Mendelian Heredity"* wurde er 1923 mit dem Nobelpreis geehrt. In der Geschichte der Naturwissenschaften ist *Morgan* der erste Biologe, der den nach dem schwedischen Chemiker und Erfinder des Dynamits benannten Preis erhielt. Seine Schrift „*The Theory of the Gene*" von 1917 gilt als Gründungsschrift der klassischen Genetik.

Für Kopplungsgruppen – jede davon entspricht zunächst einem Chromosom – waren Genkarten erstellt worden. Die erste Karte für fünf Gene von Drosophila auf dem X- Chromosom entwarf 1913 **Alfred Henry Sturtevant** (1891–1970). (Vgl. **Carlson** 1966: 67; **Johansson** 1988: 60). Sturtevant war ein Schüler **Morgans**.

Eine weitere Frage konnte Sturtevant in einer neuen Weise beantworten. Wie entsteht Gendominanz? Bislang galt die Anwesenheits-/Abwesenheits-Hypothese: Ein Gen sei entweder vorhanden oder existiere gar nicht im Genom, der Summe aller Gene eines Organismus. Er ersetzte diese Hypothese durch eine Theorie multipler Allele, nach der erst das Zusammenspiel mehrerer Gruppen homologer Gene die Expression eines Merkmals bewirke und sah einen Positionseffekt des einzelnen Gens gegeben. Durch Lageveränderung von Chromosomenstücken (Inversion, Transversion, Translokation, also Eigenrotation, Teileaustausch oder Umlagerung von Bruchstücken) erhalten die zuvor an ihren angestammten Stellen ihre Wirkung ausübenden Gene eine andere Gennachbarschaft und verändern folglich ihre Wirkung.

Den Ausgangspunkt für eine Genkarte bildet ein Gen am Ende des Chromosoms. Es erhält den Zahlenwert Null. Für die benachbarten Genpositionen, die Loci, werden der Reihe nach Crossingover-Häufigkeiten notiert. Einem Abstand von einem Genlocus zum nächsten ist je eine Frequenz zugeordnet. Doch nur für dicht nebeneinander liegende Genloci entspreche die experimentell ermittelte Rekombinationsfrequenz der tatsächlichen Häufigkeit von Crossingover-Vorgängen an dieser Stelle. Denn bei größeren Entfernungen täuschten doppelte Crossingover-Ereignisse einen niedrigeren Wert deshalb vor, weil ein zweites Ereignis das vorhergehende wieder ausgleichen könne.

In dieser Bestimmungstechnik gilt eine Einheit erst dann als Gen erwiesen, wenn sie mittels Umlagerungen aufgrund spontaner oder experimenteller Chromosomenbrüche durch Rekombination nicht weiter unterteilbar ist. Die Allele für Weißäugigkeit von Drosophila ließen sich durch Versuche nicht mehr in die rote *Wildfarbe* rekombinieren.

Die erwähnte Unabhängigkeit des Einzelgens besteht für Gene, die verschiedenen Kopplungsgruppen angehören, auf verschiedenen Chromosonen platziert sind. In solchen Fällen bleibt die von *Mendel* aufgestellte Unabhängigkeitsregel für Erbfaktoren erhalten. Offenbar beruhte dessen Entdeckung, die er als grundsätzlich angesehen hatte, darauf, dass er mit seiner phänotypischen Merkmalsdefinition an Erbsen nur solche Eigenschaften erwischt hatte, die zufällig von Genen verschiedener Chromosomen verursacht werden. Für eine Gengruppe innerhalb eines Chromosoms erfuhr seine Regel jetzt eine Einschränkung.

Die Besonderheit solcher Sicht für eine *Causa effiziens*, einen Wirkfaktor *Gen* dieser Erkenntnislage, bestand darin, dass die Wirkungsmechanismen weitgehend aus den experimentell erhaltenen Phänotypen erschlossen waren. Das mikroskopische Bild bot nur Anhaltspunkte. Eine Vorstellung vom Aufbau der beteiligten Materie in den von der Physik und Chemie verlangten Zusammenhängen war nicht gegeben.

Die neue Beschreibung des Gens enthielt wiederum eine Vorgabe dafür, was fortan die Wissenschaft beschäftigen musste. Das klassische Gen gewährte für *Mendels* Theorie insgesamt eine nachträgliche Begründung. *Batesons* Einspruch gegen eine Verbindung von Gen und Chromosom war widerlegt. Das Chromosom schien mittels seiner ihm eigenen und besonderen Materialität die Wirkursache für die Formbildung der Lebewesen zu enthalten.

Einen umwälzenden Aspekt fügte *Hermann Joseph Muller* (1890–1967) dem klassischen Gen hinzu. Er wählte einen gänzlich anderen Zugang zur Mutation des Gens.

Zwanzig Jahre zuvor, 1904, hatte *de Vries* vorgeschlagen, die von **Wilhelm Conrad Röntgen** (1845–1923, Nobelpreis 1901) und **Marie Curie** (1867–1934, Nobelpreis 1903/1911) entdeckten Strahlen zur Veränderung der erblichen Elemente in den Keimzellen einzusetzen. Diese Strahlen besäßen die Fähigkeit, in das Innere der Zelle einzudringen. **Muller** griff diesen Gedanken auf. Um nicht erst auf das Eintreten von Mutationen durch Kreuzungsexperimente warten zu müssen, wollte er sie selbst auslösen. Auf dem Genetikerkongress in Berlin 1927 berichtete er über eine experimentelle Verursachung von Mutationen, die er mit Röntgenstrahlen an Keimzellen der Fruchtfliege Drosophila melanogaster erzielt hatte (Muller 1927: *„Artificial Transmutation of the Gene"*). Einen solchen Vorgang, der zuvor noch nicht durch äußere Einwirkung künstlich herbeigeführt worden war, belegte Muller nicht nur mit dem Namen der Mutation, sondern nannte ihn *Transmutation* und verwendete mit diesem Terminus eine Bezeichnung, die Forscher des vorangegangenen Jahrhunderts nicht etwa für Abweichungen einzelner Merkmale verwendet hatten, sondern für spekulativen Artenwechsel, wie den von **Darwin** theoretisch geforderten, – ein Wort das ursprünglich für vorgebliche alchemistische Elementarumwandlungen anorganischer Substanzen gebraucht wurde. In der Biologie der Vererbung erklärte Muller nun für bewiesen, dass eine röntgeninduzierte, künstlich ausgelöste Transmutation reproduzierbar eine anhaltende, vererbliche Veränderung in der Erbsubstanz Gen bewirke, die den natürlichen Mutationen auf evolutionärem bzw. züchterischem Wege gleichkomme. Erstere verändern das Genom ebenso beständig wie letztere.

> *„It has been found quite conclusively that treatment of the sperm with relatively heavy doses of X- rays induces the occurence of true 'gene mutations' in a high proportion of the treated germ cells. […] More than a hundred of the mutant genes have been followed through three, four or more generations. They are (nearly all of them, at any rate) stable in their inheritance, and most of them behave in the manner typical of the Mendelian chromosomal mutant genes found in organisms generally. […] There can be no doubt that many, at least, of the changes produced by X-rays are of just the same kind as the 'gene mutations' which are obtained, with so much greater rarity, without such treatment, which we believe furnish the building blocks of evolution"* (Muller 1927: 84 f).

Die experimentelle Verwertbarkeit dieser Methode für die Theorie des Gens und dessen praktische Beeinflussbarkeit schien Muller geeignet, neue Methoden für die Belange von Züchtung und wissenschaftlicher Biologie zu eröffnen. Doch sei die Zeit nicht reif *„to discuss such possibilities with reference to the human species"* (Muller 1927: 87).

Außer der Anwendung von Röntgenstrahlen sei eine Nutzbarkeit weiterer Methoden anzunehmen, um Bau und Verhalten von Genen zu ermitteln.

Die *Genphysiologie* rücke daher in die Nähe einer *Genphysik* und *Genchemie*. Mullers Ergebnisse in den zwanziger Jahren des vorigen Jahrhunderts waren von einer solchen Tragweite, dass der Atomphysiker **Erwin Schrödinger** zwei Jahrzehnte darauf eine physikalische Gentheorie vorlegte, mit der er durch die Analogie eines *Genkodes* das Verständnis genetischer Wirkung auf der Basis der Elementarteilchenphysik ausrichtete.

Wie war denn zu verstehen, dass durch Strahlen und deren Einflüsse auf die Erbsubstanz dauerhafte Veränderungen entstehen? 1951, in einem Rückblick über die Entwicklung der Gentheorie, nannte **Muller** für die Mutabilität – die Indeterminiertheit des Gens – einen Wechsel molekularer „choas" und verlegte auf diese Weise den gesuchten Vorgang in vermutete kleinste, mikroskopische oder submikroskopische Einheiten und Größenordnungen.

Der Gedanke erforderlicher Energiezufuhr für Mutationen entwickelte sich aus deren Auslösbarkeit durch energiereiche Strahlen. Da es sich um ein experimentell mit physikalischen Methoden konstant reproduzierbares Phänomen handelt, seien auch für spontane, in vivo stabil bleibende Mutationen, dieselben Ursachen anzunehmen, begründet im thermalen Ordnungszustand des Gens.

Die energetische Begrifflichkeit der Physik legte für eine Annahme über Zusammenhänge mutativer Ereignisse eine *causa efficiens* in *einer causa materialis* nahe. Jeder Versuch einer Rückführung auf irgendwelche Zielgerichtetheit von Mutationen hingegen sei als ein Relikt magischen Denkens aufzufassen, das dem Keim unterstelle, sich zwecks besserer Entwicklung in direkter Anpassung an äußere Bedingungen erblich zu verändern (Muller 1951: 91f). Denn eine zweckhaft verursachte Mutation wäre eine im Zusammenhang sich vorauslaufende Anpassung, nicht ein chemisch oder energetisch konformer, reaktiver Ablauf. Unter der Voraussetzung von physikalischer Materialität und Bestimmbarkeit des Gens schien eine Zweckvorstellung auch für das biologische Gen entgegen seiner Besonderheit endgültig ausgeschlossen.

Dem Genbegriff wurden zwei Merkmale hinzugefügt:

1. die Fähigkeit, den Aufbau einer anderen Struktur gleich der eigenen zu verursachen, wobei das Tochtergen die Mutationen des eigenen Vorläufergens kopiert enthält. Eine solche Selbstreproduktivität des Gens und seiner Veränderungen beruhe auf dem ungeklärten Vermögen, einer heterogenen Umwelt Komponenten zu entnehmen, die den eigenen Bestandteilen gleichen, und diese an sich zu binden. Die Entwicklung der biochemischen Stoffe und physiologischen Abläufe des Organismus wird auf das Gen und seine Selbstreproduktion zurückgeführt. Selbst wenn dieses durch mutative Veränderungen

die früheren Funktionen verloren hat, behält es seine charakteristische Fähigkeit zur Selbstreproduktion.

Diese Eigenschaft stellt die Beschreibung eines kategorialen Unterschieds zu allen anderen chemischen Substanzen dar(!).

2. Das Gen verhält sich selbstselektiv. Es tendiert zu Konjugation mit Genen derselben Struktur wie der eigenen (Muller 1951. 95ff).

Dem neu vorliegenden Begriff eines *Selbst*, schon seit der Antike (to automaton) gesucht, konnte nun mit dem als physikalisch bestimmbare Materie aufgefassten Gen eine chemische und physikalische Automatik zugedacht werden, eine Terminologie, in der es schwerlich von unbelebter Materie abzuheben ist und doch zugleich als die Grundlage des Lebens gedeutet wird.

Dennoch: Das Gen verhält sich reaktiv erhaltend, reaktiv im Sinn von Tendenz. Ein weiteres lebendiges Moment liegt in dieser Sicht in einer nicht gedeuteten Spontaneität. Für die Zufälligkeit von Mutation exakt im Augenblick der Verbindung des Erbgutes der vorgängigen Generation erhebt sich indessen, physikalisch gesehen, der Anspruch, sie sei vollständig auf diese Weise zu erklären.

Mit der energetisch verursachten Mutabilität formulierte **Muller** weitere Auswirkungen. Eine einzelne Mutation brauche nicht nur ein einzelnes Merkmal zu verändern, sondern könne verschiedene Änderungen hervorrufen. Mutation verringere zwar die Wirksamkeit des mutierten Gens und werde häufig nur rezessiv weitervererbt. Doch enstehe in den meisten Fällen keine neue Merkmalsqualität, sondern nur eine quantitative Zu- oder Abnahme der alten (Muller 1951: 90), also keine Transmutation. In der Interpretation seiner Entdeckung gibt Muller dem Genbegriff eine Tragweite, die Leben als solches definieren sollte. Eine Fähigkeit zu synthetischer Selbstselektivität sei in der herkömmlichen Chemie und Physik vollkommen unbekannt und werde erst durch den Genbegriff erklärlich. Mit diesem könne zwischen Leben und unbelebter Stofflichkeit unterschieden werden (Muller 1951: 98). Mit der Lebensgrundlage Gen werde das ganze Geheimnis des Lebens zu einem Geheimnis des Gens. Die historisch erste Entstehung von Leben sei die Formierung eines ersten „nackten" Gens gewesen, das sich im Urmeer zu reproduzieren begonnen und die vorbiologische Evolution abgeschlossen habe (Muller 1922; Muller 1926).

Der neue, genbiologische Erklärungsweg führt von einer chemikophysikalisch gewonnenen Gendefinition das biologische Verständnis für Leben hin zu dessen ersten Ursachen und bleibt dabei auf einem chemisch-physikalischem Weg bis in letzte Konsequenz. Das Moment des Biologischen wird minimiert.

Zufolge *Leslie Clarence Dunn* (1893–1974), 1928 Nachfolger *Morgans* an der Columbia Universität, 1961 Präsident der American Society of Human Genetics, hatte die Neuformulierung des Gens einen befreienden Effekt auf die Wissenschaft, insofern die neue Physik eine Koalition mit der Biologie bilden und Vorstellungen biologischer Genetik zu Begründungen dienen gekonnt habe.

Die Sicht der klassischen Genetik umfasste jetzt kohärenter die drei naturwissenschaftlichen Disziplinen, Physik, Chemie, Biologie und gewichtete neu.

Pflanze, Tier und Mensch konnten gedeutet werden als die belebte Stofflichkeit einer historisch zuvor unbelebten Substanz. Ihr Vorhandensein, ihre Konstanzen, ihre Veränderlichkeit wurden mit den Energiegesetzen der Physik in Verbindung gesetzt, um Beschreibungen *physiologischer Chemie* zu erhalten. Die Vorstellung der Selbstreproduktion eines Gens entspricht der Definition des Chemikers von Autokatalyse.

„Der Physiologe nennt es Wachstum, und, wenn das Gen mehrere Generationen durchläuft, heißt der Biologe es Vererbung" (**Dunn** *1965: 171f*).

Der Entwicklungsgang klassischer Genetik sei rekapituliert. Die Analyse spontaner und induzierter Mutationen führte die Biologie dazu, die bislang akzeptierten Definitionen des Gens zu überprüfen. Durch Arbeiten von **Morgan**, **Muller**, **Bridges** und **Sturtevant** entstand eine *Chromosomentheorie des Gens*. Sie entwirft ein Bild von Generationsreihen, die aus Keimzellen mit in mutierbare Regionen untergliederten Stäbchen bestehen, die mikroskopisch sichtbar sind und sich im Zellkern befinden: Chromosomen. Regionen der Chromosomen mit ihren Mutationen sind für die Entwicklung des Organismus und seine Reagibilität verantwortlich. Gene liegen in einer linearen Anordnung auf dem Chromosom, für die Genkarten Rückschlüsse auf ihre Lagebeziehungen gestatten (Sturtevant 1951: 101–110).

Die von *Aristoteles* als der Verwunderung wert eingestufte Eigenschaft der Lebendigkeit von Organismen wurde zurückgeführt auf Materie im Sinne einer Substanz, die Gene enthält und aufgrund von Einflüssen auf diese genetisch funktioniert.

Muller räumte einen Vorbehalt gegenüber dieser Theorie ein. *Johannsens* Hinweis auf den bloßen Konzeptcharakter des Gens solle man nicht vergessen. Nimmt man diesen Vorbehalt ernst, ist zu berücksichtigen, dass die Vorstellung leibhaftiger Gene als dem Substrat der Eigenschaftsbildung, in aller Allgemeinheit der Terminologie von Materialität, ihrer Geschichte nach einen beschränkten Begriff verwendet, der aber eine höchst allgemeine, nicht nur lokale Relativität im Wissensgebäude beansprucht.

VIII. 3 Das Gen erhält eine biochemische Charakteristik

Das klassische Genkonzept war ein Resultat mechanistischer Biologie (***Bowler*** 1989: 135). 1939 stand es um die Theorie des Gens wie folgt: Der merkmalsbestimmende Faktor Gen wird als ein Segment des Chromosoms angesehen. Die segmentale Einheit sei diejenige, welche sich bei Mutation und Crossing-over einheitlich verhalte. Sie steuere das Wachstum und die Ausbildung der Körpermerkmale des Organismus. Sie sei selbstreplikativ und werde als Duplikat von Zelle zu Zelle und von Eltern über Keimzellen auf ihre Nachkommen übertragen. Quelle neuer Gene seien die Mutationen. Mutative Veränderung findet nicht wie in ***Mendels*** Theorie innerhalb eines begrenzten Merkmalspools statt, sondern ist als unendlich gedacht. Als ein Spontanereignis, das energetisch und mechanisch bedingt sei, wird Mutation auf dreierlei Weise vorgestellt: als eine Änderung der Chromosomenzahl, der Chromosomenstruktur (Chromosomenmutation) oder eines Chromosomenlocus (Genmutation bzw. Punktmutation).

Eine Vorstellung darüber, wie Gene Entwicklungsprozesse steuern und welche Primäreffekte sie auslösen, fehlte noch, doch wurde angenommen, alle Zellen eines Lebewesens würden sämtliche Gene enthalten. Daher war zu untersuchen, auf welche Weise genetische Faktoren der Entwicklung eine Differenzierung in verschiedene Gewebearten lenken können, ein Modell für eine organspezifische *differentielle Genaktivität*. Bis dahin war es methodisch ebensowenig möglich, Unterschiede im Aktivitätszustand eines Gens festzustellen, wie auch die Zahl und die Art der Reaktionsschritte zwischen Gen und Merkmal im Dunkel lagen.

Ein ständig mahnender Widersacher einer rein mechanischen Genauffassung, ***Richard Benedict Goldschmidt*** (1878–1958), verlangte, für jede Vererbungsleistung die Dynamik des Organismus als Ganzem zu berücksichtigen. Als Gen wollte er mindestens das Chromosom fassen oder sogar das Genom insgesamt. Denn die Aktivität der Zelle könne nicht auf einzelne Stoffe und unabhängig agierende Gene begründet werden. Goldschmidt forderte eine *physiologische* Betrachtung des Gens (Goldschmidt 1938: 268–273). Er entwickelte diese Vorstellung am Beispiel der Bildung der Geschlechtsmerkmale. Aus Studien über die Entwicklung von Intersexen schloss Goldschmidt, dass die männliche oder weibliche Entwicklungsrichtung bis zu einer kritischen Periode durch die Geschlechtschromosomen vorgegeben sei. Von einem Wendepunkt an müßten infolge eines Einschaltvorgangs die Gene des anderen Geschlechts überwiegen und die weitere Entwicklung dominieren. Goldschmidt lieferte für seine dynamische Gentheorie eine Reihe von Beschreibungen, aber es fehlte ein empirisch überprüftes Modell im Rahmen chemikophysikalischer Kausalität, in deren Abhängigkeit sich auch die physiologische Auffassung sah.

Eine Genauffassung, die die Genaktivität in Beziehung zu den aktuellen Stoffwechselerfordernissen des Organismus setzt, bot später das Rückkopplungsmodell von *Francois Jacob* (geb. 1920) und *Jaques Lucien Monod* (1910–1976). Es leitete aus einer Einteilung der Gene in Typen mit verschiedenen Aufgaben eine gegenseitige Beeinflussung der Erbfaktoren im Verbund ab und beschreibt einen Weg, wie Genaktivitäten einsetzen und durch Produkte ihrer Wirkung gehemmt oder beendet werden (Jacob, Monod 1961).

VIII. 3A Eiweiss oder Nukleinsäure?

Erst die biochemische Deutung des Gens führte zu einer Definition, die Erklärungen für die zeitlich gestufte Dynamik von Genaktivitäten hervorbringt und Aktivitätsmuster der Gene beschreibt. Diese Definition ist es, die gentechnologische Zugriffe ermöglicht.

Der Medizinhistoriker und Präsident der Nordhein-Westfälischen Akademie der Wissenschaften *Hans Schadewaldt* [1923–2008] wies darauf hin, dass mit der Ausprägung der Biochemie seit Ende des 19. Jahrhunderts Erkenntnisse über den Mechanismus der Fermente dazu veranlassten, diese Stoffe im Zusammenhang mit dem Wirkungsverlauf der Gene zu sehen. Er zeigte, dass die Existenz von Stoffen solch differenzierter biochemischer Leistungen wie der Katalyse – zuvor ein industrielles Artefakt – als erstem von dem bei Brüssel lebenden Arzt *Johan Baptist van Helmont* (1577–1644) aus theoretischen Gründen auch für biologische Vorgänge gefordert wurde (Schadewaldt 1991: 303). Noch in den zwanziger Jahren unseres Jahrhunderts sei die chemische Natur katalytisch wirkender Substanzen keineswegs sicher gewesen. Die Mehrzahl der Chemiker habe jedoch vermutet, Fermente seien Proteine.

Da es sich bei den Biokatalysatoren um Funktionsproteine handelt, ohne deren Vorhandensein die betreffenden chemischen Reaktionen zwar *in vitro*, aber nicht *in vivo*, biochemisch, ablaufen können, und nicht um Eiweiß als Baumaterial von Körpersubstanz, nehmen sie eine Mittelstellung ein, zwischen dem erblichen Bauplan Gen und dessen Produkt. Sie gelten als die Werkzeuge der Verwirklichung des in Genen gespeicherten Wissens.

1874 hatte *Johann Friedrich Miescher* (1844–1895), Professor für Physiologie an der Universität Basel, entdeckt, dass der Zellkern von Fischspermien eine besondere Substanz enthält. Er bezeichnete sie als das *Nuclein* (Miescher 1874). *Richard Altmann* (1852–1900) hielt Nukleinsäuren in Reinform für eiweiß- und schwefelfrei (Altmann 1889). *Wilson* nahm bereits 1896 an, Nukleinsäure sei die Erbsubstanz. Vererbung galt ihm später als eine Wiederholung gleicher Formen des Metabolismus in aufeinanderfolgenden Generationen (Wilson 1928), eine modern anmutende Sicht, die sich auch mit **Aristoteles** Darstellung in „De generatione animalium" vereinbaren läßt, die aus erblichen Bewegungskräften die organisierenden Muster für stoffliche Assimilation ableitet.

Zur Wende in das zwanzigste Jahrhundert schied man zwei Arten von Nukleinsäure, deren eine sich sowohl im Zytoplasma als auch in den Chromosomen befinde, deren andere nur in den Chromosomen vorkomme. 1902 beschrieb **Archibald Edward Garrod** [(1857–1936); u.a. Medizinprofessor in Oxford, Mitglied der Royal Society] eine erbliche Erkrankung, die ihm folgend mit Screening-Tests diagnostiziert wird, die Alkaptonurie. Sie entsteht durch den Ausfall eines Enzyms, das den Benzolring in Alkapton spaltet. Als Ursache sah Garrod eine Genmutation (Garrod 1909: 1–7). **Lucien Cuenot** [(1866–1951), Professor für Zoologie an der Universität von Nancy] nahm an, Gene würden Enzyme produzieren (Dunn 1965: 133), ein Prinzip nahe der Auffassung gegenwärtiger Biologie.

Für **Johannsen**, den Begründer der Bezeichnung Gen, liefen *„die Andeutungen über die Natur der Gene mehr und mehr darauf hinaus, daß chemische Zustände maßgebend sind"* (Johannsen 1926: 426). Er verglich das Spalten und Nichtspalten der Merkmale mit schwierig zu trennenden Körpern, etwa Fetten. Auch **Garrod** hatte 1909 das Prinzip des Gens mit einer ungeklärten Beziehung zwischen Gen und metabolischer Reaktion erklärt.

Die Nukleinsäure des Zellkerns konnte 1924 nach der Entdeckung einer spezifischen Farbreaktion durch **Joachim Wilhelm Robert Feulgen** (1884–1955) und **H. Rossenbeck** markiert werden.

Denoch vertraten bis in die zwanziger Jahre des 20. Jahrhunderts die meisten Biochemiker weiterhin die Auffassung, Gene seien Enzyme und damit Eiweiße. Eine chemische Darstellung des Gens war weiterhin nicht gegeben.

Während die klassische Genetik um **Morgan** und seine Mitarbeiter die Chromosomentheorie des Gens weiterentwickelte, wurden zunehmend Erkenntnisse gewonnen, die zur chemischen Charakterisierung einzelner Kernbestandteile beitrugen. Durch mikroskopische Ultraviolettanalyse der Zellen konnte 1936 **Torbjörn Oskar Caspersson** (1910–1997) Pentosenukleinsäure in den Bändern der Riesenchromosomen der Speicheldrüsen von Drosophila nachweisen.

Auf der anderen Seite ergab sich, dass Viren als Ganze mit der Fähigkeit der Selbstreplikation versehen sind, dem Merkmal, das **Muller** als das wesentliche des Gens herausgestellt hatte, verbunden mit der Entdeckung, dass es die Nukleinsäuren sind, von denen die mutationsauslösenden Wellenlängen des ultravioletten Lichtes absorbiert werden. Positionseffekte des Gens wurden mit metabolischen Vorgängen der Kernsäuren in Verbindung gebracht. 1939 hielten es *Sturtevant* und **George Wells Beadle** (1903–1989), die Mitarbeiter **Morgans**, für eine „*vernünftige Tatsache*", dass Gene entweder selbst Proteine oder aber mit diesen assoziiert seien (Beadle, Sturtevant 1939). Die beiden Forscher dachten sich das Gen als ein einzelnes langkettiges Molekül oder ein Aggregat mehrerer kleiner Moleküle.

Die physikalische Mutierbarkeit des Gens brachte einen Forscher vollkommen anderer wissenschaftlicher Herkunft dazu, eine Beschreibung des Gens zu entwerfen, die einer molekularen Darstellung entgegenkam. Der Atomphysiker **Erwin Schrödinger** [(1887–1961); begründete die moderne Wellenmechanik;1933 Nobelpreis] entwickelte seine Vorstellungen zu dem ihm fachfremden Thema 1943 rein theoretisch in einer Vorlesungsreihe am Trinity College in Dublin. Das Gen gleiche einem Molekül, das nach Absorption von Strahlenenergie aus einem stabilen Zustand in den nächsten mutiere. Mutation sei bedingt durch Quantensprünge in den *Genmolekülen* (Bowler 1989; Schrödinger 1987: 74). Der Physiker schätzte die Größe des Gens auf eine bis wenige Millionen Atome, die bestimmende Genstruktur hingegen auf tausend oder nur weit weniger (Schrödinger 1987: 70). Diese sehr kleinen Größenverhältnisse seien es, die der „*höchst regelmäßigen und gesetzmäßigen Wirksamkeit*" und der „*Dauerhaftigkeit oder Beständigkeit*" des Gens angesichts aller bislang bekannten physikalischen Ordnungsverhältnisse entgegenstünden (Schrödinger 1987: 91). Atomgruppen dieser Art seien zu klein, als dass sie aus statistischer Gesetzmäßigkeit abgeleitet werden können, aber würden dennoch die „*großmaßstäblichen Merkmale*" des Organismus und die wesenhaften Eigenschaften seiner Funktion jahrhundertelang stabil bestimmen (Schrödinger 1987: 54, 71). Wenn ein Gen verändert werde, so könne dessen Veränderung nur unstetig durch isomere Lageveränderungen der Atome erfolgen, mittels Überschreitung der Energieschwellen der jeweiligen Atomkonfigurationen. Als Beispiel könnten Spontanmutationen dienen.

Entscheidend für Schrödingers Gedankengang ist folgende Annahme: Aufgrund der in statistischer und physikalischer Sicht geringen Zahl genetisch beteiligter Atome sei weder durch die Gesetze der statistischen Physik noch der Gesetze der Physik überhaupt ein „*geordnetes Verhalten*" erklärbar (Schrödinger 1987: 70), „*nicht deswegen, weil eine ‚neue Kraft' oder etwas ähnliches das Verhalten der einzelnen Atome innerhalb eines lebenden Organismus leitete, sondern weil sich dessen Bau von allem unterscheidet, was wir je im physikalischen Laboratorium untersucht haben*" (Schrödinger 1987: 133). „*Wir müssen hier bereit sein, physikalische Gesetze einer ganz neuen Art am Werk zu sehen*" (Schrödinger 1987: 139).

Benjamin Lewin (Gründungsherausgeber der Zeitschrift „*Cell*") in seinem Lehrbuch zur Genetik entnimmt Schrödinger die Vermutung eines prinzipiell neuen Erkenntniswegs. Schrödinger habe erwartet, eine Erforschung des Gens könne der Physik als solcher neue Gesetze offenbaren. Die Wissenschaft vom Lebendigen könne Hinweise geben für die Lehre von der unbelebten Natur (Lewin 1988: 3).

In der Konsequenz bestätigte sich jedoch die historisch gewohnte Gewaltenteilung.

Für die naturwissenschaftliche Hierarchie blieb die Physik unumstritten die übergeordnete Prinzipienlehre der Naturerkenntnis. Ein Exempel, aus dem die Physik der Genetik als neuer Grundlegung der Biologie unbekannte Prinzipien hätte entlehnen müssen, blieb die Genetik schuldig. ***Schrödinger*** hatte für die Wissenschaft der Materie eine Orientierung an besser erkannten Prinzipien der Biologie zwar für möglich gehalten, aber die weitere Erforschung des Gens bekräftigte die Antithese. „*In allem, was es tut, gehorcht es jedoch den Gesetzen der Physik und Chemie, und es wurde auch nicht nötig, neue Regeln einzuführen*", beschreibt ***Lewin*** 1988 die später für lange Zeit fraglos gewordene Etablierung der *molekularen* Genetik (ibid.). Die biologischen Modelle fügten sich in die Ordnungsprinzipien der Physik. Die Annahme einer biologischen Eigengesetzlichkeit mit Einflussnahme auf chemisch-physikalische Verursachung ist verlassen. Dass auch Zellen den Gesetzen der Physik und Chemie folgen, gehört zu denjenigen Prämissen der Vererbungslehre, mit denen sich die späte Biologie von den Annahmen ihrer Frühzeit abhebt.

Bliebe eine Differenz wie in dem erwähnten Sinn erhalten, könnte das 1943 entdeckte Problem hilfreich bleiben. Das von ***Schrödinger*** vorgeschlagene Prinzip könnte dazu dienen, als ein weiteres Frageprinzip auf die durch Praxis und Methodik anschwellenden Antworten – der bei aller durch Anwendungserfolge nur a posteriori legitimierten Bestimmtheit der Evolutionsbiologie – Lösungswege zu vermitteln.

Klaus Mainzer (geb. 1947), Inhaber des Lehrstuhls für Philosophie und Wissenschaftstheorie an der Technischen Universität München, gibt zu bedenken, ***Schrödinger*** gehöre „*zu den Anregern der modernen Molekularbiologie, insbesondere der molekularen Genetik, obwohl sich die hier vertretenen Auffassungen im Detail als wenig tragfähig erwiesen*" hätten (Mainzer 2004: 732).

Die Sprachregelung, die Schrödinger durch seine Wortwahl nahelegt, benutzt Begriffe der Nachrichtentechnik. Diese stellen in heutigem biologischen Sprachgebrauch eine selten bezweifelte Gewohnheit dar. Dementgegen erklärte Schrödinger eine solche Begrifflichkeit für zu eng, als dass sie genetisch ursächliche Strukturen vollständig erfassen könnte. Denn diese unterschieden sich von den nachrichtentechnischen Elementen wesentlich. Die wirksamen Substrate der Genetik würden sowohl über die erzeugende als auch die ausübende Gewalt verfügen. Sie seien gleichermaßen *„Plan des Architekten und Handwerker des Baumeisters"* (Schrödinger 1987: 57).

Termini der Nachrichtentechnik wurden in der Computerwissenschaft so gebräuchlich wie in der Linguistik. Die Übersetzung der biologischen Formalistik bedient sich ihrer ebenfalls. Gene gelten als kodierte Information mit kodegemäßen Vorschriften für Entstehung, Wachstum, Erhalt und Funktionen eines Organismus. Analogien berufen sich auf Ausdrücke wie Urschrift, Schrift, Abschrift, Vervielfältigung und Lesen der Schriften. Im Fortschritt dieser Darstellungsweisen nach Herkünften aus vorwissenschaftlichen Sprechweisen zu forschen führt auf die Frage nach Ausschlüssen in der gebräuchlichen Wissenschaftsterminologie.

Schrödinger folgend erfordert die naturwissenschaftliche Absicht ein *molekulares* Modell des Gens. Weshalb aber nur ein solches, und nicht ein spezifisch biologisches? Denn das Gen, – so Schrödinger – das neben dem Bauplan zugleich die Fähigkeit zu seiner Verwirklichung enthalte, verfüge wie ein umfassender Verstand über sämtliche Details, der alles aus einer genetischen Urschrift der Chromosomen ersehen könne. Das von Schrödinger verwendete Bild des Gens säkularisiert eine deterministische religiöse Vorstellung. Ein universeller Geist sei imstande, aus dem Gen jede weitere Entwicklung abzulesen, *„ob sich aus einem Ei ein schwarzer Hahn entwickele oder eine bunte Henne, eine Fliege, eine Maispflanze, ein Käfer, eine Maus oder eine schöne Frau"*. Abgesehen von solcher Metaphorik weist der Atomphysiker neben Begriffen der Nachrichtentechnik auch auf juristische Termini, um die Urschrift der Chromosomen zu umschreiben.

Biophysikalische Stringenz verlangt, dass ein Lebewesen ununterschieden von allen Gegenständen der Natur mit den bekannten Gesetzlichkeiten der Natur übereinstimmt. Für die Besonderheit von Lebewesen im Vergleich zu unbelebten Körpern erfordert ein materiell lückenloser Zusammenhang, dass die sterblich verweslichen Körper eine über ihre Lebenszeit hinausweisende irgendwie geartete Gesetzlichkeit in ihrer Materie aufweisen, durch die sie sich in materieller, nicht allein chemisch-physikalischer, sondern lebendiger Kontinuität befinden. Die Auffassung über die Gesetzlichkeiten der Kontinuität unbelebter Substanz wird für das Verständnis der lebenden Stofflichkeit zum Vorbild. Lebewesen gelten als diejenige Substanz, die, zusammengesetzt aus unzähligen Generationen eines in Grenzen freier sich wandelnden Erscheinungsbildes als das der unbelebten Materie, trotz Sterblichkeit ihrer Individuen, eine auch aus ihrer eigenen Gesetzlichkeit abzuleitende Tendenz zu Selbsterhaltung und zu artweiser Beständigkeit ihrer Bau- und Formeigentümlichkeit aufweist.

Biochemisch dargestellt lautet das Problem dann: Wie kann der lebenden Materie, dem durchgängigen Prinzip im Wechsel, eine Speicherung stattgefundener Veränderungen eingegeben sein, so dass ein Zusammenhang von prinzipiellem Wechsel und Dauer durch alle Stadien der Veränderung gewährleistet wäre? Anthropomorph gesagt, wie gelingt es einer lebendigen Substanz, ihre Erfahrungen zu speichern und weiterzugeben, zu verewigen, als auch sich dabei zu verändern, zu vergehen und doch weiterzubestehen? Eine Antwort lag in der Genvorstellung. Das Gen wird Träger von zuvor unvereinbar erscheinenden Gegensätzen für die neuzeitliche wissenschaftliche Vorstellung von Materie. Die gefundene Abstraktion der Frage wurde nicht allein gefunden in den chemikalischen und physikalischen Prinzipien von Energetik und Atomtheorie. Sie entstand aus dem – spekulativ erarbeiteten – biologischen Vorbegriff eines *Vererbungsplasmas* als dem Substrat dessen, das die Ursächlichkeit von Art- und Eigenschaftsbildung in sich enthalte, der Darstellung der Biologie des 19. Jahrhunderts.

Mit **Schrödinger** war für das physikalisch-biochemische Verständnis das Bild eines Kode-Mechanismus vorgezeichnet. Von einem solchen Mechanismus musste im weiteren zweierei gezeigt werden. Erstens habe er die Bedingungen zu erfüllen, die bislang vom Gen gefordert waren, Gewähr einer Eigenschaftskonstanz durch eine sich gleichbleibende Vervielfältigung des Gens im Fortpflanzungsfortgang mit zugleich der gegenläufigen Möglichkeit einer Veränderlichkeit, die auch Merkmalswechsel zuläßt. Zweitens müßte die bauliche Beschaffenheit einer solchen Maschinerie eine Lenkung all derer Folgereaktionen des Organismus während Entwicklung und Lebensverlauf ermöglichen können, die im Gegenstandsbereich der Physiologie und Biochemie erfasst sind.

Die Frage nach der Materialität des im Chromosom befindlichen Gens hatte somit das Problem zu berücksichtigen, ob eine *chemische* Basis die Spezifität *biologischer* Funktionen bedingen kann und musste dafür eine chemische Formulierung finden. Die in Verbindung mit Entdeckungen über die Enzymwirkung des Gens entwickelte Eiweiß- Annahme für die Gensubstanz erschien noch nicht fraglich.

1936 wiesen **Linus Carl Pauling** [(1901–1994) Chemienobelpreis 1954 für seine Arbeiten über die chemische Bindung, Friedensnobelpreis 1963)] und seine Mitarbeiter darauf hin, dass es Wasserstoffbrücken in den Proteinen sind, die deren Konfiguration bestimmen. Die *biologische* Spezifität der Proteine sei durch diesen Bindungstyp gegeben (Pauling 1936).

Wie die Wissenschaftshistorikerin *Lily Kay* ausführt, habe Linus Pauling mit seiner Entdeckung das fundamentale Bindeglied zwischen molekularer Struktur und biologischer Funktion gesetzt und das ältere Konzept einer Stereokomplementarität um eine neue Perspektive erweitert. Überdies habe habe *Paulings* Eiweißchemie in der Anwendung für die Immunforschung zur Lösung des langwährenden Problems der Spezifität der Antikörperbildung wesentlich beigetragen (Kay 2000: 50).

Pauling und *Max Ludwig Henning Delbrück* [(1906–1981) Nobelpreis 1969 für Entdeckungen zum Vermehrungsmechanismus und zur genetischen Struktur von Viren] entwickelten die Kenntnisse über chemische Bindungskräfte weiter, um sie auf biologische Abläufe anwenden zu können. 1940 gelang es ihnen, Synthese und Faltungsvorgänge hochkomplexer organischer Moleküle auf elektrostatische Anziehungen, Wasserstoffbrücken-Bindungen und Van-der-Waalsche Kräfte (schwache Anziehungskräfte zwischen neutralen Atomen und Molekülen) zu beziehen, neben den bis dahin bekannten kovalenten Bindungen durch Elektronenpaare. Als Wirkung gerade jener schwächeren Bindungsarten entstehe die Festigkeit der biologischen Substanzen. „*To give stability to a system with complementary structures in juxtaposition.*" Diese Sicht legte die Vorstellung eines Prinzips der Komplementarität nahe, das für Erbsubstanz erst zwölf Jahre später Anwendung fand: „*We accordingly feel that complimentariness should be given primary consideration in the discussion of the specific attraction beween molecules and the enzymatic synthesis of molecules*" (Pauling, Delbrück 1940: 77ff).

Pauling nannte diejenigen Bindungstypen, die 1952 für das endgültige Modell der Erbsubstanz entscheidend wurden. In der Doppelhelix verbinden Wasserstoffbrücken und Van-der-Waals-Kräfte komplementäre Moleküle der Erbsubstanz. Sie ermöglichen durch ihre chemische Besonderheit bei Zellteilungen eine Lösung der Moleküle mit Reproduktion des genetischen Materials.

Bis zur Erkenntnis der beteiligten Molekülbestandteile und ihrer räumlichen Anordnung war es noch ein weiter Weg. Eingesehen werden musste, dass die strukturbewahrende Vervielfältigung der Erbsubstanz nicht allein durch die Kenntnis ihrer chemischen Formel verstanden werden kann, sondern des Aufschlusses der exakten räumlichen Verhältnisse der Atome bedarf. Zunächst waren die Bausubstanz, das Eiweiß (als Enzym zugleich eine funktionelle Substanz) und seine Struktur aufzuklären, ehe Nachweise über Tatsache und Art der Steuerung von Enzymen durch Gene erbracht werden konnten. Dass die Gensubstanz in sich unterteilt ist in komplementäre Abschnitte, die sich abschnittsgetreu sowohl bei der Fortpflanzung als auch in den Synthesefunktionen von Einweiß verdoppeln können, war ein Resultat der Einsicht in ein Zusammenspiel von

Bindungskräften und stereochemischen Raumverhältnissen mit den biologisch geforderten Merkmalen des Gens.

Pauling veröffentlichte ein Buch, das zum Schlüsselwerk über chemische Bindungskräfte wurde: „*The Nature of the Chemical Bond*" (Pauling 1939). **Watson** teilt in seiner Rückschau mit, **Crick** und er hätten in ihren Vorarbeiten zum Modell der Erbsubstanz Paulings Werk eingehend studiert (Watson 1973: 74).

Nachem **Torbjörn Caspersson** ein lokalisiertes Auftreten von Thymusnukleinsäuren während der Chromosomenteilung beobachtet hatte (Caspersson 1936), sahen er und sein Kollege **Hammarsten** zwei Jahre später in der Analyse dieser Säuren eine Möglichkeit, mehr über die Chromosomenstruktur herauszufinden. Sie schlugen bereits eine senkrechte Anordnung der Basen zur Molekülachse vor (Caspersson, Hammarsten 1938: 122). Mit **Jack Schultz** stellte **Caspersson** fest, dass zwischen dem Aufbau von Nukleinsäuren und der Reproduktion der Gene eine Verbindung bestehen könne. „*It seems hence that the unique structure conditioning actively self-reproduction […] may depend on the nucleic acid portion of the molecule*" (Caspersson, Schultz 1938: 294f). Jedoch nahmen die Forscher weiterhin an, dass es die Eigenschaften der Eiweiße seien, die deren Vervielfältigung und letzlich auch die Synthese der Nukleinsäuren verursachen würden. Aufgrund von Untersuchungen an Geweben verschiedener Herkunft mit einer schnellen Zellteilung, wie den Wachstumszonen von Pflanzenwurzeln, Drosophila-Larven, Hefe, Embryonalzellen von Roggen, hielten sie für gewiss, dass die beobachtete Basophilie von Embryonalzellen durch Nukleinsäuren verursacht sei. In jedem proliferierenden Gewebe müsse eine hohe Konzentration von Pentose-Nukleotiden vorliegen (Caspersson, Schultz 1939: 602f).

Caspersson bekundete aufgrund der ihnen vorliegenden Studien zumindest eine Sicherheit, dass alle selbstreproduzierenden Elemente Nukleotide enthielten oder aufbauten (Caspersson 1941: 38). Daraufhin sah er die Eiweißbildung im Zytoplasma in Beziehung zu Ribosenukleotiden, den Chromosomenstoffwechsel hingegen zu Desoxyribosenukleotiden. Den Thymusnukleinsäuren entsprechende Nukleinsäuren seien „*innerhalb des gesamten Pflanzen- und Tierreichs elektiv an diejenigen Organteile gebunden, welche Träger der Gene sind*". Bei den Zellteilungen verteilten sie sich gleichförmig auf beide Tochterzellen, „*während die Ribosenukleotide auftreten, wenn es sich um Vermehrung oder Produktion einheitlicher Eiweißsubstanzen handelt, was einer gewissermaßen vereinfachten Genfunktion entspricht*" (Caspersson 1941: 42) Mit dieser Darstellung entwickelte *Caspersson* also bereits 1941 eine Vorstellung über die beiden Hauptfunktionen der Nukleinsäuren, ohne ihre chemische Struktur und Einzelheiten der Selbstreproduktion zu kennen. Der Zellkern sei das Zentrum des Eiweißstoffwechsels der Zelle. Für den Eiweißaufbau sei die Gegenwart von Nukleinsäuren erforderlich. Im Spezialfall des Gens lägen diese in einer Linearstruktur vor, ein *Desoxyribosetyp*, der wie eine Strukturunterlage der Gene im Chromosom einen *Chromosomenmechanismus* veranlasse. Die Verbreitung des beschriebenen Mechanismus erstrecke sich über alle Ebenen, das einfache Pflanzenvirus, die Hefe- oder Bakterienzelle und die höher organisierten Zellen.

Die Hierarchie der Lebewesen löste sich für das Verständnis von Fortpflanzung und Erzeugung der Bausubstanzen auf, in einen einheitlichen plastischen Mechanismus: Bis auf geringe chemische Unterschiede reihen sich gleiche Substanzen nach demselben Prinzip – den Grundgedanken **Darwins** in den Entstehungsmoment der Lebewesen führend.

Während der Cold Spring Harbor Symposia on Quantitative Biology 1941 fragte **Schultz** in "*The Evidence of the Nucleoprotein Nature of the Gene*", ob auch die selbstreproduzierenden Eigenschaften der Erbsubstanz auf die Nukleoproteine des Zellkerns zurückzuführen seien (Schultz 1941: 55f). Denn die Erbsubstanz müsse eine spezifische Verbindung zum zellulären Synthesapparat aufweisen. Sie sei fähig, ihre Wirkungen auf die Synthesen zu verändern, ohne ihre Selbstreproduktivität zu verlieren. In sich halte diese Substanz eine lineare Struktur aufrecht und gebe über die meiotischen Zellteilungen ihre Spezifika an die homologen Stoffe weiter. [Die Reduktionsteilungen sind Reifeteilungen bei der Entstehung der haploiden Gameten aus diploiden Urkeimzellen. Sie reduzieren den doppelten Chromosomensatz auf den halben: 1. Chromosomenpaarung der homologen Chromosomen, die jeweils von einem Elternteil stammen, 2. zweimalige Trennung der längsgespaltenen und gepaarten Chromosomen zu vier homologen Zellen; Anm. Kurt Plischke].

Damit stellten sich zwei Fragen: Wodurch ist das Nukleoprotein in seiner Zusammensetzung variierbar, und ist es dies genügend, um der Vielfalt spezifischer Gene zu entsprechen? Wie bedingen die physikalischen Eigenschaften der Nukleoproteine die lineare Anordung der Gene?

Die Lösung dieser Fragen beanspruchte ein Jahrzehnt, während dessen aussichtsreiche Ansätze verlorengingen und wiederzuentdecken waren, weil die Gemeinschaft der Wissenschaftler, in unterschiedliche Lager fallend, militärischen Aufgaben zu dienen hatte. Die folgende Aussage **Schultz'** mag ein Beispiel für die Weitsicht früher Einsichten geben: „*It may be and we shall return to this point, that protein production and nucleic production at a given locus in the chromosome are inversely correlated.*"

Die Eigenschaften der Gene und des Nukleoproteins seien offensichtlich parallel. So müsse an einer Physiologie des Gens auch dessen Wirkungsweise entwickelt werden.

Delbrück arbeitete seinerseits über die Synthese und Struktur der Eiweiße. Er monierte die Unkenntnis der chemischen Reaktionen, in die das Gen involviert sei. Wie die Katalyse der Proteinsynthese nicht auf mysteriösen Anziehungskräften gleicher Moleküle, sondern auf Wechselwirkungen kurzer Distanzen beruhe, so sei auch die Paarung homologer Chromosomen in der Meiose als eine Wirkung dieser Kräfte zu prüfen. In der sich an seinen Vortrag anschließenden Diskussion wies Delbrück für die chemische Bindung nichtpolarer Reste auf *geometrische* und *chemische* Affinitäten von Gruppierungen, die keine stärkere Bindungskraft als schwache Van-der-Waals-Kräfte ausüben könnten. Auch Delbrück bezeichnete hier Eigenschaften, auf die später ***Crick*** und ***Watson*** ihr Modell zurückführten. 1941 sah ***Delbrück*** für die wissenschaftliche Beantwortung der Genfrage ebenfalls die Aufklärung des *Genprodukts* als den ersten Schritt an: „*How can we know what a gene looks like when we do not know what globulin looks like?*" (Delbrück 1941: 122–126).

Einer der Urheber des klassischen Genbegriffs und der Chromodsomentheorie der Verbung, ***Muller***, fasste die bis zu diesem Jahr vorliegenden Kenntnisse zusammen. Das Nukleoprotein des Gens könne ein Enzym der Proteinsynthese sein, worüber jedoch Unsicherheit bestehe. „*We do not class here as necessarily the activity of the gene in the formation of the 'gene products' whereby the work of the gene in the cell is carried out.*" Das genetische System als ein *Nukleoprotein* könne aus fertigen Baueinheiten von Polypeptiden der Proteine bestehen, deren finale Zusammensetzung in einem Muster, das dem Genmuster entspreche, andere Bindungstypen als die Peptidbindung erfordere. Für die Genaktivität hingegen seien chemische Reaktionen sogar mit Verbrauch der Genmoleküle denkbar. Offen bleibe die Frage der Eigenkopie und der Autokatalyse des Gens. Ein plausibles Schema von der Funktionsweise der Nukleinsäure liege nicht vor, zudem – mit Verweis auf ***Delbrück*** – unter den physikalischen Kräften solche mit *spezifischen* Anziehungskräften zwischen Stoffen unbekannt sein, wie sie von Genetikern und Zytologen gefordert würden.

Die Substantialität des Gens verlangt nach besonderen Kräften. ***Muller*** schloss die Existenz solcher Kraftarten nicht aus. „*I wonder however, whether we can get be sure of the negative proposition, that forces of specific attraction, at distances greater than the ordinar atomic spaces, cannot exist between genes.*" Die Erkenntnis befinde sich in Regionen, „*where angels fear to tread*" (Muller: 1941: 306).

Nach dem Krieg untersuchte ***Beadle*** Stoffwechselerkrankungen, um Aufschlüsse über die Genwirkung zu erhalten. Er kam zu dem Ergebnis, die Genaktivität bestehe in einer Regulierung spezifischer chemischer Reaktionen (Beadle: 1946: 31–53 u. 76). Aus einem Vergleich von mutationsauslösenden

Wellenlängen des UV-Lichts mit dessen Absorption durch Nukleinsäuren zog er den zwingenden Schluss *„that nucleic acid is the component responsible for absorbing the energy producing mutational changes"*.

Gene wie Viren könnten den Stoffwechsel beeinflussen und diese Fähigkeit spontan verändern, ohne die Kraft zur Selbstverdopplung zu verlieren. Beide Entitäten erschienen mutabel. In quantitativ grober Schätzung vermutete Beadle die Größe der Gene nahe der Größenordnung von Viren. Die Tatsache gemeinsamer Fähigkeiten in Verbindung mit dem neugewonnenen Nachweis von Nukleoprotein als dem Baumaterial auch der Viren könne als ein zusätzlicher Hinweis auf eine Nukleoproteinnatur der Gene gewertet werden. Unter der Voraussetzung, dass Gene Proteine enthalten, müsse ein Teil ihrer Selbstreproduktion auf dem Weg der Proteinsynthese verlaufen. Demzufolge sei anzunehmen, dass auch die Bildung von Nichtgen-Proteinen wie Strukturelementen, Muskelfasern, Enzymen und Antigenen der Kontrolle von Genen unterstehe, die den Eiweißkomponenten in Körpereiweißen in spezifischer Weise korrespondierten (Beadle 1946: 52).

1948 hielt Beadle die klassische Definition des Gens als Einheit der Vererbung für unbefriedigend (Beadle 1948: 69–74). Inzwischen habe sich gezeigt, dass einzelne Gene eine *unmittelbare Kontrolle* auf bestimmte Reaktionsschritte in der Serie chemischer Reaktionsabläufe ausübten. Er schlug daher eine neue provisorische Definition vor: das Gen, funktionell gefasst, als diejenige Einheit, die eine Synthese von Replikaten seiner selbst steuert und die zugleich als ein Modell von Nichtgen- Einheiten mit einer ihr korrespondierenden Spezifität dient. Als ein Beispiel für einen Syntheseverlauf, der stufenweise genkontrolliert sei, nannte er die Herstellung der Aminosäure Methionin durch den Schimmelpilz Neurospora (Abb.1).

Abb. 1: *„Postulated genetically controlled steps in the biosynthesis of methionine and related amino acids in the red bread mold* Neurospora. *The formulas given show carbon skeletons with hydrogen atoms omitted"* (Beadle 1948: 70).

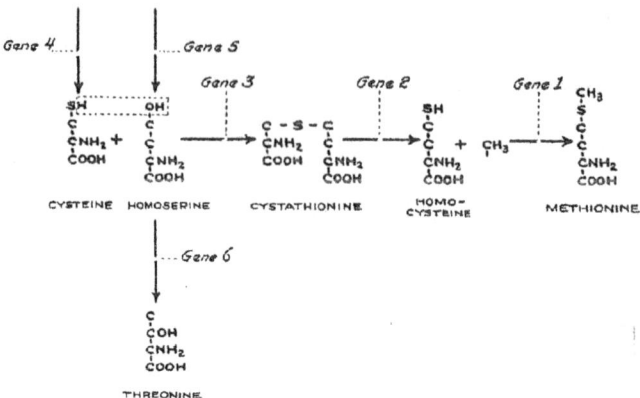

Gemäß diesem Modell der Biosynthese von Methionin steht jeder einzelne Reaktionsschritt des Reaktionsablaufs unter der Kontrolle eines eigenen, reaktiosspezifischen Enzyms. Die Synthese jedes Enzyms werde von einem eigenen Gen gesteuert.

Die Beteiligung der Nukleinsäuren am Vererbungsvorgang gilt somit als dasjenige, welches das biologische Moment in der Chemie der Vererbung birgt.

1944 stellten **Oswald Theodore Avery** (1898–1961), **Colin MacLeod** und **Maclyn Mc Carty** (1911–2005) Ergebnisse über die Umwandlung von Pneumokokken vor (Avery, Mac Leod, Mc Carty 1944: 137–159). Die Untersuchung chemischer Vorgänge in der Erzeugung konstant reproduzierbarer Veränderungen von Zellstrukturen und Zell– funktionen der Mikroorganismen sollte Hinweise geben über die erbliche Weitergabe von Eigenschaften der höheren Lebewesen.

Der Forschergruppe gelang es, aus Typ-III-Pneumokokken mit Kapsel eine hochgereinigte eiweißfreie Nukleinsäurefraktion zu erhalten, die aus uneingekapselten Typ-II- Pneumokokken beständig Nachkommen wiederum mit Kapsel hervorgehen ließ. Das jeweils aus diesen extrahierte und gereinigte Material erwies sich als eiweißfrei. Es bestand nahezu aussschießlich aus Desoxyribonukleinsäure mit der Fähigkeit, aus Typ-II-Pneumokokken ohne Kapsel Varianten mit einem kapsulären Polysaccharid von identischer Spezifität zu produzieren, wie dasjenige der Pneumokokken, aus denen die induzierende Substanz entnommen war. Die umwandelne Kraft zeigte sich als konstant, typenspezifisch und vererblich. Die Antwort auf die Ausgangsfrage lautete somit:

„If it is ultimately proved beyond reasonable doubt that the transforming activity of the material described is actually an inherent property of the nucleic acid, one

must still account on a chemical basis for the biological specifity of its action." Und: "*Then nucleic acids of this type must be regarded not merely as structurally important but as functionally active in determining the biochemical activities and specific characteristics of pneumococcal cells*" (Avery, Mac Leod, Mc Carty 1944: 155).

Das Pneumokokken erblich verwandelnde Prinzip im Gen wurde somit als eine der Nukleinsäure inhärente Eigenschaft angesehen. Auf einer *chemischen* Basis verursache sie *biologische* Spezifitäten in der Entwicklung der Zellfunktionen des Lebewesens.

Die Autoren vermuteten in dem gefundenen Sachverhalt Anwendungsmöglichkeiten für medizinische Genetik, Virologie und Tumorforschung.

Alfred Day Hershey (1908–1997) und **Martha Chase** (1927–2003) untersuchten mit dem Eindringen von Bakteriophagen in das Bakterium Escherichia Coli den nachfolgenden Lebenszyklus der Viren ebenfalls auf eine Beteiligung von Proteinen und Nukleinsäuren. 1952 fanden sie an T2-Bakteriophagen heraus, dass die virale DNS während der Infektion des Bakteriums die Proteinhülle des Virus verläßt und in die Bakterienzelle eindringt. „*When a particle of bacteriophage T2 attaches to a bacterial cell, most of the phage DNA enters the cell, and a residue containig at least 80 per cent of the sulfur-containig protein of the phage remains at the cell surface [...] and it plays no further role in infection. [...] We infer that sulfur-containig protein has no further function in phage multiplication. [...] These facts suggest that the phage DNA forms part of an organized intracellular structure throughout the period of phage growth.*" Der Lebenszyklus des Virus scheine bestimmt zu sein durch seine DNS, jedoch sei eine genauere Kenntnis noch nicht gelungen. "*Further chemical inferences should not be drawn from the experiments presented*" (Hershey, Chase 1952: 36–56).

1953 stellten die beiden Forscher gemeinsam mit **June Dixon** Ergebnisse über die Zusammensetzung der bakteriellen und viralen DNS vor. Die DNS von E. Coli enthalte in gleichen Mengen Guanin, Adenin, Thymin und Cytosin. Die Phagen-DNS bestehe aus Guanin, 5-Hydroxymethylcytosin mit im Verhältnis dazu hohen Mengenanteilen von Adenin und Thymin, jedoch ohne Cytosin aufzuweisen. Mit dieser Untersuchung sei das zuvor unbekannte Verhalten der DNS während des Infektionsverlaufs aufgeklärt. „*Infected bacteria contain DNA of a composition, that varies systematically during the course of viral growth. At all times it resembles a mixture of bacterial and viral DNA. The characteristic bacterial DNA is decomposed after infection. [...] The characteristic viral DNA increases in amount*" (Hershey, Dixon, Chase 1953: 777–789). Die Virus-DNS ist damit erwiesenermaßen zugleich das infektiöse Agens. Sie gliedert sich in die bakterielle DNS ein und verändert deren Zusammensetzung.

Erwin Chargaff [(1905–2004) Biochemiker und Essayist. Habilitation in Berlin, 1933 Emigration, Frankreich, Institut Louis Pasteur, 1935 Emigration, USA, 1952 Professor für Biochemie, Universität von Columbia] ermittelte 1952 mit seinen Mitarbeitern an drei verschiedenen E. Coli-Stämmen einer Spezies nahezu gleiche relative Mengenverhältnisse von Adenin zu Guanin und Cytosin zu Thymin. „*It is noteworthy that three different strains of the same species, varying as to origin and biochemical characteristics, yielded DNA preparations that resembled each other so closely with respect to their composition*" (Gandelman, Zamenhof, Chargaff 1952: 399–401). Um Beziehungen von der chemischen Zusammensetzung der DNS zu biologischen Funktionen, sowie zu Taxonomie und Phylogenie herstellen zu können, empfahl Chargaff die Entwicklung zusätzlicher Untersuchungsmethoden, die sich aus physikalischen Unterscheidungen und aus einer Analyse der Nukleotidsequenz zu ergeben hätten (Zamenhof, Brawerman, Chargaff 1952: 402–405).

Die nachmalig alsbald an anderen Species bestätigte Tatsache fester Proportionen zwischen Pyrimidin- und Purinbasen hieß fortan die *Chargaffsche Regel*. Zur Wichtigkeit dieser Entdeckung wurde noch im Jahr 2000 in Tagespresse und Fachliteratur die Frage gestellt, ob die Erkenntnis dieser Regel nicht ebenso wie der Nachweis der DNS-Struktur, deren entscheidenden Anhaltspunkt sie geliefert hatte, eines Nobelpreises würdig gewesen wäre. **Ingeborg Harms** weist darauf hin, dass die Erstveröffentlichung Cricks und Watsons über die Doppelhelix die Hilfestellungen von Chargaff unerwähnt lasse (Harms 2000). **Benno Müller-Hill** deutet ebenfalls die auf die Bedeutung von dieser Vorleistung (Müller-Hill 2000). Aus der Akademie der Wissenschaften in Göttingen heißt es: „*Es war Chargaff, der erkannte, dass von diesen vier Basen jeweils A und T sowie G und C im gleichen molaren Verhältnis vorkommen. Watson und Crick entwickelten daraus das Konzept der Basenpaarung, was das Vorkommen der DNA als Doppelhelix erklärt*" (Akademie 2000).

Das gesuchte biochemische Modell, das die für eine Erbsubstanz aufgrund experimenteller Ergebnisse geforderten Eigenschaften zu erfüllen hatte, musste ein Strukturmodell der DNS sein. In seinen wesentlichen Grundzügen wurde es bestimmt durch **Crick** und **Watson**, wie bereits erwähnt, und ebenso maßgeblich durch **Maurice Hugh Frederic Wilkins** (1916–2004) und **Rosalind Elsie Franklin** (1920–1958).

Mit einer Darstellung von nur einer Seitenlänge in der Zeitschrift „Nature" vom 25.4.1953 begründeten schließlich **Crick** und **Watson** 1953 die seither gültig gebliebene Beschreibung der „*Molecular Structure of Nucleic Acids*" (Watson, Crick 1953a: 737/738), unmittelbar gefolgt von **Wilkins**, in derselben Ausgabe von Nature mit ebenso bedeutenden Ausführungen einer „*Molecular Structure of Deoxypentose Nucleic Acids*" (Wilkins, Stokes, Wilson 1953: 738–740). Sie erläutern – so **Crick** schon in der Vorgeschichte der Arbeiten – das vollkommene biologische Prinzip. Gezeigt werde die identische Verdopplung des Gens als der Fähigkeit, während der Zellteilung, wenn die Chromosomenzahl sich verdoppelt, eine exakte Kopie seiner selbst hervorzubringen (vgl. Watson 1973: 104).

1952 zu Beginn seiner Untersuchungen der Gensubstanz hatte **Watson** Kenntnisse über die Einzelheiten der Invasionsphase bei der Infektion von Bakterien durch Bakteriophagen. Die bakterielle Synthese von Desoxyribonukleinsäure werde blockiert, gefolgt von der Unfähigkeit des Bakteriums, adaptive Enzyme zu bilden, weil das Virus den Zellkern seiner Wirtszelle zerstöre.

Watson bestrahlte das Virus experimentell mit Röntgenstrahlen und erhielt Aufschluss über die Fähigkeiten der inaktivierten Virussubstanz. Das Ergebnis war gestuft. Auch die inaktiven Viruspartikel verlieren nicht ihre Fähigkeit zur Adsorption an die Bakterienwand, und trotz Verlustes ihrer Killer-Eigenschaften gibt die Substanz ihre lytischen Fähigkeiten nicht auf. Für geringe Mengen beobachtete Watson sogar umgekehrt eine Multiplikation und Photoreaktivierung der zerstörten Phagen (Watson 1950: 697–718).

Ausgehend von der Tatsache einer Transformation der genetischen Typen von Pneumokokken durch Desoxyribonukleinsäure, wie sie die Versuche von **Avery, MacLeod** und **Mc Carty** ergeben hatten, und **Beadles** Arbeiten, nach denen Gene Protein- bzw. Enzymsynthesen zu veranlassen schienen, schlug **Alexander Dounce** im Jahr 1952 exakte chemische Formeln eines Mechanismus für die Bildung von Peptidketten und für die Entstehung von Nukleinsäuren vor (Dounce 1952: 251–258). In der Interpretation seiner Ergebnisse nahm er eine Reihe von Einzelheiten vorweg, die mit der nachfolgend erkannten Nukleinsäurestruktur bestätigt wurden. Auch wenn sein Formelmodell von anderen Bindungstypen und Bindungspartnern ausging, nahm es bereits einen Doppelstrang zweier Pentoseketten an.

Mit gewisser Vorsicht nannte **Dounce** zur Klärung der entscheidenden Schwierigkeiten eine Methode, die schließlich zum Durchbruch verhalf. „*Possibly some work with atomic models would be desirable*". Die Hypothese für Peptidketten- und Nukleinsäuresynthese „*should of course take into account the geometry and spatial arrangements of the molecules in question*". Stereochemie und räumliche Lageverhältnisse der Nukleinsäuren sollten, solange quantitative Daten nur unzureichend verfügbar seien, an *Modellkörpern* entwickelt werden.

Das von Dounce vorgeschlagene System des Eiweißaufbaus nimmt bereits eine spezifisch enzymvermittelte Synthese des Eiweißes aus Aminosäuren an einem Nukleinsäurestrang an, dessen Baubabschnitte einer Sequenz der Aminosäuren korrelieren. Das Modell geht von phosphorylierten Pentoseketten aus, deren Pentosen über die Phophatgruppen miteinander verbunden sind (Abb. 2).

Abb. 2: „Formation of diphosphonucleic acid. A encircled = Adenine G encircled = Guanine U encircled = Uracil C encircled = Cytosine" (Dounce 1952: 252).

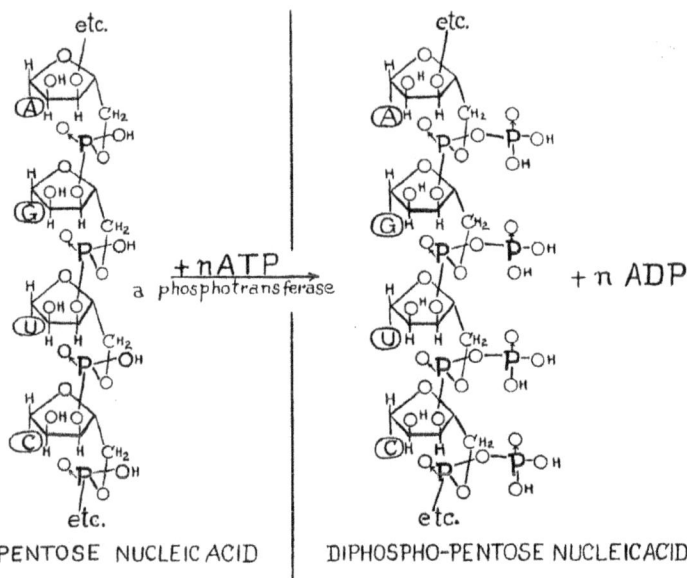

Die Nukleinsäure besteht aus einer Längsreihe von Pentoseringen. Sie sind über Phosphatreste in den Seitengruppen miteinander verbunden. Ebenfalls Substituenten an den Pentosen sind die Basen Adenin, Guanin, Uracil und Cytosin. Aus ATP stammende Phoshatgruppen binden sich über Sauerstoffbrücken an ein Phosphoratom in den Phosphorsäureresten der Pentosen (rechte Seite der Abbildung).

Im zweiten Reaktionsschritt bindet sich das Reaktionsprodukt enzymvermittelt an jeden Phosphatrest, unter Abspaltung jeweils einer Phosphatgruppe pro Aminosäure. Es entsteht ein Polynukleotid-Aminosäuren-Komplex. **Dounce** führte aus, dass für die Auswahl der Aminosäuren eine Enzymspezifität verantwortlich sei. Die betreffenden Enzyme nannte er P1-Klassenenzyme. Jedes besitze zwei Spezifitäten, eine für ein bestimmtes Segment der Nukleotidkette, eine andere für die jeweilige Aminosäure zum Einbau in das Peptid. In der Reaktionsfolge für ein Eiweiß würden daher ebenso viele Enzymklassen existieren, wie Aminosäuren an der Synthese des betreffenden Eiweißes beteiligt seien. Das Enzym wähle ein Nukleotid nur unter den Bedingungen der für das Eiweiß erforderlichen Anordnung von Nachbarnukleotiden aus. Die Nukleotide seien je nach Basengehalt in Purine und Pyrimidine unterschieden. Im Ergebnis der Reaktion liege schließlich eine Nukleinsäurenkette vor, die an jedem Nukleotid eine Aminosäure trage. Die Sequenz zeige dieselbe Reihenfolge an Aminosäuren, wie das fertige Peptid (Abb. 3).

Abb. 3: "Reaction of diphosphonucleic acid with amino acids under the influence of class P_1 enzymes (diphosphonucleo-amino acid phosphorylases)" (a.a.O. S. 253).

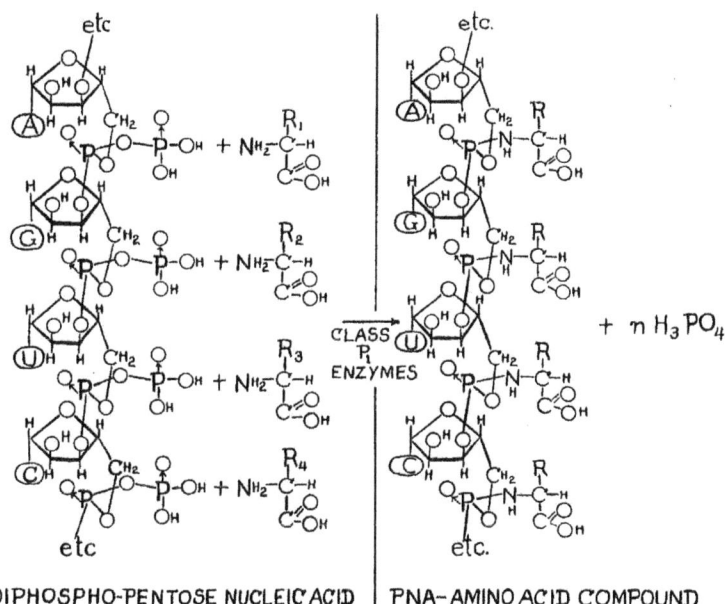

DIPHOSPHO-PENTOSE NUCLEIC ACID | PNA-AMINO ACID COMPOUND

Enzymspezifitäten sowohl für Aminosäuren als auch für die jeweiligen Abschnitte der Nukleotidsequenz vermitteln die Verbindungen von Aminosäuren und Nukleinsäure. Dounce nimmt für die vier möglichen Nukleotide eine komplette Beliebigkeit ihrer Reihenfolge an. Er entspricht darin einer wesentlichen Voraussetzung des späteren Modells von Watson und Crick.

Im weiteren Verlauf löse sich über „*P2-Klassenenzyme*" die vollständige Peptidsequenz von dem Molekülkomplex und lasse den uprünglichen Nuleotidstrang zurück, indem unspezifische „*Peeling-off-Enzyme*" die Phophoamino-Bindungen zwischen den Aminosäuren und der Nukleinsäurekette trennen und in einer Katalyse von Carboxylamino-Bindungen die entstehende Peptidkette vereinigen. Dounce schlug für den zugrundeliegenden Vorgang hypothetisch detailgetreu Umlagerungen von Elektronen zwischen den Bindungen vor.

Im Anschluss an seine Vorstellungen über den Eiweißaufbau im Organismus beschrieb *Dounce* ein Synthesemodell der für den Eiweißaufbau verantwortlichen Nukleinsäuren. In diesem Modell entstehen die Nukleinsäuren ebenfalls über spezifische Syntheseenzyme, sog. N1-Enzyme. Ein Diphosphonukleotidstrang tritt mit Mononukleotiden zu einem Doppelstrang zusammen. Die Verbindung zwischen den Strängen werde gehalten durch Sauerstoffbrücken zwischen sich gegenüberstehenden Phosphatgruppen, so dass je zwei Nukleotide paarweise über die Phophatreste aneinander fixiert sind. Auch die Nukleotide innerhalb der Stränge seien über Phosphatgruppen miteinander verbunden. In Dounces Modell weisen die Basen an jedem Strang nach außerhalb. Sie sind nicht an der Doppelstrangbindung beteiligt (Abb. 4). Diese Stellung der Basen und der Phophatgruppen war es, die bis in die Endphase ihrer Arbeit auch von *Crick* und *Watson* favorisiert wurde. Erst die Erkenntnis der sich daraus ergebenden Unstimmigkeiten gestattete den späteren Nobelpreisträgern die Korrekturen, die notwendig waren, um ihr Modell mit den Ergebnissen radiologischer Analysen in Einklang bringen zu können.

Abb. 4: *"Formation of dinucleotido nucleic acid under the influence of class N_1 enzymes (diphosphonucleo-phosphorylases)"* (a.a.O. S. 255).

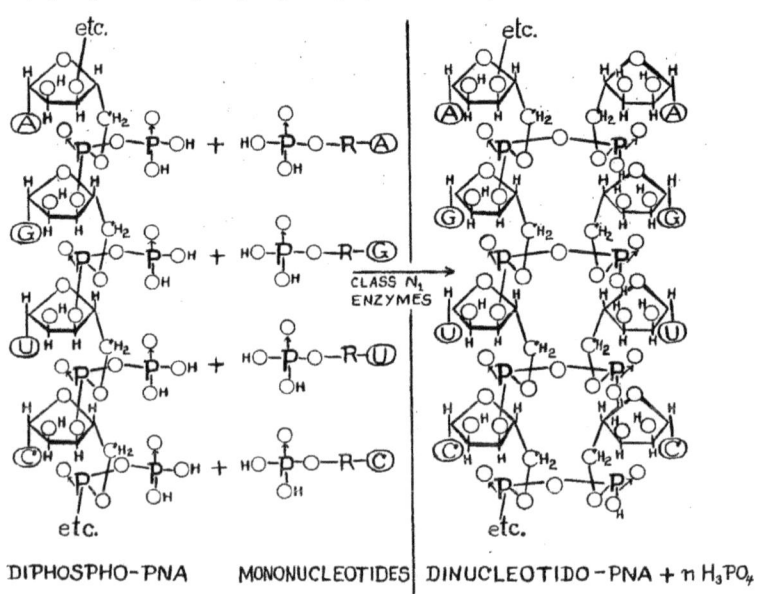

Im DNS-Modell von Dounce sind zwei Nukleotidreihen durch Sauerstoffbrücken verknüpft, welche die Phosphatreste der Pentoseringe verbinden. Die Basen des Doppelstrangs sind nach außen gerichtet.

Für den abschließenden Reaktionsschritt verwendete **Dounce** wiederum die Annahme einer regulierenden Enzymklasse. Durch Wirkung von N2-Klassenenzymen werde die entstandene „*Dinukleotido-PNA*" erneut in Einzelstränge getrennt.

Die in seinem Schema richtigungsweisend aufgestellte Parallele zum endgültigen Modell der DNS-Struktur besteht in der grundsätzlichen Annahme, dass es die Nukleotid-Reihung der Nukleinsäure sei, die sowohl die Anordnung der Aminosäuren im Eiweiß, als auch die Folge der Nukleotide im Nukleinsäurestrang über eine Enzymwirkung bedinge.

Im selben Jahr schlug auch **Sven Furberg** eine Formel der chemischen Struktur der Nukleinsäuren vor, unter Hinweis darauf, dass zuvor weder Bestimmungen über die Kristallstruktur der Nukleotide, noch über die räumliche Orientierung der Phosphatgruppen gegenüber dem Restmolekül veröffentlicht seien (Furberg 1952: 634–640).

Als bekannt setzte er die Bindungsverhältnisse zwischen den Nukleotiden voraus: Phophat-Ester-Bindungen zwischen den Hydroxylgruppen zweier benachbarter Pentoseringe, in C3-Position an dem einen und C5-Position am anderen Ring. Ebenfalls dem Kenntnisstand entsprechend könne vorausgesetzt werden, dass Nukleotidketten unverzweigt oder nur geringfügig verzweigt seien.

Mit der Beschreibung der von ihm angenommenen *Standard-Konfiguration* des einzelen Nukleotids gab Furberg einen weiteren richtungsweisenden Vorschlag. Die Ebene der Basen stehe näherungsweise senkrecht zur Ebene des Pentoseringes, wobei die Zucker-Basen-Bindung (die Base über Stickstoff an das Kohlenstoffatom C1 der Pentose gebunden) in der Basenebene liege und tetraedische Winkel zu den benachbarten Ringverbindungen des Ribosezuckers bilde (Abb 5.). Furbergs Vorgaben wichen nur noch gering von den Eigenschaften des letztlich anerkannten Modells ab.

Abb. 5: *"A pyrimidine nucleotide of the ‚standard' configuration. The plane of the pyrimidine ring, as well as the bond N_3 -C_1', is perpendicular to the plane of the paper"* (Furberg 1952: 635).

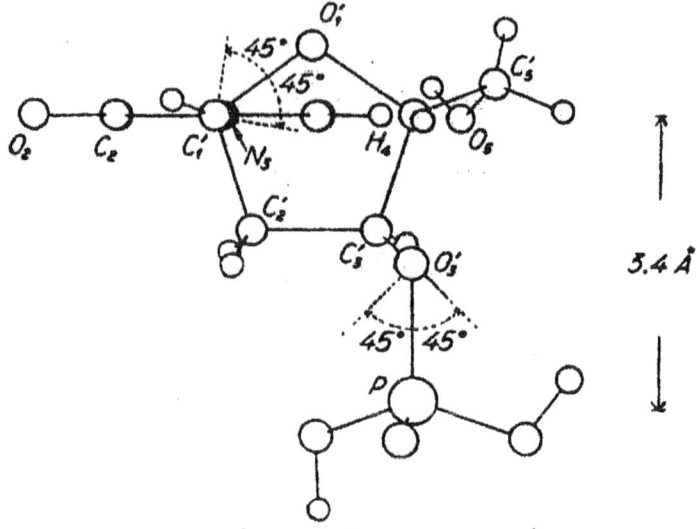

Nach Furberg sei es wahrscheinlich, dass die Nukleotide auch innerhalb der Nukleinsäure diese Form annehmen. Gemäß dem Modell müssten sich die Basen in nahezu rechtem Winkel zur Ebene der Pentosezucker befinden.

Nach *Furberg* ist die Annahme eines senkrechten Winkels für die Stellung der Phosphatgruppe zum Restmolekül genau dann zu bestätigen, wenn Van-der-Waalsche Bindungskräfte in Betracht gezogen werden.

Die vermuteten Grundzüge einer senkrechten Stellung der Basen und Phosphatgruppen konnte **Crick** später in mathematischen Analysen der Stereochemie der Nukleinsäure belegen.

Als ein zentrales Problem stellte sich daraufhin die Frage nach der Richtung der Basen am Doppelmolekül. Sie wurde Teil der Hauptfrage, wie die beiden Molekülstränge zueinander angeordnet sind, welche Bindungskräfte diese zusammenhalten und wie regelmäßig oder unregelmäßig eine Basenfolge im Verlauf eines Nukleinsäurestrangs sein müsse, so dass unter Beibehalt aller chemischen Eigenschaften zugleich die unterste *differentia specifica*, der Individualunterschied, begründet ist.

Dass Lebendigkeit als *Akzidens* der Eigenschaften von Materie erscheint, ist nicht erst Ergebnis der verbleibenden Genvorstellung. Wenn der wissenschafliche Blick sich auf die Domäne von Materieeigenschaften konzentriert, und dabei die Besonderheiten des Biologischen auf chemische und physikalische Tatbestände reduziert, kann freilich leicht übersehen werden, dass eine weitere Kausalität wirksam ist. Während Evolution in der Stofflichkeit von Fossilien als materiell gesicherte Tatsache imponiert, sind die Eigentümlichkeiten der lebendigen Stoffe mit genbedingter Selbsterhaltungstendenz gegenüber der unbelebten Stofflichkeit nicht auf chemische Eigenschaften zurückgeführt worden. Die biologisch lebende Materie befindet sich nach wie vor in einem evolutionistischen Wettstreit um Untergang oder Erhalt, wie es einst **Heraklit** oder später **Darwin** beschrieben, beherrscht von einer physikochemischen Gesetzlichkeit, aus der eine Grenze zwischen belebter und unbelebter Stofflichkeit nicht ableitbar ist, obwohl die Evolutionsvorstellung gerade sie als maßgebend voraussetzt, indem theoriegemäß ein fitness-struggle for life des Lebendigen entgegen einem Untergang in unbelebte Stofflichkeit (Tod) die Kriterien für Selektioniertsein liefert. Die historische Modellentwicklung richtete sich auf die Chemie der Erbsubstanz und differenzierte diese.

VIII. 3B Der Gedankengang von Watson und Crick

Zwei Laboratorien wurden federführend für die Ausarbeitung der DNS-Struktur. **Crick** und **Watson** arbeiteten am *Cavendish-Laboratorium* in Cambridge, **Franklin** und **Wilkins** am *Royal-College* in London. Die Methodik der Forschenden zur Bestimmung der räumlichen DNS-Struktur setzte sich zusammen aus stereochemischer Berechnung, Kristallographie durch Röntgenbrechungsanalyse und chemischen Erwägungen über Bindungstypen und Bindungspartner. Ohne die enge fachübergreifende Zusammenarbeit so verschiedener Disziplinen wie der von Genetik, Physik und Chemie, wie sie **Schrödinger** in seinen Vorlesungen 1944 gefordert hatte, war die Aufgabe nicht zu bewältigen.

In dem Rückblick „*Die Dopppelhelix*" gibt **Watson** Einblick in die Fragestellungen, die von *Crick* und ihm innerhalb von zwei Jahren zu lösen waren (Watson 1973).

Im Frühjahr 1951 habe er, in Kristallographie noch ungeschult, auf einer Tagung in Neapel einen Vortrag des Physikers und Kristallographen **Wilkins** zum Röntgenbild der DNS gehört. Wilkins Bildbeschreibung, die Annahme eines kristallinen Zustandes der Erbsubstanz stützend, habe den Hinweis gegeben, Nukleinsäuren seien von regelmäßiger Struktur. Folglich habe angenommen werden können, dass sie mit direkten Mitteln prüfbar seien. Als weitere Erkenntnishilfe der eigenen Studien nennt **Watson** seine Teilnahme an einer Vorstellung **Paulings** von dessen Ergebnissen zur Proteinstruktur. Paulings Nachweis einer α-*Struktur* (Einfachspirale einer Peptidkette aus Aminosäuren mit H-Brückenbindungen innerhalb der Kette) habe später **Crick** auf den Gedanken gebracht, in jener Arbeit nach methodischen Kunstgriffen zu suchen, um zu prüfen, ob sie auf Probleme der Nukleinsäurestruktur übertragbar seien. Der Mathematiker **Crick** entdeckte, dass **Pauling** in Zügen seines Untersuchungsgangs nicht auf eine mathematische Beweisführung gesetzt, sondern bei der Suche nach den atomaren Nachbarschaftsbeziehungen die möglichen Anordnungsweisen mit Hilfe von Molekülmodellen verglichen hatte. Mit Hilfe der Sichtbarkeit am Modell hatte 1939 **Pauling**, der Verfasser des damalig als Standardwerk geltenden „*The Nature of the Chemical Bond*", die von ihm vermuteten räumlichen Verhältnisse erproben und mit den stereochemischen Gesetzlichkeiten in Einklang bringen können.

Watson bezeichnet **Paulings** Lehrbuch zwar als eines der Hilfsmittel für seine eigenen Studien, doch hätten sich Hinweise auf Hauptmerkmale der DNS, wie *Basenstellung* und *Wasserstoff-Brückenbindungen* der Helix eines Doppelmoleküls nicht darin finden lassen.

Der Cambridger Kollege, Chemiker in organischer Chemie, **Alexander Robert Todd** [(1907–1997) Chemienobelpreis 1957], sei es gewesen, der **Cricks** und **Watsons** Vermutung über eine streng regelmäßige Anordnung von Nukleotiden bekräftigt habe. Sämtliche Verbindungen des Nukleinsäureskeletts zwischen den Riboseringen an deren C3- und C5-Atomen könnten durch Phosphatester verursacht sein.

Sodann habe **Wilkins** in Röntgenmessungen für die Nukleinsäurestruktur die Unwahrscheinlichkeit einer *Einfachspirale* gezeigt, wie sie im Protein vorlag, und deshalb für die Nukleinsäure einen erheblich größeren Moleküldurchmesser vorgeschlagen, mit der Folge, dass mehrere umeinander gewickelte Spiralstränge ein DNS-Molekül bilden müßten. Daraus sei das Problem entstanden, welche Bindungsarten imstande seien, die Molekülketten eines solchen Gebildes zusammenzuschließen, Wasserstoffbrücken oder Salzbrücken. Letztere würden negative Ladungen an den Phosphatgruppen voraussetzen.

Erst aufgrund der Annahme von vier Nukleotidtypen, unterschieden in den Stickstoffbasen, mit Beteiligung nur der Phosphat- und Zuckergruppen als Bindungspartner in der Nukleotidkette, habe das bis dahin gediehene Modell der erforderlichen Regelmäßigkeit des Zucker-Phosphat-Skeletts entsprechen können. Hingegen unregelmäßig und auf diese Art anordnungsfähig – wenn auch noch nicht völlig widerspruchsfrei – sei daraufhin die Reihung der Basen zu erwarten gewesen, das erste bauliche Prinzip der DNS für ihre biologischen Erfordernisse. Auf diese Weise habe die *Basenfolge* als der *Garant einer chemischen Verschiedenheit der Gene* erscheinen können.

Zur Erzielung von Widerspruchsfreiheit wählten **Crick** und **Watson**, nach dem Vorbild **Paulings** bei der Aufdeckung der Proteinstrukur, den Weg des Ausschlusses des Gegenteils. Falsche Anordnungen sollten neben dem Nachweis ihrer mathematischen Falschheit am Modell erschlossen und mit den Röntgenbeugungsanalysen verglichen werden. Prüfung mit dem Röntgenbild ergab ein Fehlen von Reflexen im Bereich der Mittelachse des Moleküls und zeigte Vereinbarkeit mit einer Spiralstruktur. **Wilkins**, der wie **Franklin** die radiologischen Aufnahmen durchgeführt hatte, stellte die These auf, bei der Spirale könne es sich um eine *Dreifachspirale* handeln, doch zufolge der Befunde seien auch mehr als drei Stränge nicht auszuschzuliessen. **Crick** schloss zunächst irrtümlich aus den strukturellen Regelmäßigkeiten der Kristallogramme, dass das Zucker-Phosphatgerüst im Zentrum der Spirale liegen müsse, mit dem erneut sich ergebenden Problem einer Formunregelmäßigkeit im Umriss des Moleküls, dessen Basen nach außen zu zeigen schienen.

Der Gedankengang hatte mit der, wenn auch in ihren Einzelheiten noch unbekannten Spiralstruktur, für die Nukleinsäure eine Parallele zum Protein entdeckt. Das Molekülskelett mit seinen Bindungen war nachgewiesen und deutete für dieses Modell auf eine chemische Genspezifität, die nicht durch die Anordnung der Ribosen und Phosphate, sondern durch die Basen ermöglicht sein könne. Unbekannt blieb die Zahl der Spiralstränge, fraglich auch die Ausrichtung der Basen im Molekül gegenüber einer Molekülsilhouette, wie sie nach Röntgenanalyse vorliegen musste.

Bei allen chemischen Einzelheiten durfte das entscheidende genetische Merkmal nicht außer acht gelassen werden. Biologisch war von der Chemie einer Gensubstanz zu fordern, dass sie einem *Selbstverdopplungsmechanismus* entsprechen müsse, der, wie **Crick** gesagt hatte, die *Vollkommenheit des zugrundeliegenden biologischen Prinzips* bedinge, die Fähigkeit, eine genaue Kopie seiner selbst hervorzubringen. **Chargaffs** Regel konstanter Proportionen zwischen Purin- und Pyrimidinbasen musste berücksichtigt und daraufhin die Frage spezifischer Bindungskräfte beantwortet werden. Da nicht auszuschließen gewesen sei, dass die von Chargaff erkannten Regelmäßigkeiten durch *genetische* Gesetzmäßigkeit verursacht sind, habe sich die entscheidende Vermutung für das neue Modell der Erbsubstanz angeboten: Die Gruppierung der Nukleotide könne für die Aminosäurenspezifität verantwortlich sein.

John Griffith, im Tätigkeitsschwerpunkt Theoretische Chemie am selben Laboratorium beschäftigt, stand mit **Crick** im Austausch über chemische Bindungskräfte. Aufgrund **Cricks** Berechnungen äußerte **Griffith** einen Verdacht. Es könne spezifische Anziehungskräfte geben, die Adenin mit Thymin sowie

Guanin mit Cytosin verbinden. **Watson** bestärkte sich in einer Literaturrecherche in der Annahme, dass die *Richtung des genetischen Informationsflusses* von den DNS-Nukleotidsequenzen zu den Aminosäurefolgen der Proteine verlaufen müsse und somit an einer DNS-Schablone RNS-Ketten entstehen könnten, die ihrerseits als Formen der Eiweißsynthese dienten. In der Zwischenzeit legte **Pauling** bereits ein DNS-Modell vor: eine Dreifachspirale, in der Wasserstoffatome in gebundener Form die Molekülbindungen zwischen den Strängen verursachen würden. Nach dieser Vorstellung wären die Phoshpatgruppen nicht ionisiert, also ungeladen. **Watson** entdeckte unverzüglich die Fragwürdigkeit des Modells, denn eines war bislang gesichert: DNS ist eine mäßig starke Säure. Ihre Phosphatgruppen enthalten die Wasserstoffatome nicht in gebundener Form.

Einen entscheidenden Anstoß zu einer Wende in der Modellbildung gab **Rosalind Franklin**. Sie war wie **Wilkins** in Oxford mit kristallographischen DNS-Analysen befasst. Sie war es, die nach anfänglichem Zögern für die Anordnung der Basen nicht die Außenseite der Spirale vorschlug, sondern die Basen innenliegend vermutete, ein zweites Strukturprinzip der DNS. **Watson** wendete sich wieder dem Modellbau am Molekülmodell zu. In dieser Entwicklungsphase lieferte die Werkstatt seines Cambridger Colleges zunächst nur Blechmodelle für die Bestandteile des Zuckerskeletts. Die Bausteine der Basen trafen sieben Tage später ein. Watson experimentierte vorläufig an Modellen mit fiktiv außenseitigem Skelett und sah sich mit der Sorge konfrontiert, für Ketten mit unregelmäßigen Basenfolgen eine unbegrenzt mögliche Zahl von Modellen zulassen zu müssen. Denn das neue Modell löste weiterhin die Fragen nach den *Bindungskräften* zwischen den Strängen und den Molekülgrößen der Basen nicht. Die radiologisch ebenmäßig erscheinende Silhoutte des Gesamtmoleküls verlangte nach einer gleichmäßigen und identischen Form aller Zuckerphosphat-Gruppen. Demgegenüber schien der Größenunterschied der Basen, bei gepaarten Basen, Lücken zwischen den Berührungspunkten zusammenpassender Paare zu bewirken. Watson sah das Kernproblem in der Bindungsart. Sie solle erklären, wie die Nukleinsäureketten, falls die Basen nach innen gerichtet wären, über die Basen miteinander verbunden sein können. Daraus entstand die Frage, ob alle Basen über Wasserstoff verbunden sein können. Watson habe deshalb nach einem *Gesetz von Wasserstoffbindungen zwischen Basen* gesucht, dem dritten neuartigen Strukturprinzip für ein DNS-Molekül.

Im ersten Gedankenexperiment für ein solches Gesetz nahm Watson identische Basenpaare gleicher Bindungspartner an. Auch die Basenfolgen beider Nukleinsäureketten wären dann einander gleich. Diese fälschlich angenommene Gleichheit habe den richtigen Gedanken entstehen lassen: die eine Kette könne genetisch eine Vorform der anderen sein und damit das geforderte genetische Prinzip erfüllen. Bei der Selbstverdopplung des Gens in der Zellteilung würden sich die beiden Stränge trennen und jeder einzelne könne dann basenweise über Wasserstoff- Brückenbindungen identische Basen zu einem neuen Doppelstrang aufnehmen. Doch ein Einwand des Kristallographen *John Donahue* ließ *Watson* an seiner Gleiches-mit-Gleichem-Theorie der Basenpaarung zweifeln. *Donahue* machte geltend, dass die Tautomerie der Basen Guanin und Thymin in den Lehrbüchern willkürlich angegeben sei. Sie bevorzuge die Enol-Form. Wahrscheinlicher sei jedoch die Keto-Form. Bei einer Keto-Position der H-Atome entstehen indessen noch größere Abstandsunterschiede in Purin- und Pyrimidinpaaren, und die Drehungswinkel von Base zu Base werden zu gering, um die mathematisch geforderten Windungslängen der Spirale aufrechterhalten zu können. Grundsätzlich betrachtet kam ein weiterer Einwand hinzu. Bei einer mengenmäßigen Gleichheit aller Basen wären die konstanten, aber verschiedenen Proportionen von Purinen und Pyrimidinen untereinander, wie *Chargaffs* Regel sie forderte, nicht zu ermöglichen.

Beim Probieren zufällig entstehender Basenanordnungen mit dem Molekülmodell entdeckte *Watson*, *„daß ein durch zwei Wasserstoffbindungen zusammengehaltenes Adenin-Thymin-Paar dieselbe Gestalt hatte, wie ein Guanin-Cytosin-Paar, das durch wenigstens zwei Wasserstoffbrücken zusammengehalten wurde"* (Watson 1973: 150). Eine nach außen hin glatte und regelmäßige Molkülsilhouette wurde auf diese Weise möglich.

Mit dieser Entdeckung entstand das von Watson gesuchte *Gesetz der Wasserstoffbindung in Nukleinsäuren*. Die Gestaltnotwendigkeit mit zugleich dem Erfordernis von Bindungen aus Wasserstoff lasse nur bestimmte Basenpaarungen zu, Guanin-Cytosin, Adenin-Thymin, wobei eine beliebig unregelmäßige Abfolge im Einzelstrang regelhaft mit den Basen des Partnerstrangs verbunden sein könne. Die *Chargaffsche* Regel werde genau dann zu einer Konsequenz der Struktur der Doppelspirale, wenn deren Basenfolgen in komplementären Reihen angeordnet sind. *Cricks* stereochemische Berechnungen bestätigten die Idee. Alle Bindungen der Glykoside mit den Basen weisen senkrecht zur Molekülachse, Glykosidbindungen in basenpaarweisen Doppelachsen. Die *Gleichmäßigkeit der Lage der Bindungen* bedingt die *Austauschbarkeit der Basenpaare*, Voraussetzung für *Individualität der Basenfolge*.

Die wiederholt konditionale Form im Verlauf des Gedankengangs, der die Einzelheiten der Strukturformel aus ehedem spekulativ gefundenen Genmerkmalen entwickelt hatte, wurde bekräftigt mit chemischen Gesetzmäßigkeiten, die selbst nur unvollständig vorgelegen hatten und im Entwurfsvorgang des

Modells weiterentwickelt wurden. Der biologische Vorgang von Genverdopplung bei Zellteilung und Einweißsynthese enthält einen neu gefundenen chemischen Ablauf.

Mit Hilfe des Blechmodells untersuchten **Crick** und **Watson**, wie die Bindungsverhältnisse stereochemisch eingehalten werden und welche Atome entsprechende Positionen einnehmen können. Sie verglichen die experimentellen Röntgenbefunde *„mit den Beugungsmustern, die sich aufgrund des Modelles voraussagen ließen"* (Watson 1973: 164).

Watson bezeichnet seinen Institutsvorgesetzten **William Lawrence Bragg**, (1890–1971), den Mitbegründer der Kristallographie und Nachfolger des Atomphysikers **Ernest Rutherford** (1871–1937) am Cavendish-Laboratorium, als den Entdecker derjenigen Röntgenmethode von vierzig Jahren zuvor, auf die bei der Strukturaufklärung der DNS zurückgegriffen werden konnte.

Bevor in der Ausgabe von „Nature" des 25. April 1953 die Erstveröffentlichung der Ergebnisse erfolgte, kündigte **Watson** sie gegenüber **Delbrück** an und wies auf die stereochemische Stichhaltigkeit der Resultate. Zugleich betonte er, dass die Korrektheit der Wasserstoffbrücken durch *Van-der-Waalsche Bindungskräfte* noch nicht hinreichend gewährleistet sei.

Die Wasserstoffbrücken zwischen beiden Spiralen verbinden Moleküle. Zwischen Molekülen sind, wie zwischen Edelgasen, chemische Bindungen im engeren Sinn nicht möglich. Eine Bindung durch Van-der-Waals-Kräfte ist schwächer als die Anziehungskräfte einer kovalenten Bindung oder zwischen Ionen. Sie liegt in den meisten organischen Bindungen vor, eine Kraft zwischen nach außen hin ungeladenen Molekülen, eine Anziehung von Dipolen. In der Wasserstoffbrücke bildet das von seiner Ausdehnung her kleine Wasserstoffatom den positiven Pol gegenüber einem elektronegativeren Element. Während die chemische Bindung vorgestellt ist als elektromagnetische Kraft zwischen ganzen Atomen, wird die Wasserstoffbrücken- Bindung als Dipol-Dipol-Anziehung aufgefasst. Den negativen Pol können nur Elemente der letzten Achterperiode des Periodensystems (Fluor, Sauerstoff, Stickstoff) bilden, da sie nichtbindende Elektronenpaare in den Hybridorbitalen (Räume der Aufenthaltswahrscheinlichkeit der Elektronen) besitzen (**Wachter**, **Hausen** 1975).

VIII. 3C Die Vorstellung der Ergebnisse 1953

Vier Veröffentlichungen markieren den Grundstein zum seither gültigen Bild der Erbsubstanz. Den Anfang macht die oben erwähnte Darstellung in der Ausgabe des Wissenschaftsjournals „Nature" vom 25. April 1953 (Watson,

Crick 1953a: 737/738). Zwei Spiralen mit in entgegengesetzter Richtung korrespondierender Basenfolge sind über Wasserstoffbrücken zu einer Doppelspirale vereinigt (Abb. 6). **Crick** und **Watson** weisen ausdrücklich darauf hin, dass die einzelnen Spiralstränge denjenigen in *Furbergs* Modell ähneln, mit der Spirale außenständigen Phosphatresten und innenständigen Basen. Die Konfiguration von Pentosen und Atomnachbarschaft mit senkrechter Stellung der Pentosezucker befinde sich nahe der Standardkonfiguration gemäß Furberg, auch unter Berücksichtigung von Richtungswinkeln und Distanzen innerhalb der Nukleinsäureketten.

Als neue Struktureigenschaften werden angeführt: 1. Zusammenhalt der Ketten durch Wasserstoffbrücken zwischen den in senkrechter Stellung zur Molekülachse gepaarten Basen. Exakte Regelmäßigkeit entstehe durch doppelte Wasserstoffbrücken in jedem Paar jeweils zwischen der 1-er Position der Purinbase und der 6-er Position der Pyrimidinbase. 2. Strenge Spezifität der Basenpaarung, welche in Ketoposition nur die Verbindungen Adenin–Thymin und Guanin–Cytosin gestatte. 3. Durch keine Gesetzmäßigkeiten beschränkte Nachbarschaftslage der Basen im ausgänglichen Nukleinsäurestrang als chemische Voraussetzung von Eiweißindividualität.

Aus chemischen Gegebenheiten folgert das Modell eine biologische Konsequenz. Da mit der festliegenden Paarungsmöglichkeit der vier Basen durch die Reihenfolge der einen Nukleotidsequenz zugleich die Folge der anderen Sequenz vorgegeben sei, ergebe sich ein *Mechanismus für die Selbstverdopplung* der Erbsubstanz.

Die Autoren weisen ausdrücklich darauf hin, dass ein vollständiger Beweis aus den Röntgendaten nicht erbracht werden könne. Stattdessen beruhe die Begründung auf experimentellen Daten und stereochemischen Argumenten.

Nachdem die Vorgaben von *Furberg* schon anfangs des Artikels unter den Voraussetzungen genannt sind, erwähnt die Danksagung am Ende den Kristallographen **Donahue**, sowie **Wilkins** und **Franklin**, die mit ihren Detailarbeiten die Weichenstellungen gegeben hatten.

Abb. 6: „*This figure is purely diagrammatic. The two ribbons symbolize the two phosphate-sugar chains, and the horizontal rods the pairs of bases holding the chains together. The vertical line marks the fibre axis*" (Watson/Crick 1953a: 737).

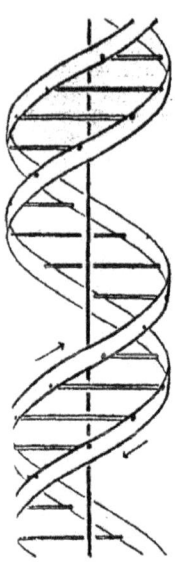

Im Schema der DNS-Doppelhelix werden die beiden Pentosephosphatketten, welche das Skelett des Doppelmoleküls bilden, durch zwei Spiralbänder dargestellt. Die horizontalen Linien zwischen den Spiralbändern stehen für die Basenpaare, die jeweils über Wasserstoffbrücken die Ketten miteinander verbinden. Wie die Pfeile andeuten, sind die Reihenfolgen der an jeder Zuckerphosphatkette angehefteten Basen gegenläufig. Während die Basen im DNS-Molekül zur Molekülachse hin angeordnet sind, richten sich die Phosphatreste der Pentosen nach außen, was in diesem Modell zeichnerisch nicht angedeutet ist.

Am selben Tag wie Watson und Crick reichen auch die beiden Forschergruppen **Wilkins**, **Stokes**, **Wilson** und **Franklin** mit **Gosling** ihre Artikel bei der Redaktion von „Nature" ein. In derselben Ausgabe von „Nature" legen sie die radiologisch gewonnenen Erkenntnisse vor. **Wilson** beschreibt das Röntgendiagramm von DNS-Extrakten, die an E. coli erhalten wurden. Trotz Mehrdeutigkeit der Befunde sei ein Ergebnis zu bestätigen. „*In general there appears to be reasonable agreement between the experimental data and the kind of model described by Watson and Crick*" (Wilkins, Stokes, Wilson 1953: 738–740).

Franklin schließt aus ihrem Bild ebenfalls auf eine helikale Struktur der DNS (Abb. 7). Sie gibt einen Überblick über die jüngste Entdeckungsgeschichte dieser Struktur:

"The X-ray diagram of structure B (see photograph) shows in striking manner the features characteristic of helical structures, first worked out in this laboratory by Stokes (unpublished) and by Crick, Cochran and Vand. Stokes and Wilkins were the first to propose such structures for nucleic acid as a result of direct studies of nucleic acid fibres, although a helical structure had been previously suggested by Furberg (thesis, London, 1949) on the basis of X-ray studies of nucleosides and nucleotides" (Franklin, Gosling 1953: S. 740).

Abb. 7: *"Sodium deoxyribose nucleate from calf thymus" (Franklin/Gosling 1953: 749).*

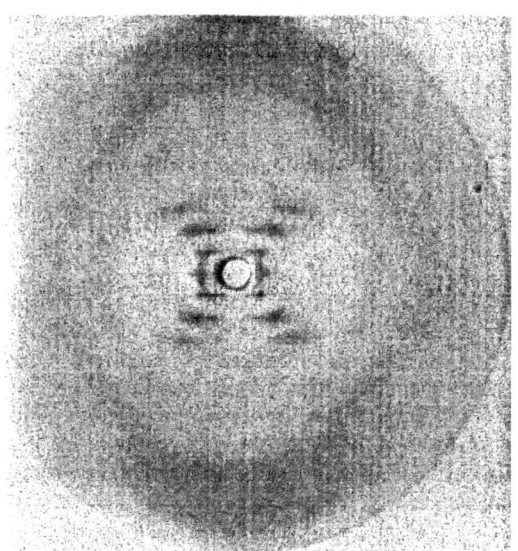

"The X-ray diagram of structure B (see photograph) shows in striking manner the features characteristic of helical structures." [...] It "provides a further indication that the phosphates lie on the outside of the structural unit. [...] The sugar and base groups must accordingly be turned inwards towards the helical axis. [...] Our general ideas are not inconsistent with the model proposed by Watson and Crick" (a.a.O S. 740f).

Die Achse des DNS-Moleküls befindet sich in Bildmitte. Sie zeigt keine Reflexe, da die DNS-Probe dort fixiert ist. Weil sich in der DNS solche Atome und Molekülgruppen in regelmäßigen Abständen befinden, welche die Röntgenstrahlen besonders stark streuen, werden die Strahlen durch die hintereinander angeordneten Fasern der Probe zickzackweise reflektiert. Als Folge entstehen auf der Fotoplatte entweder wechselseitige Auslöschungen oder Verstärkungen. Aus ihnen ergibt sich die charakteristische X-Form in der Fleckenanordnung, ein Beugungskreuz. Dieses ist der Hinweis auf eine Helix-Struktur der DNS-Riesenmoleküle.

Rosalind Franklin zufolge waren es ***Wilkins*** und ***Stokes***, die als erste aufgrund von direkten Studien einen Strukturvorschlag unterbreitet hätten, nachdem ***Furberg*** schon 1949 mit Röntgenaufnahmen von Nukleosiden und Nukleotiden eine Spiralstruktur postuliert habe. Folgende Rechnungsergebnisse legten ***Franklin*** und ***Gosling*** ebenfalls mit selbiger Ausgabe von „Nature" vor: Die Nukleotide verursachen helikale Windungen eines Durchmessers von etwa zwanzig Aengström. Bei außenständigen Phosphatresten sei zu vermuten, dass jede strukturelle Einheit aus zwei co-axialen, nicht gleichmäßig entlang der DNS-Achse angeordneten Molekülen bestehe.

Die Forscher bekräftigen die Aussagen von ***Crick*** und ***Watson*** und fassen die Existenz einer Spiralstruktur als hochwahrscheinlich auf, ebenfalls mit der Einschränkung, dass die radiologisch gewonnene Evidenz bislang nicht für den *direkten Beweis* ausreiche (Franklin, Gosling 1953: 740/741).

Einen Monat später veröffentlichen ***Crick*** und ***Watson*** Schlussfolgerungen aus ihrem Modell mit Bezug auf die Genvorstellung:

„*DNS is the genetic specifity of the gene itself*" (Watson, Crick 1953b: 964–967). Das Genprinzip verursacht die biologische Besonderheit der chemischen Substanz.

Die beiden Genforscher sehen in der Determinierbarkeit der Basensequenz den Hinweis, in der Reinhenfolge der Basen liege das tragende Prinzip der Erbinformation. Im Verlauf des genetischen Reduplikationsvorgangs würden sich nach der Basenpaarungsregel die neuen Nukleotidstränge wie bei einer Polymerisierung von Monomeren bilden. Der Vorgang werde von sterischen Gesetzen beherrscht, unter Beteiligung von spezifischen Polymerisationsenzymen. Für deren Funktion seien Einzelenzyme denkbar oder eine Wirkung des gesamten Stranges als eines einzigen Enzyms. Die *Proteinfunktion* könne in einer Kontrolle oder Stabilisierung von Spiralisierung und Verbindung der Nukleinsäuren bestehen. Offen bleibe, ob das Chromosom nur aus einem Paar von Nukleinsäureketten bestehe oder mehrere solcher Paare enthalte.

Auch zum Verständnis der *Meiose* trage das DNS-Modell bei, denn die Paarung von homologen Chromosomen werde von der Basenspezifität bestimmt.

Dieser Vorstellung zufolge können chemische Eigenschaften nicht nur räumliche Bewegungen in der Größenordnung von Molekülen beeinflussen. Sie wirken sogar in Größen wie der Kernkörperchen.

Das DNS-Modell erweitert auch die Kenntnis des zentralen Ereignisses, aus dem die *Deszendenztheorie* eine Wandelbarkeit der Arten ableitet, die Mutation.

Spontanmutationen könnten entstehen, so *Crick* und *Watson*, wenn zufälligerweise einzelne Basen in weniger wahrscheinlichen tautomeren Formen aufträten.

Der wissenschaftliche Gewinn des Modells für die Biologie liegt in seinem Beitrag für die Definition des Gens. Die Genwirkung ist verortet in komplementären Paaren von Basenmustern einer Nukleinsäure, deren eine Hälfte nach dem Muster der anderen, räumlich gegenüberliegenden, entsteht. Die *Wirkursächlichkeit* von Genen ist auf chemische Eigenschaften bezogen.

<u>Die Chemie des Gens begründet die Besonderheit organischer Stofflichkeit.</u>

VIII. 3D Erweiterung der Kenntnisse bis 1962

Ohne die Ausführugen *Cricks* und *Watsons* zu erwähnen, jedoch unter Bezugnahme auf *Dounce* und andere, bezweifelten im Juni 1953 *Campbell* und *Work* das Konzept von einer Peptidketten-Synthese unter dem Postulat einer direkten Entsprechung von Eiweiß und Erbsubstanz in den Nukleinsäuren. Eine Genkontrolle des Proteinaufbaus durch Nukleinsäuremuster erscheine nicht möglich (Campbell, Work 1953: 997–1001). Als Grund für ihre Auffassung führten die Autoren an, Eiweiß- und Nukleinsäuresynthese könnten getrennt gehemmt werden, ohne dass die Blockaden sich gegenseitig beeinflussen.

Dounce hingegen machte in einer Untersuchung geltend, Ribonukleinsäure sei die Substanz, die als Schablone der Eiweißbildung fungiere, sowohl im Zytoplasma, als auch innerhalb des Zellkerns. Das Gen müsse nicht unmittelbar als Vorlage dienen, sondern wirke gegebenenfalls über die Vermittlung von RNS, die nach Genmustern der DNS aufgebaut werde (Dounce 1953: 541).

Die Hinweise von Dounce bezeichnen Funktionsunterschiede der Nukleinsäurearten, und bekräftigen die mit dem DNS-Modell gegebene Theorie.

Im Verlauf des Jahrzehnts nach Veröffentlichung der richtungsweisenden Arbeiten von *Crick* und *Watson, Franklin* und *Wilkins* wurden die frühen strukturellen Befunde bestätigt und der radiologische Nachweis gestärkt. Es wurden Indizien gefunden für eine universelle Verbreitung der DNS-Struktur im Tierreich.

Hamilton, Barclay, Wilkins und Mitarbeiter konnten 1959 zeigen, dass die DNS unabhängig von Zelltypus und -aktivität in Form einer Doppelspirale vorliegt, sowohl in gesunden, als auch in entarteten Zellen. Sie wiesen nach, dass von Leukämie befallene Leukozyten beschleunigt Eiweiße und Nukleinsäuren umsetzen, sei es bei akuter Stammzell-Leukämie und akuter monozytärer Leukämie, sei es bei den chronisch myeloischen und chronisch lymphatischen Formen der Erkrankung. Ein Hinweis *Wilkins* zu Beginn des Artikels auf seine Veröffentlichung von 1953 weist auf den Anspruch seiner Mitbeteiligung an der Erstveröffentlichung der DNS:

„*The early and somewhat surprising result of the identity of the X-ray pattern given by DNA from a wide variety of species was an important consideration in the initial proposal for the structure of DNA*" (Hamilton, Barclay, Wilkins et al. 1959: 397ff).

In den folgenden Jahren wurde die Helix-Struktur der DNS in verschiedenen Stämmen und Arten von Lebewesen nachgewiesen. Daraus erwuchs die Erwartung, die biologische Funktion der DNS könne in der gesamten Natur einheitlich gegeben sein, da die DNS aufgrund ihrer identischen Reduplikation den prinzipiellen Kodemechanismus für die Aminosäuresequenz von Eiweiß vorgebe.

Eine solche Universalität entspricht der Auffassung **Cricks** von der DNS als eines vollkommenen biologischen Prinzips. Die Vollkommenheit des Prinzips liegt somit zum einen in der chemisch-biologischen Funktionsweise, einer Selbstreferenz, zum anderen in der Allgemeinheit der Verbreitung des Prinzips. Sie scheint wie eine Notwendigkeit der Evolution zu sein, indem sie die Lebewesenhaftigkeit der belebten Substanz bedingt.

An der Entstehungsstelle von Notwendigkeit einer Anschauung entsteht Frageverlust oder aber Glaube. Hier, im Fall der *genbedingten* Entstehung von Lebendigem ist es die Frage: Wie verändern sich Arterhalt und Mutativität im Entstehungszeitpunkt eines Lebewesens? Ist die im modernen *Evolutionismus* gegebene Selektionsthese der Deszendenztheorie geeignet, mehr als nur a posteriori zu klären, was ein Grund für die Konstanz und der Veränderlichkeit der Baupläne der Lebewesen sein könne?

Darf aus Konditionalität auf eine Kausalität für die Ursprünge geschlossen werden?

In den nächsten Jahren folgte die Genforschung den Konsequenzen ihrer selbstgeschaffenen Voraussetzungen.

Den Kenntnisstand über die genetische Verschlüsselung von Eiweißen in der Nukleinsäure beschrieben **Crick** und Mitarbeiter 1961 zusammenfassend wie folgt. Eine Folge von drei Basen, das *Basentriplett*, kodiere die Anweisung an den Zellstoffwechsel für die Bereitstellung einer bestimmten Aminosäure. Da von vier möglichen Basen jeder der drei Plätze eines solchen Tripletts innerhalb jeder beliebigen Dreierkombination besetzt sein könne, stehe rechnerisch für die in der Natur existierenden zwanzig Aminosäuren eine Mehrzahl von 4x4x4=64 Möglichkeiten der Kodierung, Anordnungsweisen der Basen, zur Verfügung. Wolle man nicht 44 Kombinationen davon als *Nonsense-Tripletts* auffassen, dann müsse der Kode degeneriert sein: Verschiedene Tripletts können den Einbau ein- und derselben Aminosäure in die betreffende Stelle einer Aminosäuresequenz veranlassen.

Der Kode sei nicht überlappend. Eine Base könne nicht zugleich zwei benachbarten Tripletts angehören. Indessen sei nicht sicher geklärt, ob auch geringzahlige Vielfache an Tripletts ebenfalls den Einbau einer Aminosäure veranlassen könnten.

Nach diesem Schema erfolge die genetische Ablesung der Basenfolge von einem Startpunkt aus, ohne Lesezeichen nach Art von Kommata, die den Lesemechanismus zur Auswahl der richtigen Base beeinflussen würden. Denn bei einer experimentell erzeugten Verschiebung des Startpunkts werde die Ablesung der Triplettfolge unweigerlich falsch.

Aus dieser Tatsache ergebe sich für die Forschung ein neuer Weg der Entdeckung. Wenn es möglich werde, Nukleotidketten definierter Sequenzen herzustellen, könne mit deren Wirkung der Basenkode für die Aminosäurezusammensetzung der Eiweiße vollständig entschlüsselt werden (Crick, Barnett, Brenner, Watts-Tobin 1961: 1227–1232).

Im Jahr darauf gab *Crick* eine Übersicht des mit dem neuen Genmodell erweiterten Verständnisses auch von Mutationen. In Kreuzungsexperimenten an Bakteriophagen war durch gezielte Mutierung unterschiedlicher Stellen der Nukleotidkette eine lokalisierbare Auslösung des Mutationsereignisses möglich geworden. Die Veränderungen der Nukleotidketten bestanden in Verlust oder überzähligem Auftreten von Einzelbasen oder Basengruppen. Wenn Mutation solcherart an einer einzelnen Stelle auftrete, erläuterte Crick, würde sie ausnahmslos den Wegfall der Genfunktion nach sich ziehen. Bestimmte Doppelmutationen hingegen könnten die verlorene Funktion wiederherstellen. Crick unterschied deshalb Mutationen in Typen mit gegensätzlicher Wirkung, die er Plus- und Minusmutationen nannte. Eine experimentelle Verknüpfung von zwei gleichsinnigen Defekten in der Basenfolge führe regelmäßig zum Funktionsverlust der kodierten Wirkung. Träfen jedoch eine Plus- und eine Minusmutation aufeinander, werde die Genfunktion wiederhergestellt, vorausgesetzt, der Abstand der mutierten Stellen in der Basenfolge sei nicht zu groß. Crick folgerte, im Basenverlauf liege ein *schrittweiser* Ablesungsmechanismus vor. Singuläres Fehlen wie singuläre Überzahl unterbrächen die genetisch festliegende Sequenz. Nach geeigneter Doppelmutation verschiebe sich die Ableseapparatur wieder in den richtigen Ablesungsrhythmus, weil die zur ersten Mutation gegensinnige zweite Mutation die vorangegangene neutralisiere. Nur innerhalb der Strecke zwischen den beiden fehlerhaften Basen verursache dann eine verschobene Ablesung den Einbau falscher Aminosäuren in das Eiweiß. Ohne Kenntnis der biochemischen Vorgänge im einzelnen könne somit logisch die These einer von einem Startpunkt aus beginnenden triplettweisen Ablesung begründet werden (Crick 1962: 66–74).

Wilkins befasste sich weiterhin mit der Frage der Röntgenaufklärung von Nukleinsäuren. 1962 arbeitete er mit *Spencer, Fuller* und *Brown* an Studien über funktionelle Ribonukleinsäuren verschiedener Species. Hierin dienten RNS-Proben verschiedener Species zu einer experimentellen Untersuchung der In-vivo-Proteinsynthese der Zelle als das Transportmolekül der Aminosäuren. Proben aus Colibakterien, Hefe, Retikulozyten von Kaninchen und aus dem Tabakmosaikvirus ergaben eine sehr regelmäßige und ähnliche Struktur der Transportmoleküle, die dem Bau der Desoxyribonukleinsäure gleichkommt. Die Autoren schlossen deshalb für die RNS auf eine gleiche Basenpaarung wie für die DNS. Baulich abweichend von der DNS sei jedoch die Nukleotidkette der RNS in sich selbst zurückgefaltet, wiederum überwiegend mit senkrechter Basenstellung zur Molekülachse gleich der DNS. Im Unterschied zu dieser seien die untersuchten RNS-Moleküle aufgrund von Winkelbildung jedoch asymmetrisch.

Diesen Nachweis einer Spiralstruktur erklärten die Autoren für beweisend: „*We have now obtained conclusive evidence that RNA molecules are helical and have determined the structure of the helix*" (Spencer, Fuller, Wilkins, Brown 1962: 1014–1020).

VIII. 3E Das Jahr der Nobelpreisverleihung. Weiterführende Fragen

1962 erhielten **Crick,** *Watson und* **Wilkins** *„für ihre Entdeckungen über die Molekularstruktur der Nukleinsäuren und ihre Bedeutung in lebender Substanz"* den Nobelpreis der Medizin und Physiologie. Die Laudatio skizziert neben der Erläuterung und wissenschaftlichen Einordnung der Ergebnisse, welchen Anteil die Preisträger an den Entdeckungen haben. Es heißt:

> „*Die Entdeckung der dreidimensionalen Molekularstruktur der Desoxyribonucleinsäure (DNS) ist von großer Tragweite, denn sie zeichnet die Möglichkeiten für das Verständnis der molekularen Konfiguration in ihren kleinsten Details vor, welche die allgemeinen und individuellen Eigenschaften der lebenden Materie bestimmen. Die DNS ist die als Trägerin des Erbgutes für höhere Organismen zuständige Substanz. Die DNS ist eine hochpolymere Verbindung, zusammengesetzt aus ein paar Typen von Bausteinen, die überall in großer Menge vorkommen. Diese Bausteine bestehen aus einem Zucker, einem Phosphat und aus stickstoffhaltigen chemischen Basen. Für die Entdeckung der Art und Weise, wie diese Bausteine zusammengesetzt sind, wurden Crick, Watson und Wilkins mit dem Nobelpreis ausgezeichnet. Wilkins untersuchte DNS verschiedener biologischer Herkunft mit Hilfe von Röntgenkristallographietechniken. Wilkins röntgenkristallographische Aufzeichnungen machten deutlich, daß die äußerst langen Molekülketten der DNS in Form einer Doppelspirale angeordnet sind. Watson und Crick wiesen nach, daß die organischen Basen in den beiden miteinander verschlungenen Spiralen (Helices) auf spezifische Weise gepaart sind und erkannten die Bedeutung der Anordnung.*"

Für den Fortschritt von Wissenschaft und Medizin, sowie für das Verständnis des Lebens als solchem bekundet die Laudatio eine revolutionierende Perspektive. *„Hier sieht die Wissenschaft Möglichkeiten auf sich zukommen, Krankheiten auszurotten, die Wechselwirkungen zwischen Vererbung und Umwelt besser verstehen zu lernen und den Mechanismus der Entstehung von Leben besser zu erfassen"* (Verzeichnis 1988: 150). Wie ist nun dieses Ergebnis in den ideengeschichtlichen Werdegang bis dahin einzuordnen?

Mit der 1859 vorgelegten Deszendenztheorie wurde eine gemeinsame Abstammung der Lebewesen von Urformen angenommen. Sie schien allein mit den evolutionstheoretischen Hypothesen begründbar, wenn die fraglichen Vererbungsprozesse in einer Substanz verortet werden könnten, die den Vorgaben von Physik und Chemie als dem letztgültigen Wahrheitsmodell mit seinem Kausalitätbegriff genügt. In diesem Rahmen wurden stoffliche und singuläre Erbeinheiten postuliert, denen sukzessiv bestimmte vererbungsbiologische Fähigkeiten zugesprochen wurden, Begriffsmerkmale, welche in die spätere Gendefinition mündeten. 1953 lag die Beschreibung eines universellen genetischen Mechanismus für Fortpflanzung und Entwicklung in der Konsequenz der im 19. Jahrhundert entwickelten Sicht einer eigengesetzlichen, partikulär gegliederten Erbsubstanz. Wie seinerzeit die Deszendenzlehre, berührte auch die Theorie des Gens wiederum das menschliche Selbstverständnis. Sie begann Einfluss zu nehmen auf das Bild von Krankheit und Gesundheit mitsamt therapeutischem und prognostischem Zugriff, Eigenschaften der Lebewesen, Entstehung von Leben, dessen Rechtfertigung. Die Vorgeschichte der neuen Verbildlichung reicht weiter zurück. Bis spät in die Neuzeit hatte das Verständnis der Arten noch ihre Hierarchie berücksichtigt, und, noch nach der Aufklärung, einen Selbtzweckcharakter des Lebendigen als begründet angesehen, der sich im neuen Terminus der Subjektivität niederschlug. Es ist hier nicht der Ort, dies im einzelnen nachzuweisen. Doch nach Aufkommen der Klassifikation durch **Carl von Linné** (Schaffung der heute gebräuchlichen binären Benennung mit Gattungs- und Artnamen; *„Systema naturae sive regna tria naturae systematice proposita per classes, ordines, genera & species"* 1735), mit **Lamarck** (Vermutung einer Vererbung von durch Gebrauch entstandenen, erworbenen Eigenschaften und Verneinung der Konstanz der Arten; *„Philosophie zoologique, ou exposition des considérations relatives à l'histoire naturelle des animaux"* 1809) oder mit **Georges-Léopold-Chrétien-Frédérick-Dagobert Baron de Cuvier** (Begründung der neuzeitlichen Wirbeltierpaläontologie; *„Le règne animal distribué d'après son organisation"* 1817) war seitens der Biologie ein veränderter Blickwinkel begünstigt. Er lenkte die Perspektive zunehmend auf die Herrschaft von Übergängen und Ähnlichkeiten in den Bauprinzipien, und ist neben funktionalistischem Physikalismus und Systemdenken der physiologischen Orientierung eine derjenigen wissenschaftsphilosophischen Voraussetzungen für die nachmalige Rückführung und Vereinheitlichung der Lebensphänomene die letzlich in eine chemische Terminologie mit Egalisierung der Ebenen führte. Letztere ist nicht eine wissenschaftlich verifizierbare Theorie, sie ist philosophische Annahme.

Nach dem Vortrag *Engströms*, des Repräsentanten des Nobelpreiskomitees, trugen die Laureaten vor. *Wilkins* gab einen historischen Überblick und erwähnte sein wissenschaftliches Schlüsselerlebnis. Die Lektüre von *Schrödingers* „What is Life?" habe ihn, ebenfalls Physiker, auf das Studienfeld der Genetik geführt. Für *Crick* hatte dasselbe Buch den Anstoß für seine Hinwendung zur Biologie gegeben. Ursprünglich hatte er als Physiker an Problemen der Radardarstellung und während des Krieges in der britischen Admiralität an der Verbesserung von Wasserminen gewirkt.

Wilkins betonte für seinen eigenen Anteil der Arbeiten an der DNS-Struktur den Nachweis, dass die DNS kein artefizielles Gebilde sei. Der Großteil seiner Arbeit erstrecke sich auf die Frage nach der Verbreitung der helikalen DNS-Gestalt in natürlich vorkommenden Materialien. Die Röntgenanalysen hätten zunächst zur Beschaffung von Informationen für das Modell von *Crick* und *Watson* beigetragen. Später hätten die Röntgenergebnisse zeigen können, dass der Vorschlag in seinen Grundzügen zutreffe, und schließlich durch Nacheinstellungen die Modellverfeinerung ermöglicht.

Eine besondere Würdigung sprach *Wilkins* für *Rosalind Franklin* aus. „*Who, with great ability and experience of X-ray diffraction, so much helped the initial investigations of DNA.*" Er beendete seine Nobelpreisrede mit einem ehrenden Hinweis auf die Bedeutung *Chargaffs*. Dieser habe mit seinen analytischen Arbeiten und der Entdeckung der Gleichheit des DNS-Basengehalts die Grundlegung für die Nukleinsäurestudien gelegt (Wilkins 1977: 177/178).

Zu erwähnen ist, dass *Wilkins* 1988 zum Leiter des *Human Genome Project* ernannt wurde, mit der Aufgabe, die Gensequenzen des menschlichen Genoms zu entschlüsseln. Zu den Initiatoren dieses Projekts gehörte *Watson*.

Watson begründete sein Interesse an der Genetik mit der Aussage, das Gen und seine Rolle im Metabolismus der Zelle bilde das Zentrum der biologischen Fragestellung (Watson 1977: 179).

Crick, den *Watson* in seinem schriftlichen Rückblick als nur selten frage- und spekulationsmüde bezeichnet, betonte in seiner Ansprache die zur Zeit der Preisverleihung offen stehenden Kernprobleme des DNS-Modells. Unbekannt sei ein Zusammenhang innerhalb der genetischen Organisation des

Nukleinsäurekodes. Weiterhin müsse untersucht werden, ob ein allgemeines Gesetz die kodierenden Basentripletts gruppiere, oder ob deren Anordnung das Ergebnis historischer Zufälle sei (nach Crick 1977: 210 u. 212).

Im Jahr darauf zählte er weitere Fragen auf, die in den zehn Jahren seit der Erstveröffentlichung des Modells entstanden und fortan zu lösen seien. 1. Nicht geklärt sei, welche Aminosäure welchem Basentriplett zugeordnet ist. 2. Das Ausmaß an Degeneriertheit des Kodes habe ebensowenig ermittelt werden können, wie dessen funktioneller Zweck. 3. Über die Frage der universellen Verbreitung des kodierenden Mechanismus bestehe kein Aufschluss.

Crick definierte Universalität als die Übereinstimmung von ein- und demselben Triplett mit ein- und derselben Aminosäure in der gesamten Natur. Da die zwanzig Aminosäuren universell seien, könne gleichfalls eine Universalität des Kodes ihrer Zusammensetzung zu Eiweißen zumindest vermutet werden.

Um eine stereochemische Beschreibung der Strukturbeziehungen zwischen den essentiellen Aminosäuren und den Basen zu ermöglichen, werde neben der Analyse von Naturgegenständen eine neue Methode entwickelt, eine Proteinsynthese anhand zellfreier Systeme. Wenn beispielsweise durch In-vitro-Synthese von Hämoglobin an Ribosomen aus Kaninchenretikulozyten, denen die Transport-RNS von Colibakterien hinzugefügt wird, ein Hämoglobin entstehe, das dem Kaninchenhämoglobin nahezu gleiche, so lasse das Ergebnis auf Identitäten der Codes für Säugetiere und Mikroorganismen schließen. Mit dem zellfreien System sei ein direktes Studium von genetischen Abläufen in der belebten Materie experimentell möglich geworden. Dabei werden synthetisch erstellte Polynukleotide mit zellfreien Systemen verschiedener Organismen kombiniert. Gewaschene Ribosomen, sRNA, synthetische Polynucleotide oder synthetische RNA werden zunächst mit einer Lösung der Energieträger ATP und GTP sowie Magnesium fünfzehn Minuten bei 37°C inkubiert. Darauf werden dem Gemisch radioaktiv markierte Aminosäuren hinzugefügt. Ihr Einbau in das entstehende Protein kann verfolgt und das Protein nach Fällung und Reinigung quantiv bestimmt werden.

Für die DNS-Synthese *in vivo* nahm *Crick* eine hohe Spezifität an. Die Nukleinsäure im Organismus werde Base für Base aus ihren Bausteinen zusammengesetzt.

Crick vermutete aufgrund funktioneller Erfordernisse unterschiedliche Bereiche in der DNS. Neben eiweißkodierenden Abschnitten forderte er Anteile, die einen Synthesebeginn und ein Ende markieren, Kodeschlüssel für Kontrollmechanismen, und fragte, ob der Organismus Aufgaben dieser Art in derselben Kodesprache niederlege wie den Eiweißkode.

Für den Eiweißaufbau postulierte Crick zwei aufeinanderfolgende Lesevorgänge. In einer ersten Ablesung werde der DNS-Kode in eine Boten-RNS übertragen, aus deren Ablesung in einem zweiten Vorgang der korrespondierende Peptidstrang entstehe. Transport-RNA-Moleküle mit jeweils einer Aminosäure lagerten molekülweise die transportierten Aminosäuren an den jeweiligen Wachstumspunkt des Peptidstrangs. Dies sei eine biochemische Reaktion, die von einem Polymerisationsenzym gesteuert werde, das es noch zu entdecken gelte. Bei unbekanntem Kode sei nicht einmal die Gesamtzahl an Basentripletts, die Aminosäuren kodieren können, ermittelt.

Ein Basentriplett, das eine Aminosäure des aufzubauenden Eiweißes bedingt, wird als *Codon* bezeichnet. Codone, die keine Aminosäure kodieren, heißen Nonsense- Codone. Da zahlreiche Codone bei einigen Lebewesen Nonsense, bei anderen hingegen graduell Sinnhaltigkeit codierten, sei **Crick** zufolge eine gewisse Einschränkung der Kode-Universalität anzunehmen. Crick relativierte zugleich den Begriff des Nonsense-Codons bzw. Nonsense-Tripletts. Das absolute Nonsense-Triplett unterbinde die Bildung jeglichen Teils einer Peptidkette, während nicht absolute Nonsense-Tripletts eine abschnittsweise Kettenbildung zuließen. Eine weitere Gruppe bestehe in Missense-Codonen. Sie verursachten einzelne falsche Aminosäuren in der Sequenz (Crick 1963).

Für den Genbegriff ist festzuhalten: Mit dem DNS-Modell wurde die Proteinspezifität zu einem Indikator für das Gen.

Dass die Deszendenztheorie mit der chemischen Darstellung der Erbsubstanz eine in der Konsequenz der Lehre liegende Bekräftigung erhielt, ist oben erwähnt worden. *Crick* geht in seinen Ausführungen auch auf dieses Problem ein. Die evolutionistische Annahme von primitiven Stadien der Evolutionsgeschichte mit einheitlichem Kode für alle historischen Organismen weist er zwar nicht zurück. Aber er wendet sich gegen Aussagen über weit zurückliegende Zeiträume unbekannter Voraussetzungen. Er widerspricht der Behauptung einer ursprünglich identischen Regeneration mit vermuteter Einmaligkeit der Entstehung des Systems. Ebenso könne ein Kode in einer Serie getrennter Additionen zu einem einfachen System entstanden sein, und dies ohne eine evolutionäre Diversifikation.

Zwanzig Jahre später neigte Crick zu weitergehenderen Annahmen über Natur und Ursprung des Lebens. Soweit untersucht, sei der Kode in allen lebendigen Entitäten, mit Ausnahme der Mitochondrien, identisch. Irdisches Leben könne folglich aus Mikroorganismen entstanden sein, die durch das Weltall von einem anderen Planeten verstreut worden waren. Crick nennt diese Theorie „*Panspermie*" (Crick 1981).

Seine früheren Aussagen deuten auf geniale Züge der Gedankengebung, wenn er in der Biologie des Gens Nonsense nicht als Fehlen von Sinngehalten, Zwecken, Funktionen begreift. Die Degeneration des Kodes sei in einer *semisystematischen* Weise erfolgt. Sie scheine ebenso universell zu sein, wie der Kode als solcher. Crick ordnet die Befunde theoretisch:

1. *"It seems highly unlikely, that the code is completely nondegenerate. This is contradicted both by data from the cell-free system and from the TMV nitrous acid mutants."* [TMV = Tabakmosaikvirus; Anm. v. Kurt Plischke].
2. *"The amount of degeneracy may be small, i.e., perhaps thirty or fewer of the sixty-four possible triplets may stand for amino acids. The evidence from the cell-free system, the amino acid replacement data, and the fractionation of sRNS, could all, at the amount, be compatible with this."*
3. *"The amount of degeneracy may be very much higher. This is suggested by the wide range of DNA composition and by the genetic studies. It is not contradicted by the more direct evidence, though this suggests that if the code is highly degenerate it is unlikely to be degenerate at random. I favor the third alternative"* (Crick 1963: 203).
4. Im Addendum schließt Crick seine Ausführungen mit dem Hinweis darauf, dass bei einer Kodierung einer Aminosäure durch verschiedene Codone diese nicht unvermittelt dieselbe Kodierung beträfen, sondern in – von ihm nicht näher bezeichneter – Relation zueinander stünden.

Bernhard Kupfer (Kupfer 2001: 207) und **Renate Wagner** (Wagner 1998: 337) sehen in der Entwicklung des DNS-Modells eine der kühnsten Taten der neueren Naturwissenschaften. *Tyler Wasson* (Wasson 1987: 231) hebt aus der Leistung der Forscher hervor, sie hätten, nachdem 1961 mit Boten-RNS, Ribosomenständiger RNS und Transport-RNS drei RNS-Arten bekannt gewesen seien, auch einen Weg für die Umsetzung des Erbmaterials gezeigt.

Die Zeitschrift „Kosmos" veröffentlichte bereits 1962 auch für die breitere Öffentlichkeit ein Schema:

DNS (Zellkern) →m-RNS→m-RNS (Ribosomen)

> Eiweiß

RNS (Zytoplasma) →t-RNS+Aminosäure

Der klassische Genbegriff sei ersetzt worden durch eine neue Einheit. Gegenüber der alten Beschreibung des Gens als Erbfaktor orientiere sich die Zellgenetik aufgrund des DNS-Modells an einem Nukleinsäureabschnitt mit der Information für ein bestimmtes Eiweiß (Kosmos 1962: 522).

Das *Dogma der Genwirkung*, eine einmal auf Eiweiße übertragene genetische Information könne das Eiweiß nicht mehr verlassen, die Richtung des Informationsflusses verlaufe nur von Nukleinsäure zu Eiweiß oder zwischen den Nukleinsäuren, niemals vom Eiweiß zurück zur Nukleinsäure oder innerhalb der Eiweiße, beschreibt die Nichterblichkeit erworbener Merkmalsänderungen, eine überlieferte Lehrmeinung. Biochemisch zeige sich, dass eine durch Umwelteinfluss verursachte Abänderung der Aminosäuresequenz des Eiweißes die kodierende Basenfolge der Nukleinsäurekette nicht verändert, eine Sicht, die heute infrage steht.

Als maßgebendes Prinzip enthält das Erbmaterial die Basenfolge. Aufgrund der statistisch zahllosen Verschiedenheiten ihrer Anordnungen wird diese materielle Ursache der Individualität des Lebewesens in der Zusammensetzung seiner Baustoffe im ersten Schritt ihrer Entstehung als zufällig aufgefasst. Die Folgeabläufe gelten, abgesehen von Umwelteinflüssen mit dem Status von Randbedingungen, als weitgehend determiniert.

Eine Nukleotidreihe stellt die eine Längshälfte des Doppelstrangs der Helix dar, während die andere Hälfte aus einer Negativkopie der ihr gegenüber liegenden Seite besteht. In den Zygoten zweigeschlechtlicher Lebewesen ist eine Hälfte mütterlicher Herkunft, die andere stammt vom väterlichen Elternteil. Die Längsreihenfolge der Basen ist es, die alle genetische Information für den Aufbau von Eiweißen in eine individualtypische Reihenfolge von Aminosäuren verschlüsselt. Sie gilt für jedes Lebewesen als einzigartig, so dass es unter allen auf der Erde vorkommenden Exemplaren nicht zwei mit derselben Anordnung der zwanzig beteiligten Aminosäuren gebe. Da mit dieser Beschreibung Individualität als Eiweißindividualität gedeutet ist, betreffen Unversehrtheit oder Störung der Individualität, Gesundheit und Krankheit mit ihren allergischen Vorgängen in einem als Immunsystem verstandenen Organismus, eine überschießende Abwehr eines ‚allon ergon', eine Reinhaltung *körpereigenen Eiweißes* in einem Wettbewerb von Zellen, die vorgestellt sind als Einheiten, die sich an ihren Oberflächenstrukturen gleichwie erkennen und Eiweißpartikel bis zur vollständigen Abwehr von *Fremdeiweißen* in entzündliche Areale entsenden. Die pathogenetische Sicht nennt in den Kardinalsymptomen von inflammatorischen Prozessen, Rubor, Tumor, Calor, Dolor und Functio laesa, einen *Abwehrvorgang* als Ursache der Symptomatik, Abwehr von Erregern, Abwehr von Krankheit zwecks *restitutio ad integrum* gemäß einem genetischen Programm. Die Wiederherstellung von Gesundheit ist mithin chemisch beschrieben und zurückgeführt auf *Funktionen* einer organischen Stofflichkeit, die als Primärfunktion von Zellen aufgefasst wurde.

Die Fähigkeit zur Erhaltung der Identität des Gens durch es selbst hatte **Muller** in den dreißiger Jahren des Jahrhunderts als das wesentliche des Gens postuliert. Das Genmodell von **Crick** und **Watson** deutet, biochemisch veranschaulicht, die Hypothese einer Selbstreproduktion von biologischem Material: Bei der Zellteilung zwecks Vermehrung der Zelle entspiralisiert sich eine Doppelhelix. Wegen geringeren optischen Auflösungsvermögens der Mikroskope erschien dieses Phänomen um die Jahrhundertwende zuvor als eine vollständige Auflösung der Chromosomen, mit der Annahme, ein Chromosom bilde sich erst vor der Kernteilung neu und könne daher nicht der Garant für eine stoffliche Kontinuität der Merkmalsträger sein. Jetzt war eine mechanistische Darstellung möglich geworden, wie sich ein Chromosom identisch verdoppeln könne, ohne dass es *dieselbe* Materie sein müsse, die in die Tochterzelle eingeht. Nur von der Formel her ist sie als dieselbe, von der Materie her ist sie als die gleiche gedacht: identische Reduplikation. Zwei Ursachen, causa formalis wie causa materialis ist Rechnung getragen. Als causa efficiens gelten die evolutionär treibenden Kräfte der Fortpflanzungsgeschehnisse, Art- und Selbsterhalt, Vermehrung, Trieb, Instinkt, und die chemisch-physikalischen Bewegungskräfte der Materie. Allein die causa finalis wird als anthropomorph bezweifelt. Zweckfrei erscheinen nicht nur die *mutatio principii individuationis*, sondern alle Vorgänge im Moment der Fortpflanzung der Gene.

Daraus stellt sich die Frage: Hat dieses Verständnis nicht Anthropomorphien in seiner Grundlage, denen durch die Theorie der Vererbung mit **Darwin** entgangen werden sollte?

Die Beschreibung des Gens als einem Codon wurde noch einmal differenziert in die Begriffe Recon, Muton und Cistron (**Benzer** 1962: 70–84). Eine kleinste Einheit, die durch Rekombination nicht mehr unterteilbar ist, wird Recon genannt. Muton heißt derjenige Abschnitt, der nach einer Strukturveränderung des Chromosoms den neuen Phänotyp festlegt. Ein Segment des Chromosoms, das durch bestimmte Tests feststellbare Funktionen determiniert, wird Cistron genannt.

Dass nicht alle Gene gleichzeitig *aktiv* zu sein scheinen, weil gewisse der durch die betreffenden Gene bestimmten Funktionen nur phasenweise erforderlich sind, deutet auf das Problem, auf welche Weise ein Gen aktiviert und in Ruhe versetzt wird. **Goldschmidt** hatte 1938 einen Einschaltmechanismus vermutet, der den Stadien der Ontogenese zu entsprechen habe. Die Frage entsteht, ob die Ordnungsprinzipien ihrerseits genetisch zu erklären sind. Die Evolutionstheorie begreift das Vorhandensein von organischen Ordnungsprinzipien als zufällige Anpassungen an die zwingenden Bedingungen, welche die Gesetzlichkeit der unbelebten Materie vorausgibt.

1961 legten **Francois Jacob** (geb. 1920) und **Jaques Lucien Monod** (1910–1976) mit einem *Operon-Modell* ein Bild vor, um die Regulation der Genfunktion zu erklären. Sie erhielten 1965 den Medizinnobelpreis für Entdeckungen auf dem Gebiet der genetischen Kontrolle von Enzymen und Viren.

In der Eiweißsynthese würden verschiedene Arten von Genen zusammenwirken. Strukturgene, die in größerer Zahl nebeneinander lägen, steuern eine Kette von aufeinanderfolgenden chemischen Reaktionen. Ein weiteres Gen, das benachbarte *Operatorgen*, ordne die Zusammenarbeit der *Strukturgene*. Dem Operatorgen übergeordnet bestimme ein auf dem Chromosom entfernter gelegenes *Regulatorgen*, wann Operatorgen und Strukturgene aktiv seien. Zusammen bilden sie das Operon, wie in diesem Modell die funktionelle Einheit des Genstrangs heißt. Die Regulation der genetischen Aktivität, Veranlassung einer Enzymproduktion zu gewebsspezifischer Herstellung von Eiweißen, geschehe durch das Endprodukt, das betreffende Eiweiß. Sei es im Überschuss vorhanden, lagere es sich dem Regulatorgen an, wodurch dieses beeinflusst werde, die Aktivität des ganzen Operon zu blockieren. Das Blockadeprinzip bestehe in einem System der *Endprodukthemmung* (Jacob, Monod 1961: 318–356). Eine Mutation betrifft nach diesem Modell nicht nur ein einzelnes Gen, sondern zieht ein gesamtes Operon in Mitleidenschaft.

Die Entwicklung der biochemischen Epoche des Gens war wie folgt. Der ursprüngliche Blickwinkel gleichwie eines *Von-Selbst*, der für das Gen angenommen wurde, sah auf partikuläre schöpferische Entitäten in einem Plasma, einer Substanz von Keim- und Körperzellen. Dieser Autonomiegedanke wurde durch biochemische Formulierungen relativiert. In der sich anschließenden, nunmehr über 100jährigen Geschichte des Genbegriffs nach der Terminierung des Namens „Gen" durch **Wilhelm Johannsen,** taucht die gesuchte Entität phasenweise als eine unabhängige Einheit auf, um dann doch wieder im Licht eines komplexen genetischen Regelsystems zu erscheinen, wie es ein Außenseiter unter den Genetiktreibenden durch eine *physiologische* Genetik zu begründen versucht hatte, ohne zunächst Gehör zu finden. In den Arbeiten zur Entdeckung der Ribonukleinsäuren als der Substanz der Gene setzte in der Naturwissenschaft eine disziplinenübergreifende Forschungsgemeinschaft ein, die sich von Mathematik über Physik, Biochemie, Mikrobiologie und Embryologie zu einer Genetik als Wissenschaft eigener Frageweisen und Methodiken etablierte. Die Beschreibung des Gens als Anordnung von Basen-Tripletts doppelter Ausführung gab eine Formulierung für Erstprinzipien des lebendigen Werdens, die als genetischer Kode bezeichnet wird. Faktoren der Eigenschaftsbildung, das Werdeprinzip Gen, heißen entschlüsselt, wenn die Reihenfolgen an Tripletts aufgedeckt sind.

Ihnen gegenüberstehend, das ehemalige **Mendelsche** Merkmal von Lebewesen ersetzend, findet sich in molekulargentischer Sicht ein art- und individualspezifisches Polypeptid, dessen Eigenart mit seiner unverwechselbaren Anordnung von Aminosäuren gegeben sei, die sowohl Lebensvorgänge als auch Erkrankungen, nunmehr ausschließlich als Funktionalitäten aufgefasst, bedingt.

Die vorhergehende Frage über die Natur des Gens in der biochemischen Perspektive war, ob es Eiweiße oder Nukleinsäuren seien, welche die für das Gen geforderten Eigenschaften bewirken. Mit der Antwort Nukleinsäure war nicht nur dargestellt, dass es sich beim Eiweiß um das Genprodukt handelt, einem Eiweiß als Bausubstanz und als Enzym, das streng geschieden wäre vom Gen. Gezeigt wurde auch, dass das Produkt des Gens, ein Enzym, als ein Funktionsprotein somit ein Eiweiß, auf dem Weg durch Genkontrolle selbst quantitativ steuernd an der Genwirkung beteiligt ist. Die Erkenntnis dieser Tatsache ermöglichte, mittels sequenzierender Enzyme sowohl bei der genetischen Entschlüsselung von zahlreichen Arten der Pflanzen- und Tierwelt, als auch schließlich in einem Humangenom-Projekt eine präzise Unterteilung des menschlichen Genoms in Eigenschaften bestimmende Abschnitte vorzunehmen (*Sequenzierung*). Die Kenntnis gewebetypischer Genmuster verspricht eine kausale Beeinflussung von zuvor nur symptomatisch therapierbaren Erkrankungen wie Diabetes mellitus, Morbus Parkinson, Amyotropher Lateralsklerose und Malignomen.

IX. Wissenschaftliche Einwände zum Genkonzept der Vererbung

Neben dem Urheber des Begriffes Gen in dessen Wortlaut, **Wilhelm Johannsen**, der wiederholt vor einer Einschränkung des Begriffs auf eine materialistische Vorstellung gewarnt hatte, war auch die führende Kraft der englischen Genetikerschule, **William Bateson** gegenüber einer Einengung auf eine Chromosomenlehre der Vererbung trotz aller üblich gewordenen Verallgemeinerung ablehnend geblieben. Ebenso verhielt es sich mit *Carl Correns*, Wiederentdecker und Verfechter der Mendelschen Formallehre. Er bevorzugte eine rein formalistisch genetische Erklärung ohne Bezugnahme auf das Chromosom, um alle erblichen Erscheinungen zu deuten.

Der prominenteste Kritiker des klassischen Vererbungskonzeptes wurde ebenfalls schon erwähnt: **Richard Benedict Goldschmidt** (1887–1958). Er wirkte zwischen 1914 und 1936 zunächst als Mitarbeiter, dann als Direktor des *Kaiser-Wilhelm-Instituts für Biologie* in Berlin. Bis 1950 bekleidete er einen Lehrstuhl für Zoologie an der Berkeley-Universität von Kalifornien, war Mitglied der Akademien von Halle, Heidelberg, München, Uppsala, Kopenhagen, Bologna, Toronto, Philadelphia und Washington. Der Stil seiner Vorträge zeigt eine polyglott humorvolle Beredsamkeit, nach Einfachem im Komplexen et vice versa sich vorwärtstastend.

Goldschmidt entwickelte eine Art Feingenetik des klassischen Genbegriffs. Genetische Vorgänge setzten sich aus einer Reihe von Prozessen zusammen, deren Wesen in einem zeitlichen und räumlichen Ineinandergreifen von sehr genau abgestimmter Koordination bestünde, ein Zusammenhang, der nicht auf begrenzte Chromosomenabschnitte zurückgeführt werden könne. Erforderlich sei ein Ordnungsgefüge, das Goldschmidt physiologisch nennt. Ein Zellkern, Chromosomen mit Genen, könne nur innerhalb eines Zellleibes arbeiten, der auf einen weiteren Zusammenhang ausgerichtet sei, von dem er selbst gleichermaßen beeinflusst werde. Rückkoppelungseffekte und wechselseitige Einflüsse verschiedener Ebenen erkannte die Theorie damaliger Biologie an.

Welche Unterschiede ergeben sich für eine „*physiologische Theorie der Vererbung*", wenn man von dem genannten Zusammenhang ausgeht, um einzelne Abläufe zu bewerten?

In seiner Lehre stellt **Goldschmidt** zwei Arten vor, mit Vererbungsphänomenen umzugehen (Goldschmidt 1954: 703–710).
1. Jedes Phänomen wird als das Ergebnis von Selektion und Anpassung aufgefasst. Eine solche Theorie erkläre ihre Beobachtungen durch Einführung spezifischer Modifikationssysteme, die durch Selektion entstanden seien.
2. Die andere Sicht konzentriere sich bei jeder Erscheinung als erstes auf die Vorstellung einer Entwicklung. Sie vermeide so, für ein neu entdecktes Phänomen sogleich ein zusätzliches, spezielles und selektives genetisches System einzuführen, insofern sie genetische Aktivität nur in Termini einer spezifischen äußeren und inneren Umgebung beschreibe.

Der Standpunkt des klassischen Genkonzeptes nehme stattdessen eine statistische und statische Sicht ein, die versuche, jeweils nach Generalisierung einer neuen Gruppe von Tatsachen diese durch Hypostasierung immer weiterer Einheiten zu interpretieren, um sie in den statistischen Rahmen einfügen zu können. Das statistische Denken bemühe sich, alle Grundzüge genetischer Phänomene durch Einführung weiterer Gene zu verstehen, durch „*Modifikationssysteme*", die sich als Folge des Selektionsprinzips herausgebildet hätten. Die Konsequenz dieses Denkens sieht Goldschmidt in einem „*Hyperatomismus*" und „*Hyperselektionismus*", der zu einer astronomischen Zahl erblicher Einheiten und einer ähnlichen Zahl winziger, dann spezifisch genannter Anpassungen führen müsse – ein Ergebnis, wie es tatsächlich die weitere Geschichte der Biologie mit sich brachte. Die statistisch ausgerichtete Methode suche, so Goldschmidt, nach Systemen verbundener Gene, die für einen bestimmten Wettbewerb selektioniert sind, ein Standpunkt, der genötigt sei, für jeden möglichen Entwicklungschritt spezielle Gene anzunehmen, dem Trend folgend, jede beobachtete Tatsache auf eine Selektion zurückzuführen. Das so vorgestellte Entwicklungssystem gebe sich zwar einer eindrucksvollen mathematischen Behandlung hin, vernachlässige aber die Tatsache, daß *die Grundlage aller Evolution der Organismus* sei. Indessen sei keine evolutionäre Veränderung denkbar, die nicht in den Möglichkeiten des Organismus selbst enthalten wäre.

Die Alternative zu der klassisch gewordenen Sicht bestehe darin, die statistische atomistische Auffassung durch eine dynamische relativierende zu ersetzen. Das bedeute: Mutative Anpassungen sollten innerhalb von Entwicklungsmöglichkeiten begriffen werden, die auf den Begriff des Organismus zurückgehen. Das Chromosom erweise sich dann als ein hierarchisches System polarer Strukturen, deren Anteile wiederum auf der Basis von Untereinheiten mit ebenfalls hierarchischer Architektur agierten. Auf diese Weise entfalle das Erfordernis, eine wachsende Zahl von „*Schaltgenen*" und „*selektionierten Modifikatoren*" einzuführen. Mutative Inversionen seien als selektive Zufälle nicht verstehbar, sondern auf ihren Zweck und ihre möglichen Funktionen zu befragen, eine Fragemethode, orientiert an Begriffen der genetischen Entwicklung und Wirkung, nicht an solchen einer Umverteilung fixer Gene. Während die statistische Auflistung lediglich Raum lasse für eine steigende Zahl von Genen, suche sie ihre Erklärungen im Vordringen ins Submolekulare. Das dynamische Verstehen hingegen suche die verschiedenen Tatsachen unter einem Prinzip zu vereinen, etwa Regionen von Grundaktivitäten, integriert in die nächst höheren hierarchischen Einheiten usf., die in absteigender Folge wiederum sich verzweigende Reaktionsketten steuerten, die ebenfalls jeweils Abschnitte des Entwicklungsprozesses lenkten. Zum Verständnis von genetischen Abläufen hält Goldschmidt den Genbegriff nicht einmal für nötig, weil die Essenz der lebendigen Natur in ihrer hierarchischen Ordnung liege. Nicht die Einheiten, sondern die Ordnungsprinzipien zwischen jenen seien das Entscheidende. Diese seien aus Komponenten und deren Summe nicht abzuleiten. Genau das aber fordere die klassische Theorie des Gens. Die Herkunft dieses Genkonzeptes erklärt Goldschmidt für offensichtlich: Denn die Vorläufer der klassischen Gentheorie, die *"älteren Vererbungstheorien von Darwin, de Vries und auch die ihnen weit überlegene von Weismann wurzelten hauptsächlich in der Deszendenztheorie und waren als Hilfstheorie für diese gedacht"* (Goldschmidt 1927: 241).

1957 beleuchtet **Cyril Norman Hinshelwood** (1897–1967) die Beziehungen zwischen physikalischer und biologischer Wissenschaft. Hinshelwood hatte über die Chemie des Wachstums von Bakterien und Viren gearbeitet, Basislebewesen für die Vererbungsforschung der Zeit. Hinshelwood betrachtet biologische Kennzeichen des Lebendigen. Er führt an, das Bild von Referenzen zwischen Fähigkeiten der Zelle und Genstrukturen, wie fruchtbar solche Ermittlungen auch seien, bleibe statisch. Wachstum, Anpassung und Reproduktion seien nur durch eine *"dynamische"* Auffassung wirklich zu verstehen (Hinshelwood 1956: 1263–1266). Denn keine Struktur sei isoliert *"autosynthetisch"*. Jede Zellfunktion basiere auf *"Rhythmus und Harmonie ihrer reziproken Aktion"*.

Beispielsweise werde die Resistenzentwicklung von Bakterien in der Gentheorie zwar ausschließlich auf eine Selektion von zufällig entstehenden Mutationen zurückgeführt, obgleich auf der Grundlage von physikalisch-chemischen Voraussetzungen viel leichter gezeigt werden könne, dass der Resistenzeffekt quasi automatisch eintrete, weil die adaptierenden Zellen einfach ihre Reaktionsmuster wiederherstellten. Bei jeder Mutation, die eine Zelle erleide, fördere sie adaptive Veränderungen durch dynamischen Wechsel ihrer Anordnung. Resistenz auf Pharmaka entwickle eine Zelle, indem sie als ein Ganzes auf die

Anwesenheit des Präparats reagiere. Die biochemischen Anpassungen der Zellen seien also auf innere Reorganisationen zurückzuführen.

Für Hinshelwood präsentiert Natur sich als eine gewaltige und umfassende Hierarchie von Systemen: subatomare Einheiten, Atome, Moleküle, Micellen, Kolonien, Gewebe, Individuen und Gemeinschaften von Individuen. In einem solchen Aufbau könne nicht der Ursprung aller Phänomene nur in einer partikulären Ebene angenommen werden, auch nicht in der Ebene der Gene. Die Auffassung, dass Zellstruktur auf Genstruktur zurückzuführen ist, bleibe daher *„unvollständig und statisch"*.

Bemerkenswert ist, dass genau diejenige Methode angezweifelt wird, die von Biologie, Pharmazie, Medizin, aber auch den geisteswissenschaftlichen Forschungsrichtungen Soziologie, Pädagogik, Psychologie, Marktforschung, Politik bis hinein in die Ethik, als Errungenschaft sowohl für das wissenschaftliche Experiment, als auch der Erkundung des gesunden Menschenverstandes angesehen ist, die statistische Evaluation. Die statistische Methode als dem Mittel der Wahrheitsfindung gilt den genannten Kritikern gerade nicht als ein Ausweis von Beweglichkeit, sondern als das Anzeichen einer mit dem Prinzip der Erkenntnismethode vorgegebenen Statik der Auffassensweise und somit ihrer Ergebnisse.

Weitergehend als **Hinshelwood** und **Goldschmidt** hatte 1920 schon **Karl Peter** von der Universität Greifswald argumentiert. In seiner Gratulationsadresse zu **Hertwigs** siebzigstem Geburtstag begründete er eine *„finale Erklärung embryonaler und verwandter Gebilde und Vorgänge"* in der Absicht, *„neben dem phylogenetischen und kausalen Standpunkt auch den finalen in seine Rechte einzusetzen"* (Peter 1920). Während eine phylogenetische Sichtweise sich mit der Antwort zufrieden gebe, die fraglichen Gebilde müssten in der Ontogenie auftreten, weil die Ontogenese die Phylogenese wiederhole, werde verkannt, dass erst der *Zweck* eines Organs Grund seines Auftretens sei. Nicht nur nach dem Woher und Wodurch, sondern zugleich nach dem dem Wozu sei zu fragen. Die Funktion eines Organs sei *„stets mit seiner höchsten Ausbildung verbunden"* (Peter 1920: 90). Die Kardinalfrage in der Biologie der Organismen hieße dann: Welchen Wert haben ein Gebilde oder seine Teile für den ganzen Organismus? Nach **Peter** seien Nichterblichkeit und Erblichkeit für Lebewesen gleichwertig (Peter 1920: 240). Die Entstehung bestimmter Organe könne nicht nur auf eine causa efficiens zurückgeführt werden. Da der gängigen Erblichkeitsvorstellung dies entgehe, erkenne sie nicht, weshalb ein Merkmal bei einer Form vererblich sei, bei einer anderen nicht. Dieses Modell der Vererbung zeige nur, dass die eine Form einen bestimmten Vererbungsfaktor besitze, der anderen Formen fehle, ohne ein Gegebensein oder Fehlen im Zusammenhang begründen zu können.

Was wäre die Alternative? Wenn Nichterblichkeit von Eigenschaften kein Gegensatz von Erblichkeit ist, müssen sie durch Übergänge miteinander verbunden sein. Die Stärke der Vererbung schwanke in weiten Grenzen (Peter 1920: 245).

In einem finalistischen Modell der Vererbung ist zu fragen, weshalb nicht nützliche Veränderungen weitervererbt werden können. Der Biologe hielt die weniger zweckvollen Eigenschaften aus angeborenen Missbildungen wie Oligodaktylie, Syndaktylie, Spalthand deswegen für erblich, weil „*wir sie züchten*".

Betrifft dies also eine Weitergabe von Merkmalen ebenso wie ein erstes Entstehen, eine Herstellbarkeit neuer Eigenschaften?

Für die Notwendigkeit finaler Betrachtung nannte **Peter** ein weiteres Beispiel, das sich aus **Mendels** Vererbungslehre ergeben hatte, den *Valenzwechsel*. Das Umschlagen der Dominanz könne nur verstanden werden, wenn „*finale Gesichtspunkte berücksichtigt werden*" (Peter 1920: 251).

Peter bezweifelte nicht nur die statistische Methodik. Auch die Favorisierung des Experiments stellte er infrage. Das Experiment könne „*zur Lösung manchen Problems herangezogen werden*", doch sei es „*nicht das vornehmste Mittel zum Studium [...], denn den letzten Aufschluß wird uns für unsere Frage immer die Beobachtung der Thiere in ihrer Umwelt geben*" (Peter 1920: 311).

Die Wahl der Methode enthält ein wertendes Moment. Wenn auch unser „*anthropozentrisches Denken*" oft genug auf Irrwege führe, so bleibe es das Ziel, „*ein embryonales Gebilde in jeder Hinsicht erklären zu wollen*". Biologisch aufgefasst sei Finalität gleichbedeutend mit *Zweckmäßigkeit*.

In dieser Sicht ist es eine *physiologische* Zweckmäßigkeit, die ab initio Einflußnehme auf die Vererbung. Die Vererbungsvorstellung nähert sich der physiologischen Auffassung von Funktion, deren Begriff Zweckhaftigkeit enthält, eine lokale Gleichgewichtigkeit zwischen causa efficiens und finalis.

Im Licht moderner Biologie relativiert **Günter P. Wagner** den *Realitätsanspruch* des Genkonzepts. [(Jg. 1954); Professor für Ökologie und Evolutionsbiologie an der Yale-Universität/USA; 1992 MacArthur Prize, 2005 Humboldt-Preis; Mitglied der Österreichischen Akademie der Wissenschaften und der American Academy of Arts and Sciences; erstes mathematisches Modell genetischer Bahnung; Untersuchungen von Geninteraktion und Entwicklung komplexer Eigenschaften mittels evolutionärer Entwicklungsbiologie und Populationsgenetik].

Wagner greift eine Unterscheidung im Begriff des Realismus in der Biologie auf. In der Mendel-Genetik, dem „Musterbeispiel" für einen *hypothetischen Realismus*, erscheine das Gen als ein „hypothetisches Objekt", gegenüber dem Genkonzept ein vermutetes reales Objekt im Sinne einer materiellen Einheit. Es sei nicht allein spekulativ, sondern *operational* definiert aufgrund einer „*Anleitung zu einem Experiment, das für den Nachweis von Genen gedacht ist*" (Wagner 1988: 241). In der Molekulargenetik, einer „*direkten Folge der realistischen Interpretation des Genkonzepts*" (ibid.), löse sich die strukturelle Einheitlichkeit der Gene auf, und in der Polulationsgenektik seien Geneffekte nicht „*theoriefrei und kontextunabhängig*" definierbar. „*Damit wird aber der Inhalt des Genbegriffs in einem viel stärkeren Maß theorieabhängig, als das beim klassischen Genbegriff der Fall war*". Von dem Anspruch auf eine reale Entsprechung ist Abstand zu nehmen. „*Der Genbegriff wird zu einem viel stärker theoretisch beladenen Konzept, das nur noch mit der Auffassung des internen Realismus vereinbar ist.*" Wenn man dagegen auf dem hypothetischen Realismus bestehe, „*dann müsste man die Elimination des Genbegriffs hinnehmen*". Ein Verzicht auf den Genbegriff scheine jedoch „*in der heutigen Biologie nicht denkbar, wohl aber eine Veränderung der mit dem Genbegriff verbundenen Realitätsauffassung*" (S. 245f).

Damit bleibt ein im biologischen Kontext als Ordnungsfaktor der weiteren Nachfrage sich rechtfertigendes Relikt. Der interne Realismus gilt gegenüber dem Genbegriff als die angemessene Einschätzung von dessen Realitätsgehalt. „*So lange es geht, scheint aber der hypothetische Realismus die heuristisch fruchtbarere Alternative zu sein*" (ibid.).

In der klassischen Genetik waren Gene als die strukturelle und funktionelle Einheit der Vererbung angesehen, als stabile materielle Einheiten, von denen jede einen ganz bestimmten Effekt erzeuge. Diese Vorstellung musste fallengelassen werden. Schon der Positionseffekt zeigte ja, dass die Wirkung eines Gens von seiner Nachbarschaftslage abhängig ist. Hier ist es nicht erst ein äußerer Umwelteinfluss, der einer genetischen Ersturache im Körperinneren entgegenzusetzen wäre, sondern schon der genetische Umgebungseinfluss unter Genen. Die vorher so offenkundige Grenze zwischen Umwelt und Gen, beide materialistisch definiert, verschwindet bei genauerer Betrachtung der beteiligten Materie.

Wagner weist darauf hin, nach zunehmender Kenntnis der molekularbiologischen Wirkungen seien Gene oft mit einer bestimmten physiologischen Wirkung identifizierbar, ohne eine Einheit der Funktion zu sein. Genetische Effekte würden sich vielfach durch ein Zusammenwirken vieler Gene einstellen (*Polygenie*). Die Merkmalsausprägung beruhe oft auf indirekten Effekten und nicht auf der spezifischen Wirkung bestimmter Genprodukte. Damit könne das Gen nicht mehr als die fundamentale Einheit des Erbmaterials aufgefasst werden. Er steht „*für das simple Resultat von komplexen Ursachen, die MENDEL-Regeln, und ist nicht mehr selbst die Erklärung dieses Phänomens. Nur im Rahmen des erweiterten Bezugssystems der modernen Genetik bleibt der Genbegriff sinnvoll. Sein Realitätsanspruch ist nur noch mit dem Konzept des internen Realismus vereinbar*" (S. 249).

Nachdem das Gen wie ein atomares Zentrum der biologischen Kräfte in den Mittelpunkt der Eigenschaftsbildung gestellt war, wird das Genmodell verantwortlich für einen letzten Wirklichkeitsbezug auf nurmehr in sich relative Territorien, eine kopernikanische Wende wie des Fernrohrs oder des Mikroskops.

Nach welchen Kriterien für eine Abgrenzung kann entschieden werden, was als ein Merkmal aufzufassen ist? Die Antwort auf diese Frage enthält eine ontologische Gewichtung.

In Beantwortung der Frage nach dem Status des Organismus für die Identifikation von Merkmalen in der Evolutionsbiologie deutet **Wagner** auf die Problematik biologischer Modelle, die theoretische Objekte postulieren: Population, Gen, lebensgeschichtliches Merkmal. Welche Eigenschaften legitimieren ein biologisches Objekt als Instanz eines wissenschaftlichen Modells? Erblichkeit sei auf der Ebene des Phänotyps definiert. *„Neither the gametes nor the single alleles are the objects of ontological primacy"* (Wagner/Laubichler 2000a: 29). Die Einheiten der Vererbung seien Abstraktionen des ontologisch primären Objekts Organismus.

Merkmale würden definiert durch eine funktionale Aufgabe innerhalb eines Modells oder einer Theorie. Die konstituierenden Teile von biologischen Systemen, Moleküle einer Zelle, Zellen eines Organismus, charakteristische Loci eines Genotyps, seien nicht notwendig die funktionell entscheidenden Merkmale des im Zusammenhang integrierten Systems. *„In a trivial sense molecules as material parts are ontologically prior to cells and organisms, but in the case of functional characters this relation is inversed. Here the whole or the integrated system is ontologically prior to its characters (functional parts)"* (Wagner/Laubichler 2000b: 294). Wagner und seine Kollegen setzen das Untersuchungsziel in ein Konzept des Organismus, das ihn in seinem operativen Zusammenhang berücksichtigt, um für die Abgrenzung von Merkmalsqualitäten deren funktionelle Abhängigkeiten berücksichtigen zu können.

X. Ergebnisse

Im 19. Jahrhundert bildete sich ein Verständnis von Vererbung, demzufolge die Eigenschaftsbildung der Lebewesen von einer spezifischen Materie und in Form von einzelnen Einheiten vermittelt ist. Über Struktur, Organisation und Wirkart dieser Substanz entstand hypothetisch eine Begrifflichkeit, welche Eigenschaften und Funktionsweise postulierter Vererbungspartikel zu beschreiben versuchte. Hatte noch *Gärtner*, Vorläufer *Mendels* und Verfasser eines Standardwerkes über Hybridisierungs-Experimente, unter *Faktor* die Zutat eines gesamten Elternteils in den Übertragungsvorgang begriffen, postulierte *Darwin* hingegen singuläre materielle, gegenüber den Körperteilen strukturidentische kleinste Partikel, noch ohne ein gesondertes Vererbungsplasma anzunehmen. *Haeckel* entsprach den Hypothesen in Darwins Evolutionsauffassung, doch forderte er mit dem Begriff des *Plastiduls* nicht eine materielle Kontinuität, sondern eine der Bewegungserscheinungen. *Nägeli* war es, der die Existenz eines gesonderten *Keimplasmas* begründete, für das *Weismann* eine unabhängige, über den Generationenverlauf durchgängige *Keimbahn* beschrieb. *De Vries* schloss sich zwar grundsätzlich *Darwins* Vorstellung von Erbpartikeln einer *Pangenesis* an, sah jedoch die Wirkung der *Pangene* beschränkt auf den intrazellulären Raum in Vorgängen zwischen Zellkern und Plasma. *Mendel* ließ sich auf Spekulationen über die Materialität von Erbursachen nicht ein. Durch Beobachtung des Entwicklungsverlaufs hybridisierter Merkmale konnte er deren Auftreten, Verschwinden und Wiedererscheinen in regelmäßigem Zahlenproporz erfassen. Er schloss daraus, dass innere Elemente der Zellen in doppelt angelegten Faktoren bestünden, jeweils von einer der beiden Elternpflanzen stammend, gemeinsam ursächlich für die Ausprägung jedes Merkmals. Schon *Mendel* verwendet neben *Merkmalseinheit* auch die Begriffe *Element* und *Faktor*. *Bateson* (1906 mit *Genetics* der Namensgeber des neuen Wissenschaftszweigs) gebrauchte bereits den Terminus *Merkmalseinheit* im Sinn einer Wirkung von Faktoren.

Diese Vorstellungen griff *Johannsen* 1903 in einer Vorlesung in Kopenhagen auf. Sie wurde 1905 in dänischer Sprache veröffentlicht (Johannsen 1905), 1909 deutsch (Johannsen 1909). Er verfolgte die Absicht, mit einer rein hypothetischen Formulierung, einen Terminus „*frei von Vorannahmen*" über die Beschaffenheit der Erbeinheiten zur Verfügung zu stellen. Die Begründung dieses

Terminus gibt einen Gedankengang vor, auf den im 20. Jahrhundert wiederholt zurückgegriffen wird:

1. Das *Gen* ist kein morphologisches Gebilde wie *Pangene, Determinanten, Biophoren*.
2. Ein „*etwas*" in den Gameten „*bedingt*" eine Eigenschaft in der Entwicklung des Lebewesens, „*bestimmt sie mit*" oder „*kann sie mitbestimmen*".
3. Die Bezeichnung Gen erfasst „*in den Gameten vorkommende besondere, trennbare und somit selbständige ‚Zustände', ‚Grundlagen', ‚Anlagen'*".

Mit diesem Ausdruck übernimmt **Johannsen** jedoch eine Sicht, die in den spekulativen Vorarbeiten des 19. Jahrhunderts herausgearbeitet wurde, wenn auch sich beschränkend: ohne Aussage über eine „*Materialität*", ohne Aussage „*über die Herkunft dieser Gene*". Deshalb streicht er den Wortanteil Pan aus **Darwins Pangen** und belässt Gen. Er setzt die Genformel Aa Bb für Allele, aber er betont zugleich: Es besteht ein „*in der Formel nicht aufgenommener Rest*". Das Prinzip der Zweckmäßigkeit sei mit Organisation überhaupt gegeben, denn eine Neukombination der Gene reagiere „*gleich als Ganzes zweckmäßig selbsterhaltend mit den Mitteln, Charakteren und Fähigkeiten, welche die Kombination früher getrennter Gene bedingt*".

Das Gen bedinge eine Reaktionsnorm des Organismus. Es besitze keine determinierende Funktion.

Nicht nur eine einzelne Eigenschaft müsse bedingt sein. Ein Gen könne an weitgehenden Reaktionen beteiligt sein.

Diesen Rahmen füllte die nachfolgende Geschichte der Biologie über einen Weg von Jahrzehnten. Darin wechselten Sichtweisen des Gens als eines Gens für etwas Bestimmtes einander ab.

Mit dem Verlauf des Verständnisses von Vererbung ändert sich die Vorstellung von Natur. In der Naturphilosophie **Hegels** ist das Lebendige

„*nur, indem es sich zu dem macht, was es ist; es ist vorausgehender Zweck, der selbst nur das Resultat ist*" (Hegel 1830: Enzyklopädie § 352).

Mit **Kants** Begriff des Organismus als *Selbstzweck*, in dessen Einheit das sich erschaffende Prinzip und der Zweck der Erhaltung in einem übereinkommen, im Unterschied zur Erzeugung von Artefakten durch einen menschlichen Baumeister, sind Lebewesen genau durch dieses teleologische Prinzip gekennzeichnet. Sie sind nicht nur Organismen, sondern *selbstorganisierte* Organismen (Kant 1790):

„*Ein Ding existiert als Naturzweck, **wenn es von sich selbst Ursache und Wirkung ist**"* (Kritik der Urteilskraft § 64). […] „*In einem solchen Produkte der Natur wird ein jeder*

Teil, so wie er nur durch alle übrigen da ist, auch als **um der anderen** *und des Ganzen* **willen** *existierend, d. i. als Werkzeug (Organ) gedacht […], als ein die anderen Teile (folglich jeder den anderen wechselseitig)* **hervorbringendes** *Organ, dergleichen kein Werkzeug der Kunst, sondern nur der allen Stoff zu Werkzeugen (selbst denen der Kunst) liefernden Natur sein kann; und nur dann und darum wird ein solches Produkt als* **organisiertes** *und* **sich selbst organisierendes** *Wesen ein* **Naturzweck** *genannt werden können"* (§65; Fettdruck i. Orig. Sperrdruck).

Diese Eigengesetzlichkeit des Lebendigen wurde nun, mit einer partikularistischen Erbvorstellung, mehr und mehr an die inneren Zusammenhänge der unbelebten Stofflichkeit angeglichen, die gerade der relativen Eigengesetzlichkeit des Lebendigen entbehrt, um kompatibel in die unbelebte Stofflichkeit eingefügt werden zu können, und musste schließlich, sowohl als Erklärungsziel, als auch für die Frage nach der Anordnung des Lebendigen im Gefüge einer ganzheitlichen Natur in den Hintergrund treten.

Spencer, auf dem Weg zu einem materialistisch vereinheitlichenden Reduktionismus, schlägt den Terminus einer *organischen Polarität* vor. Organische Einheiten seien im Unterschied zu chemischen und morphologischen Einheiten in sich polare, *vitalisierte Moleküle* mit Neigung zu einer bestimmten Organisation. Aufgrund dieser *intrinsischen Fähigkeit* stehen sie als *physiologische Einheiten* intermediär zwischen den chemischen und organischen Einheiten (Principles of Biology 1864).

Für **Darwin** trägt jedes „*Theil der Organisation*" zur Reproduktion des Ganzen bei. Alle Teile gäben „*Gemmules*", „*kleine Keimchen*", ab, die durch den Körper zirkulieren und in den Keimorganen konzentriert würden, in einem Strom, der unaufhörlich den ganzen Körper durchfließe (Darwin 1878). Vererbung geschehe durch solche „*kleinen Körnchen*" und „*Atome*", die mit „*gehöriger Nahrung*" versorgt werden, sich durch Teilung vervielfältigen, befähigt, wieder zu den gleichen Zellen heranzuwachsen, aus denen sie stammen. Sie stehen wie das ganze Lebewesen gemäß der Prämisse der Evolutionstheorie in einem *struggle for life*. Darwins Annahme verzichtet nicht auf Anthropomorphien.

Haeckel dagegen will „*die Gesamtheit der organischen Entwicklungsphänomene streng mechanisch, aus physikalisch-chemischen Elementar-Vorgängen*" erklären. Doch sind ihm „*ohne die Annahme einer Atom-Seele die gewöhnlichsten und allgemeinsten Erscheinungen der Chemie unerklärlich*", und „*ohne die Annahme eines unbewussten Gedächtnisses der lebenden Materie die wichtigsten Lebensfunctionen überhaupt unerklärbar*". Eine besondere Art von Molekül, das *Plastidul*, vereinige Eigenschaften des Lebens in sich. „*Als wichtigste dieser Eigenschaften erscheint uns die Fähigkeit der Reproduction oder des Gedächtnisses.*" Vererbung wird ausschließlich an die Wirkung dieses Partikels gebunden: „*Nur* *die Plastidule sind reproductiv, und dieses unbewusste Gedächtniss der Plastidule bedingt die characteristische Molecularbewegung derselben".* Vererbung besteht somit in einer Übertragung von Bewegungsmustern der Moleküle durch sie selbst. In dieser Vorstellung wird den Vorgaben der historisierten Naturvorstellung entsprochen und zugleich auf eine materialistische Perspektive eingeengt. Das Erbgedächtnis bestehe in der *„Reproductionskraft der Plastide",* eine *„Function",* die durch die *„atomistische Zusammensetzung der Plastidule bedingt ist".* Mit dem Besitz eines phylogenetischen Gedächtnisses setzt **Haeckel** für das Plastidul eine historische Kategorie an und geht damit frühzeitig auf das Problem der Aktivierung von Anlagen ein:

> *„die ontogenetische Arbeitsteilung der Zellen […] ist nur die rasche, nach dem biogenetischen Grundgesetz erfolgende Wiederholung der langsamen phylogenetischen Gewebebildung"* (Haeckel 1876).

Für **Nägeli** gilt,

> *„dass das Wesen der Organismen in der Beschaffenheit und Anordnung der kleinsten Theilchen derjenigen Substanz bestehe, welche die Vererbung bei der Fortpflanzung und die specifische Entwicklung des Individuums bedingt"* (Nägeli 1884).

Nur so seien auf *„realem Boden"* bestimmte *„mechanische Vorstellungen"* zu gewinnen. Der Stoff enthalte *„das Wesen der in der organisirten lebenden Substanz befindlichen unsichtbaren Anlagen für die sichtbaren Erscheinungen des entwickelten Zustandes"* als ein besonderer Stoff der Vererbung, ein Plasma aus *„Albuminaten".* Die Moleküle dieses Anlageplasmas seien zu verschiedenen kristallähnlichen Gruppen aneinandergelagert. *Nägeli* nennt sie *Micellen*. Nur ein Teil davon stelle *„wirkliche"* Anlagen dar. In verschiedenen Molekülkonfigurationen, aufgrund *„Modifikationen"* der Albuminate, seien jede Eigenschaft und die erforderlichen Materiebewegungen ihrer Ausbildung festgelegt. Die unterschiedlichen Kräfte eines solchen *Idioplasmas* seien durch die Anordnung der Micellen verursacht. Diese würden mikrokosmisch den Makrokosmos an Organen, Geweben und Zellen widerspiegeln, ohne eine analoge Anordnung zu besitzen. **Nägeli** nimmt hierin **Johannsens** Unterscheidung von *Genotyp/Phänotyp* vorweg und nähert sich mit der hypothetisch für ihre Wirkweise angenommenen reihenförmigen Lage von Micellen der späteren Auffassung über die Längsanordnung der Basen als dem genetischen Prinzip des Nukleinsäurestrangs. Einer Anlage entspreche eine Micellengruppe in Längsrichtung einer Reihe. **Nägeli** kritisiert die Hypothesen von **Darwin** und **Haeckel** und stellt sich einer Theorie richtungsloser Mutation entgegen. Auch hätten **Darwin** und **Haeckel** auf der Basis der damals noch jungen Atomvorstellung die organisierenden Kräfte der

Vererbung im einzelnen Atom und Molekül erblickt. Die Micellenvorstellung dagegen mache dafür den *„organisirten"* Molekülverband verantwortlich.

> *„Wir bedürfen, um die Erblichkeit zu begreifen, nicht für jede durch Raum, Zeit und Beschaffenheit bedingte Verschiedenheit ein selbständiges besonderes Symbol, sondern eine Substanz, welche durch die Zusammenfügung ihrer in beschränkter Zahl vorhandenen Elemente jede mögliche Combination von Verschiedenheiten darstellen und durch Permutation in eine andere Combination derselben übergehen kann"* (Nägeli 1884).

Die moderne Molekulargenetik verwendet in entsprechender Weise eine Substanz, wie sie schon **Nägeli** verlangt:

> *„welche durch die Zusammenfügung ihrer in beschränkter Zahl vorhandenen Elemente jede mögliche Combination von Verschiedenheiten darstellen"* kann, *„um die Erblichkeit zu begreifen"* (Nägeli 1884).

Die Voraussetzung zu solcher Auffassung liegt darin, den Wirkungskreis in der Entstehung der Lebewesen auf einen Mikrobereich zu beschränken:

> *„Nur in den idio-plasmatischen Anlagen ist das vollständige Wesen der Organismen enthalten"* (Nägeli 1884).

Analog dieser Betrachtung erscheint heutzutage das Gen. Doch hält **Nägeli** es noch für erforderlich, die **Darwinsche** Nützlichkeitstheorie um ein *Vervollkommnungsprinzip* zu erweitern.

Weismann griff für die Eigenschaften des Vererbungsplasmas und seiner abzugrenzenden Einheiten auf **Haeckels** Vorstellung eines phylogenetischen Gedächtnisses zurück. Vererbung beruhe auf der Kontinuität von *Keimmolekülen*, bestehe in einer generationenübergreifenden *Keimbahn* aus einem *Keimplasma*, das er auch als *Ahnenplasma* bezeichnet. Es sei aus Untereinheiten aufgebaut, die weder als *„kleinste Lebensteilchen"* wie **Spencers** physiologische Einheiten aufgefasst werden dürften, noch als *Pangene* und *Gemmulae* im Sinne **Darwins**. Denn sie würden nicht in den Körperzellen erzeugt und nicht in den Fortpflanzungszellen gesammelt. Das Keimplasma sei vielmehr eine *„eigens dazu bestimmte Substanz"*. Als *„Grundkräfte des Lebens"* müsse ein eigener Name gewählt werden: *„Lebensträger"* oder *„Biophoren"*. Die Architektur solchen Keimplasmas sei *„historisch überliefert"*, die Lebenseinheiten hierarchisch gestaffelt. Mehrere Biophoren bilden Determinanten, die ebenfalls gruppenweise organisiert seien – *„Ide"* – in Anlehnung an das Idioplasma **Nägelis** –, die sich in Fortpflanzung und Entwicklung zu gleichartigen Tochteriden zweiteilen. Weismann nennt bereits ein Prinzip identischer Reduplikation.

Eine Selektion finde nicht zwischen ausgebildeten Individuen statt, sondern zwischen stärkeren und schwächeren Keimesanlagen, zwischen in der Keimzelle verborgenen Anlagen für die äußerliche Eigenschaft (Weismann 1892).

Weismann nimmt mit einem evolutionären Kampf der Erbteilchen eine Vorstellung vorweg, die ***Dawkins*** 1978 mit dem Prinzip der *Genkonkurrenz* ausführen sollte.

Mit auf Partikel verteilten Ursachen von Erbeigenschaften, die einen historischen Speicher der *Phylogenese* zu enthalten scheinen, der in der *Ontogenese* stufenweise in Erscheinung tritt, war das Problem gegeben, wie und wodurch Teile dieses Speichers aktiv werden und zeitliche Koordinierungen gesteuert sind.

Weigert schlug eine *idioplastische Kraft* vor. Die Anlage im Keim könne nicht eine endgültige Beschaffenheit aufweisen. Gespeichert seien *„nur die Anlagen zu den Anlagen, oder eigentlich zu den Anlagen der Anlagen".*

Die Lehre vom Idioplasma als einer gesonderten Substanz der Erbvorgänge fordert für die Vererbung eine eigenständige Gesetzmäßigkeit, die im ganzen Reich der organisch verfassten Lebewesen dieselbe sein müsse. Als das universelle Prinzip der Pflanzen und höheren Lebewesen war eine Strukturierung in Zellen unbestritten.

De Vries wandte dieses Prinzip konsequent auf ***Darwins*** *provisorische Hypthese* einer Pangenesis an. Nicht die Organismen, sondern die Zellen seien die Einheiten der Erblichkeitslehre. Jede Art sei zusammengesetzt aus einzelnen *Faktoren*, den *erblichen Eigenschaften* oder *Anlagen*. Diese Einheiten seien als selbständige Wesenheiten zeitlich getrennt voneinander entstanden. Sie seien unabhängig voneinander, *„in jedem Verhältnisse miteinander mischbar"* und könnten jede für sich in beliebigem Grad ausgeprägt sein oder einzeln verloren gehen: *Pangene*, die wie diejenigen ***Darwins*** zu Assimilation, Ernährung, Stoffwechsel, Teilung befähigt sind. Doch sie würden nur innerhalb der Zelle zirkulieren. Aktivierte Pangene flössen aus dem Kern zu den Zellorganellen, vereinigten sich hier *„mit den bereits vorhandenen Pangenen, vermehren sich und fangen ihre Tätigkeit an".* Bei der Zellteilung gehen *„alle vorhandenen Arten von Pangenen auf die beiden Tochterzellen über".* Im Kern seien alle Arten von Pangenen der betreffenden Spezies versammelt, *„im übrigen Protoplasma in jeder Zelle aber wesentlich nur diejenigen, welche in ihr in Thätigkeit gelangen sollen".* Erbgedächtnis bestehe in der Fähigkeit der Pangene, Merkmale *„über Tausende von Generationen"* latent zu erhalten (de Vries 1889). Auch in heutiger Sicht zirkulieren mRNS, tRNS, rRNS intrazellulär.

Haacke lehnte eine so unmittelbare Weitergabe morphologischer Wirkungen ab und nahm eine dynamische Übertragungsweise an, die nicht von materiellen Pangenen ihren Ausgang nimmt. Infolge der Dynamizität der Weitergabe von Erbeigenschaften sei der Zellleib und nicht der Kern Träger der Vererbung. Das Eizellplasma sei aus *Individualitäten* aufgebaut, *Gemmarien* bestimmter

Gestalt, die sich aus rhombenförmigen *Gemmen* zusamensetzen würden. Nicht die kleinsten Einheiten, Gemmen, sondern die Gemmarien würden erblich weitergegebene sowie erworbene Eigenschaften speichern.

Mendel zieht aus seinen Hybridisierungsversuchen über die Erbursachen bei der Gartenerbse folgenden Schluss:

> *„Die unterschiedlichen Merkmale zweier Pflanzen können zuletzt doch nur auf Differenzen in der Beschaffenheit und Gruppierung der Elemente beruhen, welche in den Grundzellen derselben in lebendiger Wechselwirkung stehen".*

Elemente seien es, die die Bildung konkreter Eigenschaften und die Gesetzmäßigkeiten der Vererbung bei der Gartenerbse bestimmen.

Mendel verwendet auch die Ausdrücke *Faktor, Anlage, Keimzellform, Pollenform*. Die merkmalsbildenden Entitäten liegen in den Keimzellen, Pollen und Samen, getrennt vor, so dass sie zufällig kombinieren können. Auch sie sind daher als distinkte Einheiten zu betrachten, wie die zuvor definitorisch abgegrenzten Merkmale der äußeren Erscheinung. Die Vererbung jedes Merkmals geschieht durch ein Zusammenwirken paariger Elemente, jeweils zwei ursächlichen Anteilen, einem mütterlichen und einem väterlichen Beitrag, der sich jeweils durch ein eigenes Element in den Keimzellen Geltung verschaffe. Die weitere Entwicklung der zu einer einzigen Zelle verschmolzenen Keim- und Pollenzelle aufgrund von Stoffaufnahme und Bildung neuer Zellen erfolge

> *„nach einem constanten Gesetze, welches in der materiellen Beschaffenheit und Anordnung der Elemente begründet ist, die in der Zelle zur lebensfähigen Vereinigung gelangten"* (Mendel 1866).

Die Art und Weise solcher Determination ist demzufolge begründet in:

1. Materieeigenschaften dieser biologischen Elemente, der *materiellen Beschaffenheit*
2. ihrer *Anordnung*.

Indem er Anordnung und materielle Beschaffenheit innerer Elemente für ihre Wirksamkeit verantwortlich macht, nennt **Mendel** frühzeitig eine Anschauung, die in den spekulativen Lehren **Weismanns, Nägelis** und anderer später ebenfalls herausgearbeitet wurde. Diese Prinzipien wurden bestimmend für das moderne Verständnis der Gene, die wirksam seien durch die vererbliche Anordnung ihres Baues, mit dessen Abfolge von Bestandteilen die Körpereigenschaften bestimmt seien.

An dieser Stelle des geschichtlichen Verlaufs erweist sich bereits eine enge Nähe und Kohärenz: Das 19. Jahrhundert nahm in der hier beschriebenen Begrifflichkeit, und zwar keineswegs nur mit den Auffassungen Mendels,

Merkmale des späteren Genbegriffs vorweg. Es bereitete in wechselseitiger Erörterung das spätere Begriffsverständnis in detaillierten Einzelheiten vor.

Auf dieser Basis definierte **Johannsen** Erblichkeit als *"the presence of identical genes in ancestors and descendants"* (Johannsen 1911). Mit seiner Unterscheidung von *Genotyp* und *Phänotyp* konnte eine Suche nach einer genetischen Wirksamkeit zugrundeliegender Einheiten stattfinden, ohne Erfordernisse zeitlicher Regulationen während der Entwicklung und Abläufe in der Zelle einbeziehen zu müssen. Dem soeben entstandenen Wissenschaftszweig Genetik war der Verständnisraum für eine neu zu begreifende, in der Abstraktion gegebene Gesetzlichkeit, gegeben. Er ermöglichte empirisch-experimentell gewonnene Ergebnisse mit einer hohen Erklärungskraft, die von einem – neu – begründeten Abstraktionsprinzip Gen gesichert schien, dem Paradigma für Genetik.

1916 erklärten **Morgan** und **Bridges** das Gen für mutierbar.

> *„Aus a-priori-Gründen besteht kein Grund, weshalb verschiedene mutative Veränderungen nicht an demselben Locus eines Chromosoms Platz nehmen könnten. Wenn wir ein Chromosom als eine Kette chemischer Partikel denken, dann kann eine Anzahl möglicher Rekombinationen oder Wiederarrangierungen innerhalb jedes Partikels stattfinden. Jede Veränderung könnte einen Unterschied im Endprodukt der Zellaktivität verursachen"* (zit. n. Carlson 1966).

Was im 19. Jahrhundert für ein *Plasma* galt, schien nun in einzelnen stofflichen Einheiten gefunden zu sein, Vererbungseinheiten, die nicht mehr spekulativ gefordert, sondern in einem dauerhaften Aufenthaltsort eindeutig lokalisierbar zu sein schienen:

> *„Das Keimplasma muß deshalb aus unabhängigen Elementen irgendwelcher Art aufgebaut sein. Es sind diese Elemente, die wir genetische Faktoren oder kürzer Gene nennen"* (Morgan 1917).

Weil er in Kreuzungsversuchen an der Taufliege Drosophila melanogaster entdeckte, dass bestimmte neue Eigenschaften wie Augenfarbe und Flügelform regelmäßig miteinander verknüpft auftraten, schloss **Morgan** auf eine Genkoppelung: verbundene Erbfaktoren. Er sah hierin einen Hinweis für eine chemische Substantialität der **Mendelschen** Faktoren auf den Riesenchromosomen von Drosophila. 1923 ermittelte er eine lineare Anordnung der Gene, Kopplungsgruppen ihrer Verbindung und Begrenzungen dieser Gengruppen. Sein Schüler **Bridges** konnte Irregularitäten in der Regelhaftigkeit der geschlechtsgebundenen Vererbung durch ein fehlerhaftes Auseinanderweichen der Chromosomen nachweisen, ein neuer Beweis der Lehre vom Gen:

„*Nondisjunction as Proof of the Chromosome Theory of Heredity*" (Bridges 1916).

Die Gentheorie hatte mit der „Chromosomentheorie der Vererbung" zu einer neuen Beschreibung gefunden:

1. Chromosomen sind die materiellen Träger der Gene.
2. Jedes Gen liegt an einer bestimmten Stelle eines Chromosoms.
3. Gene werden gekoppelt weitergegeben.
4. Ein *Crossing-over*, eine stückweise Überkreuzung von Chromatiden, den Längsteilungsfiguren der Chromosomen, mit Brüchen an den Kreuzungsstellen und Austauch der Bruchstücke, führt zu einem Genaustauch zwischen den beteiligten Chromosomen: Mutation.

Bislang galt die *Anwesenheits-/Abwesenheits-Hypothese*: Ein Gen sei entweder vorhanden oder es existiere nicht im *Genom*, der Summe aller Gene eines Organismus. **Sturtevant** ersetzte diese Hypothese durch eine Theorie multipler Allele, nach der erst das Zusammenspiel mehrerer Gruppen homologer Gene die Expression eines Merkmals bewirke und sah einen *Positionseffekt* des einzelnen Gens gegeben. In dieser Bestimmungstechnik gilt eine Einheit erst dann als Gen erwiesen, wenn sie mittels Umlagerungen aufgrund spontaner oder künstlich erzielter Chromosomenbrüche durch *Rekombination* nicht weiter unterteilbar ist.

Muller stellte an den Keimzellen der Fruchtfliege fest, dass sich durch Röntgenstrahlen experimentell und regelhaft Mutationen verursachen lassen. Aufgrund solcher physikalischen Bestimmbarkeit hielt er eine physikalische Materialität des Gens für erwiesen. Die *Genphysiologie* rücke daher in die Nähe einer *Genphysik* und *Genchemie*. Unter dieser Voraussetzung schien eine Kausalität nach Zwecken auch für das biologische Gen entgegen seiner Besonderheit endgültig ausgeschlossen.

Dem Genbegriff waren zwei Merkmale hinzugefügt:

1. *Selbstreproduktivität*, eine Fähigkeit, den Aufbau einer anderen Struktur gleich der eigenen zu verursachen. Das Tochtergen enthält kopierte Mutationen des eigenen Vorläufergens, beruhend auf dem ungeklärten Vermögen, einer heterogenen Umwelt Komponenten zu entnehmen, die den eigenen Bestandteilen gleichen, und diese an sich zu binden.
2. *Selbstselektivität*. Ein Gen tendiert zu Konjugation mit Genen derselben Struktur wie der eigenen.

Für die Lebendigkeit des Lebenden entsteht ein neues Definitionsmerkmal: Da eine Fähigkeit zu synthetischer Selbstselektivität in der herkömmlichen Chemie und Physik vollkommen unbekannt und erst durch den Genbegriff erklärlich werde, könne mit ihm zwischen Leben und unbelebter Stofflichkeit unterschieden werden (Muller 1951).

Mit einer Herleitung der Eigenschaften des Gens aus chemischen und physikalischen Vorgängen und der neuen Abgrenzung der biochemischen Substanz gegenüber chemikophysikalisch bestimmter Materie durch eine vermittelnde Genvorstellung umfasste jetzt die Sicht der klassischen Genetik kohärenter die drei naturwissenschaftlichen Disziplinen Physik, Chemie, Biologie.

Die Besonderheit der biochemischen Stoffe und der zeitlich abgestimmten physiologischen Abläufe in Lebewesen wird auf das Gen und seine *Selbstreproduktion* zurückgeführt. Jene erscheint in die chemisch-physikalischen Abläufe eingeordnet und stellt nurmehr eine Besonderheit unter ihnen dar. Das Gen ist auch in dieser Vorstellung prinzipiell als unabhängig in seiner erblichen Wirkung gedacht. Es gilt als die Grundeinheit der Vererbung. Es hat im wahrsten Sinne des Wortes eine materiell definierbare *Ursache* dessen zu repräsentieren, was sich an körperlichen Eigenschaften des Lebewesens bilde, ein Aktivierungsvermögen von Entwicklungen. Seine Eigenschaften sind unter dem Paradigma Genotyp/Phänotyp aus den experimentell erhaltenen Phänotypen erschlossen. Die Anforderung an das wissenschaftliche Wahrheitskriterium einer experimentellen Beobachtbarkeit scheint erfüllt.

Das *klassische Genkonzept* definiert Gen als eine segmentale Einheit, welche sich bei *Mutation* und *Crossing-over* einheitlich verhalte. Sie steuere das Wachstum und die Ausbildung der Körpermerkmale des Organismus. Sie sei *selbstreplikativ* und werde als Duplikat von Zelle zu Zelle und von Eltern über Keimzellen auf ihre Nachkommen übertragen. Quelle neuer Gene seien Mutationen in der Folge von Umarrangierungen der Reihe segmentaler Einheiten. In dieser Sicht entspricht das Gen detailliert Vorstellungen, die schon **Nägeli** und **Weismann** erarbeitet hatten. Auch konnte es als ein Element von hoher, nicht absoluter Stabilität gelten.

Ein ständiger Widersacher der lokalisierend und partikularistisch denkenden Auffassung war **Goldschmidt** mit seiner Mahnung, für jede Vererbungsleistung müsse die Dynamik des Organismus als Ganzem berücksichtigwerden. Um das Dynamische, Prozesshafte, um Bewegungsabläufe in der stofflichen Differenzierung erfassen zu können, sei eine Hinwendung zu Erbeinheiten eine allzu statische Sicht, wenn es gelte, die Entwicklung von Ordnungsgefügen in ihren zeitlichen Abläufen zu verstehen.

Doch in chemisch-physikalischer Perspektive erschien für die Suche nach dem Genprinzip eine Darstellung in chemischen Termini vorrangig, um sowohl den Gesetzen der Physik, als auch der biologischen Besonderheit einer Selbstreproduktion zu genügen. Der Stoff des genetischen Materials wurde im Protein gesehen. So hielten **Sturtevant** und **Beadle**, Mitarbeiter **Morgans**, 1939 für eine „*vernünftige Tatsache*", dass Gene entweder selbst Proteine oder aber mit diesen assoziiert seien.

Der Atomphysiker **Schrödinger** sah „*physikalische Gesetze einer ganz neuen Art am Werk*", weil sich der Bau des Gens von allem unterscheide, was je im physikalischen Laboratorium untersucht worden sei und erwartete, eine Erforschung des Gens könne der Physik als solcher neue Gesetze offenbaren. Denn die wirksamen Substrate der Genetik würden sowohl über die erzeugende als auch die ausübende Gewalt verfügen. **Schrödinger** schlug Begriffe der Nachrichtentechnik vor, um zu verstehen, wie es der lebendigen Substanz Gen gelinge, neben dem Bauplan zugleich die Fähigkeit zu dessen Verwirklichung zu enthalten, ihre Erfahrungen zu speichern und weiterzugeben, zu verewigen, als auch sich dabei zu verändern. Ein Kode- Mechanismus erfülle die Bedingungen, die vom Gen gefordert sind. Er gewähre Eigenschaftskonstanz durch eine sich gleichbleibende Vervielfältigung des Gens im Fortpflanzungsfortgang, mit zugleich der gegenläufigen Möglichkeit einer Veränderlichkeit, die auch Merkmalswechsel zulasse.

Wieder liegt die Antwort zuvor unvereinbar erscheinender Gegensätze für die moderne Vorstellung von Materie in der Genvorstellung. Die gefundene Abstraktion der Frage ergab sich nicht allein aus chemikalischen und physikalischen Prinzipien der Energetik und Atomtheorie. Sie entstand aus den – spekulativ erarbeiteten – Merkmalen des biologischen Vorbegriffs eines partikularisierten *Vererbungsplasmas* als dem Substrat dessen, das die Ursächlichkeit von Art- und Eigenschaftsbildung in sich enthalte, der Darstellung der Biologie des 19. Jahrhunderts.

Die Frage nach der Materialität des im Chromosom befindlichen Gens hatte nun das Problem zu klären, wie eine *chemische* Basis die Spezifität *biologischer* Funktionen bedingen kann und musste eine *biochemische* Formulierung dafür finden.

Pauling zeigte für Eiweiß als der grundlegenden biochemischen Substanz der Kohlenstoffchemie einen speziellen Bindungstyp der Moleküle: die Wasserstoffbrücke. Brücken zwischen Wasserstoffatomen mit nur schwachen Bindungskräften bestimmen die Proteinkonfiguration. Durch diesen Bindungstyp sei die *biologische Spezifität* der Proteine gegeben. Gezeigt war ein Prinzip chemischer Bindung, das für die Erbsubstanz 17 Jahre später im Nukleinsäuredoppelstrang Anerkennung fand:

"To give stability to a system with complementary structures in juxta-position" (Pauling 1936).

Vier Jahre später bekräftigten **Pauling** und **Delbrück** erneut:

"We accordingly feel that complimentariness should be given primary consideration in the discussion of the specific attraction beween molecules and the enzymatic synthesis of molecules" (Pauling, Delbrück 1940).

Das Komplementärprinzip fand 1953 im DNS-Modell komplementärer Basen seinen Niederschlag.

1936 wies **Casparsson** in den Bändern der Riesenchromosomen der Speicheldrüsen von Drosophila *Pentosenukleinsäure* nach und sah mit **Hammarsten** zwei Jahre später in der Analyse dieser Säure eine Möglichkeit, mehr über die Chromosomenstruktur herauszufinden. Sie schlugen bereits eine senkrechte Anordnung der Basen zur Molekülachse vor. ***Jack Schultz*** und ***Caspersson*** stellten fest, dass zwischen dem Aufbau von Nukleinsäuren und der Reproduktion der Gene eine Verbindung bestehen könne.

"It seems hence that the unique structure conditioning actively self-reproduction [...] may depend on the nucleic acid portion of the molecule" (Caspersson, Schultz 1938).

Jedoch nahmen sie weiterhin an, dass es die Eigenschaften der Eiweiße seien, die deren Vervielfältigung und auch die Synthese der Nukleinsäuren verursachen würden.

Das Jahr 1944 führte zu einem Wendepunkt. ***Avery, MacLeod*** und ***Mc Carty*** entdeckten bei der Umwandlung der Zellwände von Pneumokokken, dass das verwandelnde Prinzip in der Nukleinsäure liegen müsse.

Nach dem 2. Weltkrieg untersuchte **Beadle** Stoffwechselerkrankungen. Für den Stoffwechselweg von Methionin kam er zu dem Ergebnis, die Genaktivität bestehe in einer Regulierung einzelner chemischer Reaktionen in einer Reaktionskette (Beadle 1946). Außerdem verglich er experimentell die mutationsauslösenden Wellenlängen des UV- Lichts mit dessen Absorptionsspektren durch Nukleinsäuren. Er zog daraus den Schluss: *"nucleic acid is the component responsible for absorbing the energy producing mutational changes"*. 1948 erklärte er die klassische Definition des Gens als Einheit der Vererbung für unbefriedigend. Es habe sich gezeigt, dass einzelne Gene eine *unmittelbare Kontrolle* auf bestimmte Reaktionsschritte in der Serie chemischer Reaktionsabläufe ausüben. Er schlug daher eine neue provisorische Definition vor:

1. Ein Gen in funktioneller Hinsicht ist diejenige Einheit, die eine Synthese von Replikaten seiner selbst steuert.
2. Diese Einheit dient mit einer ihr korrespondierenden Spezifität zugleich als ein Modell von Nichtgen-Einheiten.

Als ein Beispiel für einen Syntheseverlauf, der stufenweise genkontrolliert sei, nannte er die Herstellung der Aminosäure Methionin durch den Schimmelpilz Neurospora crassa.

1952 ließen **Hershey** und **Chase** Bakteriophagen in das Bakterium Escherichia Coli eindringen und untersuchten Protein und Nukleinsäure daraufhin, wie der weitere Lebenszyklus des Virus beeinflusst wird. Sie stellten fest, das Virus werde durch seine DNS bestimmt. Das Protein habe keine Funktion bei der Multiplikation des Phagen. Das gesuchte biochemische Modell, welches die für eine Erbsubstanz aufgrund experimenteller Ergebnisse geforderten Eigenschaften zu erfüllen hatte, musste ein Strukturmodell der DNS sein. In seinen letzten Grundlagen wurde es 1953 bestimmt durch **Watson** und **Crick, Franklin** und **Wilkins**.

In der identischen Verdopplung des Gens, in seiner Fähigkeit während der Zellteilung, wenn die Chromosomenzahl sich verdoppelt, um eine exakte Kopie seiner selbst hervorzubringen, bestehe das vollkommene biologische Prinzip. Aus *chemischen* Gegebenheiten folgert das Modell eine *biologische* Konsequenz. Da mit der festliegenden Paarungsmöglichkeit der vier Basen durch die Reihenfolge der einen Nukleotidsequenz zugleich die Folge der anderen Sequenz vorgegeben sei, ergebe sich ein *Mechanismus für die Selbstverdopplung* der Erbsubstanz.

Die wiederholt konditionale Form im Verlauf des Gedankengangs, der die Einzelheiten der Strukturformel aus ehedem spekulativ gefundenen Genmerkmalen entwickelt hatte, wurde bekräftigt mit chemischen Gesetzmäßigkeiten, die selbst nur unvollständig vorgelegen hatten und im Entwurfsvorgang des Modells weiterentwickelt wurden. Der *biologische* Vorgang von Genverdopplung bei Zellteilung und Einweißsynthese enthält ein neu gefundenes *chemisches* Gesetz.

Crick und *Watson* zogen Schlussfolgerungen aus ihrem Modell mit Bezug auf die Genvorstellung:

„*DNS is the genetic specifity of the gene itself*" (Watson, Crick 1953b: 964–967).

Das Genprinzip verursacht die biologische Besonderheit der chemischen Substanz.

Die Genwirkung ist verortet in komplementären Paaren von Basenmustern einer Nukleinsäure, deren eine Hälfte nach dem Muster der anderen, räumlich gegenüberliegenden, entstehe. Die *Wirkursächlichkeit* von Genen ist auf chemische Eigenschaften bezogen.

Die Chemie des Gens begründet die Besonderheit organischer Stofflichkeit.

Als maßgebendes Prinzip enthält das Erbmaterial die Basenfolge. Aufgrund der statistisch zahllosen Verschiedenheiten ihrer Anordnungen wird die materielle Ursache der Individualität des Lebewesens in der Zusammensetzung seiner

Baustoffe im ersten Schritt ihrer Entstehung als zufällig aufgefasst. Die Folgeabläufe gelten, abgesehen von Umwelteinflüssen mit dem Status von Randbedingungen, als weitgehend determiniert.

Die Fähigkeit zur Erhaltung der Identität des Gens durch sich selbst hatte **Muller** in den dreißiger Jahren des Jahrhunderts als das wesentliche des Gens postuliert. Das Genmodell von **Crick** und **Watson** deutet, biochemisch veranschaulicht, die Hypothese einer Selbstreproduktion von biologischem Material. Jetzt war eine mechanistische Darstellung möglich geworden, wie sich ein Chromosom identisch verdoppeln könne, ohne dass es *dieselbe* Materie sein müsse, die in die Tochterzelle eingeht. Nur von der Formel her ist sie als dieselbe, von der Materie her ist sie als die gleiche gedacht: identische Reduplikation. Zwei Ursachentypen, *causa formalis* wie *causa materialis* ist Rechnung getragen. Als *causa efficiens* gelten die evolutionär treibenden Kräfte der Fortpflanzungsgeschehnisse, Art- und Selbsterhalt, Vermehrung, Trieb, Instinkt. Allein die *causa finalis* wird als anthropomorph bezweifelt. Daraus stellt sich die Frage: Übernimmt diese Art von Ursächlichkeitsverständnis finale Elemente aus seinen vorausliegenden Modi der Vorstellung? Hat das im Gefolge der evolutions-theoretischen Genvorstellung entstandene Verständnis verdeckte Anthropomorphien in seiner Grundlage, denen durch die Theorie der Vererbung mit **Darwin** entgangen werden sollte?

Das Gen gilt als eine Einheit, die eine Synthese von Replikaten seiner selbst steuert, sei es als ein redundantes Entwicklungssystem, sei es unter epigenetischem Einfluss. Hier spiegelt sich nicht allein die Auffassung des entwickelten Mendelismus oder der klassischen Genetik. **Kant** hat sie schon im 18. Jahrhundert im Begriff des *Naturzwecks* vorgelegt, doch mit dem Nachweis, dass Selbstorganisation und Selbsthervorbringung nicht ohne Zweckkausalität *gedacht* werden können, wenn man sie auf lebendige Organismen bezieht. Einer auf lokale Mikrobereiche sich restringierenden Sicht, wie „dem" Gen, entgeht das sich selbst organisierende Wesen in seiner Anbindung an die Gesamtheit interner Bezüge, indem sie sich auf die Einzelabläufe chemisch sich wiederholender Teile richtet. Die betreffenden Vorgänge erscheinen wie eine chemisch-physikalische Reaktion allein durch die Gattung der Herkunftsursachen und Wirkkausalitäten bewirkt, die fortwährend weiter zu entschlüsseln seien. Es entsteht eine Forschung, die immer neue Relativitäten aufwirft, jedes Paradigma umstürzt, sich per definitionem für ewig unabgeschlossen gibt, in selbstgewollter **Nietzscheanischer** *Polyreflektivität*. Jedem Blickwinkel kann ein eigenes Ursachenfeld zugesprochen und ein System daraus abgeleitet werden.

Der Gegenentwurf besteht in **Kants** Vorschlag, die Kausalität nach Zwecken als ein *regulatives* Prinzip der Urteilskraft zu gebrauchen. Es begründet die

Richtigkeit, sich für eine Wissenschaft des Lebendigen auf anthropomorphe Ähnlichkeitsbeziehungen zu stützen.

Im Folgenden wird versucht, einen Prinzipiengebrauch dieser Art abzuleiten und Anforderungen an eine Wissenschaft vom Gen darzulegen.

1. Der Genbegriff, wie er bisher besteht, ist in seiner Beschreibung von Ursächlichkeit weitgehend kontraintuitiv. Er entspricht darin den modernen Disziplinen von Physik und Chemie. Für die Wissenschaft des Lebendigen ist aber die Grundkenntnis intuitiv. Von uns selbst, im Selbsterleben wissen wir, was es heißt, lebendig zu sein. Wir erkennen es nicht erst anhand von wissenschaftlichen Definitionen, sondern sind uns unserer Intentionalität gewiss, von Grund auf durchwirkt von intentionalem Gerichtetsein, zu dem wir Abstand, Stellung nehmen können, einer Aufgabe von lebenslanger Dauer, mit den zwingenden, intentionalen Lebenskräften umzugehen, Hunger, Durst, Erhaltung des eigenen Lebens, Angst, Furcht, Freude. Unaufhörlich spürend ist dem Lebewesen Mensch als Lebewesen bewusst, wie sehr Leben aus Wollen und Absichten des Erhaltens seiner selbst, der Familie, der Freunde, der Kollegen, der Mitmenschen, der Menschheit, der Natur usf. besteht: in ursprünglicher Ausrichtung auf die Mittel-Zweck-Relation. Ähnliches wird an Tieren beobachtet, an Menschenaffen und Elefanten, schon an Mücken, an Bakterien mit selbsterhaltender Entwicklung von Immunresistenzen, an Mutationen des Genoms von Viren. All dies wird mit lebensweltlicher Erfahrung und wissenschaftlichem Modell getestet auf graduelle und qualitative Unterschiede. In Analogie zu uns können wir Lebewesen ein Selbstsein zusprechen, ohne die Eigenerfahrung wäre es gar nicht zu kennen. Wenn nach moderner Voraussetzung im Erblichkeitsprinzip Gen das Kennzeichen des Lebendigen liegt, wenn auf dieses die Grundzüge der Lebendigkeit: Entwicklung, Selbstsein, Selbsterhalt, Fortpflanzung zurückgeführt werden, sollte es dann nicht die Komponente finalen Bewirktseins enthalten, die doch mit den Grundzügen gegeben ist? Dem zu entsagen hieße, eine Paradoxie zu begehen. Lebendigkeit bleibt nicht mehr das Digma, sie wird zum Paradigma, wir selbst werden uns in der Wissenschaft zur Anthropomorphie.

2. Gezeigt wurde, wie die spekulativen Frühphasen des Begriffs aus der Entstehungszeit der Biologie – diese wurde 1800 zu einem unter eigenständiger Prämisse arbeitenden naturwissenschaftlichen Aufgabengebiet erhoben – unter Verselbständigung der Disziplin strikten Einfluss nehmen auf die spätere Begriffsentwicklung und *experimentelle* Modellbildung der im modernen wissenschaftlichen Verständnis selbstverständlich werdenden Wirklichkeitssicht. In der Weise, in der sich im Verlauf der Abstraktion die Auffassung

zunehmend auf singuläre materielle Erbträger als *dem* Gen und schon auf dessen Vorläuferbegriffe konzentrierte, änderte sich das Verständnis von der Lebendigkeit des Lebenden und von Vererbung gemäß den wissenschaftlichen Leitbildern, die in der Wissenschaftsdifferenzierung wechselweise auseinandertraten und zusammengeführt wurden. Der naturwissenschaftliche Blick richtete sich von der lebensweltlich orientierten, *mesoskopisch* angeleiteten Sicht [**Löffler** 2007] hinweg in mikroskopische Richtung auf chemische, physikalische Gesetzmäßigkeiten der Materiepartikel, um daraus die gesamte Regularität der Vererbung abzuleiten. Hatten noch **Charles Darwin** und **Gregor Mendel** äußerliche Aspekte zum Ausgangspunkt genommen, um innere unsichtbare Einheiten als ursachgebend zu postulieren (*Gemmulae, Keimchen, Faktoren, Elemente*), so führte letztendlich die Chemikalisierung und Physikalisierung der Begrifflichkeit, welche noch der Urheber des Terminus Gen im Jahr 1903, **Wilhelm Johannsen**, abgelehnt hatte, zu einer Begründung des Erbgeschehens durch Strukturbeziehungen im molekularen Bereich, – bei vollkommenem Ausschluss teleologischer Ursächlichkeiten aus übergeordneten hierarchischen Prinzipien der Lebewesenhaftigkeit, abgesehen von der universellen Tendenz des Biologischen zum Prinzip der Fortpflanzung.

In der Nachfolge des von **Darwin** als prima causa aller Eigenschaftsbildung angelegten Prinzips einer *A-posteriori-Auslese*, einer Verstehensweise, die sich anscheinend als nicht-anthropomorph zu geben vermag, kann nicht angegeben werden, weshalb und worin Lebensprinzipien gegenüber der unbelebten Materie bestehen. Nicht nur scheinen Überordnungs-Unterordnungsverhältnisse Pflanze-Tier-Mensch am einzig verbleibenden Maß *fitness for survival* in einem *struggle for life* eingeebnet, auch lebendig und nicht lebendig treten in der genetisch chemisch-physikalischen Perspektive nur noch graduell, nicht grundsätzlich unterschieden auf: In der Spätphase der Begriffsentwicklung, nach Etablierung des *DNS-Modells*, besteht die Lebendigkeit des Lebendigen in einer zufällig entstandenen Wechselwirkung zwischen den Stoffgruppen Eiweiß und Nukleinsäure (Eigen 1981), wobei das Eiweiß und dessen Funktionen stellvertretend für die frühere mesoskopisch wahrgenommene „Eigenschaft" bzw. „Körpereigenschaft" stehen, und Nukleinsäure mittels ihrer chemikophysikalisch definierten Abhängigkeiten für die innere Ursache des Äußerlichen, beide bis zur Unkenntlichkeit aneinander gerückt und daher neuen Grenzziehungen geöffnet, und dies bis auf den heutigen Tag unter den biologischer Disziplinen umstritten. Mit der Biochemikalisierung des Innen/Außen-Unterschieds traten letztenendes die Relativität und der hypothetische Charakter der mit dem Genbegriff gegebenen Vererbungsvorstellung gegenüber dem Eindruck einer naturgesetzlichen Vorgegebenheit weiter in den Hintergrund – ebenfalls eine Entwicklung, die in der verdeckten, obschon noch ausformulierten Provisorizät von Darwins Evolutionshypothese von 1859 [*„On the Origin of Species"*], in Verbindung mit den von ihm 1878 als *provisorisch in zweiter Ordnung* bezeichneten *Pangenen* angelegt ist [*„Das Variiren der Thiere und Pflanzen"*]. Dies ist genau derjenige Fachbegriff, an den angelehnt **Johannsen** den heute noch bei allen Widersprüchen verwendeten *Terminus technikus G e n* bildete, und zwar wiederum als eine „reine Arbeitshypothese", der er von vornherein jegliche Aussagekraft über eine etwaige Substanziierung im Sinn von chemischen Körpern bereits im Grundsatz vorenthalten wollte.

3. Mit dem Bild einer durch identische Verdopplung sich selbst reproduzierenden DNS-Doppelhelix, das **Francis Crick**, **Rosalind Franklin** und die späteren Leiter des Humangenom-Projekts **James Watson** und **Maurice Wilkins** im Jahr 1953 vorstellten, entstand in Verbindung mit dem hermeneutischen Modell einer chemischen Kodierung von verschlüsselten Informationen (Informationsmodell) eine einheitliche Arbeitshypothese, die sich im folgenden Jahrzehnt auf die gesamte belebte Natur ausdehnen zu lassen schien: eine universelle Entsprechung zwischen Nukleinsäurebestandteilen, als dem vererblichen Prinzip, gegenüber Proteinen, als dem genetisch daraus abgeleiteten Baustoff auf der Eigenschaftsseite des Organismus. Dem entgegen begannen in den 70ziger Jahren des Jahrhunderts sich Einwände Gehör zu verschaffen. Einer allzu direkten Entsprechung von Gen und Eigenschaft wurde widersprochen, bis hin zu der Vermutung, das Genmodell insgesamt habe nur die Geltungskraft eines zwar nützlichen, aber *hypothetischen Realismus* bis auf den Nachweis einer Alternative. Die Abhängigkeit von historischen Kontingenzen der wissenschaftlichen Modellbildung trat mehr und mehr in den Blick. Was in der frühen, spekulativen Phase der Begriffsentwicklung angelegt war und in späteren Experimentalsystemen inhaltlich entfaltet, eingeschränkt oder verändert wurde, zeigte dennoch, entgegen allen Einwänden über den Realitätscharakter der Vorstellung, weiterhin eine erhebliche Antriebskraft in der Ausbildung neuer Fragestellungen sowie für die unter therapeutischer oder kommerzieller Absicht angestrebte technische Beeinflussung, sogar Imitation der Natur. In der Folge warfen Gentechnologie und Genkartographie ethische Probleme auf, für die bis heute keine Übereinstimmung gefunden werden konnte.

4. Für das Wissenschaftsverständnis ist ein weiteres Beispiel geliefert, dass der seit dem 19. Jahrhundert sich durchsetzende *naturalistische Reduktionismus*, mit seiner monistischen Ausrichtung, nur die naturwissenschaftlich definierten

Gegenstandsbereiche als wahrheitsfähig zuzulassen und die naturwissenschaftliche Methode zur einzigen Forschungsweise zu erheben, nicht alle Implikationen der Begriffsbildung berücksichtigen kann, sondern zu Ausblendungen führt, die über lange Perioden hinweg Widersprüche in der Vorstellung verdecken können, bis sie zutage treten. Auf der anderen Seite zeigte sich wieder einmal, wie ein sich isolierender Bezug auf hypostasierte Mikrobereiche und Substrukturen für eine wissenschaftliche Fragestellung zu sich verändernden Arbeitshypothesen führt. Auch für die Genauffassung ergibt sich die Notwendigkeit, in der Zusammenführung verschiedener Blickwinkel die Historizität von Forschung nicht zu vernachlässigen (Rheinberger 2007).

Labisch weist auf die in jüngster Zeit entstandene „*Dynamisierung des Verständnisses von genetischem Programm (=Genotyp) und lebensweltlicher Ausformulierung (=Phänotyp)*" und nennt eine Schlussfolgerung:

„*Aus all diesem folgt, dass wir die individuelle Ausprägung eines Gens einerseits und andererseits das Verhalten von Individuen und die Einflüsse der Umwelt in einer völlig neuen Sicht wahrnehmen und bewerten müssen. Eine kausale programmatische und hierarchische Beziehung zwischen Genom und Organismus gibt es nicht. Das Wort ‚Gen für ...' trifft nicht zu. Vielmehr findet die Genregulation in einer Wechselwirkung von genetischen und nicht-genetischen Faktoren statt. Gene, Individuum und Umgebung sind also mindestens als gleichwertige Faktoren zu begreifen*" (Labisch 2000, S. 221f).

Der Vererbungslehre stellt sich die Aufgabe einer Suche nach verdeckten *Anthropomorphien* in Modellen und Begriffsbildung. Bildet die lang geübte Praxis der Ausrichtung des Konzepts an die Vorstellung eines Mutations/Selektions-Mechanismus ausreichend Leitfaden und Rahmen für die evolutionäre Fragestellung? Sollte daneben, wie **Kant** im zweiten Teil der *Kritik der Urteilskraft* darlegt, die Zweckvorstellung als heuristische Methode Möglichkeit bieten, Prinzipien des Lebendigen aufzuweisen? Welche Kriterien für Lebewesenhaftigkeit werden zugrunde gelegt? Diese wären auf Unterschiede zu Charakteristika des Nichtlebendigen zu untersuchen, systematisch im Vererbungsprinzip Gen zu verorten, in umfassende und zwingende Korrespondenz damit zu setzen. Eine pure Perspektive der Ableitung aus physikalischen und chemischen Gesetzmässigkeiten, oder gar die gezielte restlose Konformisierung mit diesen kommt einer *petitio principii* gleich. Sie ist als alleinige heuristische Perspektive schwerlich aufrecht zu erhalten, wenn dem Lebenden weiterhin spezifische Eigentümlichkeiten zugesprochen werden sollen. Die offenbar gewordenen Widersprüche im Genbegriff scheinen darauf zu deuten, dass sich die Prinzipien der chemischen Stofflichkeit als unzureichend erweisen könnten, um die Abhängigkeiten der Vererbungsvorgänge, um die Abhängigkeiten des Prinzips Gen herzuleiten, insofern mit den *biologischen* Klassen von Stofflichkeiten die mit dem Lebendigen vorgegebene *Selbstbewegtheit* dargestellt werden soll, wenn lebendige und damit plastische Ordnungsgefüge von Arten zu begründen sind. Die relative Selbstorganisiertheit und Selbstreproduktivität, die mit dem Genbegriff als zwei kennzeichnende Merkmale lebender Stofflichkeit hervorgehoben wurden, weisen auf einen Kardinalunterschied gegenüber der unmittelbaren physikalischen Eingebettetheit der unbelebten Stoffgruppen. Mit dessen intentionaler Struktur ist ein kategorialer Unterschied des Lebendigen gegeben. Diese Strukturiertheit ist es, die in Grenzen die Unmittelbarkeit enger Substanzgebundenheit variiert und solcherart entrückt, dass in der belebten Natur ein relativ eigenständiger *Stoffwechsel* entstanden ist: Weitergabe, Veränderlichkeit, Erhalt individueller Materiestrukturen auf einer *vegetativen* Ebene, Assimilation, Fortpflanzung, Vererbung. Die Fortpflanzung ist ein gerichteter, und somit zweckhafter Vorgang, Vererbung aber nicht? Die wissenschaftliche Abstraktion hat das Lebensprinzip intentionaler Strukturiertheit („Funktion" – „Selbstreplikativität" – „Selbstorganisation") für den Gedanken des Verbungsprinzips Gen nicht außer acht zu lassen, ebenso, wie der Mensch – und sei es der wissenschaftliche Mensch – im Erkenntnisvorgang auf reflektierte, sich selbst durchsichtige Anthropomorphien angewiesen ist und bleibt, um der Gefahr begrifflicher Selbsttäuschung in den eigenen Fachbegriffen begegnen zu können. Historisch scheint eine solche Reflexion für den aristotelischen Begriff der *Substanz* eingetreten zu sein, für den neuzeitlichen Begriff der *Materie* nicht und bleibt gerade für den die Lebewesenhaftigkeit charakterisierenden Genbegriff ein Desiderat weiterer Forschung.

XI. Die Frage der Erzeugung in Genetik und Technologie

Um eine gentechnische Vorstellungswelt, die Voraussetzung gentechnologischen Produzierens, begreifen zu können, ist Genetik in ihren Zusammenhängen zu betrachten. In der natürlichen Genesis gegenüber dem künstlichen genetischen Eingreifen spielt der Begriff von Zeugung die Rolle, die in der Technologie einer *Erzeugung* entspricht. Die biologisch definierende Betrachtungsweise von Fortpflanzung und ihrer Genetik entwickelt in Abhängigkeit von den ihrer Wissenschaft zugrundeliegenden Oberbegriffen und Prämissen das begriffliche Inventar, das zum gentechnologischen Eingriff befähigt – eine Weise menschlicher Freiheit.

Gentechnologie als Praxis leitet sich wie Genetik als Wissenschaft vom Begriff *Gen* her. Er soll eine gestaltbildende Kraft beschreiben, die sich einerseits über endlos währende Generationen artbildend gleiche, zugleich aber im Prinzip ohne Einfluss von Herkunft und Ziel in einem Mutationszeitpunkt zur Zeit der Vereinigung mütterlicher und väterlicher Kraft radikal mutabel sei. Je nach ihrem Verhältnis zwischen Dominanz und Rezessivität könnten diese Gene generationenlang verborgen bleiben, ohne kodierte Merkmale sichtbar werden zu lassen. Je nach ihrer Expressivität, der Ausdruckskraft, ein Merkmal tatsächlich in Erscheinung treten zu lassen, seien es diese Gene, die früh oder spät im Verlaufe eines Lebens Merkmale oder Krankheiten hervorrufen. Die wirksame Eigenkraft in der Entwicklung eines Lebewesens, eine Art von Spontaneität, wird in der Biologie in materiell gedachten Einheiten gesehen, die auf der einen Seite die fortwährende Dauer der Artmerkmale, auf der anderen Seite zugleich jedoch deren grundsätzliche Mutierbarkeit bis zum Verschwinden der betreffenden Eigenschaft ins Nichts auf sich vereinigen sollen. Der wirksame Faktor des Genesisverlaufs heißt somit modern das Gen. Die kontinuierliche Beeinflussung eines Merkmals im Leben zumindest der höheren Lebewesen durch Lernen oder Älterwerden kulminiert in genetischer Sicht bei zweigeschlechtlichen Lebewesen in einem Mutationszeitpunkt radikal, nämlich dann, wenn väterliche und mütterliche Seite das betreffende Merkmal des Nachwuchses wie in einer chemischen Reaktion unter Säuren und Basen bestimmen, miteinander verschmelzen. Eine Mutation dabei ist in ihrer Gesamtheit anders als eine „normale" biochemische Reaktion von Woher und Wohin unbedingt vorgestellt.

Der Akt der Überführung von Nichts in Etwas zu Beginn der Zeugungsreihe war ein einmaliger Akt und wurde Schöpfung genannt. Einmaligkeit und Unumkehrbarkeit dieses Geschehens galten bis zur wissenschaftlichen Revolution des Abendlandes ohne jeden Zweifel. Diese Auffassung vom Umfassenden spiegelt sich gleichermaßen in der Selbsterfahrung von persönlicher Herkunft: Die Entstehung des eigenen Lebens und sein Verlauf ist irreversibel und einmalig, nicht eine Reaktion quasi chemisch. So ist es mit dem höchsten Gut, Liebe. Sie wird von einem Lebewesen schon in dem Sinne autonom gesucht, dass es nicht erst der Erfahrung ihres Wesens bedarf, um Echtheit und Wahrheit fühlen zu können. Denn gesucht wird bereits in einer ahnenden Vorkenntnis. Was für die Schöpfungsreihe insgesamt gelte, kennt der Glaube nicht nur für die Entstehung der Erde, sondern für jeden Menschen. Jeder ist ein einmaliger Entwurf und doch gleich vor dem Schöpfergott. Nicht ganz zu recht ist die Vorstellung der Schöpfung für das Tun von Technik, Industrie und Künsten übernommen worden, denn es besteht ein grundlegender Unterschied. Künste schaffen nicht aus Nichts, sondern reflektieren. Reflektiert wird Inneres, Erlebtes, für wahr oder kritikwürdig Befundenes, Ersehntes. **Pablo Ruiz Picasso** (1881–1973) sagte zwar, in den Künsten verhalte es sich wie mit Gott. Er habe den Löwen, den Elephanten, die Giraffe geschaffen, und so verhalte sich auch der Künstler. Und doch erscheint seine Aussage ein wenig anmaßend. Technik revolutioniert oder entwickelt Vorbestehendes, bereits existierende Pläne und Methoden aufgreifend, verändernd, weiterbildend. Wie die hierauf einsetzende industrielle Produktion nicht allein vom Menschen erschaffene Ressourcen verwenden muss, so greift Kunst auf einen Stoff zurück, der nicht der Erzeugung des Künstlers allein entspringt, sondern einer Vorgeschichte.

Im Unterschied zur Schöpfungsvorstellung heißt das menschliche Tun nur Zeugung. Etwas darin *pflanzt* sich fort und hält sich durch, dass nämlich aus einem Lebewesen ein neues Lebewesen entspringt, wie **Aristoteles** sagt. In Wirtschaft und Industrie wird angemessen an Zeugung von Erzeugung gesprochen, und der Eindruck entsteht, als werde etwas völlig Neues geschaffen, wenn sich die Lebensmode ändert. Nach evolutionstheoretischer Vorgabe ändern sich die Tiere und ihre Arten sogar ins Unermessliche, in jedem einzelnen Fortpflanzungsvorgang sprunghaft mutierend, Mensch wie Tier. Soweit ersichtlich, bleibt es jedoch im menschlichen und tierischen Tun bei einem bloßen Zutun, und dieses scheint das wesentliche Tun der Lebewesen zu sein. Eine Klage über diese Nacktheit, verbunden mit Erkenntniswunsch, bildet den Anfang der Geschichte. Dass das Eine dem Anderen dienen soll, Wirtschaft, Wissenschaft und Künste haben dem Menschlichen zum Sein zu verhelfen und nicht umgekehrt, zeigt schon die Gerichtetheit von Trieb und Antrieb. Geschichte ist gerichtet und verläuft nicht rückwärts, ein Lebewesen wird älter und nicht jünger. In welcher Weise bietet Vergangenheit dann Zukunft, so dass Gewesenes ist? Nach **Darwin** ließ sich jede Eigenschaftbildung als das Ergebnis von konkurrierender Wechselwirkung beschreiben. Nach Wiederentdeckung **Mendels** Darlegungen sind es konkurrierende Gene zwischen Selbst- und Arterhalt ihrer Lebewesen.

XII. Schlussbetrachtung

Entgegen allen Einwänden und Vorbehalten hat sich die wissenschaftliche Genvorstellung zu einer Errungenschaft entwickelt, die zugleich als eine Bereicherung lebenserhaltender und fördernder Maßnahmen anzusehen ist. In einer gewachsenen Menschheit bietet sie Chancen, beschränkte Nahrungsressourcen zu sichern, wenn z.B. ein Gen für die Widerstandsfähigkeit gegen Schädlinge in einer Pflanze definiert, isoliert und auf eine andere Sorte übertragen wird, um auch ihr Resistenz zu verleihen, sofern man das Ausmaß an Folgewirkungen im Gleichgewicht der sogenannten Schädlingswelt berücksichtigen kann. Auch für Krankheiten des Menschen, erworbene und angeborene, eröffnen sich neue Therapien.

Anders verhält es sich bei Diagnostik und Eingriff in die menschliche Keimbahn. Hier sind Bedingungen der Anwendung zu bedenken, die nicht allein, und schon gar nicht in erster Linie dem Begriff des Biologischen unterstehen. Die biochemische Formulierung des Gens im Jahr 1953 erfüllt bereits innerwissenschaftlich eine außergewöhnliche Dimension. **Mario Lunadei** von der Universität „La Sapienza" in Rom macht darauf aufmerksam, dass mit der Leistung von **Watson** und **Crick** die Kriterien einer wissenschaftlichen Revolution gegeben seien. Doch leider, so **Lunadei**, könne sie dazu führen, dass die alten Probleme archiviert werden, oder gar vergessen.

„Schade für uns" (Lunadei 1990. Der betreffende Textauszug in italienischer Sprache wurde mir von Hans Schadewaldt persönlich übergeben; dtsch. Übers. Kurt Plischke). Antworten auf Fragen kategorischer Unterschiede zwischen einem Gebrauch adulter oder embryonaler Stammzellen zur Erzeugung von Ersatzgewebe für Organschäden, Instrumentalisierung von Embryonen früher Lebensstadien durch Erzeugung von Klonen zu Therapiezwecken, folgen aus entsprechender Bezugnahme der zugrundeliegenden Genvorstellung auf das Menschenbild. Eine Reihe von Definitionen, die Neutralisierung oder Nichtneutralität ethischer Fragen schwer erkennbar werden lassen, schließt sich an und konnte in ihrer Widersprüchlichkeit von Ethikkommissionen seit Jahren nicht zu befriedigenden Lösungen geführt werden, die einen Konsens ermöglicht hätten; von allen Seiten wird die *Menschenwürde* reklamiert. Ermöglicht wurde ein solcher Konflikt erst, nachdem sog. überzählige Embryonen für künstliche

Befruchtungen gebildet und natürlich entstandene Embryonen im Mehrzellstadium ihrer Entwicklung vor der Einnistung in die Gebärmutter für eine Diagnostik mit allen Konsequenzen herangezogen wurden, somit strenggenommen für neutral erklärt, in ihrem Selbstsein für relativierbar erachtet, nicht vernichtet, sondern wohlbehütet als eine Grundsubstanz für Wissenschaft zur Untersuchung der genetischen Entfaltung der Zygote zu organspezifischen Geweben. Nicht ihr Status als Lebewesen wurde bezweifelt, sondern ihr Menschsein von personaler Würde, die eine Verzweckung ausschließt.

Andererseits erfolgte eine fast vollständige Sequenzierung der Basenfolge des menschlichen Genoms in einem nationenübergreifenden Human Genome Project und rückte die zuvor nur literarische Fiktion des Homo Faber in den Bewusstseinshorizont von Ökonomie und politischer Öffentlichkeit, zum Biorohstoff. Je feinsinniger die Begrifflichkeit der Lebenswelt entrückte, umso mehr wurde Mensch zu Material industrieller und auch elterlicher Wünsche nach einer medizinischen Verwendbarkeit, der sich schließlich die Bundesärztekammer entgegen zu stellen hatte.

Eine Wertung des historisch neuen Phänomens setzt die Kenntnis seiner geschichtlichen Entwicklung voraus, aber nicht nur dies. Sie untersteht den Kategorien der Ethik in ihrer religiösen Dimension.

Lebendige Körper sind nicht allein nur *Überlebensmaschinen* von egoistischen Genen, wie **Richard Dawkins** (geb. 1941) es formuliert (Dawkins 1976), die durch ein technomorphes Modell verstanden wären. Schon Hunde haben mehr zu tun, als um die Vermehrung ihrer Gene zu konkurrieren. Nach Dawkins hätten sich Lebewesen in Urzeiten aus ehemals selbständigen Molekülen entwickelt, sich zunächst zu „*Replikatormolekülen*" gewandelt, ehe sie sich mit einem lebendigen Körper umgeben hätten, in dessen Innersten sie als der einzige Garant seiner Stabilität fungierten. „*Sie haben einen weiten Weg hinter sich, diese Replikatoren. Heute tragen sie den Namen Gene, und wir sind ihre Überlebensmaschinen*". Denn die einzelnen Gene seien von „*potentiell einer sehr hohen Lebensdauer*", nicht aber die Genkombinationen als Einzellebewesen. Ein Gen sei diejenige Einheit, die viele Generationen überlebe (Dawkins 1978: 21ff).

Das Prinzip dieser Vererbungsvorstellung besteht in der Annahme, die Selektion wähle unter Genen aus. Das Gen gilt in dieser Theorie als ein Molekül mit dem Namen Replikator: „*Irgendwann bildete sich zufällig ein besonders bemerkenswertes Molekül. Wir nennen es Replikator*", ein Molekül, das Kopien seiner selbst herstellen kann (ibid. S. 56). „*Unter den Replikatormolekülen spielt sich der Kampf ums Dasein ab*" (S. 62). Die Replikatoren seien die „*Agenzien, die überleben oder nicht überleben, die Ahnenreihen identischer Kopien mit gelegentlich *auftretenden Zufallsmutationen bilden [...], DNA- Molküle"*, und der Körper sei deren *„Vehikel"*, die *„Überlebensmaschine"*, die arbeite, um die Replikatoren zu vermehren (S. 413). Dawkins ergänzt die Zoomorphie seiner Maschinentheorie des Lebens mit einer Kosmogonie des zufälligen Zusammentreffens kleinster Teilchen, die sich ähnlich bereits bei **Heraklit** („der Dunkle", um 540–480 v. Chr.) findet. *„Lassen Sie mich mit einem kurzen Manifest enden, mit einer Zusammenfassung der gesamten Sicht des Lebens aus dem Blickwinkel des egoistischen Gens beziehungsweise des erweiterten Phänotyps. Es ist eine Sicht, so behaupte ich, die auf Lebewesen überall im Universum zutrifft. Die grundlegende Einheit, der Hauptmotor alles Lebens, ist der Replikator. Replikatoren sind alles im Universum, wovon Kopien gemacht werden. Replikatoren entstehen durch Zufall, durch das zufällige Zusammenprallen kleinerer Partikel"* (ibid. S. 429).

Anders als Heraklit beschränkt Dawkins sich in seiner Sicht zwar auf die belebte Natur. Die Hypothese des egoisten Gens sei ihr Paradigma schlechthin. „It is probably the only theory that can adequately account for the phenomena that we associate with life" (Dawkins 1983: 403).

In *"The necessity of Darwinism"* (1982), einer erneuten Auseinandersetzung mit der Theorie der Vererbung erworbener Eigenschaften, unternimmt **Dawkins** den Versuch, alle denkbaren Alternativen zur **Darwinschen** Selektionshypothese zu widerlegen. Die Darstellung zeigt mit einer Stammbaumzeichnung ähnlich wie bei **Haeckel** in einem missionarischen Bild einen kräftigen alten Baum, aus dessen Stamm drei mächtige Äste wachsen. Zwei davon sind berstend abgebrochen, sie tragen die Bezeichnungen „God" und „Lamarck". Der dritte Ast wächst stabil bis an den oberen Bildrand, ohne dort zu enden. Er scheint in den Himmel zu reichen und enthält die Aufschrift „Darwin" (Dawkins 1982).

In der Konsequenz der **Dawkinschen** Auffassung wäre der Organismus nicht mehr als die fundamentale Einheit aufzufassen, mit der biologische Theorien zu beginnen hätten. Auch intentionale Erklärungen von Verhalten als eine Funktion für das Lebewesen verlieren dann ihren heuristischen Wert (**Hampe, Morgan** 1988: 137f).

Die Aufgabe biologischer Genetik ist jedoch nicht, heranzureifen zu einer Wissenschaft, die erst, wie **Steve Jones** meint, ein ungewöhnliches Bild dessen enthüllen könne, „who we are, what we were, and what we may become" (Jones 2000: 18). Sie entdeckt weitaus mehr als Triviales. **Jones** gibt zu bedenken, viele seien vorsichtig geworden mit der Behauptung, die Essenz der Humanität liege in der DNS. Aber entgegen auch seiner Auffassung beginnen wir nicht erst zu verstehen, „what sex really means, why we age and die, and how nature and nurture combine to make us what we are" (Jones 2000: XI). Allerdings wird von der neuen Sicht sogar das Verhalten von Mensch zu Mensch in seinem Ursprung betroffen, das, worin der Mensch sich selbst am nächsten kommt: Zeugung und Empfängnis, die „Fortpflanzung". Die Veränderung der Bilder ist hier nicht allein Werk der Künstlerkunst.

Nachdem das Lebewesen als evolutionistisch variable Einheit aufgefasst war, sprach die Vererbungslehre der Seite der organischen Substanz in Form des Gens ein eigenständiges Keimplasma zu, das von außen eine Steuerung der Merkmale bei der Fortpflanzung erlaube, chemisch und physikalisch, in Einzelheiten planbarer als in der uralten Haltung und Züchtung von Pflanzen und Tieren. Nach der Größenordnung *statistischer Strukturgesetzlichkeit* gemessen erscheint jedes Mittel gleichberechtigt. Erst die Dimension *dynamischer Geschehensgesetzlichkeit* gehe von Finalität oder Teleologie aus (***Alwin Diemer*** 1964: 768). Sie kann daher in den Lebewesen ein ihnen zukommendes Selbstsein achten, zu dem ihnen zu verhelfen ist.

Dem „*Dictionary of Genetics*" folgend ist das Gen in der klassischen Literatur definiert als eine „*erbliche Einheit, die einen spezifischen Patz (Locus) innerhalb des Genoms oder Chromosoms einnimmt; eine Einheit, die einen oder mehrere spezifische Effekte auf den Phänotyp oder den Organismus ausübt; eine Einheit, die in verschiedene allele Formen mutieren kann, und eine Einheit, die mit anderen solchen Einheiten rekombinieren kann*" (***King, Stansfield, Mulligan*** 2007: A Dictionary of Genetics, Artikel „gene", dt. Übers. Kurt Plischke).

Jeder Bezug einer punktuellen Definition bedarf einer Gesamtschau von Geschichte und Zusammenhang der Definition, wenn sie so weitreichende Konsequenzen mit sich führen soll, wie **Dawkins** und **Jones** anregen. Der wirksame Faktor des Genesisverlaufs heißt modern das Gen. Die das Gen beeinflussenden Faktoren, letztlich das ganze Leben, erhalten den Status von Randbedingungen des Gens. Genetisch ist die Fortpflanzung eine Reaktion zweier Genome. Die Abstraktionsweise in dieser Betrachtung gleicht der Art, wie in der Chemie von einem prozessualen Gesamtzusammenhang auf die Reaktion von zwei oder mehreren Reaktionspartnern unter mehr oder weniger weitläufig einkalkulierbaren Randbedingungen gesehen wird, so dass allein die chemischen Reaktionspartner, abhängig von ihren elementaren Gesetzmäßigkeiten, den Prozess nach den Gegebenheiten der Stöchiometrie unter sich ausmachen. Bezogen auf Lebewesen läßt die biologisch-genetische Sichtweise, in ihrer Terminologie verbleibend, eine Frage offen: ob für die wesentliche Gesamtorganisation eines Lebewesens wirklich die Gene verantwortlich zu machen sind, oder ob diese nur Träger von Reaktionsweisen sind, die sich auch in der Entwicklung des Lebewesens neben den sonstigen Bezügen geltend machen. In solcher Sicht wären die

Gene nicht die Erstinstanz bei der Entstehung von Eigenschaften, sondern selbst nur einflussnehmende Zwischen- und Randbedingungen, die ein Wesentliches aufrechtzuerhalten helfen. Dessen Anlage wäre an anderer Stelle als auf einem Chromosom vorauszusetzen, und dessen sonst als prinzipiell und schier unendlich angenommene Mutabilität könnte in Frage stehen.

Eine Antwort ist nicht leicht zu geben. Die Erfolge der Wissenschaft zeigen, dass mit dem Fachwort Gen verschiedene Eigenschaften präzise und reproduzierbar beeinflusst und verändert werden können. Zu ersehen ist auch, dass in einem technischen Fortpflanzungsverhalten die Grenze zur Monsterbildung schnell überschritten ist. Vorausgesetzt, moralfreie Experimente einer Kindeszeugung in der Retorte zur Vorherbestimmunng von Eigenschaften, Gesundheit, Geschlecht und zwecks größerer Freiheit der Eltern von Lasten der Geburt und Erziehung wären eines Tages nicht nur statthaft, sondern als technische Schicksalshilfe sogar gefordert. Auch ein universeller Beschluss, Kinder nicht mehr in einer liebevollen, wenn auch anstrengend aufzubauenden persönlichen Beziehung zu empfangen, kann nicht den menschlichsten Auftrag verbergen, sondern nur hässlich transformieren. Die moralische Leitfigur wäre nur noch eine funktionalistische Lebensqualität.

Menschen erzeugen Leben nicht, sondern empfangen resp. zeugen, sie geben Leben von Leben weiter. Mit dem Begriff des Gens gesprochen: Gene werden weder erzeugt, noch schöpfend einem Nichts entnommen. Ein schaffendes erzeugendes Prinzip, eine Kraft, die nicht aus uns stammt, wird im Allgemeinen nicht bezweifelt. Eher fraglich scheint ihre Herkunft und Richtung, die Angemessenheit ihrer Benennung, die den Umgang mit diesem wesentlich Wirksamen lenkt.

Der bloße Zutunscharakter im zentralen, vielleicht bedeutungsvollsten, natürlichen Tun bedeutet uns eine nur eingeschränkte Freiheit. Diese Tatsache ist in einer technomorphen Beschreibung von Erstprinzipien leicht zu übersehen. Die gefahrvolle Möglichkeit liegt in den fortwährend schrankenloser imponierenden Kombinationen, deren Erlaubtheit und Unerlaubtheit auf technischem Erzeugungswege schwerer einzusehen ist. Gefahrvoll vor allem dann, wenn in vom Urphänomen distanzierten fachwissenschaftlich angeleiteten Einzelhandlungen, in deren mühevollen Verstrickungen, die eigentlich bestimmende Beziehung dazu unbewusst bleibt, nach Dürfen und Sollen nicht mehr gefragt wird oder werden darf. Einem Frageverlust in den Grundbegriffen der Praxis ist vorzubeugen, den vornehmlichen Aufgaben des Menschen folgend.

Wenn *Jones* in der Schrift der Gene gelesen zu haben meint, alle Genetik widerlege den platonischen *Mythos* eines Absoluten, gemäß dessen ein Idealbild menschlichen Seins besteht, von dem die faktisch bestehenden Formen deszendente Abweichungen darstellen, so ist ihm eine andere Vorstellung des Begriffs von Erbe entgegenzuhalten. Sie verwendete ihn als Erste. Es ist die Vorstellung eines *peccatum originale*. Sie beinhaltet unsere Idee eines ursprünglich heilen Zustandes, an dem gemessen alles uns real Vorfindliche defizitär erscheint. Sie ist überhaupt urhebend für Handlung, Willen, Wünschen und Hoffen. Der in ihr enthaltene, nicht natural in unserer Lebenswelt erfahrene Zustand gibt das voraus, auf das hin und von dem her sich alle Mutation ereignet, – weder „*naturalistisch erklärbar*", noch „*evolutionistisch ableitbar*" (**Robert Spaemann**). Der Begriff des Gens neutralisiert diese Vorstellung. Er beschränkt sie auf einen funktionellen, anscheinend nicht weiter hinterfragbaren Zusammenhang scheinbarer Erstinstantialität.

Die auf der Basis einer bestimmten Theorie von Evolution selbstverständlich gewordene Einordnung des Menschen unter Tiere wird zu revidieren sein. Sie widerspricht unserer täglichen Praxis und sie widerspricht unserer Selbsterfahrung. Die herausgehobene Stellung des Menschen zeigt sich darin, dass es der Mensch ist, der das Gen als Gen definiert, und dass von der Definition, ihren Einschlüssen und Ausblendungen, sein Handeln abhängt, Entscheidungen über wünschenswert und nicht wünschenswert. So wenig, wie ein Sollen aus Sein abzuleiten ist, so wenig können wünschenswerte Eigenschaften nur in einem „fittest for survival" einer Lebensvorstellung liegen, die sich ausschließlich im Glauben einer evolutionistischen Auseinandersetzung nährt. Die kritisch gereinigte Vernunft werde sich gerade in der Biologie darauf besinnen, „*dass eine ihrer Unterabteilungen, die instrumentelle Vernunft, da und dort überschwenglich geworden ist*", so wie die letzte unter den Naturwissenschaften, die noch stolz mit Objektivitätsansprüchen auftreten könne, die Evolutionsbiologie, noch ihren Beobachterstandpunkt zu entdecken habe (**Reinhard Löw** [1949–1994] 1990/1991: 100). Das gilt auch für die Genetik des Menschen, wenn diese als eine biologische Disziplin gehandhabt wird.

Die Deutung der Seele als der *ersten Entelechie* des Körpers, seines genetischen Prinzips, steht infrage. Der Pathologe **Franz Büchner** [(1895–1991), von 1936 bis 1963 Nachfolger von **Karl Albert Ludwig Aschoff** (1866–1942) als Direktor des Pathologischen Instituts der Universität Freiburg/Br.], merkt in der „Allgemeinen Pathologie und Ätiologie" an, **Aristoteles** habe vor 2300 Jahren gefolgert, „*daß Mensch und Tier in ihrer Entwicklung durch eine immaterielle Entelechie gesteuert werden. Thomas von Aquin hat vor 700 Jahren das gleiche gelehrt*" und noch **Hans Driesch** (1867–1941) habe 1908 diese These erneuert. „*Seit 1953 wissen wir aber, daß die Entelechie der Organismen in ihren Chromosomen* *inkarniert ist"* (Büchner 1975: 3). Seele wird zu Gen, einem Stückchen *caro* aus chemikophysikalischen Mechanismen, komplexer, aber einstellbarer Automatismen der Eigenschaftsbildung? Am Ende seiner Einleitung der „*Pathologie als Biologie und als Beitrag zur Lehre des Menschen*" schränkt ihr Autor ein: Im letzten Kapitel der Gesamtdarstellung von Pathologie würden „*wir erkennen, daß Gesundheit und Krankheit des Menschen nicht ausschließlich organismische Phänomene sind.* […] *Wir werden erfahren, daß die Gesundheit des Menschen auch der Geborgenheit seiner Geistseele bedarf, und daß er auch von Krankheit seines Organismus bedroht wird, wenn er in seinem personalen Dasein Schaden an seiner Seele leidet*" (Büchner 1975: 9). Das, was eine organbezogene Denkweise, und sei das Gen das gründende Organ, als ein *Auch* behandeln muss, gilt in anderer dogmatischer Hinsicht für wesentlich, und darüber hinaus. Die Philosophie der Medizingeschichte berücksichtigt die Theorie der Medizin in ihrer historischen Dimension, damit die Heilkunst ihrer Aufgabe gerecht bleiben kann, der Menschenwürde dienlich zu sein.

Personenverzeichnis

Adam und Eva 42
Altmann, Richard 139
Aristoteles 16, 50, 62, 68f, 70, 111f, 113, 115, 137, 140, 212, 220
Aschoff, Karl Albert Ludwig 220
Avery, Oswald Theodore 16, 19, 150f, 153, 202

Babcock, Ernest 121, 129
Baer, Karl Ernst von 41, 96
Bailey, Liberty Hide 117
Barclay, R. K. 169f
Barnett, Leslie 171
Barthelmess, Alfred 16f
Bateson, William 19, 36, 100, 112, 121, 123, 126, 128, 133, 183, 191
Beadle, George Wells 19, 141, 148f, 150, 153, 201, 202
Beneden, Eduard van 43
Benzer, Seymour 18, 179
Boveri, Theodor 21, 22, 122, 129
Bowler, Peter 101, 138, 141
Bragg, William Lawrence 164
Brawerman, George 152
Brenner, Sydney 171
Bridges, Calvin Blackman 23, 130f, 137, 198f
Brown, G. L. 172
Büchner, Franz 220f
Burdach, Karl Friedrich 35

Campbell, P. N. 169
Candolle, Augustin-Pyramus 70
Carlson, Elof Axel 18f, 131, 132, 198
Caspersson, Torbjörn Oskar 140, 146, 202

Chargaff, Erwin 152, 161, 163, 174
Chase, Martha 23, 151, 203
Correns, Carl Erich Franz Joseph 15, 108f, 117, 118f, 183
Cremer, Thomas 21ff, 101
Crick, Francis Harry 18, 19, 23, 27, 30, 39, 146, 148, **152f**, 155, 156, 158, 159–161, 163, 164, 165, **166–171**, 172, **174–177**, 179, 203, 204, 207, 215
Cuenot, Lucien 140
Curie, Marie 134
Cuvier, Georges-Léopold-Chrétien-Frédéric-Dagobert Baron de 173

Darden, Lindley 16
Darwin, Charles Robert 15, 16, 18, 19, 24, 28, 31, 39, 49, 56, 57, **59–63**, 68f, 71, 77f, 79, 85, 86, 89, 90. 91, 92, 93, 95, 100, 107, 113f, 117, 121, 122, 124, 125, 127, 129, 134, 147, 159, 179, 185, 191, 192, 193, 194, 195, 196, 204, 206f, 213
Dawkins, Richard 124, 196, 216ff
Delbrück, Max Ludwig Henning 145, 148, 164, 202
Descartes, René de Quartis [Renatus Cartesius] 67
Diemer, Alwin 218
Dixon, June 151
Donahue, John 163, 165
Dounce, Alexander L. 27f, **153–157**, 169
Driesch, Hans 52, 123, 220
Dubois-Reymond, Emil Heinrich 46, 54
Dunn, Leslie Cecil 15f, 101, 121, 128, 137, 140

Eigen, Manfred 114, 206
Engström 174

Falkinham, Joseph Oliver 23, 24f
Feulgen, Robert Joachim 140
Fichte, Johann Gottlieb 47
Focke, Wilhelm Olbers 117
Franklin, Rosalind Elsie 39, 152, 159, 161, 162, 165, **166ff**, 169, 174, 203, 207
Fuller, W. 172
Furberg, Sven 27, 157f, 165, 167, 168

Garrod, Archibald Edward 140
Gärtner, Karl Friedrich von 122, 123, 191
Gasking, Elizabeth B. 117
Geldsetzer, Lutz 11f, 13
Goethe, Johann Wolfgang von 43f, 47, 62, 64, 124
Goldschmidt, Richard Benedict 18, 19, 76f, 122, 138, 179, **183ff**, 186, 200
Gosling, R. G. 166f, 168
Graaf, Reignier de 41
Griesinger, Wilhelm 46
Griffith, John 161

Haacke, Wilhelm Johann 39, 95f, 123, 196
Haeckel, Ernst 16, 24, 31, 39, **62–70**, 73, 74, 77f, 80, 86, 90, 95, 96, 123, 191, 193f, 195, 217
Hamilton, L. D. 169f
Hammarsten, E. 146, 202
Hardenberg, Georg Friedrich Philipp Freiherr von 47
Hegel, Georg Wilhelm Friedrich 46, 47, **48ff**, 70, 192
Heidegger, Martin 37
Helmholtz, Hermann Ludwig Ferdinand von 46f
Helmont, Johann Baptist von 139
Heraklit 159, 217

Hershey, Alfred Day 23, 151, 203
Hertwig, Oskar Wilhelm August 24, 63, **80–82**, 83, 94, 123, 186
Hilbert, David 28
Hinshelwood, Cyril Norman 185f
Hippokrates von Kos 16
Hoffmann, Hermann 117
Hölderlin, Johann Christian Friedrich 47
Hooke, Robert 41
Hoppe, Brigitte 14, 35, 55, 56, 57
Horn, Wolfgang 15
Huygens, Christian 68

Jacob, Francois 139, 180
Jahn, Ilse 14, 35, 43, 117, 118
Janssens, Frans Alfons Ignace 129
Johannsen, Wilhelm Ludwig 13, 17, 19, 28, 29, 30, 39, 58, 70, 121, **123–127**, 128, 129, 132, 137, 140, 180, 183, 191f, 194, 198, 206, 207
Johansson, Ivar 129, 131, 132
Johnson, Lyndon Baines 28
Jones, Steve 217, 218, 219

Kalmus, Hans 111f
Kant, Immanuel 35, 44, **52f**, 70, 192, 204, 208
Kappert, Hans 15, 17
Kay, Lily 26f, 111, 145
Keller, Evelyn Fox 25f, 32
King, Robert 218
Koelliker, Albert von 43
König, Gert 50
Krumbiegel, Ingo 43, 99, 100
Kuhn, Dorothea 43f
Kuhn, Thomas 22
Kupfer, Bernhard 177

Labisch, Alfons 12, 208
Lamarck, Jean-Baptiste Pierre Antoine de Monet, Chevalier de 16, 35f, 173, 217

Leeuwenhoek, Antonij van 41, 42
Leibniz, Gottfried Wilhelm von 28, 42
Lewin, Benjamin 142
Linné (Carolus Linnaeus),
 Carl Ritter von 16, 173
Löbbecke, E.-A. 18
Löffler, Sigrid 206
Lohff, Brigitte 55
Löw, Reinhard 12, 61, 220
Lunadei, Mario 215
Lyell, Charles 70

MacLeod, Colin M. 16, 19,
 150, 153, 202
Mainzer, Klaus 142
Malpighi, Marcello 41f
Martius, Carl Friedrich Philipp
 Ritter von 45f
Mason, Stephen Finney 13
Maupertius, Pierre-Louis Moreau de 23
Mc Carty, Maclyn 16, 19, 150f, 153, 202
Meckel, Johann Friedrich 41
Mendel, Gregor (Johann) 14, 16, 17,
 18, 19, 22, 23, 24, 25, 29, 30, 39, 58,
 60, 62, 70, 92, **99–119**, 121, 123,
 127, 129f, 133, 138, 181, 183, 187,
 188, 191, 197, 198, 206, 213
Mephistopheles 124
Michaelis, Arndt 127
Miescher, Johann Friedrich 20, 139
Monod, Jaques Lucien 18, 139, 180
Montaigne, Michel Eyquem de 23
Moore, J. A. 23
Morgan, Thomas Hunt 19, 23, 126,
 128, **129f**, **131f**, 137, 140, 198, 201
Muller, Hermann Joseph 18, 19, 23, 29,
 128, **133–137**, 140, 148, 179, 199,
 200, 204
Müller, Josef 89
Müller-Hill, Benno 152
Müller-Wille, Staffan 28, 29, 30, 31, 32

Nachtsheim, Hans 21, 129
Nägeli, Carl Wilhelm von 15, 16, 24,
 39, 56, **70–82**, 83, 87, 90, 96, 117,
 118, 123, 191, **194f**, 197, 200
Nasse, Christian Friedrich 55
Newton, Isaac Sir 68
Nietzsche, Friedrich 204
Novalis (Georg Friedrich Philipp
 Freiherr von Hardenberg) 47

Okens, Lorenz 64
Olby, Robert Cecil 20f, 60

Papst Innocenz XII
 (Antonio Pignatelli) 41
Pauling, Linus Carl 144ff, 159f,
 162, 201f
Peter, Karl 186f
Picasso, Pablo Ruiz 212
Platon 37, 46, 49, 56, 89, 219
Polanyi, Michael 21

Rheinberger, Hans-Jörg 11, 14, 22, 28,
 29, 30, 31, 32, 208
Rieger, Rigomar 127
Ritter, Joachim 61
Röntgen, Wilhelm Conrad 134
Roose, Theodor Gustav August 35
Rossenbeck, H. 140
Rothschuh, Karl Edmund 53f
Roux, Wilhelm 122
Russell, Bertrand Arthur Wilhelm,
 3. Earl 28
Rutherford, Ernest,
 1. Baron Rutherford of 164

Schadewaldt, Hans 139, 215
Schelling, Friedrich Wilhelm Joseph
 43f, 45, 46, **47f**, 52
Schlegel, August Wilhelm von 47
Schlegel, Karl Wilhelm Friedrich von 47

Schleiden, Matthias Jacob 21, 50, 64
Schrödinger, Erwin 15, 27f, 135, **141–144**, 159, 174, 201
Schultz, Jack 146, 147, 202
Schulz, Jörg 14
Schwann, Theodor Ambrose Hubert 21, 50ff, 64
Senglaub, Konrad 14, 43
Shannon, Claude Elwood 28
Sokrates 46
Spaemann, Robert 12, 61, 220
Spallanzani, Lazaro 42
Spencer, Herbert 18, 39, **57ff**, 86, 96, 193, 195
Spencer, M. 172
Spinoza, Baruch de 28, 62
Stokes, Alexander Rawson 153, 166f, 168
Strasburger, Eduard Adolf 16, 63, 80, **82f**, 122
Stubbe, Hans 17, 23, 108
Sturtevant, Alfred Henry 19, 23, 132, 137, 141, 199, 201
Sutton, Walter Stanborough 21, 22
Swammerdam, Jan 42

Thomas von Aquin (Hl. Thomas von Aquino) 220
Thuret, Gustave Adolphe 43
Tieck, Johann Ludwig 47
Todd, Alexander Robert 160
Trendelenburg, Friedrich Adolf 47
Treviranus, Ludolf Christian 35f
Tschermak-Seysenegg, Erich von 118

Virchow, Rudolf Ludwig Karl 45, 52, 60, 62
Vries, Hugo De [de] 17, 25, 28, 39, **91–95**, **118**, 123, 134, 185, 191, 196

Wagner, Günther 187ff
Wagner, Renate 177
Waldeyer, Heinrich Wilhelm Gottfried 112, 122
Wallace, Bruce 23ff
Wasson, Tyler 177
Watson, James Dewey 18, 19, 23, 27, 39, 146, 148, 152f, 155, 156, **159–169**, 172, 174, 179, 203f, 207, 215
Watts-Tobin, R. J. 171
Weigert, Carl 39, 90f, 196
Weismann, August Friedrich Leopold 16, 21, 22, 24, 25, 28, 31, 39, **83–90**, 91, 92, 93, 95, 112, 123, 185, 191, 195f, 197, 200
Wilkins, Maurice Hugh Frederick 39, 152f, 159, 160, 161, 162, 165, 166, 167, 168, 169f, 172, 174, 203, 207
Wilson, Edmund Beecher 123, 128, 129f, 139
Wilson, Herbert R. 153, 166
Winkler, Ruth 114
Wolff, Caspar Friedrich 42
Work, T. S. 169
Wricke, Günther 15

Young, Thomas 68

Zamenhof, Stephen 152

Sachverzeichnis

1. Das Sachregister versucht in seinem Aufbau der Tatsache zu entsprechen, dass zur Beschreibung dessen, was im wissenschaftshistorischen Verlauf als genetische Prinzipien der Lebewesen gedacht ist, sowohl einfache, als auch zusammengesetzte Begriffe verwendet werden.
2. Ein mathematisches Präzisionsideal im Rahmen der Kausalität von Chemie und Physik gewann Einfluss auf die biologische Kausalitätsvorstellung.
   Auf diese Weise entstandene Unterbegriffe sind einzeln und unter den Oberbegriffen angeführt, um eine Prüfung der Zusammenhänge und Überschneidungen von Begriffsumfängen zu erleichtern.
3. Als eine der lebensweltlichen Erfahrung nahestehende Wissenschaft verwendet die Biologie vielfach lebensweltliche Begriffe, die im Gendiskurs einen fachsprachlichen Charakter annehmen. Sie sind daher ebenfalls in das Register aufgenommen.

A

Abkürzung Gen 125
Ablesungsmechanismus 171
Absolutes 219
Abstammung 60, 68, 173
—Paradigma Darwins 60
Abstammungslehre 70, 71, 81
Abstraktion 121, 144, 189, 198, 201, 205, 209
Abstraktionsprinzip Gen 198
Abstraktionsweise 218
Abwehr 178
Abweichung 60, 96, 134, 220
adaptive Enzyme 153
adaptive Veränderungen 185
Adenin 151, 152, 154, 161, 163,165
Agens der Genesis/des Werdens 58, 116, 118
Ahnenplasma 84, 86, 195

Aktivierung
—Genaktivierung 87
Aktivierung von Anlagen 90, 94, 192
Aktivierungsvermögen 132, 200
Aktivitätsmuster der Gene 139
Aktivitätszustand 90, 138
Albuminat 72f, 74, 77, 194
Alkapton 140
Alkaptonurie 140
Allel 101, 112, 126, 133, 189, 192
—Theorie multipler Allele 132, 199
allelomorph 126
αλλο εργον 178
Aminosäure 27, 30, 66, 76, 149, 153–157, 159, 170–172, 175–178, 203
—Anordnung der Aminosäuren 157, 181
Aminosäurenspezifität 161
Aminosäuresequenz 30, 170, 178

Analogie 47, 68, 75, 112, 135, 143, 205
—biochemische Analogien 127
Anatomie 56, 61, 71
angeborene Tendenz 58
Animalkulisten 42
Anlage 33, **72–75**, 76, 78, 80, 83, 84, 86, **90f**, 92, 94, 106, 108, 112, 118, **122ff**, 123, 124, 192, **194ff**, 197, 219
—Einschaltmechanismus der Anlagen 74
—Erbanlagen 28, 29, 62
—erbliche Anlage 7, 72, 92, 94, 122, 196
—homologe Anlage 89
—idioplasmatische Anlagen 78, 194
—Keimesanlage 85, 195
Anlagen der Anlagen 90, 196
Anlagebegriff 73
Anlageplasma 73f, 194
Anlagereihen 115f
Anlagesubstanz 75
Anlagetheorie 90
Anlageträger 77
Anordnung
—lineare Anordnung 131, 132, 137, 147, 198
Anordnung der Aminosäuren 157, 178, 181
Anordnung der Basen 74, 146, 162, 163, 170, 172, 175, 178, 180, 194, 202, 203
Anordnung der Chromosomen 84, 129
Anordnung der Elemente 107, 111, 113, **197**
Anordnung der kleinsten Theilchen 71, 194
Anordnung der Micelle 73, 194
Anordnung von Nukleotiden 160
anorganisch 53, 56, 58, 62, 63, 65, 70, 72, 134
—unorganisch 48, 71, 73

anorganische/ unbelebte Natur 48, 54, 65, 70, 142
anorganische Naturauffassung 47
Anpassung 57, 63, 64, 66, 82, 113, 135, **184**, 185f
—biochemische Anpassungen 186
—Organ der Anpassung 63, 82
—zufällige Anpassung 179
antagonistische Eigenschaften 118
anthropologische Auffassung 37
anthropomorph 114, 144, 179, 204, 205
—nicht-anthropomorph 206
Anthropomorphie 12, 45, 48, 52, 66, 76, 80, 83, 104, 107, 179, 193, 204, 205, **208f**
Anthropomorphismus, psychologischer 46
anthropozentrisch 36, 187
Anwesenheits-/Abwesenheits-Hypothese 132, 199
A-posteriori-Auslese 206
apriori 48
Apriorizität der Natur 48
Äquationsteilungen 86
Äquatorialplatte 86, 135
Arbeitshypothese 35, 222f
Arbeitsteilung 65, 66, 73, 98, 208
Art 32, 36, 43, 57, 59, 60f, 72, 78, 79, 84, 85, 91, 92, 93, 96, 101, 104, 113, 117, 144, 173, 196, 204, 209, 212
—Baupläne der Arten 96
—Biophoren-Arten 87
—Determinantenart 89
—Entstehung der Arten 60, 72, 79
—Idioplasmaarten 73
—Konstanz der Arten 173
—Neubildung von Arten 100
—Pflanzenart 60
—Stammarten 107
—Tierart 61, 95
—Veränderlichkeit der Arten 43, 168, 182

—zufällige Arten 118
Art- und Eigenschaftsbildung 144, 201
Artbegriff 101
artbildend 211
artbildender Faktor 108
Artcharakter 96, 118
Artefakt 139, 192
artefizielles Gebilde 174
Arten von Pangenen 93, 196
Artendifferenzierung 50
Artenkonstanz und Artenwandel 16, 36, 61, 168
Artenwechsel, spekulativer 134
Arterhalt 84, 113, 114, 179, 213
Artgrenzen 31
Artmerkmal 211
Artnamen 173
Artunterschied 40
Arzt 5, 55
Assimilation 86, 92, 140, 196, 209
Asylum ignorantiae 57
Äther 68
Atom 19, 56, 58, 59, 61, 62, 65, 66, 70, 76, 77, 78, 90, 91, 112, 141, 145, 186, 193, 195
—Kohlenstoffatom 77, 91, 157
—Wasserstoffatom 162, 164, 201
Atom-Seele 65, 193
atomarer Baustein 70
atomares Zentrum der biologischen Kräfte 189
atomistisch 44, 50, 123, 194
—Hyperatomismus 184
atomistische Auffassung 184
Atomtheorie 144, 201
Atomvorstellung 78, 194
Auffassung
—anthropologische Auffassung 37
—atomistische Auffassung 184
—Darwins Auffassung 127
—darwinistische Vererbungsauffassung 72

—dynamisch relativierende Auffassung 184f
—Genauffassung 138, 139, 208
—instrumentelle Auffassung 37
—Merkmalsauffassung 116
—molekularbiologische Auffassung 71
—Naturauffassung 47, 65
—physiologische Auffassung 138, 28
—Realitätsauffassung 188
—statistisch-atomistische Auffassung 184
—Vererbungsauffassung 31, 72, 96, 111
Aufgaben des Menschen 219
Aufklärung, rationale 37
Augustiner 99, 115
Auslese 66, 206
äußere Bedingungen 79, 135
äußere Erscheinung 108, 126, 197
Autokatalyse 30, 137, 148
Autonomiegedanke 180
autosynthetisch 185

B

Bakterium/Bakterien 41, 147, 151, 153, 185, 205
—Colibakterien 151, 152, 166, 172, 175, 203
Bakterienwand 153
Bakterienzelle 147, 151
Base 40, 152, 154, 156, 158, **160–175**, 203, 211
—Anordnung der Basen 74, 146, 162f, 170, 172, 175, 178, 180, 184, 194, 202, 203
—DNS-Basengehalt 174
—Einzelbase 171
—fehlerhafte Basen 171
—komplementäre Basen 163, 169, 202, 203
—Längsanordnung der Basen 178, 194

—organische Basen 172
—Purinbase 152, 165
—Pyrimidinbase 161, 165
—Stickstoffbase 160, 172
—Zucker-Basen-Bindung 157
Basenebene 157
Basenfolge 158, 160, 162, 163, 165, 168, 171, 178, 203, 216
—Individualität der Basenfolge 163
Basengehalt 155
Basengruppen 171
Basenkode 171
Basenkomplementarität 30
Basenmuster 169, 203
Basenpaar 40, 162f, 165, 166, 169, 172, 203
Basenpaarung 152, 163, 165, 172, 203
Basenpaarungsregel 168
Basensequenz 30, 66, 168
Basenspezifität 32, 168
Basenstellung 156, 158, 160, 170
Basentriplett 39, 77, 170, 175, 176
Basenverlauf 171
Bastard 100, 108, 118
—Spaltungsgesetz der Bastarde 118
Baueinheit 88, 148
Baumaterial 75, 149
—Baumaterial von Körpersubstanz 139
Baumeister 143, 192
Bauplan 60, 114, 143, 201
—erblicher Bauplan Gen 139
Baupläne der Arten 96
Baupläne der Lebewesen 57, 170
Bauprinzip 104, 174
Baustein 70, 95, 96, 162, **172**, 175
—DNS-Baustein 30
—Körperbausteine 105
Bausubstanz 121, 145, 147, 181
Bedingung 27, 35, 56, 85, **122**, 144, 179, 201, 215
—äußere Bedingungen 79, 135
—Ernährungsbedingungen 85

—historische Rahmenbedingungen 10
—kontrollierte Bedingung 54
—Lebensbedingung 85
—notwendige/ hinreichende Bedingung 59
—Randbedingung 178, 204, **218f**
Bedingung der Möglichkeit der Evolution 30, 32
Bedingungscharakter 125
Befruchtung 31, 41, 42, 43, 63, **80f**, 82, 84, 89, 93, 94, 102, 107, 117, 127
—künstliche Befruchtung 215/216
—Selbstbefruchtung 101, 103
Befruchtungslehre 22
Befruchtungsstoff 81
Befruchtungszelle 111, 113
Begonie 58
Begriff 19, 25, 26, 30, **37**, 43, 45, 48, **49**, 56, 68, 75, 84, 90, **124f**, 183, 187, 205, **227**
—Anlagebegriff 73
—Artbegriff 101
—Bewegungsbegriff 52
—biologischer Begriff Gen 125
—biologischer Vorbegriff 144, 201
—Elementbegriff 105, 115
—Fachbegriff 64, 207, 209
—Genbegriff 13, 14, 16, 17, 18, 20, 24, 25f, 27, 29, 31f, 39, 40, 70, 76, 77, 85, 106, 113, 121, 127, 135, 136, 176, 185, **188**, 198 199, 200, 206, 208, 209
—Geschichte des Genbegriffs 28, 180
—Begriffsgeschichte des Genbegriffs 27
—Grundbegriff
—biologischer Grundbegriff 38
—Grundbegriffe der Dynamik 53
—Grundbegriffe der Praxis 219
—Hauptbegriff über die Genesis von Lebewesen 125

—klassischer Genbegriff 39, 95, 133, 148, 177, 183, 188
—Kraftbegriff 52, 85
—Kausalitätsbegriff 173
—leerer Begriff 52
—Leitbegriff der Materie 62
—lokalistischer Genbegriff 122
—Materiebegriff 23, 52, 56, 85, 209
—Merkmalsbegriff 104f
—moderner Genbegriff 20
—Naturbegriff 37, 83
—Oberbegriff 22, 45, 116, 121, 211
—Substanzbegriff 72, 209
—Vererbungsbegriff 8, 76, 111
—Vorläuferbegriffe 17, 206
—Wesensbegriff 84, 114
—Zellbegriff 41
—Zufallsbegriff 114
Begriffe apriori 48
Begriff der Entelechie 52
Begriff der Gesundheit 12
Begriff der Materie 62, 209
Begriff der Praxis 37
Begriff der Substanz 72, 209, 220
Begriff des Biologischen 215
Begriff des Biophors 86
Begriff des Exakten 50
Begriff des genetischen Kodes 27
Begriff des Gens 125, 126, 219
Begriff des Naturzwecks 204
Begriff des Organismus 187, 192
Begriff des Physiologischen 59
Begriff des Plastiduls 191
Begriff des Realismus 187
Begriff einer inneren Dynamik von Materie 52
Begriff eines Selbst 136
Begriff Faktor 16, 123
Begriff Leben 35, 56, 114
Begriff materieller Erbeinheiten 38
Begriff von Erbe 220
Begriff von Zeugung 211

Begriffe Element und Faktor 191
begrifflich
—begriffliche Anpassungen 76
—begriffliche Entfaltung 13, 28
—begriffliche Selbsttäuschung 209
—begriffliche Umschreibung der Formelaussage 66
—begriffliche Verworrenheit 123
—begriffliches Inventar 211
—begrifflicher Übergang 18
Begrifflichkeit 33, 55, 72, 103, 142, 191, 197, 206, 216
—Frühzeit der Begrifflichkeit 32
—Vorbegrifflichkeit 27, 39
Begrifflichkeit der aktuellen Naturwissen-schaft 83
Begrifflichkeit der klassischen experimentellen Genetik 15
Begrifflichkeit der Physik, energetische 135
Begriffsarbeit 7, 31
Begriffsauffassung und Ideologie des Darwinismus 19
Begriffsbestandteile 33
Begriffsbildung 23, 46, 208
—Begriffsbildung der modernen Leitwissenschaften 125
—biologische Begriffsbildung 26
Begriffsentwicklung 11, 15, 25, 205, 206, 207
Begriffsgeschichte 13
—Begriffsgeschichte des Genbegriffs 27
Begriffsintention des DNS-Modells 28
Begriffslogik 12
Begriffsmerkmale 13, 20, 26, 31, 32, 173
Begriffsumfang 20, 30, 35
begriffs-und problemgeschichtlich 11
Begriffsvergleiche 14
Begriffsverständnis 198
Beharrungsvermögen der Natur 114

belebte/ lebende/ lebendige Materie 57, 66, 90, 92, 93, 144, 159, 172, 175, 293
belebte Stofflichkeit 137
belebte/ lebendige/lebende Substanz 35, 53, 58, 72, 144, 170, 172, 194, 201
Benzolring 140
Beobachterstandpunkt 220
Beschreibung 52, 76, 80, 106, 107, 123, 130
—Anthorpomorphie der Beschreibung 104
—biochemische Beschreibung 39
—Mendels und Darwins Beschreibung 107
—Naturbeschreibung 45, 76
—technomorphe Beschreibung 219
Beschreibung biologischer Vorgänge 53
Beschreibung des Gens 133, 141, 177, 179, 180
Beschreibung von Ursächlichkeit 205
Bestrebungen 114
Betrachtungsweise
—biologisch definierende B. 211
—die von Mendel eingeführte B. 106
Beugungsmuster (radiologische) 164
Bewegung 30, **53**, 56, 59, 67ff, 71, 73, 75, **77f**, 96, **105**, 168
—Entwicklungsbewegung 73
—geformte Bewegung 69, 70
—Gitterbewegungen 70
—Herkunft aller Bewegung 97
—innere chemische Bewegung 53
—Korpuskelbewegung 68
—Lebensbewegung 67
—Massenbewegung 69, 70, 71
—Materiebewegungen 73, 194
—Molecularbewegung/ Molekularbewegung 66, 67ff, 194
—Plastidul-Bewegung 66–69
—Urhebung der Bewegungen 105
—Wellenbewegung 68f

Bewegungsabläufe 83, 90, 200
Bewegungsbegriff 52
Bewegungserscheinung 68, 123, 191
Bewegungsformen 68
Bewegungskonzept 53
Bewegungskraft 47, **52f**, 179
—erbliche Bewegungskräfte 140
Bewegungslehre 70
Bewegungsmuster 66, 105, 194
Bewegungsursächlichkeit 47, 53
Bezugssystem der modernen Genetik 188
Bild von Krankheit 173
Bild von Natur 36
Bildungstrieb 74
Biochemie 24, 30, 66, 139, 144, 180
biochemisch 56, 138, **139**, 144, 178, 179, 181, 204
—physikalisch-biochemisch 144
biochemische Analogien 127
biochemische Anpassung 186
biochemische Beschreibung 39
biochemische Darstellungsweise 13
biochemische Epoche des Gens 180
biochemische Formalisierung 95
biochemische Formelbildung 32
biochemische Formulierung 110, 180, 201, 215
biochemische Reaktion 176, 211
biochemische Stoffe 135, 200
biochemische Stofflichkeit 32
biochemische Stoffwechselreaktion 106
biochemische Substanz 19, 200, 201
biochemische Techniken 24
biochemische Terminologie 104
biochemisches Modell 14, 152, 203
biogenetische Schwingungen 78
biogenetischer Process 67, 70
biogenetisches Grundgesetz 41, 61, 67, 74, 194
Biokatalysator 139
biological specifity 151

Biologie 15, 17, 22, 23, 26, 28, 29, 30, 32, 33, **35f**, 38f, 43, 50, 54, 55, **56**, 63, 79, 97, 107, 108, **114f**, 121, 124, 126, **137**, 140, 142, 169, 173, 183, 186, 187f, 200, 205, 211, 220, 221, 227
—biologisch-materialistische Akzentverschiebung der Biologie 114
—Definition der Biologie 35, 39, 55
—Einheit der Biologie 36
—entteleologisierte Biologie 114
—Entwicklungsbiologie 30, 125, 187
—Evolutionsbiologie 100, 114, 142, 187, 189, 220
—Genbiologie 63
—Geschichte der Biologie 7, 13, 14, 15, 22, 71, 116, 184, 192
—Grundlegung der Biologie 125, 142
—Kardinalfrage in der Biologie 186
—klassische Biologie 23
—mechanistische Biologie 138
—Mikrobiologie 180
—moderne Biologie 109, 114, 115, 187
—Molekularbiologie 27, 142
—Prinzipien der Biologie 57, 142
—Vererbungsbiologie 110
—zentrale Frage der Biologie 36
Biologie der Vererbung 134
Biologie des Gens 177
Biologie des 19. Jahrhunderts 50, 144, 201
Biologie des 20. Jahrhunderts 26, 32
biologisch
—Begriff des Biologischen 215
—biologisch definierende Betrachtungsweise 211
—das Biologische 136, 159, 206
—innerstes biologisches Werdeprinzip 131
—vollkommenes biologisches Prinzip 153, 170, 203
biologisch lebende Materie 159
biologisch-genetische Sichtweise 218

biologisch-materialistische Akzentverschiebung 115
biologische Begriffsbildung 26
biologische Besonderheit 168, 201, 203
biologische Disziplinen 31, 104, 121, 206, 220
biologische Eigengesetzlichkeit 142
biologische Einheit 126
biologische Elemente 108, 111, 197
biologische Erscheinungen 121
biologische Experimente 114
biologische Finalität 187
biologische Formalistik 143
biologische Forschung 18, 111, 121
biologische Fragestellung 174
biologische Funktion 144, 145, 152, 170, 201
biologische Genetik 67, 137, 217
biologische Kausalität 90, **227**
biologische Klassen von Stofflichkeiten 209
biologische Kräfte 189
biologische Sicht 29, 76
biologische Spezifität **21**, 27, 30, 144, 151, 201
biologische Substanzen 145
biologische Systeme 189
biologische Theorien 217
biologische Ursache 19
biologische Vererbung 125
biologische Vererbungslehre 7, 22, 35f
biologische Wissenschaft 36, 185
biologischer Begriff Gen 125
biologischer Grundbegriff 38
biologischer Kode 26
biologischer Vorbegriff 144, 201
biologisches Denken 18
biologisches Gen 135, 146, 199
biologisches Gesetz 128
biologisches Material 179, 204
biologisches Modell 142, 143, 189
biologisches Problem 41

biologisches Wesen 108
Biology
—Evolutionary Developmental Biology 126
biomedizinische Forschung 116
Biomorphie 54
Biophor 83, **86–90**, 93, 123, 127, 192, 195
Biophoren-Arten 87
Biophorengruppen 86
biophysikalische Stringenz 143
Botanik 71
Boten-RNS 176, 177
Buchstabensymbole 126

C
Calor 178
causa efficiens 38, 135, 179, 186, 187, 204
causa finalis 96, 179, 187, 204
causa formalis 179, 204
causa materialis 114, 135, 179, 204
Causalität (vgl. Kausalität)
—Prinzip der Causalität 78
Cavendish-Laboratorium 159, 164
Celline 64
Cellularpathologie 60
Charakter 82, 89, 92, 109, 136, 192
—Artcharakter 96, 118
—organischer Charakter 65
Charakter einer naturwissenschaftlichen Definition 128
Charakteristika des Nichtlebendigen 208
Chargaffsche Regel 152, 163
Chemie 25, 29, 36, 48, 50, 53, 54f, 65, 76, 78, 79, 83, **96f**, 133, 136, 137, 142, 159, 173, 193, 199, 200, 205, 218
—Biochemie 30, 66, 139, 144, 180
—Eiweißchemie 145
—Genchemie 135, 199
—Kohlenstoffchemie 201

—organische Chemie 53
—physiologische Chemie 137
—physiologisierte Chemie 97
—Plasmachemie 64
—Stereochemie 153, 158
Chemie der Vererbung 150
Chemie des Gens 168, 203
Chemie von Makromolekülen 20
chemikalische Faktoren 130
chemikophysikalisch 96, 136, 200, 206
chemikophysikalische Kausalität 138
chemikophysikalische Mechanismen 221
chemisch
—biochemisch 13, 32, 56, 95, 104, 105, 110, 127, 138, **139**, 144, 171, 178, **180f**, 186, 200, 201, 204, 211, 215
—physikalisch-biochemisches Verständnis 144
—elektrochemische Funktion 76
—physikalisch-chemische Elementar-Vorgänge 65, 193
—physiologisch-chemisch 55
—stereochemisch 146, 159, 163, 164, 165
—stereochemische Gesetzlichkeiten 160
—stereochemisches Prinzip 30
chemisch-biologische Funktionsweise 170
chemisch-physikalisch 38, 56, 72, 81, 136, 142, 143, 200, 206
chemisch-physikalische Abläufe 200
chemisch-physikalische Reaktion 204
chemisch-physikalisches Gesetz 56
chemische Bindung 144, 145, 146, 148, 161, 164, 201
chemische Darstellung 140, 176
chemische Eigenschaft **65**, 77, 91, 158, 159, 168, 169, 203
chemische Formulierung 144
chemische Gegebenheiten 165, 203

chemische Gesetzmäßigkeiten 30, 39, 40, 67, 91, 114, 163, 203, 206, 218
chemische Kodierung 207
chemische Körper 127, 207
chemische Moleküle 21, 86, 93
—Ebene chemischer Moleküle 21
chemische Partikel 131, 198
chemische Reaktion 139, 148, 149, 180, 202, 211
chemische Reaktionspartner 218
chemische Stofflichkeit 208
chemische Substantialität 130, 198
chemische Substanz 136, 168, 203
chemische Termini 66, 200
chemische Terminologie 174
chemische und morphologische Einheiten 59, 193
chemikalische und physikalische Prinzipien 144, 201
chemischer Körper 127, 207
chemisches Gesetz, neu gefundenes 203
chemisches Modell des Gens 19
Chiasma 129, 131
choas 135
Chromatide 129, 130, 131, 199
Chromatin 123
chromatische Substanz 129
Chromatophoren 94
Chromosom 15, 16, 19, 21ff, 77, 84, 87, 94, 112, 114, **128–133**, 137, 138, 140, 143, 144, 147, 168, **179f**, 180, 183, 184, **198ff**, 201, 204, 218, 219, 220
—Anordnung der Chromosomen 84, 129
—Bezeichnung Chromosom 122
—Geschlechtschromosom 128, 130, 138
—homologe Chromosomen 147, 148, 168
—Längsspaltung der Chromosomen 84, 129
—Riesenchromosom 130, 140, 198, 202
—Schriftnatur der Chromosomen 23
—Segment des Chromosoms 138
—Urschrift der Chromosomen 143
—Zahlenkonstanz der Chromosomen 122
Chromosomenbruch 133, 199
Chromosomenmechanismus 147
Chromosomenmutation 138
Chromosomenpaarung 147
Chromosomensatz 84, 147
Chromosomenstoffwechsel 146
Chromosomenstruktur 138, 146, 202
Chromosomenteilung 146
Chromosomentheorie 21, 23, 29, 130
Chromosomentheorie der Vererbung 17, 21ff, 39, 85, 126, 128, 130, 183, 199
Chromosomentheorie des Gens 15, 137, 140
Chromosomenzahl 84, 117, 138, 153, 203
Cistron 179
code (vgl. Kode)
—genetic code 26f
Codon 176, 177, 179
—Missense-codon 176
—Nonsense-codon 176
Cold Spring Harbor Laboratorien 23
Cold Spring Harbor Symposia on Quantitative Biology 147
Colibakterien 151, 172, 175, 203
Collegium Philosophicum 61
Computerwissenschaft 143
contractile Substanz 64
crossing-over 80, 128, 130, 131, 133, 138, 199, 200
Crossingover-Häufigkeit 133
Crossingover-Wahrscheinlichkeit 131
Cytode 64
Cyto-Idioplasma 82
Cytoplasma 93 (vgl. Zytoplasma)

Cytosin 151, 152, 154, 162, 163, 165
—5-Hydroxymethylcytosin 151

D
Darstellung 39, 50, 128, 144, 200, 201
—chemische Darstellung 140, 176
—formelhafte Darstellung 32
—induktive Darstellung 46
—mechanistische Darstellung 179, 204
—molekulare Darstellung 141
Darstellungsweisen 143
—biochemische Darstellungsweise 13
Darwinismus
—Begriffsauffassung und Ideologie des Darwinismus 19f
darwinistisch
—darwinistische Rivalität 124
—darwinistische Vererbungsauffassung 72
—darwinistischer Wettbewerb 83
—neodarwinistische Evolutionstheorie 22
Darwins Annahme 193
Darwins Auffassung 127
Darwins bekanntes Wort 124
Darwins Evolutionsauffassung 191
Darwins Evolutionshypothese 207
Darwins Grundgedanke 147
Darwins Hypothese 113
Darwins Pangen 192
Darwins Pangenesisvorstellung/-lehre 95, 123
Darwins provisorische Hypothese 19, 28, 59, 60f, 62, 63, 77, 196
Darwins Selektionshypothese **71**, 217
Darwins Stammbaum der Abstammung 68
Darwins Theorie 59, 61
Darwins Theorem 15
Darwins Vererbungsmechanismus 89
Darwins Vorstellung von Erbpartikeln 191
Darwins Vorstellungswelt 89
Darwinsche Pangenesislehre 123
dauerhafte Veränderung 135
Definition 29, 86, 112, 218, 220
—naturwissenschaftliche Definition 128
—Platons Definition der Idee 49
—wissenschaftliche Definitionen 205
Definition der Biologie 35, 39, 55
Definition der Materie 52f
Definition des Erbfaktors, erste 59
Definition des Gens 19, 25, 28, 29, 31, 32, 136, 137, 139, 149, 169, 173, 220
—klassische Definition des Gens 202
—provisorische Definition des Gens 139, 202
Definition von Merkmal 133
Definitionsmerkmal 127, 199
degenerierter Code 170, 175
Denken 63, 76
—anthropozentrisches Denken 187
—biologisches Denken 18
—induktives Denken 46
—magisches Denken 135
—mechanistisches Denken 71
—objektives Denken 49
—statistisches Denken 184
Denkmodell 53
Denkweise 13, 68, 94, 221
Desoxyribonukleinsäure 16, 17, 19, 39, 150–172, 174
Desoxyribosenucleotide 146
Deszendenztheorie 168, 170, 173, 176, 185
Determinante 25, 33, 83, **87–89**, 123, 126, 127, 192, 195
Determinantenart 89
Determinantengruppe 87, 89
Determinate 87
determinieren 29, 130
determinierende Funktion 127, 192
determiniert 21, 116, 178, 179, 204

Deutsche Botanische Gesellschaft 118
Deutsche Zoologische Gesellschaft 129
Deutscher Idealismus 50
Deutungsmuster
—naturwissenschaftliche
 Deutungsmuster 72
—teleologische Deutungsmuster 52
differentia specifica 40, 114, 158
differentielle Genaktivität 138
Differenzierung 72, 85, 87
—Artendifferenzierung 50
—gewebliche Differenzierung 67, 88, 90, 130, 138
—Organdifferenzierung 91, 94
—stoffliche Differenzierung 200
—Wissenschaftsdifferenzierung 55, 206
—Zelldifferenzierung 26
Differenzierung des Genbegriffs 76, 127
Differenzierung und Begriffsbildung der modernen Leitwissenschaften 125
diploide Zygote 117
diskontinuierliche Veränderung 79
DNA 20, 23, **24**, 25, 26, **151**, 152, 170, 174, 177, 217
DNS 13, 20, 28, 123, 152, 160, 161, 164, 166, **169ff**, 203, 217
—bakterielle DNS 151
—Hauptmerkmale der DNS 160
—Phagen-DNS 151
—Strukturmodell der DNS 152, 203
—Virus-DNS 151
DNS-Achse 167, 168, 172, 202
DNS-Basengehalt 174
DNS-Bausteine 30
DNS-Doppelhelix 32, 176, 207
DNS-Gestalt 174
DNS-Kode 176
DNS-Master-Molekül 27
DNS-Modell 19, 27f, 31, 32f, 156, 162, 168, 169, 174, 176ff, 206

DNS-Molekül 26, 160, 162, 166, 167
DNS-Nukleotidsequenzen 162
DNS-Schablone 27, 162
DNS-Struktur 25, 27, 152, 157, 159, 166, 169, 174
DNS-Synthese 175
Dogma der Genwirkung 178
Doktor Faustus 124
Dolor 178
Domestikation 23, 61
dominant 7, 103f, 109
dominant-rezessiv 109
dominant-rezessiver Erbgang 108
dominante Eigenschaft 104
dominantes Merkmal/rezessives Merkmal 104
Dominanz 89, 104, 107, 109, 187
—Gegensatz von Dominanz und Rezessivität 112
—Gendominanz 132
—Mendels Konzept der Dominanz 112
Dominanz—und Rezessivitätsverhältnisse 107, 211
dominierendes Merkmal 103, 108f
Doppelhelix 7, 13, 20, 28, 32, 87, 145, 152, 166, 179, 207
—Helix 160, 178
—Helix-Struktur 167, 170
Doppelhelix-Modell 20
Doppelmutation 171
Doppelspirale 163, 165, 169, 172
Doppelstrang 153, 156, 163, 178
—Nukleinsäuredoppelstrang 201
Doppelstrangbindung 156
doppelte Anlage 123
Drosophila (melanogaster) 19, 23, 128, 129, 132f, 134, 140, 146, 198, 202
Dürfen und Sollen 219
Dynamik 52, 53, 139
Dynamik des Organismus 138, 200
dynamisch 21, 95, 185

—das Dynamische 200
dynamisch relativierende Auffassung 174
dynamische Eigenschaft 96
dynamische Erklärungsart 53
dynamische Gentheorie 138
dynamische Geschehensgesetzlichkeit 218
dynamische Naturwirkungen 44
dynamische Übertragungsweise 95, 196
dynamische Wirkung des Erbmaterials 82
dynamisches Konzept von Materie 35, 52
dynamisches Naturkonzept 44
dynamisches Verstehen 185

E
egoistisches Gen 216f
Ei 41ff, 51, 80ff, 94, 143
—befruchtetes Ei 127
Ei-Plastide 67
Eierstockfollikel 41
Eigenart des Lebendigen 55, 59
Eigengesetzlichkeit, biologische 142
Eigengesetzlichkeit des Lebendigen 50, 193
Eigenkopie 148
Eigenschaft 36f, 38, 57, 58, 62, 63, **65f**, 71, **73**, 78, **80f**, 82, 83, 92, **94**, 95, 100f, **102–118**, **122**, 123f, **125f**, 130, 150, 173, **187**, 192, 194, 195, 200, 206, 211, **219**
—akzidentelle Eigenschaft – substantielle Eigenschaft 104
—Anlage der Eigenschaft 86, 92
—antagonistische Eigenschaft 118
—Art- und Eigenschaftsbildung 144, 201
—chemische Eigenschaft **65**, 77, 91, 158,159, 168, 169, 203

—dominante Eigenschaft 104
—dominierende Eigenschaft 103
—dynamische Eigenschaft 96
—Erbeigenschaft 91, 92, 112, 196
—erbliche Eigenschaft 43, 82, 85, 91, 92, 93, 94, 196
—erworbene Eigenschaft 17, 60, 173, 197, 217
—Gen der Eigenschaft 125
—Materieeigenschaft 111, 158, 197
—ontogenetische Eigenschaft 118
—selbstreproduzierende Eigenschaften 147
—Stammeigenschaften 102
—wesenhafte Eigenschaften 141
Eigenschaften der Eiweiße 146, 202
Eigenschaften des Gens 147, 181
Eigenschaften materieller Einheiten 58
Eigenschaftsbildung 96, 106, 107, 130, 137, 180, 189, 191, 213, 221
—prima causa aller Eigenschaftsbildung 206
Eigenschaftsentwicklung 63
Eigenschaftskonstanz 144, 200
eigenständige Wirkursächlichkeit 38
Ein-Gen-eine-Eigenschafts-Hypothese 127
Einheit(en) 29, 58, 90, 92, 118, 129, 133, 149, 177, 179, 184, 188, 191, 195, 197, 198, 202, 204, 206, 211, 216, 217, 218
—Baueinheiten 88, 148
—biologische Einheiten 126
—chemische Einheiten 59, 193
—chemische und organische Einheiten 193
—Erbeinheiten 17, 31, 38, 62, 96, 105, 108, 126, 127 137, 191, 200
—materielle Erbeinheiten 38
—singuläre Erbeinheiten 17, 173
—erbliche Einheiten 19, 28, 33, 112, 128, 184, 218

—Faktoreneinheiten 123
—funktionelle Einheiten 180, 188
—Grundeinheit der Vererbung 132, 200
—hierarchische Einheiten 185
—Lebenseinheiten 86, 87, 195
—letzte Einheiten 21, 59
—materielle Einheiten 39, 58, 112, 121, 187, 188
—merkmalsbestimmende Einheiten 129
—Merkmals-Einheit 16, 19, 33, 123, 191
—mikroskopische oder submikroskopische Einheiten 135
—morphologische Einheiten 59, 193
—organische Einheiten 58, 60, 193
—partikuläre Einheiten 62, 96, 112
—physiologische Einheiten 57, 59, 86, 96, 112, 193, 195
—Rechnungseinheit 127
—segmentale Einheit 138, 200
—selbständige Einheiten 91
—stoffliche Einheiten 132, 198
—unabhängige Einheit 180
—Untereinheit 58, 86, 115, 116, 184, 195
—Vererbungseinheiten 112, 122, 132, 198
Einheiten der Biologie 36
Einheit der Funktion 29, 39, 188
Einheit der Natur 45, 48, 50
Einheiten der Erblichkeitslehre 91, 196
Einheiten der Vererbung 149, 189, 202
Einschaltmechanismus 74, 179
Einschaltvorgang 138
Ei-Plastide 67
Eiweiß 126, 139, 140, **145–149**, 153–157, 169, 170f, 175, **177f**, 180, 181, 201, 202, 206
—Fremdeiweiß 178
—körpereigenes Eiweiß 66, 178

Eiweiß-Annahme 144
eiweissartige (sic!) und zuckerartige Stoffe 78
Eiweißaufbau 147, 153, 156, 176
—System des Einweißaufbaus 153
Eiweißchemie 145
Eiweißindividualität 165, 178
Eiweißkode 175
Eiweißkodierung 19
Eiweißmolekül 76, 77
Eiweißstoffwechsel 146
Eiweißsynthese 162, 169, 180
Eizelle 42f, 67, 95, 118
—befruchtete Eizelle 92
—Kern der Eizelle 82
Elektrizität 51, 53
elektrochemische Funktion 76
elektromagnetische Kraft 164
Element 29, 39, 59, 60, 65, 77, 90, 96, 99, **105f**, 107f, **109**, **111**, **112f**, 114, 115, 116, 126, 128, 132, 146, 164, 191, 195, **197f**, **198**, 200, 206
—Anordnung der Elemente 107, 111, 197
—biologische Elemente 108, 111, 197
—differierende Elemente 112
—Elemente der Befruchtungszellen 111
—Elemente der Keimzellen 134
—Erbelement 62, 107, 113, 116
—erbliches Element 19, 116, 134
—histologisches Element 64
—inneres Element 102, 115, 191, 197
—materielle Elemente 26
—Merkmalselement 117
—morphologisches Element 95
—nachrichtentechnische Elemente 143
—paarige Elemente 111, 197
—Plasmaelement 95f
—selbstreproduzierende Elemente 146
—Sexualelemente 61
—Strukturelemente 56, 149
—Tätigkeitselement 60

239

—unabhängige Elemente 132, 198
—Vererbungselement 105
—zelluläre Elemente 123
elementarer Organismus 66
Elementargebilde des Lebendigen 41
Elementarisierung des
 Erbgedankens 105
Elementarität der Erbursachen 116
Elementarorganismus 64
Elementarteilchen 12, 51, 56
Elementarteilchenphysik 135
Elementar-Vorgänge, physikalisch-
 chemische 65, 193
Elementbegriff 105, 115
Elementwirkung 105
Embryo 85, 215f
Embryologie 180
Embryonalentwicklung 29, 30, 31,
 41, 42, 87, 125
embryonale Stammzelle 215
Embryonalperiode 39, 87
Empfängnis 218
Empirie 131
—faktenbezogene Empirie 11
—methodisch-statistische Empirie 115
empirisch **50**, 55, 63, 94, 138, 198
empirische Physik 47
Endprodukt 180
Endprodukt der Zellaktivität 131, 198
Endprodukthemmung 180
Energetik 144, 201
energetisch 135, 136, 138
—materiell-energetisch 27
energetische Begrifflichkeit der
 Physik 135
Energie 90
—potentielle Energie 73
—Strahlenenergie 141
—Wachsthumsenergie 89
Energiegesetze der Physik 137
Energielehre 50
Energieschwelle 141

Energieträger 175
Entelechie 50, **220**
—Begriff der Entelechie 52
Entfaltungsmerkmale 78
Entstehung der Arten 60, 72, 79
Entstehung von Leben 136, 170, 173
entteleologisierte Biologie 114
Entwicklung (biologisch) 17, 26, 28,
 41, 43, 47, 48, 49, 56f, 64, 67f, 70,
 71, 73ff, 78, 82, 83, 85, 87f, 92, 100,
 107, 111, 112, 132, 135, 137, 138,
 143, 144, 151, 173, 184, 185, 187,
 192, 194, 195, 197, 198, 200, 205,
 211, 216, 218, 220
—Eigenschaftsentwicklung 63
—Merkmalsentwicklung 39
—Resistenzentwicklung 185
—Wiederentwicklung 61
Entwicklungsbewegung 73
Entwicklungsbiologie 30, 125, 126, 187
Entwicklungshypothese 56
Entwicklungslehre 65
entwicklungsmechanisch 96
Entwicklungsmöglichkeit 127, 184
Entwicklungsphysiologie 56
Entwicklungsschritte des Eies 41
Entwicklungssystem 31f, 48, 184, 204
Enzym 29, **140**, 145, 148, 149f,
 154–157, 168, 180, 181
—adaptive Enzyme 153
—Polymerisationsenzym 168, 176
—Steuerung von Enzymen 145
Enzymproduktion 19, 180
Enzymspezifität 154f
Enzymsteuerung 19, 153
Enzymsynthese 153
Enzymtheorie des Vererbungsstoffs 20
Enzymwirkung des Gens 144, 157
Epigenese 42
epigenetisch 21, 29, 30, 42, 90, 204
Epiphänomen 63, 126
Erbanlagen 28, 29, 62

Erbe 83, 220
Erbeigenschaften 91, 92, 112, 196
Erbeinheit 31, 62, 96, 105, 126, 127,
 191, 200
—materielle Erbeinheiten 38
—singuläre Erbeinheiten 17, 173
Erbelemente 62, 107, 113, 116
Erbfaktor 22, 62, 79, **83**, 89, 105, **109f**,
 113, 116, 126, 128, 130, 133, 139,
 177, 198
—erste Definition des Erbfaktors 59
Erbgang 7, 57, 129
—dominant-rezessiver Erbgang 108
—intermediärer Erbgang 108
—Mendelscher Erbgang 109, 130
Erbgedächtnis 66, 95, 194, 196
Erbgedanke, Elementarisierung 105
Erbgefüge 131
Erbgeschehen 15, 114, 206
Erbgesetze 101, 103
Erbgut 77, 83, 84, 85, 136, 172
Erbinformation 77, 168
erblich 62, 63, **104f**, 121, 135, 150,
 183, 187
erblich und nicht erblich 104, 121
erbliche Anlage 7, 72, 94, 122, 196
erbliche Bewegungskräfte 140
erbliche Eigenschaft 43, 82, 85, 91, 93,
 94, 196, 197
erbliche Einheit 19, 28, 33, 112, 128,
 184, 218
erbliche Erkrankung 140
erbliche Körperfunktion 105
erbliche Materie 115
erbliche Reaktionsnorm 122
erbliche Wirkung 127, 132, 200
erblicher Bauplan 139
erbliches Element 19, 113, 116, 134
Erblichkeit 77, 92, 116, 186f, 189,
 195, 198
—Gesetz der Erblichkeit 79
—Nichterblichkeit 178, 186f

Erblichkeit erworbener
 Eigenschaften 60
Erblichkeitslehre 126, 196
—Einheiten der Erblichkeitslehre
 91, 196
Erblichkeitsprinzip Gen 205
Erblichkeitsvorstellung 186
Erbmasse 60, 63
Erbmaterial 16, 17, 26, 39, 75, 82, 84,
 85, 117, 178, 188, 203
Erbmerkmal 30, 129
Erbpartikel 96
—Darwins Vorstellung von
 Erbpartikeln 191
Erbregeln, Mendelsche 109
Erbsubstanz 14, 21, 28, 74, 85, 134f,
 139, **145ff**, 152, 159, 161, 164, 165,
 169, 173, 176, 201, 203
Erbteilchen 89, 196
Erbträger 62, 63, 82, 122, 206
 (vgl. Vererbungsträger)
—partikulärer Erbträger 57, 77, 112
Erbursachen
—Elementarität der Erbursachen 116
Erbverhalten 101, 104
Erfahrung 45, 47, 48, 144, 201, 205
—Eigenerfahrung 205
—Lebenserfahrung 66
—Selbsterfahrung 83, 212, 220
Erfahrungsweise 75
Erkenntnis 11, 22, 27, 45, 54, 56, 63,
 67, 142, 209
—deduktive Erkenntnis 55
—Naturerkenntnis
 —apriorische Naturerkenntnis 48
 —Prinzipienlehre der
 Naturerkenntnis 142
—wissenschaftliche Erkenntnis
 11, 22, 71
Erkenntnisideal 67
Erkenntnismethode 186
Erkenntnisquelle 83

erkenntnistheoretisches Programm 45
Erkenntnistheorie 11
Erkenntnisweg 24, 142
Erklärung
—genetische Erklärung 183
—Um-zu-Erklärung 79
Erklärungsweg, genbiologischer 136
Erkrankung 38, 46, 169, 181
—erbliche Erkrankung 140
—Stoffwechselerkrankungen 148, 202
Ernährung 51, 62, 64, 66, 83, 92, 196
Ernährungsbedingungen 85
Ernährungsplasma 75
Erregung, molekulare 82
Erscheinung 36, 51, 56, 65, 71, 72, 75, 108, 112, 126, 184, 193, 194, 196, 197, 211
—Bewegungserscheinung 68, 123, 191
—biologische Erscheinungen 121
—innere Ursache und äußere Erscheinung 106, 126
—Lebenserscheinungen 56, 64f, 91
—materielle Erscheinung 56
—Naturerscheinungen 69
—Vererbungserscheinungen 101
Erscheinungen des Lebens 35
Erscheinungsbild 24, 104, 108, 116, 143
—Gesamterscheinungsbild 101
erste Lebewesen 91
erste Ursachen 136
Erstprinzipien 180, 219
Erstursache
—genetische Erstursache 188
erworbene Eigenschaft 17, 60, 95, 173, 197, 217
—Nichterblichkeit erworbener Eigenschaften 178, 187
erworbene Merkmalsänderungen 178
erworbene Veränderungen 84
Erzeugung 106, 147, 150, **211f**, 215
—zweckgerichtete Erzeugung 126

Erzeugungsweg, technischer 219
Escherichia coli 151, 203
essentiell 114
essentielle Aminosäuren 175
Essenz 26, 112, 117
Essenz der Humanität 217
Essenz der lebendigen Natur 185
Ethik 35, 57, 186, 216
ethische Fragen 215
Evolution 22, 30, 32, 59, 60, 134, 159, 170
—Grundlage aller Evolution 184
—vorbiologische Evolution 136
evolutionäre Entwicklungsbiologie 126, 187
evolutionäre Fragestellung 208
evolutionäre Herkunft der Erbanlagen 28
evolutionäre Synthese 125
evolutionäre Variabilität 29
evolutionäre Veränderung 184
evolutionärer Kampf der Erbteilchen 196
Evolutionary Developmental Biology 31, 126
Evolutionismus 170
evolutionistisch 90, 159, 176, 218, 220
Evolutionsauffassung Darwins 191
Evolutionsbiologie 100, 114, 142, 187, 189, 220
Evolutionsgedanke Darwins 59
Evolutionsgenetik 125
Evolutionsgeschichte 32, 176
Evolutionshypothese 57, 207
Evolutionstheorie 14, 22, 32, 35, 56, 62, 63, 179, 193, 220
evolutionstheoretisch 57, 173, 212
evolutionstheoretische Genvorstellung 204
Evolutionsvorstellung 55, 62, 159
Experiment (grundsätzlich) **37**, 55, 114, 131, 135, 186, 187, 188, 219

—Gedankenexperiment 119, 162
—Hybridisierungsexperiment 70, 191
—Kreuzungsexperiment 22, 24, 29, 128, 134, 171
—Tierexperiment 54
Experimentalsystem 29, 31, 207
experimentell 24, 37, 45, 54, 57, 75, 77, 99, 114, 118, 128, 133, 152, 205
—empirisch-experimentelle Ergebnisse 198
—vorexperimentelle Erörterungen 31
—Wahrheitskriterium experimenteller Beobachtbarkeit 200
experimentelle Genetik 15
experimentelle Merkmalsanalyse 39
experimentelle Modellbildung 205
Expression
—Genexpression 63
Expression eines Merkmals 132, 199
Expressivität 94, 211

F
Fachbegriff 207, 209
Fachsprachen 55
fachwissenschaftlich 55, 219
Faktor 16, 19, 33, 83, 86, 88, 92, 93f, 105, 106, 112, 113, 115, 118, 122, 123, 138, **191**, 196, 197, 206, 208, 218
—artbildender Faktor 108
—chemikalische Faktoren 130
—Einzelfaktoren des Genotyps 127
—Erbfaktor 22, 58, 59, 62, 79, **83**, 89, 105, 109f, 113, 116, 126, 128, 130, 133, 139, 177, 198
—genetischer Faktor 132, 138, 198, 208
—hypothetischer Faktor 132
—Mendelscher Faktor 130, 198
—Merkmalsfaktor 110, 117
—Teilfaktoren in den Keimzellen 117
—Ordnungsfaktor 188
—Vererbungsfaktor 106, 108, 186
—Wirkfaktor Gen 133

Faktor des Genesisverlaufs 211, 218
Faktoren der Eigenschaftsbildung 180
Faktoren der Vererbung 88
Faktorenaustausch 80
Faktoreneinheit 19, 123
Faktorenkonstellation 114
Faktorenunion 113
Feingenetik 183
Ferment 123, 139
Fette 140
Filialgeneration 102, 103, 108
final 148, 204
—causa finalis 65, 96, 179, **187**, 204
finale Erklärung 186
finaler Standpunkt 186
finales Bewirktsein 205
finalistisches Modell der Vererbung 187
Finalität 187, 218
fittest for survival 220
Follikel 41
—Eierstockfollikel 41
—Eifollikel 96
Form
—Bewegungsformen 68
—Stabilität der Form 83
Form der Eizelle 95
Form der Gemmarien 95
Form der Species 55
Form des Organismus 58
Form von Wachstum 61
formal 24, 29, 39
—causa formalis 179, 204
Formalisierung 32, 66, 108
—algebraische Formalisierung 29
—biochemische Formalisierung 95
—wissenschaftliche Formalisierung 90, 104
Formalistik, biologische 143
formalistisch genetische Erklärung 183
Formel 32, 108, 126, 179, 192, 204

243

—chemische Formel 145
—Furbergs Formel 157
—Genformel 126, 192
—hypothetische Formel der Chemiker 76
—Modellformel 27
—Strukturformel 163, 203
Formelaussage 66
Formelbildung, biochemische 32
formelhafte Fassung 126
Formelmodell 153
Formelzusammenhang 66
Formulierung 38, 52, 108, 121, 124, 180
—biochemische Formulierung 110, 180, 201, 215
—chemische Formulierung 144
—heutige Formulierung 76
—hypothetische Formulierung 191
—naturgesetzliche Formulierung 87
—Neuformulierung des Gens 137
—wissenschaftliche Formulierung 131
Formulierung der Wirklichkeit 52
Forschung 54f, 83, 131, 171, 204, 208
—biologische Forschung 18, 111, 121
—biomedizinische Forschung 116
—Einzelforschungen 55
—Evolutionsforschung 31
—Genforschung 170
—Grundlagenforschung 36
—Historizität von Forschung 208
—Immunforschung 145
—präzisierende Forschungen der Epoche 56
—Tumorforschung 151
—Vererbungsforschung 21, 91, 92, 105, 115, 185
—zeitgeschichtliche Forschung 13
—Zellforschung 30
Forschungsauffassung 116
Forschungsgemeinschaft 180
Forschungsobjekt 29
Forschungsprogramm 21

Forschungsstand 22
Forschungsweise 208
Forschungsziel 91
Forschungszwecke 11
Forschungszweig der Biologie 121
Fortpflanzung **36–38**, **41f**, 52, 57, 60, 64, 66, 69, 71, 84, 114, 145, 147, 173, 179, 194, 195, 204, 205, 209, 211, **218f**
—geschlechtliche Fortpflanzung 67
—technisches Fortpflanzungsverhalten 219
Fortpflanzung der Gene 179
Fortpflanzungsvorgang 144, 201, 212
Fortpflanzungszelle 86, 107, 109, 195
Fragekonzept 88
Fragemethode 185
Frageverlust 170, 219
Freiheit 23, 211, **219**
Fremdeiweiße 178
Friedrich-Schiller Universität Jena 64
Functio laesa 178
Funktion 24, 29, 55, 56, 72, 83, **105**, 126, 141, 177, 178, 185, 186, 187, 206, 209, 217
—biologische Funktion 144, 145, 152, 170, 201
—chemisch-biologische Funktionsweise 170
—determinierende Funktion 127, 192
—Einheit der Funktion 29, 39, 188
—elektrochemische Funktion 76
—Genfunktion 18, 20, 24, 30, 146, 171
—Regulation der Genfunktion 180
—Körperfunktion 40, 105
—Lebensfunction (sic!) 66, 193
—physiologische Funktion 105
—Proteinfunktion 168
—Zellfunktion 150, 151, 185
funktionalistisch
—funktionalistische Lebensqualität 219

244

—funktionalistischer Physikalismus 174
Funktionalität 79, 181
funktionell 189, 220
funktionelle Einheit 180, 188
funktionelle Substanz 145
funktioneller Zustand 88
funktionelles Gen 149
Funktionsabläufe 72
Funktionseinheit 29
Funktionsmechanismus von
  Teilchen 57
Funktionsprotein 139, 181
Funktionsverlust 171
Funktionsweise 26, 191
—chemisch-biologische
  Funktionsweise 170
Furbergs Formel 157f

G
Galvanismus 53
Gameten 108, 117, 123f, 131, 147, 192
Gametogenese 113
Gamophagie 89
Gattung 104, 114, 173, 204
Gedächtnis **66f**, 69, 193
—Erbgedächtnis 95, 194, 196
—phylogenetisches Gedächtnis 67, 73, 83, 194, 195
—unbewusstes Gedächtnis 193f
Gedankenexperiment 119, 162
geformte Bewegung 69, 70
Geheimnis des Lebens 136
geistesgeschichtlich 22
Geistseele 221
Gemmarie 17, 95f, 196f
Gemme 95f, 197
Gen 7, 16, **18f**, 21, 22, 23, **24ff**, 28, **29**, 30, 31f, 60, 66, 77, 78, 86, 88, 101, 106, 114, 121, **122**, **124–153**, 160, 163, 169, 174, 176f, **179–186**, **187ff**, **192**, 195, 197, **198–207**, 208, 213, 215ff, 218–221

—Begriff des Gens 125, 220
  (s. auch Genbegriff)
—Beschreibung des Gens 133, 141, 177, 179, 180
—Bezeichnung Gen 140
—biochemische Epoche des Gens 180
—biochemische Formulierung des Gens 201, 215
—Biologie des Gens 177
—Chemie des Gens 169, 203
—chromosomales Gen 16
—Chromosomentheorie des Gens 15, 137, 140
—Definition des Gens 19, 28, 31, 137, 139, 149, 169, 202
  —klassische Definition des Gens 149, 202
—egoistisches Gen 216f
—Eigenschaften des Gens 200
—Fortpflanzung der Gene 179
—funktionelles Gen 149, 202, 220
—Geschichte des Gens 18, 108
—Gesetz mit dem Namen Gen 128
—homologe Gene 132, 199
—identische Verdopplung des Gens 153
—Identität des Gens 179, 204
—Konzeptcharakter des Gens 137
—Modell des Gens
  —chemisches Modell des Gens 19
  —molekulares Modell des Gens 143
—Nachbarschaftslage des Gens 188
—nacktes Gen 136
—Neukombination der Gene 126, 192
—Physiologie des Gens 147
—Plasmagene 94
—Prinzip Gen 38, 209
  —Abstraktionsprinzip Gen 198
  —Erblichkeitsprinzip Gen 205
  —Vererbungsprinzip Gen 208
  —Werdeprinzip Gen 180
—provisorische Definition des Gens 149, 202

—Schaltgene 184
—Stabilität des Gens 128
—Strukturgene 24, 180
—Systemcharakter des Gens 30
—Terminus Gen 3, 17, 111, 116, 126, 206
—Theorie des Gens 134, 138, 173
    —Chromosomentheorie des Gens 15, 137, 140
    —klassische Theorie des Gens 185
—Tochtergen 135, 199
Gen der Eigenschaft 125
Genabschnitte 26
Genaktivierung 87
Genaktivität 26, **139**, 148, 201
—differentielle Genaktivität 145
Genauffassung 18, 139, 208
—mechanische Genauffassung 138
Genausstattung 67
Genaustausch 130, 131
Genbegriff 13, 14, 15, 16, 18, 20, 24, 25f, 27, 29, 32, **38ff**, 70, 76f, 85, 106, 113, 121, 127, 135, 136, 176, 180, 183, 185, **188**, 198, 199, 200, 205, 206, 208f (s. auch „Begriff des Gens")
—Differenzierung des Genbegriffs 76, 127
—Geschichte des Genbegriffs 180
—Inhalt des Genbegriffs 188
—klassischer Genbegriff 39, 95, 148, 177, 183, 188
—lokalistischer Genbegriff 122
—molekularer Genbegriff 30
Genbiologie 63
genbiologischer Erklärungsweg 136
Gendefinition 25, 29, 32, 136, 173 (s. auch „Definition des Gens")
Gendominanz 132
Gene der Mitochondrien 94
Generatio spontanea 78

Generation 7, 66, 69, 85, 86, 94, 102, 103f, 107, 123, 136, 137, 139, 143, 196, 211, 216
—Filialgeneration 102, 103, 108
—Hybridengeneration 101, 102, 112
—Kerngenerationen 81, 83
—Spaltungsgeneration 102
Generationenverlauf 191
Generationsfolge 92, 101
Generationsreihe 42, 137
Generationswechsel 104
Genesis 58, 63, 116, 125, 211
Genesisverlauf
—Faktor des Genesisverlaufs 211, 218
genetic specifity 168, 203
genetics 15, 121, 191
Genetik 13, 14, 15, 17, 22, 23, 24, 25, 29, 30, 31, 33, 36, 58, 78, 101, 109, **121f**, 123, 125, **142f**, 159, 174, 180, 188, 198, 201, 211, 219
—biologische Genetik 67, 137, 217
—Evolutionsgenetik 125
—Feingenetik 183
—Geschichte der Genetik 15, 17, 20, 106
—Humangenetik 109
—klassische Genetik 14, 17, 29, 127, 128, 132, 137, 140, 187, 200, 204
—medizinische Genetik 151
—Mendel-Genetik 187
—Merkmalsgenetik 39
—molekulare Genetik 142
—Molekulargenetik 14, 21, 77, 188, 195
—Name Genetik 100, 105, 116, 121
—physiologische Genetik 180
—Terminus Genetik 43
—wissenschaftliche Genetik 123
—Zellgenetik 177
Genetik des Menschen 220
genetisch 30, 32, 38, **45**, 93, 109, 113, 116 137, 141, 142, 153, 163, 168,

171, 175, 179ff, 183ff, 188, 198, 207, 208, 211, 216, 218, 227
—biogenetisch 67, 70, 78
    —biogenetisches Grundgesetz 41, 61, 67, 74, 96, 194
—epigenetisch 21, 29, 30, 42, 90, 204
—historisch-genetisch 63
—innergenetisch 24
—molekulargenetisch 21, 181
—ontogenetisch 67, 88, 118, 194
—pangenetisch 93
—pathogenetisch 178
—phylogenetisch 63
    —phylogenetische Frühgeschichte 94
    —phylogenetische Gewebebildung 67, 194
    —phylogenetisches Gedächtnis 67, 73, 83, 194, 195
    —phylogenetischer Standpunkt 186
—polygenetisch 29
—Wort genetisch 43
genetisch beteiligte Atome 141
genetisch chemisch-physikalische Perspektive 206
genetische Beschreibungsversuche 58
genetische Erklärung, formalistische 183
genetische Erstursache 188
genetische Gesetzmäßigkeit 161
genetische Information 178
genetische Modellbildung 23
genetische Molecular-Theorie (sic!) 65
genetische Organisation 174
genetische Theoretisierung, Frühzeit 93
genetische Ursache 122
genetische Urschrift 143
genetische Verschlüsselung von Eiweißen 170
genetische Wirkung 135
genetischer Faktor 132, 138, 198
genetischer Informationsfluss 162

genetischer Kode 24, **26f**, 30, 180
genetischer Mechanismus, universeller 173
genetischer Umgebungseinfluss 188
genetisches Gefüge 126
genetisches Material 26, 145, 201
genetisches Prinzip 163, 194, 220
genetisches Programm 178, 208
genetisches System 148, 184
Genexpression 63
Genformel 126, 192
Genfunktion 18, 20, 24, 30, 146, 171
—Regulation der Genfunktion 180
Genfrage 148
Gengruppe 132, 133, 198
Genkarte 19, 132, 133, 137
Genkode 135
Genkonkurrenz 196
Genkonzept 183, 185, 187f
—klassisches Genkonzept 138, 184, 200
—physikalisches Genkonzept 128
—Realitätsanspruch des Genkonzepts 187
—statistisches Genkonzept 128
Genkoppelung 29, 198
—Gesetz der Genkoppelung 130
Genlage 132
Genlocus 133
Genmerkmal 163, 203
Genmodell 32, 171, 189, 204
Genmodell von Watson und Crick 179, 204
Genmoleküle 141, 148
Genmuster 148, 169, 181
Genmutation 138, 140
Gennachbarschaft 132
Genom 30, 77, 132, 138, 174, 181, 199, 205, 208, 216, 218
Genom-Analyse 14
Genomik 30

Genotyp 29, 124, 126, 127, 189
Genotyp/Phänotyp 194, 198, 200, 208
Genphysik und Genchemie 135, 199
Genphysiologie 20, 135, 199
Genpositionen 133
Genprinzip 168, 200, 203
Genprodukt 24, 148, 181, 187
Genregulation 24, 208
Genreplikation 19f
Gensequenz 174
Gensequenzierung 30
Genspezifität, chemische 161
Genstruktur 18, 25, 141, 185, 186
Genstrukturiertheit 33
Gensubstanz 20, 144, 145, 153, 161
gentechnisch 38, 110, 211
Gentechnologie 207, 211
gentechnologisch 139, 211
Gentheorie 18, 19, 93, 130, 185, 199
—dynamische Gentheorie 138
—klassische Gentheorie 16, 185
—physikalische Gentheorie 135
Genträger 13
Genverbünde 30
Genverdopplung 21, 164, 203
Genverständnis 32
Genvorstellung 14, 17, 19, 31, 33, 110, 131, 144, 158, 168, 200, 201, 203, 204, 215
—molekularbiologische Genvorstellung 23, 42
Genwirkung 19, 24, 127, 148, 169, 181, 203
—Dogma der Genwirkung 178
gerichtete Kraft 114
—zweckgerichtete Kraft 51, 58
Germ 123
Gesamtorganisation eines Lebewesens 218
Geschehensgesetzlichkeit, dynamische 218

Geschichte 7, 11, 31, 74, **106f**, 137, 212f, 218
—Evolutionsgeschichte 176
—Naturgeschichte 45, 71, 76
—Wissenschaftsgeschichte 11, 12, 13, 126
Geschichte der Biologie 14, 184, 192
Geschichte der Evolution 32
Geschichte der Genetik 15, 17, 20, 106
Geschichte der Medizin
—Medizingeschichte 11, 221
Geschichte der Naturwissenschaften 11, 13, 112, 132
Geschichte des Genbegriffs 180
Geschichte des Gens 18, 108
Geschichte von Biologie und Medizin 71, 116
Geschichtlichkeit des Erbfaktors 116
geschlechtliche Fortpflanzung 67
Geschlechtschromosom 128, 130, 138
geschlechtsgebundene Vererbung 130, 198
Geschlechtsmerkmale 130, 138
Geschlechtszellen 81, 108, 122
Geschöpf 41, 42, 90
Gesetz 35, 46f, 53, 55, 57, 65, 67, 100, 103, **107**, 111, 118, 141f, 175, 197, 201
—biologisches Gesetz 128
—chemisches Gesetz 203
—chemisch-physikalisches Gesetz 56
—Energiegesetze 137
—Erbgesetze 101, 103
—Grundgesetz 91
—biogenetisches Grundgesetz 41, 61, 67, 74, 96, 194
—Grundgesetze der Genetik 123
—Kausalgesetz 71
—Naturgesetz 47, 51, 57, 115
—physikalisches Gesetz 71, 141, 201
—Spaltungsgesetz der Bastarde 118
—sterische Gesetze 168

Gesetz der Erblichkeit 79
Gesetz der Erhaltung von Kraft
 und Stoff 71
Gesetz der Genkoppelung 130
Gesetz der Wasserstoffbindung 163f
Gesetz für die Bildung und
 Entwicklung der Hybriden 100
Gesetze der Bewegungslehre 70
Gesetze der Kombinatorik 106
Gesetze der Mechanik 70
Gesetze der Physik und Chemie 54, 142
gesetzlich determiniert 116
Gesetzlichkeit 59, 91, 96, **143f**, 179, 198
—Eigengesetzlichkeit, biologische 142
—Eigengesetzlichkeit des
 Lebendigen 50, 193
—Geschehensgesetzlichkeit,
 dynamische 218
—Naturgesetzlichkeit 76
—naturimmanente Gesetzlichkeiten 37
—physikochemische Gesetzlichkeit 159
—Strukturgesetzlichkeit,
 statistische 218
Gesetzlichkeit der Kontinuität
 unbelebter Substanz 143
gesetzmäßig 82, 141
gesetzmäßige Kraft 58
Gesetzmäßigkeit 32, 52, 58, 67, 107,
 118, 126, 165, 218
—chemische Gesetzmäßigkeit 30,
 39f, 163, 203
—eigenständige Gesetzmäßigkeit 54,
 196
—genetische Gesetzmäßigkeit 161
—physikalische und chemische
 Gesetzmäßig-keiten 91, 114,
 206, 208
—physikochemische
 Gesetzmäßigkeit 159
—Poesie der Gesetzmäßigkeit 78
—statistische Gesetzmäßigkeit 141
—stoffliche Gesetzmäßigkeiten 69, 83

Gesetzmäßigkeit der Vererbung 43,
 111, 197
Gestell 37f
gesund 109, 169
gesunder Menschenverstand 186
Gesundheit 27, 178, 219
—Begriff der Gesundheit 12
Gesundheit und Krankheit 173,
 178, 221
Gesundheitsverständnis 12
Gewebe 32, 58, 67, 73, 146,
 186, 194
—Organgewebe 88
—organspezifische Gewebe 216
Gewebe- und Organdifferenzierung 94
Gewebearten 19, 138
Gewebebildung, phylogenetische 67,
 194
Gewebelehre 60
gewebespezifizierende Kräfte 88
gewebetypische Genmuster 181
Gewebevielfalt 87
gewebliche Differenzierung 67, 88,
 90, 94, 138
Gigantomachie 89
Glaube 170, 212, 220
glauben 90, 124
Grundbegriff 53, 219
—biologischer Grundbegriff 38
Grundeinheit der Vererbung 132,
 200
Grundgesetz 91
—biogenetisches Grundgesetz 41, 61,
 67, 74, 96, 194
Grundgesetze der Genetik 123
Grundlagenwissenschaft
 der Biologie 43
Grundlagenwissenschaften 53,
 55, 97
Grundlegung der Biologie 125, 142
Guanin 151, 152, 154, 162,
 163, 165

249

H
Haeckels Theorie 68
Haploidie 117
Hauptkeimbahn 92
Heilkunst 221
helikal 166, 168, 174
Helix 169, 170, 172, 178
—Doppelhelix 7, 13, 20, 24, 28, 32, 87, 145, 152, 159, 166, 179, 207
Helix-Struktur 167
Herkunft aller Bewegung 97
heterodynam 89
heuristisch 12, 48, 115, 188, 208, 217
Hierarchie 21, 87, 104, 147, 173, 186
—natürliche Hierarchie 63
—naturwissenschaftliche Hierarchie 142
Hierarchieprinzipien 104
hierarchisch 21, 87, 114, **184f**, 195, 206, 208
hierarchische Einheiten 185
hierarchisches System 185
Hilfswissenschaften 71
histogen 84
Histologie 22, 71
histologisch 56, 64
historisch 7, 8, **11f**, 12, 16f, 19, 28, 33, 48, 53, 57, 64, 87, 115, 136, 142, 175, 195, 196, 207, 209, 216
—kontingent historisch 107
—philosophisch-historische Analyse 38
—wissenschaftshistorisch 8, 20, 28, 32, 45, 128
historisch-epistemologisch 18
historische Dimension 221
historische Epistemologie 11
historische Hypothesen für die Gensubstanz 20
historische Kategorie 67, 74, 194
historische Naturentwicklung 48
historische Ordnung 74

historischer Ursprung von Lebewesen 115
historisches Gedächtnis 67
Historisierung 116
Historizität von Forschung 208
Höherzüchtung der Lebewesen 71
homolog 89
homologe Anlagen 89
homologe Chromosomen 129, 147, 148, 168
homologe Gene 132, 199
homologe Stoffe 147
Homöostase 75
Human Genome Project/ Humangenomprojekt 7, 30, 174, 181, 207, 216
Humangenetik 21, 109
Humanität 217
Hund 41, 96, 216
hybrid 105, 115
Hybride 100, 101, 103, 108, 111, 113
—Di-, Polyhybride 118
—Monohybride 118
Hybridenbildung 60
Hybridengeneration 101, 103, 112
Hybridenpflanze 106, 112
hybrides Merkmal/Hybridenmerkmal 102, 103, 106, 113
Hybridform 109
Hybridisierbarkeit 111
hybridisiertes Merkmal 101, 191
Hybridisierungsexperiment 70, 191, 197
5-Hydroxymethylcytosin 151
Hyperatomismus 184
Hyperselektionismus 184
Hypothese 14, 57, 71, 77, 123f, 132, 173, 191, 199
—Anwesenheits-/Abwesenheits-Hypothese 132, 199
—Arbeitshypothese 39, **207f**
—Darwins Hypothese 113

—Ein-Gen-eine-Eigenschafts-
  Hypothese 127
—Entwicklungshypothese 56
—Evolutionshypothese 57, 207
—historische Hypothese für die
  Gensubstanz 20
—idealistische Hypothese 49
—Micellarhypothese 18
—Nägelis Hypothese 123
—Nukleoprotein-Hypothese 20
—Pangenesishypothese 77
—provisorische Hypothese Darwins
  19, 28, 59, 60, 62, 63, 77
—Selektionshypothese 71, 217
—Sequenzhypothese 30
—Transport-Hypothese 93
Hypothese der Perigenesis der
  Plastidule 62, 68
Hypothese des egoistischen Gens 217
Hypothese eigenständig wirksamer
  Erbeinheiten 96
Hypothese einer Selbstreproduktion
  179, 204
Hypothese für Peptidketten- und
  Nukleinsäuresynthese 153
Hypothese von der natürlichen
  Zuchtwahl 72
Hypothese von Pangenen 91
Hypothesen von Darwin und Haeckel
  77, 194
hypothetisch 12, 57, 60, 77, 115, 155,
  191, 206
hypothetisch angenommene
  Elemente 113
hypothetische Erbfaktoren 83
hypothetische Formel der Chemiker 76
hypothetische Formulierung 191
hypothetische Proteinsubstanz 59
hypothetische Untereinheiten
  der lebendigen Substanz 58
hypothetischer Faktor 132
hypothetischer Realismus 187f, 207

hypothetisches Objekt 187
Hypothetizität, namentliche 15, 57, 72

I
Id 86–90, 195
—Tochterid 87, 195
Idant 87, 89
Ideal
—Erkenntnisideal 67
—Objektivitätsideal 63
—reduktionistisches Ideal 21
—wissenschaftliches Ideal 11, 47
Ideal der Erkenntnis 54
Idealbild menschlichen Seins 219
Idealismus 12, 49
—Deutscher Idealismus 50
Idee 37, 48, **49f**, 51, 56, 72
—Platons Definition der Idee 49
Idee der Zusammensetzung jedes
  Merkmals 117
Idee einer Organisation der
  Erbanlagen 62
Idee eines ursprünglich heilen
  Zustandes 220
Idee gesetzter Zwecke 51
Idee Mendels 105
Idee stofflicher Gesetzmäßigkeiten 69
ideelle Einstellung 53
ideelles Sinngebilde 11
Ideenrealismus 50
identische Reduplikation 87, 170, 179,
  195, 204
Identität des Gens 179, 204
Idioplasma 28, 70, **72–75**, 78, 80, **81**,
  82, 84, 87, 90, 91, 123, 194, 195, 196
—Cyto-Idioplasma 82
Idioplasmaarten 73
Idioplasmatheorie 15, 76
idioplasmatische Zellreihen 74
idioplasmatisches System 76
idioplastische Kraft 91, 196
idioplastische Wirkung 91

Imitation der Natur 78, 207
immateriell 74, 220
Immunforschung 145
Immunsystem 178
inaktive Pangene 94
inaktive Viruspartikel 153
inaktiver Zustand 88
Inaktivität der Determinanten 87
Indeterminiertheit des Gens 135
Individualität 178
—Eiweißindividualität 165, 178
Individualität der Basenfolge 163
Individualität der Chromosomen 122
Individualität des Lebewesens 178, 203
Individualitäten 95, 196
Individuen erster Ordnung 64
Individuum 58, 71, 85, 104, 107, 194, 208
Induktion 46
induktive Begriffsbildung 46
induktive Darstellung 46
induktive Methode 45, 50, 55
Industrie 33, 212
induzierte Mutation 137
inflammatorisch 178
Information **27f**, 177, 178, 207
—Erbinformation 77, 168
—genetische Information 178
—kodierte Information 143
Informationsfluss 162, 178
—undirektionaler Informationsfluss/-transfer 93, 123
Informationsmetapher 26, 27
Informationsmodell 207
Inhalt des Genbegriffs 188
Innen-/Außen-Unterschied 104, 107, 206
inneres Element 39, 102, 115, 191, 197
Insemination, künstliche 42
instrumentelle Auffassung 37
instrumentelle Vernunft 220

intermediäre Einheiten 59
intermediärer Erbgang 108
interner Realismus 188
Intersexe 138
intrazellulär 94, 95, 108, 191, 196
intrazelluläre Pangenesis 18, 91, 118
intrinsische Fähigkeit 58, 193
Inversion 132, 185
in vitro/ in vivo 139
Isotropie des Eies 63, 82

K
Kaiser-Wilhelm-Institut für Biologie 15, 76, 183
Kalkül, mathematisch-physikalisches 54
Kampf 73
Kampf der Erbteilchen 89, 196
Kampf der homologen Anlagen 89
Kampf der Ide 89
Kampf der Replikatormoleküle 216
Kampf der Theile 89
Kampf um Dasein 66, 216
Kardinalfrage in der Biologie der Organismen 186
Kardinalsymptome 178
Kardinalunterschied 209
Katalyse 139, 148, 155
—Autokatalyse 29, 30, 137, 148
—Heterokatalyse 29, 30
kausal 77, 181, 208
—mechanisch-kausal 72
kausaler Einfluss der Hierarchieprinzipien 104
kausaler Standpunkt 186
Kausalgesetz 71
Kausalität 70, 79, 159, 170, 227 (vgl. Causalität)
—biologische Kausalität 90
—chemikophysikalische Kausalität 138
—Wirkkausalitäten 204

252

—Zweckkausalität 45, 70, 199, **204**
Kausalitätsbegriff 173
kausalmechanisch 63
Kausalvorstellungen der
 Vererbung 116
Keim 41, 42, 69, 90, 135, 196
Keim- und Pollenzellen 107, 111, 113,
 197
Keimbahn 28, 84, 88, **92**, 191, 195
—Hauptkeimbahn 92
—menschliche Keimbahn 215
—Nebenkeimbahn 92
Keimbahnast 92
Keimbahntheorie 25
Keimbahnzellen 92
Keimchen 33, **61**, 62, 77, 85, 93,
 122, 193, 206
Keimesanlage 85, 195
Keimmoleküle 85, 195
Keimplasma 28, **83–89**, 90, 91–93, 95,
 109, 123, 132, 191, 195, 198, 218
—Architektur des Keimplasmas 87
—Kontinuität des Keimplasmas 84, 88
Keimplasma-Id 87
Keimplasmatheorie 18
Keimsubstanz 78
Keimzelle 39, 41f, 74, 84, 85f, **88**, 92f,
 102, 106, 107ff, 112, 117, 125, 128,
 129, 131, 134, 137, 138, 195, 197,
 199, 200
—Molekülarstruktur (sic!) der
 Keimzellen 85
—Urkeimzellen 88, 147
—Veränderung der erblichen
 Elemente in den Keimzellen 134
Keim- und Pollenzelle 107, 111, 113,
 197
Keimzellform 106, 197
Kennzeichen des Lebendigen 185, 205
Kern 63f, 80, 82, 93f, 95, 196
—Copulationskern 89

—Eikern 80, 81
—Geschlechtskerne 89
—Spermakern 81
—Zellkern 43, 51, 63, 80, 81, 82, 83,
 91, **93f**, 122, 123, 129, 137, 139, 140,
 146, 147, 153, 169, 177, 183, 191
—Ei- und Samenzellkern 80,
 94, 117
Kern der Eizelle 81
Kernfaden 82, 83
Kernkörperchen 82, 168
Kernplasma 82, 84
Kernsubstanz 43, **80f**, 82
Kernteilung 63, 80, 87, 93, 179
Kernverschmelzung 43, 80, 94, 117
Ketoposition 165
klassische Definition des Gens 149, 202
klassische Genetik 14, 17, 29, 127,
 128, 132, 137, 140, 188, 200, 204
klassische Vererbung 126, 183
klassischer Genbegriff 39, 95, 148,
 183, 188
klassisches Genkonzept 138, 184, 200
kleinste belebte Teilchen 97
kleinstes Teilchen der Keimsubstanz 71
Kode 27, 28, **176f** (vgl. code)
—Basenkode 171
—degenerierter Kode 170, 175
—DNS-Kode 176
—Eiweißkode 175
—genetischer Kode/genetic code 24,
 26f, 30,178
—Genkode 135
—Nukleinsäurekode 175
—Universalität des Kodes 175, 176f
Kode-Mechanismus 144, 170, 201
Kodesprache 175
kodierte Information 143
Kodierung, chemische 207
Kohlenstoff **64f**, 76
Kohlenstoffatom 77, 91, 157

253

Kohlenstoffchemie 201
Kolonien 186
Kombinatorik 106, 109
komplementär 145, 163, 169, 202, 203
Komplementärprinzip 145, 202
Konfiguration 13, 144, 165
—Atomkonfiguration 141
—molekulare Konfiguration 172
—Molekülkonfiguration 73, 194
—Proteinkonfiguration 201
—Standardkonfiguration 157, 165
Königliche Akademie der Wissenschaften Bayerns 78
Konjugation 136, 199
Konkurrenz 124
—Genkonkurrenz 196
Konkurrenzverhalten 113
Konstanz 38, 100, 108, 137, 170
—Eigenschaftskonstanz 144, 201
—Zahlenkonstanz der Chromosomen 122
Konstanz der Arten 16, 137
kontingent 107
Kontingenz 36, 207
Kontinuität 81
—Gesetzlichkeiten der Kontinuität unbelebter Substanz 143
—lebendige Kontinuität 143
—materielle Kontinuität 123, 191
Kontinuität der Keimmoleküle 85, 195
Kontinuität des Keimplasmas 84, 88, 93
kontrollierte Bedingungen 54
Kontrollmechanismen 175
Konzept 7, 8, **19**, 20, 27, 53, 95, 121, 129, 145, 188, 208
—Bewegungskonzept 53
—dynamisches Konzept von Materie 52
—empiristisches Konzept 45
—Fragekonzept 88
—Genkonzept 183, 185, 187f

—klassisches Genkonzept 138, 184, 200
—naturwissenschaftlich-reduktionistisches Genkonzept 8
—physikalisches Genkonzept 128
—Realitätsanspruch des Genkonzepts 187f
—materialistisches Konzept 56
—Mendels Konzept 112, 127
—molekulargenetische Konzepte 21
—Naturkonzept, dynamisches 44
—Nuclein-Konzept 20
—präformationistisches Konzept 43
—Vererbungskonzept 183
Konzept der Basenpaarung 152
Konzept der erblichen Einheiten 19
Konzept der Information 27
Konzept der Spezifität 27
Konzept des internen Realismus 188
Konzept des Organismus 189
Konzept einer Peptidketten-Synthese 169
Konzeptcharakter des Gens 137
kopernikanische Wende 189
Kopie 153, 161, 203, 216f
—Eigenkopie 148
—Negativkopie 178
Kopplungsgruppen 132f, 198
Körper 53, 61, 65, 68f, **87f**, 122, 125, 143, 193, 217, 220
—chemische Körper 127, 207
—lebende Körper 21, 216
—Naturkörper 48, 55, 65, 114
—organische Körper 78
—unbelebte Körper 143
—unorganische Körper 48
—Zellkörper 87, 89
Körperbausteine 105
körpereigenes Eiweiß 178
Körpereigenschaft 73, 197, 206
Körpereiweiß 76, 149
Körperfunktion, erbliche 105

körperlich 54, 122, 132, 200
körperliche Moleküle 69
körperliche Theilchen 69
körperliche Vorgänge 47, 72
körperliche Zellen 92
Körpermerkmal 39, 40, 138, 200
Körpersubstanz 28, 83, 139
Körperzelle 28, 86, 95, 180, 195
Korpuskelbewegung 68
Korrespondenz 77, 208
korrespondierend 75, 130, 149, 176, 202
korrespondierende Basenfolge 165
Kraft 36f, 39, 47ff, **51ff**, 54, 59, 65, 71, 73, **78, 85**, 87, 96, 141, 148, 164, 194, 204, 219
—atomares Zentrum der biologischen Kräfte 189
—Bewegungskräfte 47, 52f, 140, 179
—erbliche Bewegungskräfte 140
—Bindungskräfte **145f**, 158, 161f, 164, 201
—elektromagnetische Kraft 164
—expansive Kraft 53
—gerichtete Kraft 114
—Gesetz der Erhaltung von Kraft und Stoff 71
—gesetzmäßige Kraft 58
—gestaltbildende Kraft 211
—Grundkräfte der Organismen 51
—Grundkräfte des Lebens 86, 195
—idioplastische Kraft 91, 196
—Lebenskraft 52, 54, 56, 205
—Materiekräfte 56
—merkmalsbestimmende Kraft 38
—Prinzip der Erhaltung der Kraft 69
—physikalisch wirksame Kraft 83, 148
—Reproductionskraft 194
—zweckgerichtete Kraft 51, 58
Kraft der Anpassung 113
Kraftbegriff 52, 85
Krankheit 45, 72, 125, 173, 178, 211, 215, 221 (vgl. Erkrankung)

—Bild von Krankheit 173
Krebs 38
Kreuzungsversuche 39, 129, 198
Kristallographie 159, 164
—Röntgenkristallographie 172
Kristalloide 74
Kultur 63
Kulturwissenschaft 12, 22
Kunst 38, 193, **212**
—Heilkunst 221
künstliche Befruchtung 215f
künstliche Insemination 42

L
Längsspaltung 84, 129
latent 56, 75, 94, 103, 196
Latenz 94
Leben **27**, 33, **35f**, 45, 51, 52, 56, 65, 66, 71, 72, 78, 92, 114, 118, **136, 173**, 200, 205, 211f, 217f, 219
—Eigenschaften des Lebens 66, 193
—Entstehung von Leben 136, 170, 173
—Erscheinungen des Lebens 35
—Geheimnis des Lebens 136
—Grundbedingungen des Lebens 59
—Grundkräfte des Lebens 86f, 195
—Lebensformen 31
—Maschinentheorie des Lebens 217
—Überlebensmaschine 216f
—Ursprung des Lebens 176
—Zustand Leben 35
lebende Körper 21, 216
lebende/belebte Stofflichkeit 143, 159, 208
lebende/lebendige/belebte Materie 66, 92, 93, 143, 159, 172, 193
Lebendes 114, 208
—Lebendigkeit des Lebenden 199, 206
lebendige Kontinuität 143
lebendige/lebende/belebte Substanz 35, 53, 58, 72, 144, 170, 172, 194, 201

lebendige/organische Natur 48, 54, 65, 70, 185
lebendige Wechselwirkung 115, 197
lebendige Wesen 124
Lebendiges 22, 26, 32, 36, 48, **50**, 51, 76, 114, 159, 170, **192f**, 205, **208f**
—Eigenart des Lebendigen 59
—Eigengesetzlichkeit des Lebendigen 50, 193
—Elementargebilde des Lebendigen 41
—Evolution des Lebendigen 22
—Kennzeichen des Lebendigen 185, 205
—Spontaneität des Lebendigen 32
—Wissenschaft des Lebendigen 39, 108, 142, 205
lebendiges Protoplasma 64, 93, 94
Lebendigkeit 18, 32, 110, 114, 137, 158, 173, **205f**
Lebendigkeit der Materie 56
Lebendigkeit des Lebendigen 199, **206**
Lebensabläufe 45, 54
Lebensbedingungen 85
Lebensbewegung 67
Lebenseinheiten 86
Lebenserfahrung 66
Lebenserhaltung 114
Lebenserscheinungen **56**, 64, 65, 91
lebensfähig 107, 111, 114, 197
Lebensfunction (sic!) 66, 193
lebensgeschichtliches Merkmal 189
Lebenskraft 52, 56, 205
—zielgerichtete Lebenskraft 54
Lebenslehre 35
Lebensmodell 61
Lebensphänomene 174
Lebensprinzip 206, 209
Lebensqualität, funktionalistische 219
Lebensstoff 65
Lebenstheilchen 65, 86, 195
Lebensträger 86, 195

Lebensvorstellung 220
Lebenswelt 32, 216, 220
lebensweltlich 208, 227
Lebenswissenschaft 22, 33
Lebewesen
—erste Lebewesen 79
—Gesamtorganisation eines Lebewesens 218
—historischer Ursprung von Lebewesen 115
—Modell des Lebewesens 39, 60
Lebewesenhaftigkeit 32, 116, 170, 206, 208, 209
leerer Begriff 52
Leguminosen 101
Lehre 42, 45, 96, 176
—Abstammungslehre 70, 71, 80
—Aristoteles Lehre 69, 111
—Entwicklungslehre 65
—Erblichkeitslehre 91, 126, 196
—Goldschmidts Lehre 184
—Hegels Lehre 49
—Hertwigs Lehre 82
—Lebenslehre 35
—Mendels Lehre 16, 129, 183, 187
—Pangenesislehre, Darwins 123
—Prinzipienlehre 142
—Schellings Lehre 47
—Vererbungslehre 7, 8, 16, 17, 21, 22, 35, 36, 38, 39, 52, 71, 72, 90, 91, 99, 119, 122, 142, 187, 208, 218
—Weismanns Lehre 22, 83f, 95, 197
—Zellenlehre 21, 50
Lehre der Entstehung der organischen Welt 70
Lehre des Menschen 221
Lehre eines Kohlenstoffs 64
Lehre eines Protoplasmas 64
Lehre vom Gen 198
Lehre vom Idioplasma 91, 196
Lehre von ‚bios‘, Leben 35
Lehre von der unbelebten Natur 142

Lehre von der Vererbung 36
Leitbegriff der Materie 62
Leitwissenschaft 125, 128
Licht 68
—ultraviolettes Licht 140, 149, 202
Lichtmikroskopie 63, 131
Liebe 67, 212
lineare Anordnung 132, 137, 147, 198
Locus 218
—Chromosomenlocus 131, 138, 147, 198
—Genlocus 133
lokalistischer Genbegriff 122

M
magisches Denken 135
Magnetismus 53
Makrokosmos 73, 194
Makromoleküle 20, 21
männliches System/weibliches System 80
Marktforschung 186
Material 83, 97, 216
—biologisches Material 179, 204
—Baumaterial 75, 139, 149
—Erbmaterial 16, 17, 26, 39, 75, 82, 84, 85, 117, 177, 178, 188, 203
—genetisches Material 26, 145, 201
—stoffliches Material 83
Materialismus, metaphysischer 72
Materialist 85
materialistisch 96, 183, 188, 193, 194
—biologisch-materialistische Akzentverschiebung 115
—mechanisch-materialistische Vererbungslehre 91
materialistische Formulierung der Wirklichkeit 52
materialistische Prinzipien 74
materialistische Weltanschauung 62
materialistischer Reduktionismus 193
materialistisches Konzept 56

Materialität 133, 137, 144, 191, 192, 201
—physikalische Materialität 135, 199
Materialursachen 75
Materie 48, 51, **52f**, 54, 57, 59, 63, 69, 85, 96, 130, 133, 136, 137, 143, 144, 158, **179**, 188, 191, 200, 201, 204, 209
—Begriff einer inneren Dynamik von Materie 52
—biologisch lebende Materie 159
—causa materialis 114, 135, 179, 204
—dynamisches Konzept von Materie 52
—erbliche Materie, Untereinheiten 115
—lebende/lebendige/belebte Materie 57, 66, 90, **92f**, 144, 172, 175, 193
—Lebendigkeit der Materie 56
—Leitbegriff der Materie 62
—neuzeitlicher Begriff der Materie 209
—Selbstorganisation der Materie 114
—unbelebte Materie 136, 143, 179, 206
—unorganisierte Materie 73
—unorganische Materie 73
—Wissenschaft der Materie 142
Materiebegriff 23, 52, 56, 62, 85, 209
Materiebewegungen 73, 194
Materieeigenschaft 111, 158, 197
Materiekräfte 56
materiell 27, 38, 53, 56, 57, 59, 62, **63**, 64f, 69f, 75, 78, 81, 90, 115, 117, 126, 127, 143, 159, **197**, 206
—Begriff materieller Erbeinheiten 38
—immateriell 74, 220
—nichtmateriell 76
materiell-energetisch 27
materielle Anlage 73
materielle Beschaffenheit 29, 77, 107, 111
materielle Einheiten 39, 58, 96, 112, 121, 187, 188, 211
materielle Elemente 26

257

materielle Erbeinheiten 38
materielle Kontinuität 93, 123, 143, 191
materielle Pangene 95, 196
materielle Partikel 29, 122, 125, 191
materielle Träger der Gene 130, 199
materielle Realität 132
materielle Ursache 178, 203
—materiell definierbare Ursache
  132, 200
materielle Vererbungspartikel 63
materieller Erbfaktor 105
Materiepartikel 206
Materietheorie, dynamische 35, 52
Mathematik 29, 180
mathematisch 122, 158, 160, 161,
  163, 227
mathematisch-physikalisches Kalkül 54
mathematische Ausdrucksweise 56
mathematische Behandlung 184
mathematische Bewegungen 47
Max-Planck-Institut für
  Wissenschaftsgeschichte 14, 26
Mechanik 48, 50, 52, 67, 70, 71, 83
mechanisch 47, 53, 65, 68, 69, **71f**,
  138, 193, 194
—entwicklungsmechanisch 96
—kausalmechanisch 63
mechanisch-kausaler Konnex 72
mechanisch-materialistische
  Vererbungslehre 91
mechanisch-physiologische Theorie
  70, 80
mechanische Genauffassung 138
mechanische Prämisse 74
mechanische Physik 52
Mechanismus 19, 29, 144, **147**, 175
—Ablesungsmechanismus 171
—Chromosomenmechanismus 147
—Einschaltmechanismus 74, 179
—Funktionsmechanismus 57
—genetischer Mechanismus 173
—Kode-Mechanismus 144, 170, 201

—Kontrollmechanismen 175
—Lesemechanismus 171
—Mutations-/Selektions-
  Mechanismus 208
—plastischer Mechanismus 147
—Selbstverdopplungsmechanismus 161
—Vererbungsmechanismus
  Darwins 89
—Vermehrungsmechanismus 145
—Wirkungsmechanismen 133
Mechanismus der Entstehung von
  Leben 173
Mechanismus der Fermente 139
Mechanismus für die Bildung von
  Peptidketten 153
Mechanismus für die Selbstverdopp-
  lung der Erbsubstanz 165, 203
mechanistisch 71
—universalmechanistisch 70
—allgemeinstes mechanistisches
  Prinzip 71
mechanistisch-atomistisch 50
mechanistische Biologie 138
mechanistische Darstellung 179, 204
Medikament 72
Medizin 35, 45, 46, 59, 71, 79, 108,
  173, 186
—Geschichte der Medizin 12,
  71, 116
—Romantische Medizin 46
—Theorie der Medizin 221
Medizingeschichte 11, 54
—Philosophie der
  Medizingeschichte 221
medizinisch 216
—biomedizinische Forschung 116
—humanmedizinische
  Vererbungslehre 36
medizinische Genetik 151
medizinische Therapie 33, 125
Meiose 112, 148, 168
Mendelismus 14, 15, 16, 30

Mendels Fakoren 19, 106, 113, 130, 191, 198
Mendels Konzept 127
Mendels Konzept der Dominanz 112
Mendels Theorie/Lehre 16, 60, 130, 133, 138
Mendelsche Merkmalsfaktoren 110, 117
Mendelsche Regeln 14, 17, 109, 129
Mendelscher Erbgang 109, 130
Mendelsches Merkmal 181
Mensch 7, 8, **32**, 33, 35, 36, **37f**, 42, 53, 63, 70, 79, 83, 84, 114, 116, 137, 205, 209, **212**, **215f**, **218f**, **220f**
—Aufgaben des Menschen 219
—Genetik des Menschen 220
—Stellung des Menschen 220
—wissenschaftlicher Mensch 209
Menschenbild 32, 125, 215
menschliche Freiheit 211
menschliche Keimbahn 215
menschliche Seelen 42
menschliche Selektion 61
menschlicher Geist 23
Menschliches 63, 212
menschliches Genom 30, 174, 181, 216
menschliches Sein 220
menschliches Selbstverständnis 173
menschliches Tun 37, 212
menschlichster Auftrag 219
Menschsein 216
Merkmal 19, 24, 39, 57, 58, 74, 90, 92, 94, 99, 100, **101–109**, 112, 113, **115f**, 117, 121, 123, 125, 127, 129, 130, 134, 136, 138, 140, 141, 186f, **189**, 191, 196, 197, **211**, 218
—Artmerkmal 211
—dominantes/rezessives Merkmal 104, 112
—dominierendes Merkmal 103, 108, 109
—Entfaltungsmerkmale 78
—erbliche/nicht erbliche Merkmale 121

—Erbmerkmal 30, 129
—Expression eines Merkmals 132, 199
—Expressivität eines Merkmals 94
—Geschlechtsmerkmal 130, 138
—hybrides Merkmal/ Hybridenmerkmal 103, 106, 113
—hybridisiertes Merkmal 101, 191
—Körpermerkmal 40, 138, 200
—lebensgeschichtliches Merkmal 189
—Mendelsches Merkmal 181
—Unabhängigkeit der Merkmale 117, 118
Merkmale des Gens 146, 163, 203
Merkmalsanalyse, statistische 39, 108
Merkmalsänderungen, erworbene 178
Merkmalsauffassung 115
Merkmalsbegriff 104f
merkmalsbestimmende Einheiten 129
merkmalsbestimmende Kraft 38
Merkmalsdefinition, phänotypische 133
Merkmals-Einheiten 16, 19, 33, 123, 191
Merkmalselemente 117
Merkmalsfaktoren 110, 117
Merkmalsgenetik 39
Merkmalspaar 102f, 112
Merkmalsqualität 136, 189
Merkmalsspaltung 118
Merkmalswechsel 144, 201
metabolische Reaktion 140
Metabolismus 52, 123, 139, 174
Metaphysik 86, 97, 112
Metaphysiker 78
metaphysisch 12, 36, 45, 46, 50, 53, 63, 77, 108
Metaphysische Anfangsgründe der Naturwissenschaft 35, 44, 52
metaphysischer Materialismus 72
Methionin 149f, 202f
Methode 11, 25, 29, 37, 45, 46, 55, 65, 101, 134, 153, 175, 186, 187, 212

—deduktive Methode 46
—Erkenntnismethode 186
—Fragemethode 185
—heuristische Methode 208
—induktive Methode 45, 50, 55
—naturphilosophische Methode 55
—naturwissenschaftliche Methode 46, 208
—statistische Methode 186, 187
methodisch-statistische Empirie 115
Micelle 72, **73–75**, 76, 80, 81, 96, 123, 186, **194**
Micellengruppe 74, 75, 194
Micellreihen 74, 75, 76, 80
Mikrobiologie 180
Mikrokosmos 115, 128
Mikroorganismen 150, 175, 176
mikroskopisch 42, 51, 56, 97, 128, 131, 133, 206
mikroskopische oder submikroskopische Einheiten 135
Missense-Codone 176
Mitochondrien 94, 176
Mittel 11, 35, 37, 126, 186, 187, 192, 218
Modell 20, 27, 87, 94, 138, 145, 148, 154f, 156f, 160f, 162, 165, 180, 189, **203**, 208
—Analogmodelle 54
—biochemisches Modell 11, 152, 203
—biologisches Modell 152, 189
—chemisches Modell des Gens 19
—Denkmodell 53
—DNS-Modell 19, 27, 28, 31, 32f, 156f, 162, 164, 168f, 174, 176, 177, 202, 206
—Doppelhelix-Modell 20
—Dounces Modell 156f
—finalistisches Modell 187
—Furbergs Modell 165
—Genmodell 32, 171, 179, 189, 204, 207

—hermeneutisches Modell 207
—Informationsmodell 207
—Lebensmodell 61
—molekulares Modell des Gens 143
—Molekülmodell 160, 162f
—Operon-Modell 180
—Rückkopplungsmodell 139
—Strukturmodell der DNS 152, 203
—Synthesemodell des Eiweißaufbaus 156
—technomorphes Modell 216
—Wahrheitsmodell 173
—wissenschaftliches Modell 189, 205
Modell der Biosynthese von Methionin 150
Modell der Erbsubstanz 14, 146, 161
Modell der Vererbung 186f
Modell des Gens 19, 153
Modell des Keimplasmas 83
Modell des Lebewesens 39, 60
Modell des Organismus 60
Modell differentieller Genaktivität 138
Modell physiologischer Einheiten 96
Modellbildung 24, 32, 162, 205, 207
Modelle der Genaktivierung 87
Modellformel 27
Modellkörper 153
Modellorganismen 29
moderne Biologie 109, 115, 187
moderner Genbegriff 20
modernes wissenschaftliches Ideal 11
modernes wissenschaftliches Verständnis 205
Modificationen des Idioplasmas 74
Modifikation der Albuminate 73, 194
Modifikationssystem 184
Modifikatoren 184
Möglichkeit/Wirklichkeit 112
Molecular-Bewegung 66, 67, 68
Molecularbewegung 166, 194
Molecular-Theorie, genetische 65
moleculare Erregungen 82

molecularphysiologisches Gebiet 71
Molekül **51f**, **66**, 69f, 71, 72, 76,
  77f, **85**, 86, 91, 93, 95, 96, 141,
  145, 148, 161, 164, 168, 186,
  189, 193f, 195, **216**
—Bewegungsmuster der
  Moleküle 66, 194
—Bindungstyp der Moleküle 201
—chemische Moleküle 21, 86, 93
—DNS-Master-Molekül 27
—DNS-Molekül 26, 160, 162, 166, 167
—Doppelmolekül 158, 160, 166
—Eiweißmolekül 76, 77
—Genmoleküle 141, 148
—Gruppierung der Moleküle 148
—hochkomplexe Moleküle 21
—Keimmoleküle 85, 195
—komplementäre Moleküle 145
—körperliche Moleküle 69
—Makromoleküle 20, 21
—organische Moleküle 28, 145
—Plasma-Moleküle 85
—Replikatormoleküle 230
—RNS-Moleküle 172
—selbständige Moleküle 216
—Submolekulares 185
—Transportmolekül 172
—Transport-RNA-Moleküle 176
—vitalisierte Moleküle 58, 193
Molekülachse 146, 163, 165, 166,
  172, 202
Molekülaggregate 72
Molekularbiologie 27, 31, 142
molekularbiologische Auffassung 71
molekularbiologische
  Genvorstellung 23, 42
molekularbiologische Wirkungen
  der Gene 188
molekularbiologische Zellforschung 30
molekularbiologischer Bereich 30
molekularchemische
  Modellentwicklung 27

molekulare choas 135
molekulare Darstellung 141
molekulare Erregungen 82
molekulare Genetik 142
molekulare Gesetzmäßigkeiten
  der Zellen 52
molekulare Konfiguration 172
molekulare Struktur 21, 145
molekulare Vision des Lebens 27
molekularer Genbegriff 14, 30
molekulares Modell des Gens 143
Molekulargenetik 14, 21, 77, 188, 195
Molekularstruktur der DNS 172
Molekülarstruktur der Keimzellen 85
Molekularvorstellung 110
Molekülbindungen 162
Moleküldurchmesser 160
Molekülgrößen 162
Molekülketten 160, 172
Molekülkomplexe,
  selbstorganisierte 114
Molekülkonfiguration 73, 194
Molekülmodell 160, 162f
Molekülsilhouette 161
Molekülskelett 161
Molekülstränge 158
Molekülverband, organisierter 78, 195
Monistenbund 62
monistisch 65, 207
monistische Naturwissenschaft 69
more geometrico 76
morphologisch 67, 78, **81**, 83, 96, 123,
  127, 130, 192, 196
morphologisch-organische Struktur 127
morphologische Einheiten 59, 207
morphologische Elemente 95
morphologische Fähigkeiten 59
multiple Allele 132, 199
Münchner Zentrum für Wissen-
  schafts- und Technikgeschichte 14
Muster 115, 148, 169, 203
—Aktivitätsmuster der Gene 139

—Basenmuster 169, 203
—Beugungsmuster (radiologische) 164
—Bewegungsmuster 66, 105, 194
—Genmuster 148, 169, 181
—Nukleinsäuremuster 169
—organisierende Muster 140
—Reaktionsmuster 185
mutabel 149, 211
Mutabilität 84, 93, 100, 135, 136, 219
Mutante 127
Mutantentyp 131
Mutation 16, **29**, 39, 66, 91, 116, 117, 126, 128, 130, 131, **133ff**, 136, 137, 138, 141, 168, **171**, 180, 185, **199**, 200, 205, 211, 220
—Chromosomenmutation 138
—Doppelmutation 171
—Genmutation 138, 140
—induzierte Mutation 137
—Permutation 77, 195
—Plus- und Minusmutation 171
—Punktmutation 138
—richtungslose Mutation 79, 194
—Spontanmutation 141, 169
—Transmutation 134, 136
—Zielgerichtetheit von Mutationen 135
—Zufallsmutationen 217
Mutations-/Selektions- Mechanismus 208
Mutationsfrequenz 131
Mutationsvorstellung 113, 127
Mutationszeitpunkt 211
mutative Anpassungen 184
mutative Inversion 185
mutative Veränderung 131, 135, 138, 198
Mutierbarkeit 141, 211
mutiertes Gen 136
Mutterzelle 66, 87, 107
Mythos, platonischer 219

N
Nachbarschaftslage der Basen 165
Nachbarschaftslage des Gens 16, 128, 131, 132, 133
Nachrichtentechnik 142, 143, 201
nacktes Gen 136
Nägelis Hypothese 123
Nägelis Theorie 96
Nährplasma 82, 85
Nahrung 37. 57, 61, 73, 96, 193
Hypothetizität, namentlich angesetzt 57
Natur 8, 21, 26f, **36f**, 42, **45–55**, 59, 62, **65**, 69, 74, 78, **83**, 87, 93, 96, 126, 127, 143, 170, 175, 186, **192f**, 205
—anorganische Natur 48, 54, 65, 70
—begriffliche Darstellung der Natur 50
—Beharrungsvermögen der Natur 114
—belebte/lebendige Natur 35, 39, 52, 65, 185, 207, 209, 217
—Einheit der Natur 45, 48, 50
—gesetzlich determiniert angesehene Natur 116
—Imitation der Natur 78, 207
—materielle Natur 53
—morphologische Natur 123
—organische Natur 48, 65, 70
—Schriftnatur der Chromosomen 23
—teleologisch zielgelenkte Natur 112
—unbelebte Natur 142
—Zufallsnatur 115
Natur des Gens/der Gene 29, 140, 181
naturalistisch 220
—naturalistischer Reduktionismus 207
Naturauffassung 47, 65
Naturbegriff 37, 83
Naturbeschreibung 45, 76
Naturerkenntnis
—apriorische Naturerkenntnis 48f

—Prinzipienlehre der
   Naturerkenntnis 142
Naturerscheinungen 69
Naturgeschichte 45, 71, 76
Naturgesetz 51, 57, 115
naturgesetzlich 87, 207
Naturgesetzlichkeit 76
naturimmanente Gesetzlichkeiten 37
natürliche Hierarchie 61
natürliche Zuchtwahl 71, 72
Naturkonstante 55, 57
Naturkonzept, dynamisches 44
Naturkörper 48, 55, 65, 114
Naturkräfte 78
natürlich 71, 78, 134, 174, 211, 216, 219
natürliche Hierarchie 63
natürliche Zuchtwahl 71, 72
Naturphilosophie 35, 43, **45–55**, 58,
   70, 192
naturphilosophischer Begriff Leben 35
Naturprodukt 48
Naturreligion, pantheistische 62
Naturverständnis 35, 45, 71
—modernes Naturverständnis 18, 56
Naturwissenschaft 11f, 19, 22, 35, 36,
   40, 45, **46–56**, 60, 71, 83, 114, 121,
   177, 180, 220
—Geschichte der Naturwissenschaften 11, 13, 14, 16, 112, 132
—metaphysische Anfangsgründe
   der Naturwissenschaft 35, 44
—monistische Naturwissenschaft 69
—spekulative Naturwissenschaft 75
—theoretische Naturwissenschaften 54
Naturwissenschaft des Lebendigen 108
naturwissenschaftliche Definition 128
naturwissenschaftliche
   Deutungsmuster 72
naturwissenschaftliche Hierarchie 142
naturwissenschaftlicher Blick 206
Naturzüchtung 86, 92
Naturzweck 192f, 204

Nebenkeimbahnen 92
Negativkopie 178
Neukombination der Gene 126, 192
Neurospora 149f, 203
Nichterblichkeit 186
Nichterblichkeit erworbener
   Merkmalsänderungen 178
Nichtlebendiges, Charakteristika 208
Nisus formativus 74
Nobelpreis 132, 134, 141, 144, 145,
   152, 160, 172, 174, 180
Nonsense 176, 177
Nonsense-Codon 176
Nonsense-Triplett 170, 175, **176**
notwendige Bedingung 59
Nuclein 20, 139
Nucleoprotein Nature of the Gene 147
Nuklein 81
Nukleinsäure 16, 20, 27, 30, 76, 126,
   139f, 146–149, 150f, **153–181**,
   202f, 206
—Desoxyribonukleinsäure 16f, 19, 39,
   150, 153–181
—Pentosenukleinsäure 140, 202
—Ribonukleinsäure 30, 169, 172, 180
—Thymusnukleinsäure 146
Nukleinsäuredoppelstrang 201
Nukleinsäurekette 66, 155, 162, 165,
   168, 178
Nukleinsäurekode 175
Nucleinsäuremuster 169
Nukleinsäureskelett 160
Nukleinsäurestrang 154, 157, 158,
   165, 194
Nukleinsäurestruktur 30, 153, 160
Nukleinsäuresynthese 153, 169
Nukleoprotein 20, 147ff
Nützlichkeitsprinzip 79

O
Oberbegriff 45, 116, 121, 211
Oberflächenstrukturen von Zellen 178

Objekt 37, 47, 53, 189
—biologisches Objekt 180
—epistemisches Objekt 29
—Forschungsobjekt 29
—hypothetisches Objekt 187
—realistisches Objekt 83
—theoretisches Objekt 189
—vermutetes reales Objekt 187
Objekte des Wissens 11
objektives Denken 49
Objektivitätsansprüche 220
Objektivitätsideal, empirisches 63
Ökonomie und politische
    Öffentlichkeit 216
Oligodaktylie 187
omnipotent 67, 93
Omnipotenz 94
Ontogenese 67, 74, 85, **88f**, 179,
    186, 196
ontogenetisch 88
ontogenetische Eigenschaften 118
ontogenetische Arbeitsteilung 67, 194
ontologisch 27, 55, **189**
Operon 180
Ordnung 64, 73, 96
—hierarchische Ordnung 185
—historische Ordnung 74
Ordnungsfaktor der Nachfrage 188
Ordnungsgefüge 20, 116, 183,
    200, 209
Ordnungsprinzipien 30, 73, 142,
    179, 185
Ordnungsverhältnis 83, 141
Ordnungszustand, thermaler 135
Organ 32, 41, 42, 54, 73, 83, 84,
    94, 104, 105, **186**, **193**, 194, 201
—Zellorgane 94
—Zweck eines Organs 186
Organ der Anpassung 63, 82
Organdifferenzierung 91, 94
Organelle
—Zellorganellen 94f, 196

Organisation 19, 58, 60, 62, 67, 79,
    81f, 83, 85, 106, 126, 174, 191,
    192, 193
organisch 38, 41, 42, 47, 48, 54, 56, 58,
    59, **65**, **70f**, 72, **78f**, 96, 100,
    193, 196
—morphologisch-organische
    Struktur 127
organische Basen 172
organische Chemie 53, 54, 160
organische Einheiten 58, 60, 193
organische Materie 53
organische Moleküle 13, 28, 145
organische Natur 48, 65, 70
organische Ordnungsprinzipien 179
organische Physik 54
organische Polarität 58f, 193
organische Stofflichkeit 169, 178, 203
organische Substanz 90, 218
organischer Stoff 42, 64
organisiert 21, 42, **81**, 87, 147, 193
—genetisch organisiert 116
—selbstorganisiert 114, 192, 209
organisierte Wesen 91
organisierter Molekülverband 78, 195
Organismus 18, 30, 32, 38, 42, **51f**, 58,
    60f, 73f, 78, 80, 81, **82**, 84, 86, 92,
    93, 96, 107, 108, 121, 122, 123f, 127,
    131, 135, 137, **138f**, 141, 143, 144,
    175, 178, **184**, 186, **189**, 192, 199,
    200, 207, 208, 217, 218, 221
—Biologie der Organismen 186
—Dynamik des Organismus 138, 200
—elementarer Organismus 66
—Elementarorganismen 64
—Entelechie der der Organismen 220
—Grundkräfte der Organismen 51
—Kants Begriff des Organismus 192
—Konzept des Organismus 189
—Mikroorganismen 150, 175, 176
—Modell des Organismus 60
—Status des Organismus 189

—Wesen des Organismus 56, 77
Organogenese 88
Ovisten 47

P
Pädagogik 186
Paläontologie 61, 71
Pangen 17, 25, 33, 86, 91, **92–95**, 122f, **124f**, 191f, 195, **196**, 207
—Arten von Pangenen **93**, 196
—Darwins Pangen 192
—Stammbaum der Pangene 93
Pangenesis 59, **69**, 77, 85, 95, 191
—intrazelluläre Pangenesis 18, **91–95**, 118
—provisorische Hypothese der Pangenesis 60, 62, 196
Pangenesishypothese 77
Pangenesislehre, Darwins 123
Pangenesisprinzip Darwins 85
Pangenesisvorstellung Darwins 64, 69, 95
Pangenesis-Vorstellung, De Vries 93
pangenetisch 93
pantheistisch 62
Pan-Vorstellung 70
Paradigma 22f, 60, 86, 105, 198, 200, 204, 205, 217
—Mendels Paradigma 22f
paradigmatische Unterschiedslosigkeit 114
paradigmatischer Wandel der Biologie 33
Parasiten 43
Partikel 29, **72**, 80, 93, 97, 125, 131, 191, 193, 196, 198, 217
—chemisches Partikel 131, 198
—Erbpartikel 96, 191
—lebende Partikel 58
—Materiepartikel 206
—strukturidentisches Partikel 122
—Vererbungspartikel 63, 76, 191

partikuläre Einheiten 62, 96, 112
partikuläre Vererbung 22
partikulärer Erbträger 57, 77, 112
pathogenetisch 178
Pathologie 220
—Z(C)ellularpathologie 45, 60
pathologisch 41
peccatum originale 220
Pentosenukleinsäure 140, 202
Peptidkette 153, 155, 159, 176
Peptidketten- u. Nukleinsäuresynthese, Hypothese 153, 169
Perigenesis 62, 65, 68, 69, 70
Periodensystem 164
Permutation 77, 195
personale Würde 216
personales Dasein 221
Perspektive
—chemisch-physikalische 200, 206
petitio principii 32, 208
Pflanze 43, 79, 92, **101f**, 105, 106, 109, 111, 114, **115f**, 196, 197, 215
—Hybridpflanze 106, 112
—Samen- oder Pollenpflanze 101, 109
—Stammpflanzen 101, 109
Pflanze, Tier, Mensch 33, 114, 116, 131, 137, 206
Pflanze und Tier 32, 36, 38, 49, 51, 54, 57, 58, 60, 80, 97, 125, 207, 218
Pflanzenhybrid 106
Pflanzenreich 32, 118, 146
Pflanzen- und Tierwelt 51, 181
Pflanzenvirus 147
Pflanzenzüchtung, antike 23
pflanzliche Zelle 41, 51
Phänotyp 122, 124, 126, 133, 179, 189, 200, 208, 217, 218
—Genotyp und Phänotyp 29, 124, 126, 195, 198, 200, 208
phänotypische Merkmalsdefinition 133
Pharmaka 185
Pharmazie 186

265

philologisch 123, 125
Philosophie 8, 11f, **45f**, 57
—Experimentalphilosophie 53
—Identitätsphilosophie 83
—Naturphilosophie 35, 43, **45f**, 48f, 50, 53, 58, 64, 68, 70, 192
—scholastische Philosophie 111
—Wesens-Philosophie 112, 115
—Wissenschaftsphilosophie 12, 90
Philosophie der Medizingeschichte 221
Phosphatgruppe 154, 156, 157, 158, 160, 162
Phylogenese 67, 74, 86, 186, 196
phylogenetische Frühgeschichte 94
phylogenetische Gewebebildung 67, 194
phylogenetische Sichtweise 186
phylogenetischer und kausaler Standpunkt 186
phylogenetisches Entwicklungsprodukt 63
phylogenetisches Gedächtnis 67, 73, 83, 194, 195
Physik 29, 45, 97, **137**, **142**, 159, 180, 200, 201
—empirische Physik 47
—energetische Begrifflichkeit der Physik 135
—Energiegesetze der Physik 137
—Genphysik und Genchemie 135, 199
—Gesetze der Physik 141, 201
—Gesetze der Physik und Chemie 54, 142
—Kausalität von Chemie und Physik 227
—mechanische Physik 52
—organische Physik 54
—statistische Physik 141
Physik der Neuzeit 37
Physik und Chemie 36, 54, 55, 65, 96, 97, 133, 136, 142, 173, 199f, 205

physikalisch 15, 39, **51**, 54, 67, 91, 128, 135, 136, **141**, 147, 152, 159, 199, 201, 209, 218
—biophysikalische Stringenz 143
—chemikophysikalisch 96, 136, 200, 206
—chemikophysikalisch gewonnene Gendefinition 136
—chemikophysikalische Kausalität 138
—chemikophysikalische Mechanismen 221
—chemisch-physikalisch 38, 56, 72, 81, 136, 179, 200
—chemisch-physikalische Kontinuität 143
—chemisch-physikalische Perspektive 200, 206
—chemisch-physikalische Reaktion 204
—chemisch-physikalische Verursachung 142
—chemisch-physikalischer Vorgang 81
—chemisch-physikalischer Zusammenhang 54, 72
—chemisch-physikalisches Gesetz 56
—chemische und physikalische Automatik 136
—mathematisch-chemisch-physikalisches Denken 18
—mathematisch-physikalisches Kalkül 54
physikalisch-biochemisches Verständnis 144
physikalisch-chemisch 18, 115, 185
physikalisch-chemische Elementarvorgänge 65, 193
physikalisch-chemische Mechanismen 27
physikalische Gentheorie 135

physikalische Gesetze 71, 141, 201, 206
physikalische Kategorien 59
physikalische Kräfte 51, 56, 96, 148
physikalische Materialität 135, 199
physikalische Mechanik 50, 52, 83
physikalische Molekülarstruktur (sic!) 85
physikalische Mutierbarkeit 141
physikalische Natur des Gens 29
physikalische und biologische Wissenschaft 185
physikalische und chemische Eigenschaften 65
physikalische und chemische Gesetz- mäßigkeiten 56, 67, 71, 91, 114, 208
physikalisches Genkonzept 128
Physikalisierung 16, 20, 27, 206
Physikalismus 51, 91
—funktionalistischer Physikalismus 174
physikochemische Gesetzlichkeit 159
Physikum 55
Physiologie 43, 46, **54f**, 62, 64, 83, 104, 144
—Entwicklungsphysiologie 56
—Genphysiologie 20, 135, 199
—innerstes Heiligthum der Physiologie 70
—Sinnesphysiologie 54
Physiologie des Gens 147
physiologisch 19, 54, **56**, 70, 72, 79, 81, 135, 138, 174, 183, 187, 200
—Begriff des Physiologischen 59
—mechanisch-physiologische Theorie 70, 80
—molecularphysiologisch 71
physiologisch-chemisch 55
physiologische Auffassung 39, 138, 187
physiologische Chemie 20, 137

physiologische Einheiten 57, 59, 86, 96, 112, 193, 195
physiologische Funktion 105
physiologische Genetik 180
physiologische Theorie der Vererbung 183
physiologische Wirkung 188
physiologische Zweckmäßigkeit 187
physiologisierte Chemie 97
physisch 77
—metaphysisch 12, 35, 36, 44, 45, 46, 50, 52, 53, 63, 77, 108
—metaphysischer Materialismus 72, 84, 86, 194, 195
Plasma 63, 64, 72f, 82, 83, 90, 94, **95**, 132, 180, 191, 194, 198
—Ahnenplasma 72, 84, 86, 194, 195
—Anlageplasma 73, 74, 194
—Cyto-Idioplasma 82
—Cytoplasma 93
—Eizellplasma 196
—Ernährungsplasma 75
—Idioplasma 28, 70, 72–76, 78, 80, 81, 82, 84, 87, 90f, 123, 194, 195, 196
—Keimplasma 28, **83–89**, 90, 91, 92, 93, 95, 109, 123, 132, 191, 195, 198, 218
—Kernplasma 82, 84
—Nährplasma 82, 85
—Protoplasma 53, 63, **64f**, 74, 75, 80, 90, 93, 94, 196
—Somatoplasma 84, 92
—Stereoplasma 73
—Vererbungsplasma 75, 80, 82, 83, 144, 191, 195, 201
—Zellplasma 80, 82, 89
—Zytoplasma 21, 82, 83, 123, 140, 146, 169, 177
Plasmachemie 64
Plasmaelemente 95f
Plasmagene 94
Plasma-Moleküle 85

Plasmateilchen 73
Plasmatropfen 73
Plastide 62, 64, **67**, 68f, **194**
—Ei-Plastide 67
—Mutter-Plastide/Tochter-Plastide 66
—Sperma-Plastide 67
Plastidul 62, **65–69**, 70, 96, 123, 193f
—Hypothese der Perigenesis der Plastidule 68
Plastidul-Bewegung 66–69
Plastidultheorie 86
platonischer Mythos 219
Platons Definition der Idee 49
Plus-/Minusmutation 171
Poesie der Gesetzmäßigkeit 78
Poet 78
Polarität 21, 48, 58
—organische Polarität 48, 59, 193
Politik 186
Pollen 102, 106, 108, 112, 197
Pollenform 106, 197
Pollenzelle 107, **111**, 113, 197
Polygenie 188
Polymerisationsenzym 168, 176
Polypeptid 148, 181
Population 32, 189
Positionseffekt des Gens 29, 132, 140, 188, 199
Potentia 63, 123
Potential 72
potentiell 84, 90, 112, 216
potentielle Energie 73
Präformation 42, 69
Präformationstheorie 41
Prämisse 37, 45, 58, 79, 83, 126, 205, 211
—mechanische Prämisse 74
Prämisse der Evolutionstheorie 62, 63, 193
Prämisse der Vererbungslehre 142
Praxis 36, 37, 142, 208, 211, 219, 220
—Begriff der Praxis 37

—Lebenspraxis 33
Prinzip 31, 48, 55, 86, 90, 97, 107, 140, 142, 144, 147, 168, 170, 178, 185, 196, 197, 203, 206, 208, 216, 219
—Abstraktionsprinzip Gen 198
—bauliches Prinzip der DNS 160
—Bauprinzip 104, 174
—chemikalische und physikalische Prinzipien 144, 201
—Erblichkeitsprinzip Gen 205
—erblich verwandelndes Prinzip 151
—Erstprinzipien 180, 219
—Frageprinzip 142
—genetisches Prinzip 163, 194, 220
—Genprinzip 168, 200, 203
—heuristisches Prinzip 115
—Hierarchieprinzipien 104
—hierarchisches Prinzip 114, 206
—Komplementärprinzip 202
—konservatives und mutatives Prinzip 82
—kosmologisches Prinzip 27
—Lebensprinzip 206, 209
—materialistische Prinzipien 74
—mechanistisches Prinzip 71
—Nützlichkeitsprinzip 79
—Ordnungsprinzip 30, 73, 142, 179, 185
—organisierendes Prinzip der Biologie des 20. Jahrhunderts 32
—Pangenesisprinzip 85
—regulatives Prinzip der Urteilskraft 204
—schaffendes (erzeugendes) Prinzip 127
—Selektionsprinzip 184
—sich erschaffendes Prinzip 192
—stereochemisches Prinzip 30
—Strukturprinzip der DNS 162
—teleologisches Prinzip 48, 50, 192
—universelles Prinzip der Pflanzen und höheren Lebewesen 196

—vererbliches Prinzip 207
—vererbungsbestimmendes Prinzip 105
—Vererbungsprinzip Gen 208, 209
—Vervollkommnungsprinzip 71, 79, 195
—verwandelndes Prinzip 151, 202
—vollkommenes biologisches Prinzip 153, 161, 170, 203
—Werdeprinzip Gen 131, 180
Prinzip chemischer Bindung 201
Prinzip der Causalität 78
Prinzip der Erkenntnismethode 186
Prinzip der Genkonkurrenz 196
Prinzip der Komplementarität 145
Prinzip der Polarität 48
Prinzip der Zweckmäßigkeit 192
Prinzip des Gens 140, 151
Prinzip Gen 38, 209
Prinzip identischer Reduplikation 87, 195
Prinzip Nihilismus 115
Prinzip Zelle 51
Prinzipien der Biologie 57, 142
Prinzipien der Theoriebildung 114
Produktion
—Enzymproduktion 19, 180
—industrielle Produktion 212
—Reproduktion 58, 60, 145, 146, 185, 193, 202
—Selbstreproduktion 55, 135f, 137, 146, 149, 179, 200, 201, 204
Protein 20, 24, 27, 30, 123, 139, 141, 144, 147ff, 151, 160, 161, 162, 175, 201, 203, 207
—biologische Spezifität der Proteine 144
—Funktionsprotein 139, **147**, 181
—Nucleoprotein Nature of the Gene 147, 149
—Nukleoprotein 20, **147**, 148, 149
—Nukleoprotein-Hypothese 20

Proteinfunktion 168
Proteinkonfiguration 201
Proteinspezifität 30, 176
Proteinstruktur 30, 159, 161
Proteinsubstanz, hypothetische 59
Proteinsynthese 27, 148, 149, 153, 169, 172, 175
Protoplasma 53, 63, **64f**, 74, 75, 80, 90, 93, 94, 196
Protozoen 41
provisorische Definition des Gens 139, 202
provisorische Hypothese Darwins 19, 28, 59, 60, 62, 63, 77
Psychologie 35, 55, 57, 186
Psychologismus 52
psychomorph 54
Punktmutation 138
Purine/Pyrimidine 76, 155, 163
Purinbase/Pyrimidinbase 152, 161, 165

Q
Qualität 53, 86, 88, 92, 116, 123
—Lebensqualität 219
—Merkmalsqualität 136, 189
—metaphysische Qualitäten 77
qualitative Abgrenzung 105
qualitative Erkenntnisse 54
Quantensprünge 141
Quantität der Pangene 94
quantitativ **54**, 105, 136, 153, 181

R
ramificierte Undulation 68
Randbedingungen 178, 204, 218f
Rassen 72
Reagibilität 122, 137
Reaktion 127, 192, 212, 218
—biochemische Reaktion 176, 211
—chemische Reaktion 139, **148**, 202, 211

—chemisch-physikalische Reaktion 204
—mechanische Reaktion 72
—metabolische Reaktion 140
—Stoffwechselreaktion 105
Reaktion zweier Genome 218
Reaktionsmuster 185
Reaktionsnorm 127, 192
—erbliche/ererbte Reaktionsnorm 122
Reaktionsweisen 218
Realismus 12, 19, 187
—hypothetischer Realismus 187f, 207
—Ideenrealismus 50
—interner Realismus 188
Realität 127
—materielle Realität 132
Realitätsanspruch des
  Genkonzepts 187f
Realitätsauffassung 188
Rechnungseinheit 127
Recon 179
Reduktionsteilung 84, 117, 147
Reduplikation, identische 87, 170,
  179, 195, 204
Reduplikationsvorgang 168
Regel 103, 113, 142
—Basenpaarungsregel 168
—Chargaffsche Regel 152, 161, 163
—Mendel-Regeln/Mendelsche
  Regeln/Mendelsche Erbregeln 14,
  17, 92, 109, 129, 188
—Spaltungsregel 103, 106
—statistische Regeln von
  Wahrscheinlichkeiten 116
—Unabhängigkeitsregel 103, 106, 109,
  113, 129, 133
—Uniformitätsregel 103
—Zufallsregeln 109
Regelmäßigkeit 96, 97, 160, 161, 165
Regeln von Wahrscheinlichkeiten 106,
  116
Regeneration 55, 58, 91, 176
Regulation 198

—Gen-Regulation 24, 208
Regulation der Genfunktion 180
Reifeteilungen 84, 147
reine Linie 108
Reiz 75
Rekombination **29**, 131, 133, 179,
  198, 199
Rekombinationsfrequenz 133
Relativität 13, 104, 137, 204, 206
Reorganisationen, innere 186
Reproductionskraft der Plastide 194
Reproduktion 58, 60, 145, 146,
  185, 193, 202
—Selbstreproduktion 55, 135f, 137,
  146, 149, 179, 200, 201, 204
Resistenz 185, 215
—Immunresistenzen 205
Resistenzentwicklung 185
Restitutio ad integrum 178
rezessiv 104, 107, 109, 112, 136
Rezessivität 89, 104, 112, 211
Ribonukleinsäure 30, 169, 172, 180
Ribose 161
Ribosenukleotid 146
Riboseringe 160
Ribosezucker 157
Ribosomen 175, 177
richtungslose Mutation 79, 194
Riesenchromosom 130, 140, 198, 202
Rivalität, darwinistische 124
RNA/ RNS 27, 169, 172, 175, 177
—Boten-RNS 176, 177
—m-RNS 177, 196
—r-RNS 196
—sRNA/sRNS 175, 177
—t-RNS 177, 196
—Transport-RNS/Transport-RNA
  175, 176, 177
RNS-Ketten 162
Röntgen-/Röntgenbrechungsanalyse
  39, 159, 161, 174
röntgeninduzierte Transmutation 134

Röntgenkristallographie 172
Röntgenstrahlen 29, 128, 134, 153, 167, 199
Royal-College 159
Royal Society 13, 41, 80, 140
Rubor 178
Rückkoppelungseffekte 183
Rückkopplungsmodell 139

S
Same 42, **69**, 102, 108, 197
Samenfaden 80
Samenkern/Samenzellkern 80, 94, 117
Samenpflanze 101, 109
Samentierchen 41
Säure 146, 162, 202
Säuren und Basen 211
Schaltgene 184
Schöpfung 212
Schrift 23, 143, 219
—Abschrift 143
—kodegemäße Vorschrift 143
—Urschrift 143
Schriftnatur der Chromosomen 23
Seele 42, 63, 220f
—Atom-Seele 65, 193
—Geistseele 221
—Tier- oder Pflanzenseele 54
segmentale Einheit 138, 200
Sein 89, 108, 212, 220
—materielles Sein 78
—Selbstsein 83, 205, 216, 218
Selbst 83, 136
—Von-Selbst 180
selbständige Einheiten 91
selbständige Individuen erster Ordnung 64
selbständige Moleküle 216
selbständige Substanz 15
selbständige Teilchen 62
selbständige Zustände 124, 192
selbständiges Leben der Zellen 51

Selbstbefruchtung 101, 103
Selbstbewegtheit 209
Selbsterfahrung 83, 212, 220
Selbsterhalt 179, 194, 204, 205, 213
selbsterhaltend 126, 192, 205
Selbsterhaltung 55, 144
Selbsterhaltungstendenz 159
Selbsterleben 205
Selbstorganisation 204, 209
selbstorganisiert 192
Selbstreferenz 170
Selbstreplikation 140
selbstreplikativ 138, 200
Selbstreplikativität 39, 209
Selbstreproduktion 55, 135f, 137, 146, 149, 179, 200, 201, 204
Selbstreproduktivität 135, 147, 199, 209
selbstreproduzierende Elemente 146
Selbstsein 83, 205, 216, 218
selbstselektiv 136
Selbstselektivität 39, 199
—synthetische Selbstselektivität 136, 199
selbsttätige Wirkkräfte aus Natur 37
Selbstt(h)eilung 61, 62
Selbstverdopplung 39, 149, 163, 165, 203
Selbstverdopplungsmechanismus 161
Selbstverständnis des Menschen 32, 173
Selektion 57, 60, 61, 85, 86, 127, 184, 185, 195, 216
—Hyperselektionismus 184
Selektionshypothese Darwins 71, 217
Selektionsprinzip 184
Selektionsvorteile 83
Sexualelemente 61
Sinn 66
Sinnesphysiologie 54
Sinngebilde 11, 12
soma 122
somatische Bahn 92

somatische Zweige 92
Somatoplasma 84, 92
Soziologie 57, 186
Spalthand 187
Spaltungsgeneration 102
Spaltungsgesetz der Bastarde 118
Spaltungsregel 103, 106
Species/species 58, 93, 134, 152, 172 (vgl. Spezies)
Specieseigentümlichkeit 82
specifity
—biological specifity 151
—genetic specifity 168, 203
spekulativ 7, 14, 16, 31, 33, **39**, 45, 57, 58, 127, 132, 144, 163, 187, 192, 197, 198, 201, 203, 205, 207
spekulative Naturwissenschaft 75
spekulative Vererbungslehren 39
spekulativer Artenwechsel 134
Spermakern 81
Sperma-Plastide 67
Spermatozoen 41, 43
Spermazelle 43, 67
Spezies 7, 152, 196 (vgl. Species)
Spezifität 27, **30**, 51, 149, 150, 154, 175, 202
—Aminosäurenspezifität 161
—Basenspezifität 32, 165, 168
—biologische Spezifität **21**, **27**, 30, 144, 151, 201
—chemische Spezifität 30
—Enzymspezifität 154, 155
—Genspezifität, chemische 161
—Konzepte der Spezifität 27
—Proteinspezifität 176
Spezifität biologischer Funktionen 144, 201
Spezifität der Antikörperbildung 145
Spezifität der Proteine 144, 201
spontan 129, 133, 135, 137, 149, 199
—Generatio spontanea 78
Spontaneität 136, 211

Spontaneität des Lebendigen 32
Spontanereignis 138
Spontanmutation 141, 169
Sprache
—Fachsprachen 55
—Kodesprache 175
—Wissenschaftssprache 63
Sprachgebrauch
—biologischer Sprachgebrauch 142
—wissenschaftlicher Sprachgebrauch 30
Sprachregelung 142
Stäbchen im Zellkern 122, 137
Stabilität des Gens 26, 128, 200
Stammarten 107
Stammbaum 92, 93, 94
Stammbaum der Abstammung, darwinscher 68
Stammeigenschaften 102
Stammzellen, embryonale 215
Stammzell-Leukämie 169
Standard-Konfiguration 157f, 160, 165
statistisch 32, 101f, 103, 107, 108, 115, 141, 178, **184f**, 186, 203
statistische atomistische Auffassung 184
statistische Gesetzmäßigkeit 141
statistische Merkmalsanalyse 39, 108
statistische Merkmalsauffassung 116
statistische Methode 186f
statistische Physik 141
statistische Quantifikation 29
statistische Regeln 116
statistische Strukturgesetzlichkeit 218
statistisches Denken 184
statistisches Genkonzept 128
Status des Organismus 189
Status von Randbedingungen 178, 204, 218
Stellung des Menschen 220
Sterblichkeit 143

Stereochemie 153, 158
stereochemisch 30, 146, 159, 160, 163, 164, 165
stereochemische Beschreibung 175
Stereokomplementarität 145
Stereoplasma 73
Steuerung von Enzymen 19, 145
Stickstoffbasen 160
Stoff 62, 71, 72, 75, 78, 80f, 138, 139, 147, 193, 194, 212
—biochemische Stoffe 135, 200
—eiweißartige und zuckerartige Stoffe 78
—lebendige Stoffe 159
—organischer Stoff 42
—unbelebter Stoff 90
—Vererbungsstoff 76, 80, 81, 123
  —Enzymtheorie des Vererbungsstoffs 20
Stoff der Vererbung 194
Stoff des genetischen Materials 201
Stoff des Lebens 65
stoffliche Differenzierung 200
stoffliche Einheiten 132, 173, 198
Stoffliches 71
Stofflichkeit 38, 126, 159
—belebte/lebende Stofflichkeit 13, 137, 143, 193, 209
—biochemische Stofflichkeit 32f
—chemische Stofflichkeit 208
—Metaphysik der Stofflichkeit 97
—organische Stofflichkeit 169, 178, 203
—unbelebte Stofflichkeit 40, 50, 114, 136, **159**, 193, 200
Stoffwechsel 19, 38, 82, 86, 114, 149, 196, 202, 209
—Chromosomenstoffwechsel 146
—Eiweißstoffwechsel 146
—Zellstoffwechsel 170
Stoffwechselerfordernisse 139
Stoffwechselerkrankungen 148, 202

Stoffwechselreaktion, biochemische 105
Stoffwechselvorgänge 54, 128
Strahlenenergie 114
struggle for life 59, 62, 107, 113, 159, 193, 206
Struktur
—Chromosomenstruktur 138, 146, 202
—DNS-Struktur 25, 27, 152, 157, 159, 166, 169, 174
—Genstruktur 25, **29**, 141, 185, 186
—molekulare Struktur 21, 85, 145
—morphologisch-organische Struktur 127
—Nukleinsäurestruktur 30, 146, 153, 157, 159, 160ff
—Oberflächenstrukturen 178
—Proteinstruktur 30, 145, 148, 159
Strukturelemente 56, 149
Strukturformel 163, 203
Strukturgene 24, **180**
Strukturgesetzlichkeit, statistische 218
strukturidentische Partikel 122, 191
Strukturmodell der DNS 152, 203
Strukturprinzip der DNS 162
Subjektivität 54, 173
Submolekulares 185
Substantialität 126, 130, 148, 198
Substanz 15, 59, 71, 77, 81, 82, 86, 88, 112, 115, 123, 139, 143, 147, 153, 169, 172, 173, 180, 191, **194–196**
—Anlagesubstanz 75
—anorganische Substanzen 134
—Bausubstanz 121, 145, 147, 181
—belebte/lebende/lebendige Substanz 35, 53, 58, 72, 144, 170, 172, 194, 201
—biochemische Substanz 19, 200, 201
—biologische Substanzen 145
—chemische Substanz 136, 168, 203
—chromatische Substanz 129
—contractile Substanz 64
—Dottersubstanz 82

273

—erbliche Substanz 92
—Erbsubstanz 14, 21, 28, 74, 85, 134f, 139, **145f**, 147, 152, 159, 161, 164, 165, 169, 173, 176, 201, 203
—funktionelle Substanz 145
—Gensubstanz 20, 144, 145, 153, 161
—Grundsubstanz 123, 216
—induzierende Substanz 150
—Keimsubstanz 78
—Kernsubstanz 43, **80f**, 82
—Körpersubstanz 28, 83, 139
—molekulare Substanz 123
—Nervensubstanz 75f
—organische Substanz 90, 218
—Proteinsubstanz, hypothetische 59
—unbelebte Substanz 97, 114, 137, 143
—Vererbungssubstanz 22, 89, 90, 96
—Virussubstanz 153
Substanz der Gene 137, 180
Substanz der Vererbung 90
Substanz des Keimplasmas 88
Substanzbegriff 72, 209
Substanzgebundenheit 209
Substanziierung 207
Subtanzlehre, Aristoteles 111, 209
Symbol 77, 90, 195
Symbolisierung, algebraische 29
Symptom
—Kardinalsymptome 178
Symptomatik 178
symptomatisch therapierbar 181
Syndaktylie 187
Synthesemodell für Eiweißaufbau 156
synthetisch 175
—autosynthetisch 185
synthetische Selbstselektivität 136, 199
System/system 28, 30, 39, 48ff, 57, 124, 145, 176, 186, 189, 201, 294
—biologische Systeme 189
—Entwicklungssystem 31, 48, 184, 204
—Experimentalsystem 29, 31, 207
—genetisches System 148, 184

—hierarchisches System 184
—Identitätssystem 48
—idioplasmatisches System 76
—Immunsystem 178
—Leitungssystem 76
—männliches System/weibliches System 80
—Modifikationssysteme 184
—Organsystem 32
—Regelsystem, genetisches 180
—zellfreies System 175
System der Endprodukthemmung 180
System der Natur 45
System des Eiweißaufbaus 153
System des Geistes 48
System dynamischer Leitungen 75
Systemcharakter des Gens 30
Systeme verbundener Gene 184
Systemgedanke 28, 55

T
Tabakmosaikvirus 172, 177
Tätigkeit 60, 73, 95, 196
—Bautätigkeit 67
—Zelltätigkeit 93
Tätigkeitselement 60
Tätigkeitszentrum 59, 62
Taufliege 39, 128, 129, 130, 198
Technik 26, **37**, 54, 212
—Bestimmungstechnik 133, 199
—biochemische Techniken 24
—Nachrichtentechnik 142ff, 201
—Röntgenkristallographietechniken 172
—Untersuchungstechnik 128
technisch 20, 36, 37, 54, 207, **219**
—gentechnisch 38, 110, 211
—nachrichtentechnisch 143
technische Schicksalshilfe 219
technisches Fortpflanzungsverhalten 219
technomorph 54, 216, 219

274

Teilchen 57, 62, 68, 71, 72, 217
—Elementarteilchen 12, 56
—Erbteilchen 89, 196
—kleinste belebte Teilchen 97
—körperliche Theilchen 69
—Körpertheilchen, kleinste 65
—Lebenstheilchen 65, 86, 195
—Plasmateilchen 73
Teleogonie 126
Teleologie 12, 69f, 218
teleologisch 12, **51f**, 55, 79, 87, 112, 114, 116, 126, 206
—teleologisches Prinzip 48, 50, 192
Tendenz 48, 90, 114, 136, 144, 206
—angeborene Tendenz 58
—Selbsterhaltungstendenz 159
—vererbliche Tendenzen 129
—Vererbungstendenzen 84, 85
—Wachstumstendenz 90
—Zieltendenz 79
Terminus 19, 121, 134, 191f
Terminus Biologie 35, 39
Terminus Gen 13, 17, 111, 116, 126, 206, 207
Terminus Genetik 43
Terminus genetisch 43
Terminus Kybernetik 28
Terminus Merkmalseinheit 191
Terminus organischer Polarität 58, 193
Terminus Selbstorganisation der Materie 114
Terminus Subjektivität 173
Terminus technikus 121, 207
Tetradenfäden 80
Theorem, Darwins 15, 56
theoretisch
—erkenntnistheoretisches Programm 45
—evolutionstheoretisch 57, 173, 204, 212
—wissenschaftstheoretisch 11, 22, 58
theoretische Naturwissenschaften 54

theoretische Objekte 189
Theorie (grundsätzlich) 11, 16, 19, 22, 37, 55, 57, 64, 72, 96, 115, 121, 123, 131, 137, 169, 174, 183, 184,189, 216
—Anlagetheorie 90
—biologische Theorien 217
—Chromosomentheorie 22, 23, 29, 130
—Chromosomentheorie der Vererbung 17, 21, 22f, 39, 85, 126, 128, 148, 199
—Chromosomentheorie des Gens 15, 137, 140
—Deszendenztheorie 168, 170, 173, 176, 185
—Enzymtheorie des Vererbungstoffs 20
—Erkenntnistheorie 11
—Evolutionstheorie 14, 22, 32, 35, 56, 61, 179
—Darwins Evolutionstheorie 62
—neodarwinistische Evolutionstheorie 22
—Prämisse der Evolutionstheorie 62, 63, 193
—Gentheorie 18, 19, 93, 130, 135, 185, 199
—dynamische Gentheorie 138
—klassische Gentheorie 16, 185
—physikalische Gentheorie 135
—Haeckels Theorie 68
—Hilfstheorie der Deszendenztheorie 185
—Idioplasmatheorie 15, 72, 76
—Keimbahntheorie 25
—Keimplasmatheorie 18
—Maschinentheorie des Lebens 217
—Materietheorie, dynamische 35
—mechanisch-physiologische Theorie 70, 80
—Mendels Theorie 60, 112, 133, 138
—Molecular-Theorie, genetische 65
—Nägelis Theorie 96

275

—naturwissenschaftliche Theorie 67
—Perigenesis-Theorie 69
—physiologische Theorie der Vererbung 183
—Plastidultheorie 86
—Präformationstheorie 41
—Vererbungstheorie 28, 60, 81, 84, 90, 119, 185
—Wissenschaftstheorie 11, 22, 32
—Zelltheorie 21
Theorie Darwins 57, 59, 61, 100, 107
Théorie de la Chiasmatypie 129
Theorie der Befruchtung und Vererbung 89
Theorie der Medizin 221
Theorie der Plasmagene 94
Theorie der Plastide 62
Theorie der Vererbung 63, 125, 179, 204, 217 (vgl. Vererbungstheorie)
Theorie der Zelle 50
Theorie der Zeugung 63
Theorie des Gens 134, 138, 173, 185
Theorie des Keimplasmas 86, 91
Theorie multipler Allele 132, 199
Theorie richtungsloser Mutation 79, 194
Theorie von Evolution 220
Theoriebildung 11, 114
Therapie 33, 125, 215
Therapiezwecke 215
thermaler Ordnungszustand 135
These von der Kontinuität des Keimplasmas 88
Thymin 151, 152, 161, 163, 165
Thymusnukleinsäure 146
Tierart 61, 95
Tierexperimente 54
Tochtergen 135, 199
Tochteride 87, 195,
Tochter-Plastide 66
Tochterzelle 43, 66, **84**, 87, 88, 93, 94, 122, 146, 179, 196, 204
Transcendentales der Formbildung 96

Translokation 132
Transmutation 133, 136
Transport-RNS 175, 177
Transportmolekül 172
Transversion 132
Transzendenz 71
Trinity College 141
Triplett 170f, 175
—Basentriplett 39, 77, 170, 175, 176, 180
—Nonsense-Triplett 170, 175, **176**
Triplettfolge 171
triplettweise Ablesung 171
Tumor 178
Tumorforschung 151

U
Überlebensmaschine 216f
überschwengliche Vernunft 220
Übertragungsweise, dynamische 95, 196
Ultraviolettanalyse 140
Umgebung 37, 75, 79, 184, 208
Umgebung der Micellreihe 75
Umgebungseinfluss, genetischer 188
Umwelt 32, 38, 57, 135, 173, 187, 188, 199, 208
Umwelteinfluss 59, 98, 178, 188, 204
Um-zu-Erklärung 79
unabhängige Einheit 127, 180
unabhängige Elemente 132, 198
Unabhängigkeit der Merkmale 117, 118
Unabhängigkeitsregel 106, 109, 113, 129, 133
unbelebte Körper 143
unbelebte Materie 136, 143, 179, 206
unbelebte Natur 142
unbelebte Stofflichkeit 40, 50, 114, 136, **159**, 191, 200
unbelebte Substanz 97, 114, 137, 143
unbewusstes Gedächtnis der lebenden Materie 66, 193f

Undulation, ramificierte 68
unidirektionaler
 Informationsfluss 93, 123
uniform 102, 103, 108
Uniformitätsregel 103
Universalität 32, 170, 175
Universalität des Kodes 175, 176
universalmechanistisches
 Verständnis 70
unorganisch 48, 71, 73
unorganisierte Materie 73
unsterblich 84
—potentiell unsterblich 84
Unsterblichkeit 84
Untereinheiten 57, 86, 115f, 184, 195
Unverborgenheit 37
unwissenschaftlich 79
Urhebung der Bewegungen 105
Urkeimzelle 88, 147
Ursache 35, 37, 53, 65, 67, 68, 69, 70,
 72, 74, 105, 108, 112, 116, 132, 135,
 179, 188, 192, 196, 200, **204**, 206
—Bewegungsursache 47
—biologische Ursache 19
—Erbursache 116, 191, 197
—erste Ursachen von Leben 136
—genetische Erstursache 188
—genetische Ursache 122
—innere Ursache und äußere
 Erscheinung 106, 126
—Materialursachen 75, 130
—materielle Ursache der
 Individualität 178, 203
—Wirkursache 47, 116, 133
Ursache und Wirkung 71
Ursache-Wirkung-Zusammenhang 38
Ursächlichkeit 53, 116, 205
—Bewegungsursächlichkeit 47, 53
—teleologische Ursächlichkeiten 206
—Wirkursächlichkeit 38, 169, 203
—Zweckursächlichkeit 96
Ursächlichkeit der Vererbung 108

Ursächlichkeit von Art- u.
 Eigenschaftsbildung 144, 201
Ursächlichkeitsverständnis 204
Urschleim 64
Urschrift 143
Urzeugung 64, 78, 81

V
Vacuolen 94
Valenzwechsel 187
Variabilität 29, 59
Variation 60, 61, 84, 85f, 102, 121
Veränderlichkeit 137, 144, 201
Veränderlichkeit der Baupläne der
 Lebewesen 170
Veränderlichkeit der Nachkommen 111
Veränderlichkeit der tierischen und
 pflanzlichen Arten 43
Veränderung 28, 59, 61, 75, 79, 144, 198
—adaptive Veränderungen 185
—dauerhafte Veränderungen 135
—diskontinuierliche sprungweise
 Veränderung 79
—erworbene Veränderungen 84
—evolutionäre Veränderung 184
—konstant reproduzierbare
 Veränderungen 150
—mutative Veränderung 131, 135,
 138, 198
—vererbliche Veränderung in der
 Erbsubstanz Gen 134
—Wurzel der Veränderungen 86
Veränderung der Arten 60
Veränderung der Erbeinheiten 17
Veränderung der erblichen Elemente
 in den Keimzellen 134
Veränderung des Gens 134, 135, 141
vererblich 28, 134, 150, 186, 197
vererbliche Tendenzen 129
vererbliches Prinzip 207
Vererbung
—Biologie der Vererbung 134

277

—Chemie der Vererbung 19, 150
—Chromosomentheorie der Vererbung 17, 21, 22, 23, 39, 85, 126, 128, 129, 183, 199,
—Einheit der Vererbung 112, 149, 188, 189, 202
—epistemischer Raum der Vererbung 31
—Faktoren der Vererbung 83, 88
—Gentheorie der Vererbung 130
—geschlechtsgebundene Vererbung 130, 198
—Grundeinheit der Vererbung 131, 200
—Kausalvorstellungen der Vererbung 116
—Modell der Vererbung 186f
—partikulare Vererbung 22, 62
—Theorie der Vererbung 63, 125, 179, 204, 217
　—physiologische Theorie der Vererbung 183
—Ursächlichkeit der Vererbung 108
—Wesen der Vererbung 58
—Wissenschaft der Vererbung/ Vererbungswissenschaft 14, 16, 17, 105, 107, 111, 125
—zytologisches Bild der Vererbung 117
Vererbung als ein selbständiges Prinzip 107
Vererbung erworbener Eigenschaften 95, 173
Vererbungsauffassung 31, 72, 100, 111
Vererbungsbegriff 8, 76, 111
vererbungsbestimmendes Element 59
vererbungsbestimmendes Prinzip 105
Vererbungsbiologie 110
Vererbungseinheit 112, 122, 132, 198
Vererbungselement 105
Vererbungserscheinungen 101
Vererbungsfaktor 106, 108, 186
Vererbungsforschung 21, 91, 92, 105, 115, 185

Vererbungskonzept, klassisches 183
Vererbungskunde, zytologische 122
Vererbungslehre 17, 21, 52, 71, 72, 90, 119, 122, 208, 218
—biologische Vererbungslehre 7, 22, 35
—experimentell entwickelte Vererbungslehre 8, 99
—frühe Vererbungslehre 21
—Geburt der Vererbungslehre 22
—Geschichte der Vererbungslehre 16, 38
—mechanisch-materialistische Vererbungs- lehre 91
—Mendels Vererbungslehre 99, 187
—Prämissen der Vererbungslehre 148
—spekulative Vererbungslehren 39
Vererbungsleistung 75, 138, 200
Vererbungsmechanismus Darwins 89
Vererbungspartikel 63, 76, 191
Vererbungsplasma 75, 80, 82, 83, 144, 191, 195, 201
Vererbungsregeln Mendels 17, 92
Vererbungsstoff 72, 76, 80, 81, 123, 194
—Enzymtheorie des Vererbungsstoffs 20
Vererbungsstück 87
Vererbungssubstanz 22, 89, 90, 96
Vererbungstendenzen 84, 85
Vererbungstheorie 28, 60, 81, 84, 90, 119, 185
Vererbungträger 57, 66, 67, 86, 95, 96, 112, 123, 196 (vgl. „Erbträger")
Verhalten von Mensch zu Mensch 218
Vermehrung 62, 68, 86, 92, 114, 116, 179, 204, 216
Vermehrungsfähigkeit 77
Vermehrungsmechanismus 145
Vermittlungszelle 107
Vermögen 92, 135, 199
—Aktivierungsvermögen von Entwicklungen 132, 200

—Beharrungsvermögen der
  Natur 114
—distincte Vermögen 28
Vernunft
—absolute Vernunft 50
—instrumentelle Vernunft 220
—kritisch gereinigte Vernunft 220
Vernunft in der Natur 50
Verstehen, dynamisches 185
Vervollkommnungsprinzip 71, 79, 195
Vielzeller 88
Virus 151, **153**, 203
—Pflanzenvirus 147
—Tabakmosaikvirus 172, 177
Virus-DNS 151
vitalisierte Moleküle 58, 193
vitalistisch 51, 86
vollkommenes biologisches Prinzip
  153, 161, **170**, 203
Von-Selbst 180
Voraussetzung 31, 50, 71, 72, 96, 116,
  170, 174, 195, 199
—moderne Voraussetzung 205
—physikalisch-chemische
  Voraussetzungen 185
Voraussetzung apriorischer
  Naturerkenntnis 48
Voraussetzung des
  biochemischen Modells 14
Voraussetzung des epistemischen
  Objekts Gen 29
Voraussetzung des Modells von
  Watson und Crick 155
Voraussetzung physikalischer
  Materialität 135
Voraussetzungen des Genbegriffs 17, 19
Vorbegriff, biologischer 144, 201
Vorbegrifflichkeit 27, 39
vorbiologische Evolution 136
Vorstellung und Begriff
  eines Plasmas 90
vorwissenschaftlich 125, 143

W
Wachsthumsenergie 89
Wachstum **51f**, 61, 62, 75, 86, 92, 137,
  138, 143, 185, 200
Wachstumstendenz 90
Wahrheit 25, 26, **37**, 47, 49, 86, 212
—Bewahrheitung 12
Wahrheitsannahmen 37
wahrheitsfähig 208
Wahrheitsfindung, Mittel 186
Wahrheitsfrage 12
Wahrheitskriterium 11, 200
Wahrheitsmodell 173
Wahrscheinlichkeit 47, 106, 109, 115,
  116, 131
Wasserstoffatom 162, 164, 201
Wasserstoffbindung, Gesetz
  der W. 162f
Wasserstoffbrücke 144, 145, 160, 162,
  164f, 166, 201
Wechselwirkung 20, 27, 82, 173,
  206, 208
—konkurrierende Wechselwirkung
  213
—lebendige Wechselwirkung 115, 197
Wechselwirkungen
  kurzer Distanzen 148
weibliches System/männliches
  System 80
Wellenbewegung 68f
Weltäther 90
Weltbild 56, 62, 65
Wesen 49, 56, 59, 78, 123, 183, 212
—biologisches Wesen 108
—lebendiges Wesen/lebendes
  Wesen 40, 70, 124
—organisierte Wesen 79, 91
—sich selbst organisierendes Wesen
  193, 204
Wesen der Keimplasmamoleküle 85
Wesen der Technik 37
Wesen der Vererbung 58

Wesen des Erbfaktors 110
Wesen des Organismus 56, 71, 77, 78, 194, 195
Wesensbegriff 84, 114
Wesens-Philosophie 112, 115
Wettbewerb 57, 178, 184
—darwinistischer Wettbewerb 83
Wirklichkeit 19, 25, 37f, **49f**, 52, 189, 205
—materialistische Formulierung der W. 52
—Unterscheidung Wirklichkeit-Möglichkeit 94, 112
Wirklichkeitsauffassung 19
Wirkung
—dynamische erste Wirkung 82
—Elementwirkung 105
—Enzymwirkung 144, 157, 168
—erbliche Wirkung 127, 132, 200
—Genwirkung 19, 24f, 67, 127, 132, 148, 169, 181, 188, 191, 203
  —Dogma der Genwirkung 178
—idioplastische Wirkung 91
—molekularbiologische Wirkungen 188
—morphologische Wirkungen 196
—physiologische Wirkung 188
—Ursache und Wirkung 38, 71, 192
—Wechselwirkung 20, 27, 82, 148, 173, 206, 208, 213
  —lebendige Wechselwirkung 115, 197
—zielstrebige Wirkung 41
Wirkungsmechanismen 133
Wirkursache 47, 116, 133
Wirkursächlichkeit, eigenständige 38
Wirkursächlichkeit von Genen 169, 203
Wirkweise des Gens 24, 25, 127
Wirkweise nach Zwecken 96
Wirtschaft 212
wirtschaftlich 26, 53

Wissenschaft 11f, 33, 35, 48, 50, 53, 71, 78, 107, **128**, **205f**, 211, 212, 216, 217, 219
—benachbarte Wissenschaften 128
—biologische Wissenschaften 36
—Computerwissenschaft 143
—Einzelwissenschaften 97
—empirische Wissenschaften 50
—Grundlagenwissenschaft 43, 53, 55, 97
—Hilfswissenschaften der Physiologie 71
—Leitwissenschaft 125, 128
—Naturwissenschaft 11f, 19, 22, 35, 36, 40, **45f**, 50, 52, 53, 54, 60, 69, 71, 75, 83, 108, 114, 220
—physikalische und biologische Wissenschaft 185
—Vererbungswissenschaft 14, 16, 17, 111
Wissenschaft Biologie 35f
Wissenschaft der Genetik 13, 24, 58, **121f**, 180, 198, 211
Wissenschaft der Materie 142
Wissenschaft der Natur 37
Wissenschaft der Vererbung 105, 107
Wissenschaft des Lebendigen 39, 142, **205**
Wissenschaft Mechanik 71
Wissenschaft vom Menschen 55
wissenschaftlich
—fachwissenschaftlich 55, 219
—geisteswissenschaftlich 186
—kulturwissenschaftlich 12
—naturwissenschaftlich
  —naturwissenschaftlich definierte Gegenstandsbereiche 207f
  —naturwissenschaftliche Deutungsmuster 72
  —naturwissenschaftliche Hierarchie 142

—naturwissenschaftliche Methode 46, 208
—naturwissenschaftliche Theorie 67
—naturwissenschaftlicher Blick 206
—neuzeitliche wissenschaftliche Vorstellung von Materie 144
—unwissenschaftlich 79
—vorwissenschaftlich 125, 143
wissenschaftliche Abstraktion 209
wissenschaftliche Begriffsbildung 23
wissenschaftliche Definitionen 128, 205
wissenschaftliche Disziplin 35, 53, 76, 137, 200
wissenschaftliche Erkenntnis 11
wissenschaftliche Formalisierung 90, 104
wissenschaftliche Formulierung der Genvor- stellung 131
wissenschaftliche Fragestellung 208
wissenschaftliche Genetik 123
wissenschaftliche Genvorstellung 215
wissenschaftliche Leitbilder 206
wissenschaftliche Revolution 22, 212, 215
wissenschaftliche Terminierung 124
wissenschaftliche Vorstellung von Materie 144
wissenschaftliche Vorstellung von Vererbung 77
wissenschaftliche Willkür 115
wissenschaftlicher Sprachgebrauch Gen 30
wissenschaftliches Experiment 37, 186
wissenschaftliches Ideal, modernes 11, 47
wissenschaftliches Modell 189, 205
wissenschaftliches Wahrheitskriterium 11, 200
wissenschaftliches Ziel, neues 65
Wissenschaftsdifferenzierung 55, 206
Wissenschaftsgeschichte 11, 12f, 126

—Max-Planck-Institut für Wissenschaftsgeschichte 14, 26
wissenschaftshistorisch 28, 45, 128, 227
Wissenschaftsphilosophie 12
Wissenschaftssprache 63
Wissenschaftsterminologie 143
Wissenschaftstheorie 11, 22, 32
Wissenschaftsverständnis 45, 207
Wort 28, **124f**
Wort Biologie 35
Wort genetisch 43
Wortwahl 23, 124
—Wortwahl Gen 25, 125, 142
Wunder 78

Z
Zahlenkonstanz der Chromosomen 122
Zahlenverhältnis 54, 102, 103, 117
—Mendelsche Zahlenverhältnisse 109
Zellaktivität 30, 131, 138, 198
Zellbegriff 41
Zelle 32, 45, **50ff**, 59, 61, 62, 63, 67, 73, 75, 78, 80, 83f, 89, **91f**, 93, **94f**, 107, 111, 112f, 134, 138, 140, 142, 147, 169, 172, 185f, 189, 191, 193, 194, **196ff**, 200
—Befruchtungszellen 111, 113
—Eizelle 42, 67, 81, 92, 95, 118
—Einzeller 64, 84, 88
—embryonale Stammzellen 215
—Fortpflanzungszellen 86, 107, 109, 195
—Geschlechtszellen 81, 108, 122
—Grundzellen 105, 115, 197
—Keimbahnzellen 92
—Keimzelle 39, 41, 42, 74, **84ff**, **88**, 92, 93, 102, 106, 107f, 109, 112, 117, 125, 128, 129, 131, 134, 137, 138, 180, 195, 197, 199, 200
—Keim- und Pollenzelle 107, 111, 113, 197
—Körperzelle 28, 86, 95, 180, 195

—Metabolismus der Zelle 174
—Mutterzellen 66, 87, 107
—Oberflächenstrukturen
  von Zellen 178
—ontogenetische Arbeitsteilung
  der Zellen 67, 194
—pflanzliche Zelle 41, 51, 80
—Pollenzelle 107, 111
—Primärfunktion von Zellen 178
—Spermazelle 43, 67
—Tochterzelle 43, 66, **84**, 87, 88, 93,
  94, 122, 146, 179, 196, 204
—Urkeimzelle 88, 147
—Vermehrung der Zelle 179
—Vermittlungszelle 107
—Wettbewerb von Zellen 178
Zelldifferenzierung 26
Zelleib 63, 84, 95
Zellenlehre 21, 50
Zellforschung, molekularbiologische 30
zellfreies System 175
Zellfunktion 151, 185
Zellgenetik 177
Zellkern 43, 51, **63**, 80f, **82f**, 91, **93f**,
  94, 123, 129, 137, 139, 140, 146,
  147, 153, 169, 177, 183, 191
—Ei- und Samenzellkern 80, 94
—Stäbchen im Zellkern 122, 137
Zellkörper 87, 89
Zellleib 95, 183, 196
Zellorgane 94
Zellorganellen 94f, 196
Zellplasma 80, 82, 89
—Eizellplasma 196
Zellstoff 64
Zellstoffwechsel 170
Zelltätigkeit 93
Zellteilung 84, 87, 88, 93, 117, 128,
  129, 145, 146, 147, 153, 163, 164,
  179, 196, 203
—Äquationsteilungen 84
—Reduktionsteilung 84, 117, 147

—Reifeteilungen 84, 147
zelluläre Elemente 123
Zellularpathologie 45
Zentimorgan 131
zentrale Frage der Biologie 36
Zentralnervensystem 91
Zentrum der biologischen
  Fragestellung 174
Zeugung 42, 63, 116, **212**
—Begriff von Zeugung 211
—Erzeugung 106, 126, 147, 150, 192,
  211f, 215
—geschlechtliche Zeugung 67
—Urzeugung 64, 78, 81
Zeugung und Empfängnis 218
Ziel 211
—Erklärungsziel 50, 193
—Forschungsziel/
  Untersuchungsziel 15, 26, 91, 189
—wissenschaftliches Ziel 65
Ziel der Natur 50
Ziel des Lebensgeschehens 113
zielgerichtet 57
zielgerichtete Lebenskräfte 54
Zielgerichtetheit von Mutationen 135
zielstrebig 41, 54, 96
Zieltendenz 79
Zoologie 71
Züchtung 36, 134, 218
—Höherzüchtung der Lebewesen 71
—Naturzüchtung 86, 92
Zuchtwahl 61
—natürliche Zuchtwahl 71, 72
Zucker-Basen-Bindung 157
Zufall 113f, 116, 175, 185, 217
zufällig 108, 112, **113f**, 115, 117, 126,
  133, 163, 178, 197, 204, 206, 216f
zufällige Anpassungen 179
Zufälligkeit 79, 97, 115, 136
Zufallsmutationen 185, 217
Zufallsnatur 115
Zufallsregeln der Kombinatorik 109

Zustand 35, 73, 75, **81**, 124, 192, **220**
—entwickelter Zustand 72, 194
—funktioneller Zustand 88
—inaktiver Zustand 88
—nicht organisierter Zustand 42
—organisierter Zustand 42, **81**
—ruhender Zustand 61
Zutunscharakter 219
Zweck 12, 37, 38, **47**, 175, 177, 185, 192
—Idee gesetzter Zwecke 51
—Kausalität nach Zwecken 70, 199, 204
—Mittel-Zweck-Relation 205
—Naturzweck 192f, 204
—Selbstzweck 173, 192
—Vererbung wirksamer Zwecke 115
—vorausgehender Zweck 50, 192
—Wirkweise nach Zwecken 41, 96
Zweck eines Organs 186

zweckfrei 54, 179
zweckgerichtet 47
—zweckgerichtete Erzeugung 126
—zweckgerichtete Kraft 51, 58
zweckhaft 135, 209
Zweckhaftigkeit 187
Zweckkausalität 45, 204
zweckmäßig 12, 65, 126, 192
Zweckmäßigkeit 126, 187
—physiologische Zweckmäßigkeit 187,
—Prinzip der Zweckmäßigkeit 192
Zweckursächlichkeit 96
Zweckvorstellung 96, 135, 208
Zygote 111, 178, 216
—diploide Zygote 117
Zytologie 17, 62, 123
zytologisch 80, 128, 129
zytologische Vererbungskunde 122
zytologisches Bild der Vererbung 117
Zytoplasma 21, 82, 83, 123, 140, 146, 169, 177 (vgl. Cytoplasma)

Bibliographie

Die Bibliographie berücksichtigt folgende Gesichtspunkte:
* *Biologiegeschichte in Hinsicht auf Entstehung und Veränderung der Genetik*
* *Geschichte des Gens/allg.*
* *Präzision der biochemischen Vorleistungen vor dem DNS-Modell*
* *wissenschaftstheoretische Ansätze*
* *der Genbegriff in entwicklungsbiologischer Sicht/„Evo-Devo"*
* *der Genbegriff in populationsgenetischer Sicht*
* *Kritik am Genbegriff mit erneuertem Hinweis auf den Modellcharakter*

Abhandlungen 1905: Abhandlungen der Königlich-Sächsischen Gesellschaft der Wissenschaften. Math.-Phys. Classe, Bd. 29, Jg.3 (1905), S. 189–265

Acta 1936: Acta Medicina Scandinavica, 73, Suppl. 8 (1936), S. 1–151

Acta 1952a: Biochimica et Biophysica Acta, 9 (1952), S. 399–401

Acta 1952b: Biochimica et Biophysica Acta, 9 (1952), S. 402–405

Acta 1952c: Acta Chemica Scandinavica, 6 (1952), S. 634–640

Acta 1953: Acta Geneticae Medicae et Gemellologiae, 2 (1953), S. 237–332

Akademie 1956: Bayerische Akademie der Schönen Künste (Hg.): Die Künste im technischen Zeitalter. München 1956

Akademie 2000: Akademie der Wissenschaften zu Göttingen: Das Gen und der Mensch. Ein Blick in die Biowissenschaften. Im Auftrag der Akademie der Wissenschaften zu Göttingen. Hg. Gerhard Gottschalk. Göttingen 2000

Altmann 1889: Richard Altmann: „Ueber Nucleinsäuren". *In*: Archiv für Physiologie, Physiologische Abteilung des Archives für Anatomie und Physiologie, Jg. 1889

American Naturalist 1911: The American Naturalist, 45 (1911), S. 129–159

American Naturalist 1917: The American Naturalist, 48 (1917), S. 705–711

American Naturalist 1922: The American Naturalist, 56 (1922), S. 32–50

American Scientist 1946: American Scientist, 34 (1946), S. 52

American Scientist 1948: American Scientist, 36 (1948), S. 69–74

Annals 1968: Annals of Science. A quaterly review of the history of science and technology since the renaissance, 24 (1968), S. 7–20

Archiv 1847: Archiv für pathologische Anatomie und Physiologie, 1 (1847), S. 5f

Archiv 1838: Archiv für Anatomie und Physiologie und wissenschaftliche Medizin, 46 (1838), S. 137–176

Archiv 1888: Archiv für mikroskopische Anatomie und Entwicklungsmechanik, 32 (1888), S. 1–122

Archiv 1889: Archiv für Physiologie, Physiologische Abteilung des Archives für Anatomie und Physiologie, Jg. 1889, S. 524–536

Archiv 1916: Archiv für Geschichte der Naturwissenschaften und der Technik (1916)

Archiv 1917: Archiv für Mikroskopische Anatomie, Abteilung II für Zeugungs- und Vererbungslehre, 90 (1917), S. 1–168

Archiv 1927: Archiv für Geschichte der Medizin, 19 (1927), S. 105 ff

Archiv 1929: Sudhoffs Archiv für Geschichte der Medizin, 22 (1929), S. 1–23

Archiv 1935/1936: Sudhoffs Archiv für Geschichte der Medizin und der Naturwissenschaften, 28 (1935/1936), S. 381 ff

Archiv 1976: Sudhoffs Archiv, Beiheft 17 (1976)

Aristoteles 1972: Aristotle's De Partibus Animalium I and De Generatione Animalium (with passages from II.1–3); engl. übers., komment. D. M. Balme. Oxford 1972.

Aristoteles 1959: Die Lehrschriften. Hg. Paul Gohlke. Bd. 8,3 Über die Zeugung der Geschöpfe. Paderborn 1959.

Aula 1895: Die Aula; Wochenblatt für die akademische Welt; Jg. 1 (1895)

Avery, MacLeod, Mc Carty 1944: Oswald [Theodore] Avery, Colin M. MacLeod, Maclyn McCarty: "Studies on the Chemical Nature of the Substance Inducing Transformation of Pneumococcal Types"; *in*: Jour. Exp. Med. 79 (1944)

Babcock 1954: Ernest Babcock: "The Development of Fundmental Concepts in the Science of Genetics"; *in*: Science, 120 (1954)

Baer 1928: Karl Ernst von Baer: Über die Entwicklungsgeschichte der Thiere. Königsberg 1928

Bailey 1891: Liberty Hide Bailey: Cross Breeding and Hybridization, zit. nach H. F. Bailey, Plant Hybridization before Mendel. Princeton 1929

Barthelmess 1952: Alfred Barthelmess: Vererbungswissenschaft. Freiburg 1952

Bateson 1906: W[illiam] Bateson: "The progress of genetic research. An inaugural address to the third conference on hybridization and plant-breeding". In: Report of the Third International Conference 1906 on Genetics: hybridization (the cross-breeding of genera or species), the cross-breeding of varieties, and general plant-breeding Bd. 3, Hg. W. Wilks. London 1906/1907

Bateson 1907: William Bateson: "Facts limiting the theory of heredity". Address delivered at the International Zoological Congress, before the Section of Cytology and Heredity, August 23,1907. In: Science, 26 (1907)

Bateson 1914: William Bateson: "Mendels Principles of Heredity. Cambridge 1909 = dt. Übers. Mendels Vererbungstheorien". Leipzig 1914

Beadle 1946: G[eorge] W[ells] Beadle: "Genes and the Chemistry of the Organism", in: American Scienctist, 34 (1946)

Beadle 1948: G[eorge] W[ells] Beadle: "Genes and Biological Enigmas", in: American Scientist, 36 (1948)

Beadle 1963: George Wells Beadle: "Genetics and Modern Biology", in: Jane lectures 1962. Memoirs of The American Philosophical Society, 57 (1963)

Beadle, Sturtevant 1939: George Wells Beadle, Alfred Henry Sturtevant: Genes, Cells and Organisms. Philadelphia 1939, zit. nach Beadle, Sturtevant: Genes, Cells and Organisms. An Introduction to Genenetics. Reprint London 1988

Benzer 1962: S[eymour] Benzer: "The fine structure of the gene", in: Scientific American, 206 (1962)

Berichte 1900a: Berichte der Deutschen Botanischen Gesellschaft, 18 (1900), S. 83–90

Berichte 1900b: Berichte der Deutschen Botanischen Gesellschaft, 18 (1900), S. 158–168

Berichte 1900c: Berichte der Deutschen Botanischen Gesellschaft, 18 (1900), S. 232–239

Blixt 1975: Stig Blixt, „Why didn't Gregor Mendel find linkage?", in: Nature, 256 (1975)

Bibliographia 1933: Bibliographia Genetica, 10 (1933), S. 251–298

Bridges 1916: Calvin B. Bridges: "Non-disjunction as proof of the chromosome theory of hederity", *in*: Genetics, 1 (1916)

Böhme 1989: Helmut Böhme: Das Gen – zur Theorie des Begriffes. Dem Andenken an Akademiemitglied Hans Stubbe gewidmet. Sitzungsberichte der Akademie der Wissenschaften der DDR. Mathematik – Naturwissenschaften – Technik. Jg. 1989, Nr. 8 N. Akademie-Verlag Berlin 1989

Boveri 1903: Theodor Boveri: „Ergebnisse über die Konstitution der chromatischen Substanz des Zellkerns"; *in*: Verhandlungen der Deutschen Zoologischen Gesellschaft. XIII. Jahresversammlung. Leipzig 1903

Boveri 1904: Theodor Boveri: Ergebnisse über die Konstitution der chromatischen Substanz des Zellkerns. Jena 1904

Bowler 1989: Peter Bowler: The Mendelian Revolution. The emergence of hereditarian concepts in modern sciences and society. John Hopkins University Press, Baltimore 1989

Büchner 1975: Franz Büchner: Allgemeine Pathologie und Ätiologie. München, Berlin, Wien 1975

Burdach 1800: Karl [Carl] Friedrich Burdach: Propädeutik zum Studium der gesammten Heilkunst. Leipzig 1800

Campbell, Work 1953: P. N. Campbell, T. S. Work: "Biosynthesis of Proteins", *in*: Nature, 171 (1953f)

Carlson 1966: Elof Axel Carlson: The Gene: A Critical History. Philadelphia, London 1966

Carlson 1971: Elof Axel Carlson: Gentheorie. Aus dem Englischen Übersetzt von E.-A. Löbbecke. Stuttgart 1971

Caspersson 1936: Torbjörn [Oskar] Caspersson: Über den chemischen Aufbau der Strukturen des Zellkernes, *in*: Acta Medicina Scandinavica, 73, Suppl. 8 (1936)

Caspersson, Hammarsten 1938a: T[orbjörn] Caspersson, E. Hammarsten: "Molecular Shape and Size of Thymonucleic Acid", *in*: Nature, 141 (1938)

Caspersson, Schultz 1938b: T[orbjörn] Caspersson, Jack Schultz: "Nucleic Acid Metabolism of the Chromosomes in Relation to Gene Reproduction", *in*: Nature, 142 (1938)

Caspersson, Schultz 1939: T[orbjörn] Caspersson, Jack Schultz: "Pentose Nucleotides in the Cytoplasm of Growing Tissues", *in*: Nature, 143 (1939)

Caspersson 1941: Torbjörn Caspersson: „Studien über den Eiweißaufbau der Zelle", *in:* Die Naturwissenschaften, 29 (1941)

Carus 1872: Julius Victor Carus: Geschichte der Zoologie bis auf Johann Müller und Charles Darwin. Auf Veranlassung und mit Unterstützung seiner Majestät des Königs von Bayern Maximilian II. Hg. Historische Commission d. Kön. Akademie d. Wiss. München 1872

Cellule 1909: La Cellule, 25 (1909), S. 389–411

Chargaff 1981: Erwin Chargaff: Das Feuer des Heraklit. Skizzen aus dem Leben vor der Natur. Stuttgart 1981

Cold Spring Harbor Symposia 1941: Cold Spring Harbor Symposia on Quantitative Biology. Vol. 9. Genes and Cromosomes. Structure and Organization. Hg. Long Island Biological Association. Cold Spring Harbor, New York 1941. S. 55f

Correns 1900: Carl Erich Franz Joseph Correns: „G. MENDEL's Regel über das Verhalten der Nachkommenschaft der Rassenbastarde", *in:* Berichte der Deutschen Botanischen Gesellschaft, 18 (1900a)

Correns 1905: Carl [Erich] [Franz] [Joseph] Correns: "Gregor Mendels Briefe an Carl Nägeli 1866–1873. Ein Nachtrag zu den veröffentlichten Bastardierungsversuchen Mendels"; *in:* Abhandlungen der Königlich-Sächsischen Gesellschaft der Wissenschaften. Math.-Phys. Classe, Bd. 29, Jg.3 (1905)

Correns 1912: C[arl] [Erich] [Franz] [Joseph] Correns: Die neuen Vererbungsgesetze. Nach einem Vortrag gehalten am 13. Dezember 1911 vor dem Wissenschaftlichen Verein in Berlin. Berlin 1912

Correns 1921: Carl [Erich] [Franz] [Joseph] Correns: Die ersten zwanzig Jahre Mendelscher Vererbungslehre; Festschrift der Kaiser-Wilhelm Gesellschaft zur Förderung der Wissenschaften zu ihrem zehnjährigen Jubiläum. Berlin 1921

Cremer 1985: Thomas Cremer: Von der Zellenlehre zur Chromosomentheorie. Naturwissenschaftliche Erkenntnis und Theorienwechsel in der frühen Zell- und Vererbungsforschung. Berlin, Heidelberg 1985. (= Veröffentlichung der Forschungsstelle für Theoretische Pathologie der Heidelberger Akademie der Wissenschaften)

Crick 1962: F[rancis] H[arry] C[ompton] Crick: "The Genetic Code. How does the order of bases in a nucleic acid determine the order of amino acids in a protein? It seems that each amino acid is specified by a triplet of bases, and that triplets are read in simple sequence." *In:* Scientific American, 207, Oktober 1962

Crick 1963: F[rancis] H[arry] C[ompton] Crick: "The Recent Excitement in the Coding Problem", *in:* Progress in Nucleic Acid Research, 1 (1963)

Crick 1977: Francis H[arry] C[ompton] Crick: "On the Genetic Code". *In*: Lectures in Molecular Biology. Hg. David Baltimore. New York 1977

Crick 1981: Francis [Harry Compton] Crick: Life Itself. Its Origin and Nature. London 1981

Crick, Barnett, Brenner, Watts-Tobin 1961: F[rancis] H[arry] C[ompton] Crick, F.R. S., Leslie Barnett; S[ydney] Brenner, R. J. Watts-Tobin: "General Nature of the Genetic Code for Proteins", *in*: Nature, 192 (1961)

Cuvier 1817: Le Ch[evali]er [Georges-Léopold-Chrétien-Frédéric-Dagobert] Cuvier: Le règne animal distribué d'après son organisation pour servir de base à l'histoire naturelle des animaux et d'introduction à l'anatomie comparée. Paris 1817 http://www.biodiversitylibrary.org/OLBookReader/Viewer

Darden 1991: Lindley Darden: Theory Change in Science. Strategies from Mendelian Genetics. New York, Oxford University Press 1991

Darwin 1859: Charles Robert Darwin: On the Origin of Species by Means of Natural Selection, or the Preservation of Favoured Races in the Struggle for Life. London 1859

Darwin 1878: Charles Robert Darwin: Das Variiren der Thiere und Pflanzen im Zustande der Domestication, 2. Band. Aus dem Englischen übers. J. Victor Carus. Stuttgart 1878

Dawkins 1976: Richard Dawkins: The Selfish Gene. Oxford 1976

Dawkins 1978: Das egoistische Gen. Dt. Übers. v. Karin de Sousa Feirrera. Berlin, Heidelberg, New York 1978

Dawkins 1982: Richard Dawkins: "The necessity of Darwinism", *in*: New Scientist, 92 (1982)

Dawkins 1983: Richard Dawkins: "Universal Darwinism". *In*: Evolution from Molecules to Men. Hg. D. S. Bendall. Cambridge 1983

Delbrück 1941: M[ax] [Ludwig] [Henning] Delbrück: A Theory of Autocatalytic Synthesis of Polypeptides and its Application to the Problem of Chromosome Reproduction. *In*: Cold Spring Harbor Symposia on Quantitative Biology. Vol. 9. Genes and Chromosomes. Structure and Organization. Hg. Long Island Biological Association. Cold Spring Harbor, New York 1941

Diemer 1964: Alwin Diemer: Grundriss der Philosophie. Bd. 2 Die Philosophischen Sonderdisziplinen. Meisenheim am Glan 1964

Dounce 1952: Alexander L. Dounce: „Duplicating Mechanism for Peptide Chain and Nucleic Acid Synthesis", *in:* Enzymologia, 15 (1952)

Dounce 1953: Alexander L. Dounce: „Nucleic Acid Template Hypotheses", *in:* Nature, 172 (1953a)

Driesch 1909: Hans [Adolf] [Eduard] Driesch: Philosophie des Organischen. Leipzig 1909

Driesch 1921: Hans [Adolf] [Eduard] Driesch: Philosophie des Organischen. Leipzig 1921²

DuBois-Reymond 1848: Émile Du Bois-Reymond: Untersuchungen über tierische Elektrizität, Bd. 1, o.O. 1848

DuBois-Reymond 1872: Emil du Bois-Reymond [= DuBois-Reymond]: "Über Geschichte der Wissenschaft (1872)". *In*: Deutsche Ärzte-Reden aus dem 19. Jahrhundert, Hg. Erich Ebstein, Berlin 1926, S. 86ff

Dunn 1965: L[eslie] C[larance] Dunn: A Short History of Genetics. The development of the main lines of thought: 1864–1939. New York, Toronto, London, Sydney 1965

Dunn 1991: Nachdruck der Ausgabe New York 1965. Iowa State University Press 1991

Eigen 1981: Manfred Eigen et al.: „Hyperzyklus; Ursprung der genetischen Information"; *in*: Spektrum der Wissenschaft 6 (1981)

Eigen, Winkler 1981: Manfred Eigen, Ruth Winkler: Das Spiel. Naturgesetze steuern den Zufall. München 1981

Enzymologia 1952: Enzymologia, 15 (1952), S. 251–258

Festschrift 1921: Festschrift der Kaiser-Wilhelm Gesellschaft zur Förderung der Wissenschaften zu ihrem zehnjährigen Bestehen. Berlin 1921

Focke 1881: W[ilhelm] O[lbers] Focke: Die Pflanzenmischlinge. Berlin 1881.

Frankfurter Allgemeine Zeitung 2000a: Frankfurter Allgemeine Zeitung, 1.7.2000, Nr. 150, S. 49

Frankfurter Allgemeine Zeitung 2000b: Frankfurter Allgemeine Zeitung, 11.8.2000, Nr. 185, S. 43

Franklin, Gosling 1953: Rosalind [Elsie] Franklin, R. G. Gosling: „Molecular Configuration in Sodium Thymonucleate", *in:* Nature, 171 (1953d)

Furberg 1952: Sven Furberg: „On the Structure of Nucleic Acids", *in:* Acta Chemica Scandinavica, 6 (1952)

Gärtner 1849: Karl Friedrich von Gärtner: Versuche und Beobachtungen über die Bastarderzeugung im Pflanzenreich. Stuttgart 1849

Gandelman, Zamenhof, Chargaff 1952: Berta Gandelman, Stephen Zamenhof, Erwin Chargaff: "The Deoxypentose Nucleic Acids of Three Strains of Escherichia Coli", *in*: Biochimica et Biophysica Acta, 9 (1952a)

Garrod 1908: A[rchibald] E[dward] Garrod: "The Croonian Lectures on Inborn Errors of Metabolism", *in*: Lancet, 172 (1908)

Gasking 1959: E[lizabeth] B. Gasking: "Why was Mendels work ignored?", *in*: Journal of the History of Ideas, 20 (1959)

Geldsetzer 1982: Lutz Geldsetzer: Fragen der Hermeneutik der philosophischen Geschichtsschreibung. (Aus: La storiografia filosofica e la sua storia). Padova 1982

Geldsetzer 1987: Lutz Geldsetzer: Logik. Aalen 1987

Genetics 1916: Genetics, 1 (1916), S. 1–52 und S. 107–163

Giornale 1990: Giornale di Storia della Medicina – Journal of History of Medicine; gegr. v. Luigi Stroppiana, Nuova Seria Vol. III, Suppl. (1990)

Goethe 1891: Johann Wolfgang Goethe: Goethes Werke. Abt. II, Bd. 6. Goethes Naturwissenschaftliche Schriften. Zur Morphologie. Hg. Großherzogin Sophie von Sachsen. Weimar 1891

Goldschmidt 1911: Richard [Benedict] Goldschmidt: Einführung in die Vererbungslehre. Berlin, Leipzig 1911

Goldschmidt 1926: Richard [Benedict] Goldschmidt: "The quantitative theory of sex", *in*: Science, 64 (1926)

Goldschmidt 1927: Richard [Benedict] Goldschmidt: Physiologische Theorie der Vererbung. Berlin 1927

Goldschmidt 1938: Richard [Benedict] Goldschmidt: "The Theory of the Gene", *in*: Scientific Monthly, 46 (1938)

Goldschmidt 1954: Richard B[enedict] Goldschmidt: „Different Philosophies of Genetics. Adresse des Präsidenten an den 9. Internationalen Genetik-Kongress in Bellagio 1953. Gewidmet seinem Freund Otto Hahn." In: Science, 119 (1954)

Griesinger 1864: Wilhelm Griesinger: „Gedenkrede auf Schoenlein (1864)", *in*: Erich Ebstein (Hg.), Deutsche Ärzte-Reden aus dem 19. Jahrhundert. Berlin 1926, S. 36

Gross 1925: J. Gross: „Mendel und Darwin", *in*: Die Naturwissenschaften, 13 (1925)

Haacke 1893: Wilhelm Haacke: Gestaltung und Vererbung. Eine Entwicklungsmechanik der Organismen. Leipzig 1893

Haeckel 1866: Ernst Haeckel: Generelle Morphologie der Organismen. Berlin 1866

Haeckel 1870: Ernst Haeckel: „Beiträge zur Platidentheorie", *in*: Jenaische Zeitschrift, 5/3 (1870)

Haeckel 1876: Ernst Haeckel: Die Perigenesis der Plastidule oder die Wellenerzeugung der Lebenstheilchen. Ein Versuch zur mechanischen Erklärung der Entwicklungs-Vorgänge. Berlin 1876

Hamilton, Barclay, Wilkins, Brown, Wilson, Marwin, Ephrussi-Taylor, Simmons 1959: L. D. Hamilton, R. K. Barclay, M[aurice] H[ugh] F[rederic] Wilkins, G. L. Brown, H[erbert] R. Wilson, D. A. Marwin, H. Ephrussi-Taylor, N. S. Simmons: "Similarity of the Structure of DNA from a Variety of Sources", *in*: The Journal of Biophysical and Biochemical Cytology, 5 (1959)

Harms 2000: Ingeborg Harms: „Sie haben es genommen, es gestohlen – Die Moral eines Johann Sebastian Bach täte uns not – Verbitterung und große Vorahnung: Ein Besuch bei dem Genpionier Erwin Chargaff am Tag danach," *in*: Frankfurter Allgemeine Zeitung, 1.7.2000, Nr. 150

Harenberg Lexikon 1998: Harenberg Lexikon der Nobelpreisträger. Hg. Harenberg LexikonVerlag (sic!). Dortmund 1998

Hauska 1984: Günther Hauska (Hg.): Von Gregor Mendel bis zur Gentechnik. Vortragseihe Universität Regensburg zum 100. Todestag von Gregor Mendel. Schriftenreihe der Universität Regensburg Bd. 10. Regensburg 1984

Heidegger 1953: Martin Heidegger: Die Frage nach der Technik. Vortrag gehalten am 18. November 1953 im Auditorium Maximum der Technischen Hochschule München, in der Reihe „Die Künste im technischen Zeitalter", veranstaltet von der Bayerischen Akademie der Schönen Künste unter der Leitung des Präsidenten Emil Preetorius. In: Martin Heidegger Gesamtausgabe. I. Abt. Veröffentlichte Schriften 1910–1976, Bd. 7 Vorträge und Aufsätze. Hg. Friedrich-Wilhelm von Herrmann. Frankfurt a. M. 2000

Hegel 1817: Georg Wilhelm Friedrich Hegel: Gesammelte Werke. In Verbindung mit der Deutschen Forschungsgemeinschaft. Hg. Nordrhein-Westfälische Akademie der Wissenschaften. Bd. 13, Enzyklopädie der philosophischen Wissenschaften im Grundrisse. 1817. Hg. Wolfgang Bonsiepen, Klaus Grotsch. In Verbindung mit der Hegel-Kommission der Nordrhein-Westfälischen

Akademie der Wissenschaften und dem Hegel-Archiv der Ruhr-Universität Bochum. Düsseldorf 2000

Hegel 1830: Georg Wilhelm Friedrich Hegel: Werke Bd. 9. Enzyklopädie der philosophischen Wissenschaften im Grundrisse. 1830. Zweiter Teil. Die Naturphilosophie. Mit den mündlichen Zusätzen. Frankfurt 1986

Heilbronn, Kosswig 1961: Alfred Heilbronn und Curt Kosswig: Principia Genetica. Grunderkenntnisse und Grundbegriffe der Vererbungswissenschaft. Berlin, Hamburg 1961

Helmholtz 1877: Hermann [Ludwig] [Ferdinand] [von] Helmholtz: „Das Denken in der Medizin (1877)", in: Erich Ebstein (Hg.), Deutsche Ärzte-Reden aus dem 19. Jahrhundert. Berlin 1926, S. 90–117

Heredity 1950: Heredity. An international Journal of Genetics, 4 (1950), S. 1–10

Hershey, Chase 1952: Alfred D[ay] Hershey, Martha Chase: "Independent Functions of Viral Protein and Nucleic Acid in Growth of Bacteriophage", in: Journal of General Physiology, 36 (1952)

Hershey, Dixon, Chase 1953: A[lfred] D[ay] Hershey, June Dixon, Martha Chase: "Nucleic Acid Economy in Bacteria Infected with Bacteriophage T2", in: Journal of General Physiology, 36 (1953)

Hertwig 1875: Oscar [Wilhelm] [August] Hertwig: „Beiträge zur Kenntnis der Bildung, Befruchtung und Theilung des thierischen Eies", in: Morphologisches Jahrbuch, 1 (1875)

Hertwig 1885: Oscar [Wilhelm] [August] Hertwig: „Das Problem der Befruchtung und der Isotropie des Eies; eine Theorie der Vererbung", in: Jenaische Zeitschrift für Naturwissenschaft, 18, N. F. 11. (1885)

Hertwig 1895: Oscar [Wilhelm] [August] Hertwig: „Die Tragweite der Zellentheorie", in: Die Aula. Wochenblatt für die akademische Welt, Jg. 1 (1895)

Hertwig 1894: Oscar [Wilhelm] [August] Hertwig: Zeit- und Streitfragen der Biologie von Oscar Hertwig. Heft 1 Präformation oder Epigenese? Grundzüge einer Entwicklungstheorie der Organismen. Jena 1894

Hertwig 1909: Oscar [Wilhelm] [August] Hertwig: Der Kampf um die Kernfragen der Entwicklungs- und Vererbungslehre. Jena 1909

Hertwig 1917: Oscar [Wilhelm] [August] Hertwig: „Dokumente zur Geschichte der Zeugungslehre: eine historische Studie". *In*: Archiv für Mikroskopische Anatomie, Abt. II für Zeugungs- und Vererbungslehre, 90 (1917)

Hinshelwood 1956: Cyril Hinshelwood: "The Royal Society. Anniversary address by Sir Cyril Hinshelwood, F. R. S." *In*: Nature, 178 (1956)

History 1983: History of Science. A review of literature and research in the history of science, medicine and technology in its intellectual and social context, 21 (1983), S. 66ff

Hoffmann 1869: Hermann Hoffmann 1869: Untersuchungen zur Bestimmung des Werthes von Species und Varietät. Ein Beitrag zur Kritik der Darwin'schen Hypothese. Gießen 1869

Hommel 1927: Hildebrecht Hommel: „Moderne und hippokratische Vererbungstheorien", *in*: Archiv für Geschichte der Medizin, 19 (1927)

Hoppe 1971: Brigitte Hoppe: „Die Beziehungen zwischen J. G. Mendel und C. W. Nägeli aufgrund neuer Dokumente", *in*: Proc. Gregor Mendel Colloquium (Folia Mendeliana Musei Mura- viae). Brünn 1971

Hoppe 1976: Brigitte Hoppe: Biologie, Wissenschaft von der belebten Materie von der Antike bis zur Neuzeit. Biologische Methodologie und Lehren von der stofflichen Zusammensetzung der Organismen. *In*: Sudhoffs Archiv (1976) Beiheft 17

Hoppe 1975: Brigitte Hoppe: „Umbildungen der Forschung in der Biologie im 19. Jahrhundert". *In*: Alwin Diemer (Hg.), Konzeption und Begriff der Forschung in den Wissenschaften des 19. Jahrhunderts. Referate und Diskussionen des 10. wissenschaftstheoretischen Kolloquiums 1975. Meisenheim am Glan 1978, S. 104–188

Jacob, Monod 1961: Francois Jacob und Jaques [Lucien] Monod: "Genetic Regulatory Mechanisms in the Synthesis of Proteins", *in*: Journal of Molecular Biology, 26 (1961)

Jahn 1957/1958: Ilse Jahn: Zur Geschichte der Wiederentdeckung der Mendelschen Gesetze. *In*: Wissenschaftliche Zeitschrift der Friedrich-Schiller Universität Jena, mathematisch-naturwissenschaftliche Reihe, Jg. 7, pt. 2/3 (1957/1958)

Jahn 1998: Ilse Jahn u.a. (Hg.): Geschichte der Biologie. Theorien, Methoden, Institutionen, Kurzbiographien. Jena 1998

Jahn 2002: Ilse Jahn: „Konsolidierung und Neubildung von Disziplinen und Theorien im 19. Jahrhundert". *In*: Geschichte der Biologie. Hg. Ilse Jahn u.a., 2. korrigierte Sonderausgabe 2002 der 3. Aufl. Jena 1998

Jahrbuch 1875/1876: Morphologisches Jahrbuch. Eine Zeitschrift für Anatomie und Entwicklungsgeschichte, 1 (1875/1876)

Jahrbücher 1885: Landwirtschaftliche Jahrbücher, 16 (1885)

Jahrbuch 1955: Jahrbuch 1954 der Max-Planck-Gesellschaft zur Förderung der Wissenschaften e. V. Göttingen 1955

Jahrbücher 1887: Schmidt's Jahrbücher der In- und Ausländischen Gesammten Medizin, 215 (1887), S. 89–104 und S. 192–206

Janssens 1909: F[rans] A[lfons] [Ignace] [Maria] Janssens, „La théorie de la chiasmatypie", *in*: La Cellule, 25 (1909)

Johannsen 1905: W[ilhelm] Johannsen: Arvelighedslaerens elementer. Forelaesninger holdte ved Kobenhavns Universitet. Kobenhavn 1905

Johannsen 1909: W[ilhelm] Johannsen: Elemente der exakten Erblichkeitslehre. Mit Grundzügen der biologischen Variationsstatistik. Jena 1909

Johannsen 1911: Wilhelm Johannsen: „The genotype conception of heredity", *in*: American Naturalist, 45 (1911)

Johannsen 1926: Wilhelm Johannsen: Elemente der exakten Erblichkeitslehre. Jena 1926

Johansson 1988: Ivar Johansson: Meilensteine der Genetik. Eine Einführung – dargestellt an den Entdeckungen ihrer bedeutendsten Forscher. Übers. Hans Otto Gravert. Berlin, Hamburg 1980

Jones 2000: Steve Jones: The Language of the Genes. Biology, History and the Evolutionary Future. London 2000

Journal 1911: Journal für Experimentelle Zoologie, 11 (1911), S. 365–417

Journal 1944: Journal of Experimental Medicine, 79 (1944), S. 137–159

Journal 1950: Journal of Bacteriology, 60 (1950), S. 697–718

Journal 1951: Journal of the History of Ideas, 20 (1959), S. 77/78

Journal 1952: The Journal of General Physiology, 36 (1952), S. 36–56

Journal 1953: The Journal of General Physiology, 36 (1953), S. 777–789

Journal 1959a: Journal of the History of Ideas, 20 (1959), S. 60–84

Journal 1959b: The Journal of Biophysical and Biochemical Cytology, 5 (1959), S. 397ff

Journal 1961: Journal of Molecular Biology, 26 (1961), S. 318 –356

Kalmus 1983: H[ans] Kalmus: "The scholastic Origins of Mendel`s Concepts", *in*: History of Science, 21 (1983)

Kant 1786: Immanuel Kant: Schriften zur Naturphilosophie. Werke Bd. IX. Metaphysische Anfangsgründe der Naturwissenschaft. Riga 1786. Hg. Wilhelm Weischedel. Frankfurt a. M. 1977

Kappert 1978: Hans Kappert: Vier Jahrzehnte miterlebte Genetik. Berlin, Hamburg 1978

Kay 2000: Lily E. Kay: Who Wrote the Book of Life? A History of the Genetic Code. *In:* Writing Science. Hg. Timothy Lenoir u. Hans Ulrich Gumbrecht. Stanford University Press 2000

Keber 1853: [Gotthard] [August] [Ferdinand] Keber: De spermotozoorum introitu in ovula additamenta ad physiologiam generationis auctore Gotthardo Augusto Ferdinando Keber. Ueber den Eintritt der Samenzellen in das Ei: ein Beitrag zur Physiologie der Zeugung. Königsberg 1853

Keller 1998: Evelyn Fox Keller: Das Leben neu denken. Metaphern der Biologie im 20. Jahrhundert. München 1998

Keller 2001: Evelyn Fox Keller: Das Jahrhundert des Gens. Frankfurt, New York 2001

Keudel 1935/1936: Karl Keudel: „Zur Geschichte und Kritik der Grundbegriffe der Vererbungslehre", *in:* Sudhoffs Archiv, 28 (1935/1936)

King, Stansfield, Mulligan 2007: A Dictionary of Genetics. Hg. Robert C. King, William D. Stansfield, Pamela K[hipple] Mulligan. Oxford University Press 2007

Koelliker 1841: Rudolf Albert von Koelliker: Beiträge zur Kenntnis der Geschlechtsverhältnisse und der Samenflüssigkeit wirbelloser Thiere, nebst einem Versuche über das Wesen und die Bedeutung der sogenannten Samenthiere. Berlin 1841

Koelliker 1885: Rudolf Albert von Koelliker: „Die Bedeutung der Zellkerne für die Vorgänge der Vererbung", *in:* Zeitschrift für wissenschaftliche Zoologie, 42 (1885)

König 1966: Gert König: Der Begriff des Exakten. Eine begriffsdifferenzierende Untersuchung. *In:* Georg Schischkoff (Hg.): Monographien zur Philosophischen Forschung Bd. 38, 1966

Kosmos 1962: Kosmos, 58 (1962), S. 522

Krumbiegel 1933: Ingo Krumbiegel: „Die prämendelistische Vererbungsforschung und ihre Grundlagen." *In:* Bibliographia Genetica, 10 (1933)

Krumbiegel 1957: Ingo Krumbiegel: Gregor Mendel und das Schicksal seiner Entdeckung. Stuttgart 1957

Kuhn 1987: Dorothea Kuhn (Hg.): Johann Wolfgang Goethe. Schriften zur Morphologie. Frankfurt a. M. 1987

Kupfer 2001: Bernhard Kupfer: Lexikon der Nobelpreisträger. Düsseldorf 2001

Labisch 1989: Alfons Labisch: Homo Hygienicus. Die soziale Konstruktion und Funktion von „Gesundheit" in differenzierten und rationalisierten Gesellschaften. Ein historisch-sozialwissenschaftlicher Beitrag zum Problem „Medizin in der Gesellschaft". Habilitationsschrift von Dr. med. Dr. phil. Alfons Labisch M.A. (Soz.), Kassel im Mai 1989

Labisch 1992: Alfons Labisch: Homo Hygienicus. Gesundheit und Medizin in der Neuzeit. Frankfurt, New York 1992

Labisch 2000: Alfons Labisch: "Die bakteriologische und die molekulare Transition der Medizin – Historizität und Kontingenz als Erkenntnismittel", *in*: Scientiarum Historia, 26 (2000)

Labisch 2006: Alfons Labisch: "Geschichte der Medizin – Geschichte in der Medizin". *In*: Geschichte der Medizin – Geschichte in der Medizin. Forschungsthemen und Perspektiven. Hg. Jörg Vögele, Heiner Fangerau, Thorsten Noack. Hamburg 2006

Lamarck 1802: [Jean]-[Baptiste] [Pierre] [Antoine] [de Monet] [Chevalier de] Lamarck: Recherches sur L'organisation des corps vivants. 1802. Bearb. Jean-Marc Drouin für das Centre National des Lettres. Librairie Arthème Fayard 1986

Lamarck 1809: Jean-Baptiste Pierre Antoine de Monet, Chevalier de Lamarck: Philosophie zoologique, ou exposition des considérations relatives à l'histoire naturelle des animaux. EA frz. Paris 1809. Dt. Jena 1876: Zoologische Philosophie, oder Darlegung von Betrachtungen bezüglich der Naturgeschichte der Tiere

Lancet 1908: The Lancet, 172 (1908), S. 1–7, S. 73–79, S. 142–148, S. 214–220

Leibniz 1710: Gottfried Wilhelm von Leibniz: Essais de theodicée sur la bonté de Dieu, la liberté de l'homme et l'origine du mal. Amsterdam 1710 = Die Theodizee. Von Gottfried Wilhelm Leibniz (1710). 1925 neu übersetzt von Artur Buchenau. Versuche in der Theodizee über die Güte Gottes, die Freiheit des Menschen und den Ursprung des Übels. Philosophische Bibliothek Bd. 71. Hamburg 1968

Lewin 1988: Benjamin Lewin: Gene. Lehrbuch der modernen Genetik. Weinheim, Basel, Cambridge, New York 1988

Linné 1735: Carl Ritter von Linné, [bis 1762 Carolus Linnaeus]: Systema naturae sive regna tria naturae systematice proposita per classes, ordines, genera & species. EA lat. Leiden 1735

Linné 1740: Carl Ritter von Linné: Systema naturae oder die in ordentlichem Zusammenhange vorgetragenen drey Reiche der Natur nach ihren Classen, Ordnungen, Geschlechtern und Arten, lat./dt. Halle 1740

Lohff 1990: Brigitte Lohff: Die Suche nach der Wissenschschaftlichkeit der Physiologie in der Zeit der Romantik. Ein Beitrag zur Erkenntnisphilosophie der Medizin. *In*: Medizin in Geschichte und Kultur Bd. 17. Hg. K. E. Rothschuh und R. Toellner. Stuttgart und New York 1990

Löw 1990/91: Reinhard Löw: „Ironie und Postmoderne", *in*: Scheidewege. Jahresschrift für skeptisches Denken, Jg. 20. Hg. Max Himmelheber. Baiersbronn 1990/91

Lunadei 1990: Mario Lunadei: "Storia dell' Evoluzione del Concetto di Gene", *in*: Giornale di Storia della Medicina – Journal of History of Medicine; gegr. v. Luigi Stroppiana, Nuova Seria Vol. III, Suppl. (1953)

Mainzer 2004: Klaus Mainzer: Schrödinger. *In*: Enzyklopädie, Philosophie und Wissenschaftstheorie. Hg. Jürgen Mittelstraß Bd. 3. Stuttgart. Weimar 2004

Malpighi 1686: Marcello Malphghi: Marcelli Malpighii Philosophi & Medici Bononiensis E Regia Societate Opera omnia. Figures elegantissimis in aes incisis illustrate tomis duobus comprehensa. Quorum Catalogum sequens Pagina exhibit. London 1686. http://eebo.chadwyck.com/search/full_rec?SOURCE=pgimages.cf

Mason 1961: Stephen F[inney] Mason: Geschichte der Naturwissenschaft in der Entwicklung ihrer Denkweisen. Stuttgart 1961

Mayer 1953: Claudius Francis Mayer: „Genesis of genetics. The growing knowledge of heredity before and after Mendel. A brief historical synopsis written in honor of the Institutum Gregorio Mendel and the International Symposium on Medical Genetics held in Rome, 6. – 7. September 1953". *In*: Acta Geneticae Medicae et Gemellologiae, 2 (1953)

Meckel 1811: Johann F[riedrich] Meckel: „Entwurf einer Darstellung der zwischen dem Embryozustande der höhern Thiere und dem permanenten der niedern Statt findenden Parallele." In: Beyträge zu einer vergleichenden Anatomie, Hg. Johann Friedrich Meckel. Bd. 2. Heft 1. Leipzig 1811, S. 1–60

Memoirs 1963: Memoirs of The American Philosophical Society, 57 (1963), S. 1–70

Mendel 1866: Gregor [Johann]Mendel: Versuche über Pflanzenhybriden. *In*: Verhandlungen des Naturforschenden Vereins in Brünn, Bd. IV, Jg. 1865. Brünn 1865 im Verlag des Vereins (1866)

Mendel 1965: Gregor [Johann] Mendel: Experiments in Plant Hybridization. Engl. Übersetzung und Kommentar Ronald Fisher. Hg. J. H. Bennett. Edinburgh, London 1965

Meyer 1929: Adolf Meyer: „Das Wesen der antiken Naturwissenschaft mit besonderer Berücksichigung des Aristotelismus", *in*: Sudhoffs Archiv für Geschichte der Medizin, 22 (1929)

Michaelis, Rieger1954: A[rndt] Michaelis und R[igomar] Rieger. Hg. H[ans] Stubbe: Der Züchter. Zeitschrift für theoretische und angewandte Genetik, 2. Sonderheft. Genetisches und Cytogenetisches Wörterbuch. Berlin, Göttingen, Heidelberg 1954

Miescher 1874: Johann Friedrich Miescher: „Die Spermatozoen einiger Wirbelthiere. Ein Beitrag zur Histochemie", *in*: Verhandlungen der Naturforschenden Gesellschaft, 6 (1874)

Morgan 1905: Thomas Hunt Morgan: "The Assumed Purity of the Gene Cells in Mendelian Results", *in*: Science, 22 (1905)

Morgan 1911: Thomas Hunt Morgan: "An attempt to analize the constitution of the chromosomes on the basis of sex-linked inheritance in Drosopila", *in*: Journal Exp. Zool., 11 (1911)

Morgan 1917: Thomas Hunt Morgan: "The Theory of the Gene", *in*: American Naturalist, 51 (1917)

Morgan 1923: Thomas Hunt Morgan: The Mechanisms of Mendelian Heredity. New York 1923

Morgan 1926: Thomas Hunt Morgan: The Theory of the Gene. New York 1926

Müller 1892: Josef Müller: Über Gamophagie. Ein Versuch zum weiteren Ausbau der Theorie der Befruchtung und Vererbung. O.O 1892

Muller 1922: Hermann Joseph Muller: "Variation Due to the Change in the Individual Gene", *in*: American Naturalist, 56 (1922)

Muller 1926: Hermann Joseph Muller: "The Gene as the Basis of Life", *in*: Science, 66 (1927)

Muller 1927: H[ermann] J[oseph] Muller: "Artificial Transmutation of the Gene", *in*: Science, 66 (1927)

Muller 1941: H[erman] J[oseph] Muller: „Résumé and Perspectives of the Symposium on Genes and Chromosomes", *in*: Cold Spring Harbor Symposia on Quantitative Biology. Vol. 9. Genes and Chromosomes. Structure and Organization. Cold Spring Harbor, New York 1941

Muller 1951: Hermann Joseph Muller: The development of the Gene Theory. New York 1951

Müller-Hill 2000: Benno Müller-Hill: "Der Abtrünnige. Fackel im Herzen: Der Biochemiker Erwin Chargaff wird 95", *in*: Frankfurter Allgemeine Zeitung, 11. 8. 2000, Nr. 185

Müller-Wille, Rheinberger 2009: Staffan Müller-Wille, Hans-Jörg Rheinberger (Hg.): Das Gen im Zeitalter der Postgenomik. Eine wissenschaftshistorische Bestandsaufnahme. Frankfurt 2009

Nachtsheim 1951: Hans Nachtsheim: Ein halbes Jahrhundert Genetik. Akademische Festrede zur Immatrikulationsfeier am 2. Juni 1951. Veröffentlichung der Freien Universität Berlin 1951

Nachtsheim 1955: Hans Nachtsheim: Die Genetik als Brückenwissenschaft. *In*: Jahrbuch 1954 der Max-Planck-Gesellschaft zur Förderung der Wissenschaften e.V. Göttingen 1955

Nachtsheim 1960: Hans Nachtsheim: „Die Entwicklung der Genetik in Deutschland von der Jahrhundertwende bis zum Atomzeitalter", *in*: Gedenkschrift, Studium berolinense. Berlin 1960, S. 857–867

Nägeli 1865: Carl Wilhelm von Nägeli [Naegeli]: Entstehung und Begriff der Naturhistorischen Art. Rede in der öffentlichen Sitzung der Kgl. Bayer. Akademie der Wissenschaften am 28. März 1865 zur Feier ihres 106. Stiftungstages. München 1865

Nägeli 1884: Carl Wilhelm Nägeli, von: Mechanisch-physiologische Theorie der Abstammungslehre. Leipzig, München 1884

Nasse 1826: Christian Friedrich Nasse: Ueber den Begriff und die Methode der Physiologie. Leipzig 1826

Nature 1938a: Nature, 141 (1938), S. 122

Nature 1938b: Nature, 142 (1938), S. 294f

Nature 1939: Nature, 143 (1939), S. 38ff

Nature 1953a: Nature, 171 (1953), S. 541

Nature 1953b: Nature, 171 (1953), S. 737/738

Nature 1953c : Nature, 171 (1953), S. 738–740

Nature 1953d: Nature, 171 (1953), S. 740/741

Nature 1953e: Nature, 171 (1953), S. 964–967

Nature 1953f: Nature, 171 (1953), S. 997–2001

Nature 1953g: Nature, 172 (1953)

Nature 1956: Nature, 178 (1956), S. 1261–1266

Nature 1961: Nature, 192 (1961), S. 1227–1232

Nature 1962: Nature, 194 (1962), S. 1014–1020

Nature 1975: Nature, 256 (1975), S. 206

Naturwissenschaften 1925: Die Naturwissenschaften; Wochenschrift für die Fortschritte der reinen und angewandten Naturwissenschaften unter besonderer Mitwirkung von Hans Spemann; Organ der Gesellschaft Deutscher Naturforscher und Ärzte und Organ der Kaiser- Wilhelm-Gesellschaft zur Förderung der Wissenschaften, 13 (1925)

Naturwissenschaften 1941: Die Naturwissenschaften, 29 (1941), S. 33–43

New Scientist 1982: New Scientist, 92 (1982), S. 130–132

Newell 1990: John Newell: Natur nach Wunsch? Gentechnologie heute. (Mit einer gemeinsamen Erklärung der Präsidenten der deutschen Wissenschaftsorganisation zur Gentechnik). Freiburg, Basel, Wien 1990

Nobel Lectures 1977: Nobel Lectures in Molecular Biology. Hg. David Baltimore. New York 1977

Olby 1966: Robert [Cecil] Olby: Origins of Mendelism. London 1966

Olby 1968: R[obert] C[ecil] Olby: "Eleven Reverences to Mendel before 1900", *in*: Annals of Science. A quaterly review of the history of science and technology since the renaissance, 24 (1968)

Olby 1974: Robert C. Olby: The Path of the Double Helix. London 1974

Olby 1994: Robert C. Olby: The Path to the Double Helix. The discovery of DNA. New York 1994

Ostwalds Klassiker 1970: Ostwalds Klassiker der Exakten Wissenschaften, N.F. Bd. 6 (1970)

Pauling 1936: Alfred Mirsky, Linus [Carl] Pauling: "On the Structure of Native, Denatured and Coagulated Proteins", *in*: Proceedings of the National Academy of Science, 22 (1936)

Pauling 1939: Linus [Carl] Pauling: The Nature of the Chemical Bond and the Structure of Molecules and Crystals. An Introduction to Modern Structural Chemistry. Ithaca, Cornell University Press, Oxford University Press, London 1939

Pauling, Delbrück 1940: Linus [Carl] Pauling, Max [Ludwig] [Henning] Delbrück: "The nature of the intermolecular forces operative in biological processes", *in:* Science 92 (1940)

Peter 1920: Karl Peter: Die Zweckmässigkeit in der Entwicklungsgeschichte. Eine finale Erklärung embryonaler und verwandter Gebilde und Vorgänge. Berlin 1920

Peters 1959: James A. Peters (Hg.): Classic Papers in Genetics. Englewood Cliffs, N. J. 1959

Polanyi 1968: Michael Polanyi: "Life's irreducible structure", *in:* Science 160 (1968)

Proceedings 1936: Proceedings of the National Academy of Science, 22 (1936), S. 439–447

Proceedings 2000: Proceedings of the 1998 Biennial Meetings of the Philosophy of Science Association. Part II Symposia Papers. Hg. Don A. Howard. *In:* Philosophy of Science, Suppl. 67 (2000), S. 289–300

Progress 1963: Progress in Nucleic Acid Research, 1 (1963), S. 163–217

Punnett 1950: R. C. Punnett: "The early days of genetics", *in:* Heredity, 4 (1950)

Rheinberger 2007: Hans-Jörg Rheinberger: Historische Epistemologie zur Einführung. Hamburg 2007

Rheinberger, Müller-Wille 2009: Hans-Jörg Rheinberger, Staffan Müller-Wille (Hg.): Vererbung. Geschichte und Kultur eines biologischen Konzepts. Frankfurt 2009

Roberts 1929: H[erbert] F[uller] Roberts: Plant Hybridization before Mendel. Princeton University Press 1929

Roose 1797: Theodor Georg August Roose: Grundzüge der Lehre von der Lebenskraft. Braunschweig 1797

Rothschuh 1969: K[arl] E[dmund] Rothschuh: Physiologie im Werden. Stuttgart 1969

Roux 1883: Wilhelm Roux: Ueber die Bedeutung der Kerntheilungsfiguren. Eine hypothetische Erörterung. Leipzig 1883

Schadewaldt 1991: Hans Schadewaldt: „Ernährung und körpereigene Abwehr – historisch betrachtet", in: Zentralblatt für Hygiene und Umweltmedizin, 191 (1991)

Schelling 1799a: Friedrich Wilhelm Joseph Schelling: Historisch – Kritische Ausgabe. Im Auftrag der Bayerischen Akademie der Wissenschaften. Hg. Hans Michael Baumgartner, Wilhelm G. Jacobs, Jörg Jantzen, Hermann Krings. Werke 7. Erster Entwurf eines Systems der Naturphilosophie (1799). Hg. Wilhelm G. Jacobs, Paul Ziche. Stuttgart 2001

Schelling 1799b: Friedrich Wilhelm Joseph Schelling: Schellings Werke. Nach der Originalausgabe in neuer Anordnung herausgegeben. Zweiter Hauptband. Schriften zur Naturphilosophie. Unveränderter Nachdruck des 1927 erschienenen Münchner Jubiläumsdrucks, Hg. Manfred Schröter. S. 1–268 = Erster Entwurf eines Systems der Naturphilosophie (1799). München 1958

Schelling 1799c: wie unter Schelling 1799b. S. 269–326 = Einleitung zu dem Entwurf eines Systems der Naturphilosophie oder über den Begriff der spekulativen Physik und die innere Organisation eines Systems dieser Wissenschaft (1799)

Schleiden 1838: Matthias Jacob Schleiden: „Beiträge zur Phytogenesis", *in*: Archiv für Anatomie und Physiologie und wissenschaftliche Medizin, 46 (1838)

Schrödinger 1944: Erwin Schrödinger: What is Life? The Physical Aspect of the Living Cell. Based on Lectures Delivered under the Auspices of the Dublin Institute for Advanced Studies at Trinity College, Dublin in February 1943. Cambridge University Press 1967

Schrödinger 1987: Erwin Schrödinger: Was ist Leben? Die lebende Zelle mit den Augen des Physikers betrachtet. München, Zürich 1987. Cambridge 1944 im Reprint von 1969

Schultz 1941: Jack Schultz: "The Evidence of the Nucleoprotein Nature of the Gene", *in*: Cold Spring Harbor Symposia on Quantitative Biology. Vol. 9. Genes and Chromosomes. Structure and Organization. Hg. Long Island Biological Association. Cold Spring Harbor, New York 1941

Schwann 1839: Theodor [Ambrose] [Hubert] Schwann: Mikroskopische Untersuchungen über die Übereinstimmung der Natur und dem Wachshum der Thiere und Pflanzen (Berlin 1839). Hg. F. Hünseler. Ostwald's Klassiker der Exakten Naturwissenschaften, 176. Leipzig 1910

Science 1905: Science, 22 (1905), S. 877 ff

Science 1907: Science, 26 (1907), S. 649–660

Science 1926: Science, 64 (1926), S. 299/300

Science 1927: Science N. S., 66 (1927), S. 84–87

Science 1940 : Science, 92 (1940), S. 77ff

Science 1954a: Science, 119 (1954), S. 703–710

Science 1954b: Science, 120 (1954), S. 19

Science 1968: Science, 160 (1968), S. 1308–1312

Scientiarum Historia 2000: Scientiarum Historia, 26 (2000), S. 213–226

Scientific American 1962: Scientific American, 207 (Oktober 1962), S. 66–74

Scientific Monthly 1938: The Scientific Monthly, 46 (1938), S. 268–273

Sirks 1916: M. J. Sirks: „Die Bedeutung des Jahres 1865 für die Deszendenzlehre", *in*: Naturwissenschaftliche Wochenschrift 31, N.F. 15 (1916)

Sitzungsberichte 1989: Sitzungsberichte der Akademie der Wissenschaften der DDR. Mathematik – Naturwissenschaften – Technik. Jg. 1989, Nr. 8 N. Akademie-Verlag Berlin 1989, S. 1–19

Spaemann, Löw 1985: Robert Spaemann, Reinhard Löw: Die Frage Wozu? Geschichte und Wiederentdeckung des teleologischen Denkens. München 1985

Spaemann, Löw 2005: Robert Spaemann, Reinhard Löw: Natürliche Ziele. Geschichte und Wiederentdeckung des teleologischen Denkens. Stuttgart 2005

Spektrum 1981: Spektrum der Wissenschaft, 6 (1981), S. 36–58

Spencer 1862–1892: Herbert Spencer: The Works of Herbert Spencer. 10 Vol. London 1862–1892. Reprint Osnabrück 1966

Spencer 1864: Herbert Spencer: The Works of Herbert Spencer Vol. II/III. A System of Synthetic Philosophy Vol. II/III. The Principles of Biology by Herbert Spencer. London 1864 = Reprint d. Ausg. v. 1899. Osnabrück 1966

Spencer, Fuller, Wilkins, Brown 1962: M. Spencer, W. Fuller, M[aurice] H[ugh] F[rederic] Wilkins, G. L. Brown: "Determination of the helical configuration of ribonucleic acid molecules by x-ray diffraction study of crystalline aminoacid-transfer ribonucleic acid", *in*: Nature 194 (1962)

Strasburger 1884: Eduard [Adolf] Strasburger: Neue Untersuchungen über den Befruchtungsvorgang bei den Phanerogamen als eine Grundlage für eine Theorie der Zeugung. Jena 1884

Stubbe 1963: Hans Stubbe: Kurze Geschichte der Genetik bis zur Wiederentdeckung der Vererbungsregeln Gregor Mendels. Jena 1963

Sturtevant 1951: A[lfred] H[enry] Sturtevant: "The Relation of Genes and Chromosomes", *in*: Genetics in the 20th century. Essays on the progress of genetics during its first 50 years. Hg. L. C. Dunn. New York 1951

Sudhoffs Archiv 1976: Sudhoffs Archiv 1976, Beiheft 17

Symposia 1941: Cold Spring Harbor Symposia on Quantitative Biology. Vol. 9. Genes and Chromosomes. Structure and Organization. Hg. Long Island Biological Association. Cold Spring Harbor, New York 1941

Theory 2000: Theory in Biosciences. Theorie in Biowissenschaften (früher: Biologisches Zentralblatt), 119 (2000), S. 20–39

Trendelenburg 1870: Friedrich Adolf Trendelenburg: Logische Untersuchungen Bd. 2 Leipzig 1870. Reprographischer Nachdruck. Hildesheim 1964

Treviranus 1802: Gottfried Reinhold Treviranus: Biologie, oder Philosophie der lebenden Natur für Naturforscher und Aerzte. Bd. 1. Göttingen 1802

Tschermak-Seysenegg 1900: Erich von Tschermak-Seysenegg: „Über künstliche Kreuzung bei Pisum sativum", *in*: Berichte der Deutschen Botanischen Gesellschaft, 18 (1900c)

Verhandlungen 1866: Verhandlungen des Naturforschenden Vereines in Brünn, Bd. IV, Jg. 1865 (1866), S. 3–47

Verhandlungen 1874: Verhandlungen der Naturforschenden Gesellschaft, 6 (1874), S. 138–208

Verzeichnis 1988: Verzeichnis der Nobelpreisträger 1901–1987. Hg. Werner Martin. München, New York, London, Paris 1988

Virchow 1847: Rud[olf] [Ludwig] [Karl] Virchow: „Ueber die Standpunkte in der wissensschaftlichen Medicin", *in*: Archiv für pathologische Anatomie und Physiologie, 1, (1847), S. 5f

Virchow 1856: Rudolf Ludwig Karl Virchow: Alter und neuer Vitalismus. o.O. 1856

Virchow 1858: Rudolf [Ludwig] [Karl] Virchow: Die Cellularpathologie in ihrer Begründung auf physiologische Gewebelehre. Berlin 1958

Virchow 1861: Rudolf Ludwig Carl [=Karl] Virchow: Göthe (sic!) als Naturforscher und in besonderer Beziehung auf Schiller. Berlin 1861

De Vries 1889: Hugo de [De] Vries: Intrazelluläre Pangenesis. Jena 1889

De Vries 1900: Hugo de [De] Vries: Das Spaltungsgesetz der Bastarde: vorläufige Mittheilung. Eingegangen am 14. März 1900. *In*: Berichte der Deutschen Botanischen Gesellschaft, 18 (1900a)

Wachter, Hausen 1975: Helmut Wachter, Arno Hausen: Chemie für Mediziner. Berlin 1975

Wagner 1988: G[ünter] P. Wagner: „Der Realitätsanspruch des Genkonzepts", *in*: Das Realismusproblem. Wiener Studien zur Wissenschaftstheorie Bd. 2, Hg. Erhard Oeser, Elfriede Maria Bonet. Österreichische Staatsdruckerei 1988, S. 239–250

Wagner 2000a: Günter P. Wagner, Manfred D. Laubichler: „Character Identification in Evolutionary Biology: The Role of the Organism", *in*: Theory in Biosciences. Theorie in Biowissenschaften (früher: Biologisches Zentralblatt), 119 (2000)

Wagner 2000b: Günter P. Wagner, Manfred D. Laubichler: „Organism and Character Decomposition: Steps Towards an Integrative Theory of Biology", *in*: Philosophy of Science, Supplement 67 = Proceedings of the 1998 Biennial Meetings of the Philosophy of Science Association. Part II Symposia Papers. Hg. Don A. Howard 2000

Wagner 1998: Renate Wagner: „Crick, Francis Harry", *in*: Harenberg Lexikon der Nobelpreisträger. Hg. Harenberg Lexikon Verlag, Dortmund 1998

Waldeyer 1888: [Heinrich] [Wilhelm] [Gottfried] Waldeyer [ab 1916 Von Waldeyer-Haartz]: „Ueber die Karyogenese und ihre Beziehungen zu den Befruchtungsvorgängen", *in*: Archiv für mikroskopische Anatomie und Entwicklungsmechanik, 32 (1888)

Wallace 1992: Bruce Wallace: The Search for the Gene. Cornell University Press 1992

Wallace, Falkinham III 1997: Bruce Wallace, Joseph O. Falkinham III: The Study of Gene Action. Cornell University Press 1997

Wasson 1987: Tyler Wasson: Nobel Prize Winners. New York 1987

Watson 1950: James Dewey Watson: "The Properties of X-ray-inactivated Bacteriophage", *in*: Journal of Bacteriology, 60 (1950)

Watson, Crick 1953a: J[ames] D[ewey] Watson, F[rancis] H[arry] C[ompton] Crick: "Molecular Structure of Nucleic Acids. A Structure for Deoxyribose Nucleic Acids", *in*: Nature, 171 (1953b)

Watson, Crick 1953b: J[ames] D[ewey] Watson, F[rancis] H[arry] C[ompton] Crick: "Genetical Implications of the Structure of Deoxyribonucleic Acid", *in*: Nature, 171 (1953e)

Watson 1973: James D[ewey] Watson: Die Doppel-Helix. Ein persönlicher Bericht über die Entdeckung der DNS-Struktur. Reinbek bei Hamburg 1973

Watson 1977: James D[ewey] Watson: „The Involvement of RNA in the Synthesis of Proteins", *in*: Nobel Lectures in Molecular Biology. Hg. David Baltimore. New York 1977

Weigert 1887: C[arl] Weigert: Neuere Vererbungstheorien. *In*: Schmidt's Jahrbücher der In- und Ausländischen Gesammten Medizin, 215 (1887)

Weiling 1970: Franz Weiling: Gregor Mendel. Versuche über Pflanzenhybriden. Komment. Franz Weiling. Ostwalds Klassiker der Exakten Wissenschaften, N.F. Bd.6 (1970)

Weischedel 1977: Wilhelm Weischedel (ed.): Immanuel Kant. Schriften zur Naturphilosophie. Werke Bd. IX. Frankfurt a. M. 1977

Weismann 1883: August Weismann: Über die Vererbung; Ein Vortrag bei der öffentlichen Feier der Übergabe des Prorektorates der Universität Freiburg am 21. Juli 1883. Freiburg i. Br. 1883

Weismann 1885: August Weismann: Die Continuität des Keimplasmas als Grundlage einer Theorie der Vererbung. Jena 1885

Weismann 1892a: August Weismann: Das Keimplasma. Eine Theorie der Vererbung. Jena 1892

Weismann 1892b: August Weismann: Aufsätze über Vererbung und verwandte biologische Fragen. Jena 1892

Weismann 1892c: August Weismann: Über die Vererbung. *In*: Weismann 1892b

Weismann 1895: August Weismann: Neue Gedanken zur Vererbungsfrage. Eine Antwort auf Herbert Spencer. Jena 1895

Wilkins 1977: Maurice H[ugh] F[rederic] Wilkins: "The Molecular Configuration of Nucleic Acids". *In*: Nobel Lectures in Molecular Biology. Hg. David Baltimore. New York 1977

Wilkins, Stokes, Wilson 1953: M[aurice] H[ugh] F[rederic] Wilkins, A[lexander] R[awson] Stokes, H[erbert] R. Wilson: "Molecular Structure of Deoxypentose Nucleic Acids", *in*: Nature, 171 (1953c)

Wilson 1896: Edmund Beecher Wilson: The Cell in Development and Inheritance. New York 1896

Wilson 1928: Edmund Beecher Wilson: The Cell in Development and Inheritance. New York 1928

Wochenschrift 1913: Naturwissenschaftliche Wochenschrift, N. F. 12 (1913)

Wochenschrift 1916: Naturwissenschaftliche Wochenschrift, 31, N. F. 15 (1916), S. 681–692

Wolff 1759: Caspar Friedrich Wolf: Theorie von der Generation in zwei Abhandlungen erklärt und bewiesen. Theoria generationis. Reprographischer Nachdruck der Ausgabe Berlin und Halle 1764 und 1759. Hildesheim 1966

Yearbook 1937: Yearbook of Agriculture. United States Department of Agriculture. Washington (1937)

Zamenhof, Brawerman, Chargaff 1952: Stephen Zamenhof, George Brawerman, Erwin Chargaff: „On the Desoxypentose Nucleic Acids from Several Microorganisms", *in*: Biochimica et Biophysica Acta, 9 (1952b)

Zeitschrift 1870: Jenaische Zeitschrift, 5/3 (1870), S. 496

Zeitschrift 1884: Jenaische Zeitschrift für Naturwissenschaft, 18, N.F. Bd. 11 (1884), S. 276ff

Zeitschrift 1885: Zeitschrift für wissenschaftliche Zoologie, 42 (1885), S. 174–186

Zeitschrift 1957/1958: Wissenschaftliche Zeitschrift der Friedrich-Schiller Universität Jena, mathematisch-naturwissenschaftliche Reihe, Jg.7, pt. 2/3 (1957/1958)

Zentralblatt 1991: Zentralblatt für Hygiene und Umweltmedizin, 191(1991), S. 303

Weiterführende Literatur

Die hier angeführte Literatur behandelt:
* *Kontroversen, die sich aus der Frage eines Reduktionismus infolge der Beschränkung auf eine molekularbiologische Sichtweise seit den 1970er Jahren ergeben*
* *Entstehungsgeschichte, Einwände zum Darwinismus*
* *weitere Chronologien und historische Abrisse zu Genetik, Vererbungslehre, Biologiegeschichte*

Beurton 2000: Peter J. Beurton: „A Unified View of the Gene, or How to Overcome Reductionism". *In*: The Concept of the Gene in Development and Evolution. Historical and Epistemological Perspectives. Hg. Peter J. Beurton, Raphael Falk, Hans-Jörg Rheinberger. Cambridge University Press 2000, S. 286–314

Beurton 2005: Peter Beurton: „Genbegriffe". *In*: Philosophie der Biologie. Eine Einführung. Hg. Ulrich Krohs, Georg Töpfer. Frankfurt 2005, S. 195–211

Blakeslee 1936: Albert F. Blakeslee: "Twenty-Five Years of Genetics (1910–1935)", *in*: Brooklyn Bot. Gard. Memoirs, 4 (1936)

Blixt 1975: Stig Blixt: "Why Didn't Gregor Mendel Find Linkage?", *in*: Nature, 256 (1975)

Brandt 2004: Christina Brandt: Metapher und Experiment. Von der Virusforschung zum genetischen Code. Göttingen 2004

Breen, Kemena 2012: Michael S. Breen, Carsten Kemena, Peter K. Vlasov, Cedric Notredame, Fyodor Kondrashov: "Epistasis as the primary factor in molecular evolution", *in*: Nature, 490 (2012), S. 535–538

Bowler 1989: Peter J. Bowler: The Mendelian Revolution. The Emergence of Hereditarian Concepts. *In*: Modern Science and Society. Baltimore 1989

Butenandt 1955: Adolf Butenandt: „Was bedeutet Leben unter dem Gesichtspunkt der biologischen Chemie?", *in*: Universitas, 10 (1955), S. 475–482

Churchill 1987: Frederick B. Churchill: "The Life Sciences in Germany. From Heredity Theory to Vererbung. The Transmission Problem, 1850–1915", *in*: Isis, 78 (1987), S. 337–364

Cook 1937: Robert Cook: "A Chronology of Genetics", *in*: Yearbook (1937)

Craver 2001: Carl F. Craver: „Role Functions, Mechanisms, and Hierarchy", *in*: Philosophy of Science, 68 (2001), S. 53–74

Crow, Dove 2000: James F. Crow, William F. Dove: Perspectives on Genetics. Anecdotal, Historical, and Critical Commentaries, 1987–1998. London 2000

Darden 1991: Lindley Darden: Theory Change in Science. Strategies from Mendelian Genetics. New York, Oxford, Oxford University Press 1991

Darden 2005: Lindley Darden: „Relations among fields: Mendelian, cytological and molecular mechanisms", *in*: Studies in History and Philosophy of Biological and Biomedical Sciences, 36 (2005), S. 349–371

Dietrich 2000: Michael R. Dietrich, "From Gene to Genetic Hierarchy: Richard Goldschmidt and the Problem of the Gene", *in*: The Gene in Development and Evolution. Hg. Peter Beurton et al. Cambridge University Press 2000, S. 91–114

Dunn 1951: L[eslie] C[larance] Dunn (Hg.): Genetics in the 20th Century. Essays on the progress of Genetics during its first 50 years. New York 1951

Dunn 1964: L[eslie] C[larance] Dunn: Old and New in Genetics. *In*: Bull. N.Y. Acad. Med., 40 (1964)

Dupré 2004: John Dupré: "Understanding Contempory Genomics", *in*: Perspectives on Science, 12, 3 (2004), S. 320–338

Falk 2000: Raphael Falk: "The Gene – A Concept in Tension", *in*: The Gene in Development and Evolution. Hg. Peter Beurton et. al. Cambridge University Press 2000, S. 317–348

Falk 2001: Raphael Falk: „The Rise and Fall of Dominance", *in*: Biology and Philosophy, 16 (2001), S. 285–323

Feldmann 1992: Marcus W. Feldmann: "Heritability: Some Theoretical Ambigutities", *in*: Keywords in Evolutionary Biology. Evelyn Fox Keller, Elisabeth A. Lloyd (Hg.). Harvard University Press, Cambridge (Mass.), London (GB) 1992

Frolow, Pastusny 1981: I[van] T[imofeevic] Frolow, S. A. Pastusny: Der Mendelismus und die philosophischen Probleme der modernen Genetik. Berlin 1981

Galton 1876: Francis Galton: "A Theory of Heredity", *in*: Journal of the Royal Anthropological Institute of Great Britain and Ireland, 5 (1876)

Galton 1892: Francis Galton: Hereditary genius. An inquiry into its laws and consequences. London 1892

Gannett 1999: Lisa Gannett: "What's in a Cause?: The Pragmatic Dimensions of Genetic Explanations", *in*: Biology and Philosophy, 14 (1999), S. 349–347

Garcia-Sancho 2006: Miguel Garcia-Sancho: „The Rise and Fall of the Idea of Genetic Information (1948–2006)", *in*: Genomics, Society and Policy, 2, 3 (2006), S. 16–36

Gayon 2000: Jean Gayon: "From Measurement to Organization: A Philosophical Scheme for the History of the Concept of Hereditiy", *in*: The Gene in Development and Evolution. Hg. Peter Beurton et al. Cambridge University Press 2000, S. 69–90

Gifford 1990: Fred Gifford: „Genetic Traits", *in*: Biology and Philosophy, 5 (1990), S. 327–347

Gifford 2000: Fred Gifford: „Gene Concepts and Genetic Concepts", *in*: The Gene in Development and Evolution. Hg. Peter Beurton et. al. Cambridge University Press 2000, S. 40–66

Gilbert 2000: Scott F. Gilbert: "Genes Classical and Genes Developmental. The Different Use of Genes in Evolutionary Syntheses." *In*: The Gene in Development and Evolution. Hg. Peter Beurton et al. Cambridge University Press 2000, S. 178–192

Glass 1958: Bentley Glass: Heredity and Variation in the Eighteenth Century Concept of Species. Hg. Bentley Glass et. al. O.O. 1959

Goosens 1978: William K. Goosens: "Reduction by Molecular Genetics", *in*: Philosophy of Science, 45 (1978), S. 73–95

Gottschalk 2000: Gerhard Gottschalk (Hg.): Das Gen und der Mensch. Ein Blick in die Biowissenschaften. Im Auftrag der Akademie der Wissenschaften zu Göttingen herausgegeben von Gerhard Gottschalk. Göttingen 2000

Graaf 1672: Reignier de Graaf: De mulierum organis generationis inservientibus. Leiden 1672. Nachdruck in: Dutch Classics on History of Science, 13 (1965)

Graham 2002: Gordon Graham: Genes. A Philosophical Inquiry. London, New York 2002

Hampe, Morgan 1988: M. Hampe, S. R. Morgan: "Two consequences of Richard Dawkins' view of genes and organisms", *in*: Studies in History and Philosophy of Science, 19 (1988). Hg. Nicolas Jardine, Gerd Buchdahl et. al., S. 99–138

Hensen 1885: Victor Hensen: Die Grundlagen der Vererbung nach dem gegenwärtigen Wissenskreis. Landwirtschaftliches Jahrbuch, 16 (1885)

Heredity 1950: Heredity, 4 (1950)

Hinshelwood 1956: Cyril [Norman] Hinshelwood: "Some interactions of the physical and the biological sciences", *in*: Nature, 178 (1956)

History 1983: History of Science. A Review of Literature and Research in the History of Science, Medicine and Technology in its Intellectual and social context, 21 (1983)

Hoffmann 1869: Herrmann Hoffmann: Untersuchungen des Wertes von Species und Varietät, ein Beitrag zur Kritik der Darwinschen Hypothesen. Gießen 1869

Holmes 2000: Frederic L. Holmes: "Seymor Benzer and the Definition of the Gene", *in*: The Gene in Development and Evolution. Hg. Peter Beurton et. al. Cambridge University Press 2000, S. 115–155

Hull 1972: David L. Hull: "Reduction in Genetics – Biology or Philosophy?", *in*: Philosophy of Science, 39 (1972), S. 491–499

Ibelgaufts 1990: Horst Ibelgaufts: Gentechnologie von A bis Z. Studienausgabe. Weinheim 1990

Keller 2000: Evelyn Fox Keller: "Decoding the Genetic Program. Or, Some Circular Logic in the Logic of Circularity." *In*: The Gene in Development and Evolution. Hg. Peter Beurton et. al. Cambridge University Press 2000, S. 159–177

Keyes 1999a: Martha E. Keyes: "The Prion Challenge to the 'Central Dogma' of Molecular Biology, 1964–1991. Part I: Prelude to Prions." *In*: Studies in History and Philosophy of Biological and Biomedical Sciences, 30 C (1999), S. 1–19

Keyes 1999b: Martha E. Keyes: "The Prion Challenge to the 'Central Dogma' of Molecular Biology, 1954–1991. Part II: The Problem with Prions". Wie unter Keyes 1999a, S. 181–218

Kimbrough 1978: Steven Orla Kimbrough: "On the Reduction of Genetics to Molecular Biology", *in*: Philosophy of Science, 46 (1979), S. 389–406

Kitcher 1982: Philip Kitcher: „Genes", *in*: The British Journal for the Philosophy of Science, 33 (1982), S. 337–359

Kitcher 1992: Philip Kitcher: "Gene: Current Usages", *in*: Keywords in Evolutionary Biology. Hg. Evelyn Fox Keller, Elisabeth A. Lloyd. Harvard University Press, Cambrigde (Mass.), London (GB) 1992, S. 128–132

Kitcher 1999: Philip Kitcher: "The Hegemony of Molecular Biology", *in*: Biology & Philosophy, 14 (1999), S. 195–210

Kitcher, Sterelny 1988: Philip Kitcher, Kim Sterelny: "The Return of the Gene", *in*: The Journal of Philosophy, 85, 7 (1988), S. 339–361

Krohs, Toepfer 2005: Ulrich Krohs, Georg Toepfer: Philosophie der Biologie. Eine Einführung. Frankfurt a. M. 2005

Kullmann 1981: Wolfgang Kullmann: Die wissenschaftliche Bedeutung der aristotelischen Biologie. Gedenkschrift für Anastasios Giannarás. Hg. Aristoxenos D. Skiadas. Athen 1981

Kulp, Kitcher 1989: Sylvia Kulp, Philip Kitcher: "Theory Structure and Theory Change in Contempory Biology", in: British Journal for the Philosophy of Science, 40 (1989), S. 459–438

Lamprecht 1968: Herbert Lamprecht: Die neue Genkarte von Pisum und warum Gregor Mendel keine Genkoppelung gefunden hat. Graz 1968

Laubichler, Creager 1999: Manfred D. Laubichler, Angela N. H. Creager: "How Constructive is Deconstruction?", in: Studies in History and Philosophy of Biology and Biomedical Sciences, 30/2 (1999), S. 143–180

Laubichler, Wagner 2000: Manfred D. Laubichler, Günter P. Wagner: "Organism and Character Decomposition: Steps Towards an Integrative Theory of Biology", in: Philosophy of Science, Suppl. 67 = Proceedings of the 1998 Biennial Meetings of the Philosophy of Science Association. Part II Symposia Papers, Don A. Howard (Hg.), S. 289–300

Lehmann 1916: E. Lehmann: Aus der Frühzeit der pflanzlichen Bastardierungskunde. Archiv für Geschichte der Naturwissenschaften und der Technik, (1916)

Lennox 1992: James G. Lennox: "Teleology". In: Keywords in Evolutionary Biology. Hg. Evelyn Fox Keller, Elisabeth A. Lloyd. Harvard University Press, Cambridge (Mass.). London (GB) 1992, S. 324–333

Lewontin 2001: R. C. Lewontin: The Doctrine of DNA. Biology as Ideology. New York 2001

Lexikon 2000: Lexikon der Bioethik. Hg. im Auftrag der Görres-Gesellschaft von Wilhelm Korff, Lutwin Beck, Paul Mikat in Verbindung mit Ludger Honnefelder, Gerfried W. Hunold, Gerhard Mertens, Kurt Heinrich, Albin Eser. Gütersloh 2000

Maienschein 1992: Jane Maienschein: "Gene: Historical Perspectives". In: Keywords in Evolutionary Biology. Hg. Evelyn Fox Keller, Elisabeth A. Lloyd. Harvard University Press, Cambridge (Mass.), London (GB), S. 123–127

Martius 1878: [Carl] Friedrich [Philipp, Ritter von] Martius: „Die Principien der wissenschaftlichen Forschung in der Therapie". In: Sammlung Klinischer Vorträge, Nr. 142–143, Hg. Richard Volkmann. Leipzig 1878, S. 1179

McCarty 1985: Maclyn McCarty: The Transforming Principle. Discovering that Genes Are Made of DNA. New York, London 1985

Mayer 1953: C. F. Mayer: "Genesis of Genetics", *in*: Acta Genet. et Gemella, 2 (1953)

Meyer 1929: Adolf Meyer: Das Wesen der antiken Naturwissenschaft mit besonderer Berücksichtigung des Aristotelismus in der modernen Biologie. Erweiterter Vortrag aus der Hamburger Naturforscherversammlung 1928. *In*: Sudhoffs Archiv, 22 (1929)

Moewes 1913: Moewes: „Vorläufer Mendels", *in*: Naturwissenschaftliche Wochenschrift N. F., 12 (1913)

Morange 1998: Michel Morange: A History of Molecular Biology. Cambridge (Massachusetts), London 1998

Morange 2000: Michel Morange: „The Developmental Gene Concept. History and Limits." *In*: The Gene in Development and Evolution. Hg. Peter Beurton et. al. Cambridge University Press 2000, S. 193–215

Moss 2006: Lenny Moss: „Redundancy, Plastiticy and Detachment: The Implicatiions of Comparative Genomics for Evolutionary Thinking", *in*: Philosophy of Science, 73 (2006), S. 930–946

Proceedings 1890: Proceedings of the Royal Society of Edingburgh, 16 (1890), S. 91–116

Progress 1963: Progress in Nucleic Acid Research, 1 (1963), S. 163–217

Portin 2002: Petter Portin: „Historical Development of the Concept of the Gene", *in*: Journal of Medicine and Philosophy, 27 (2002), S. 257–286

Ravin 1965: Arnold W. Ravin: The Evolution of Genetics. London, New York 1965

Rheinberger, Hagner 1993: Hans-Jörg Rheinberger, Michael Hager: "Experimentalsysteme". *In*: Experimentalsysteme in den biologischen Wissenschaften 1850/1950. Hg. Hans-Jörg Rheinberger, Michael Hagner. Berlin 1993, S. 7–27

Rheinberger 1995: Hans-Jörg Rheinberger: "Beyond Nature and Culture: A Note on Medicine in the Age of Molecular Biology", *in*: Science in Context, 8, 1 (1995), S. 249–263

Rheinberger 2000: Hans-Jörg Rheinberger, "Gene Concepts: Fragments from the Perspective of Molecular Biology". *In*: The Gene in Development and Evolution. Hg. Peter Beurton et. al. Cambridge University Press 2000, S. 219–239

Rosenberg 1978: Alexander Rosenberg: „The Supervenience of Biological Concepts", *in*: Philosophy of Science, 45 (1978), S. 368–386

Ruse 1971: Michael E. Ruse: "Reduction, Replacement, and Molecular Biology", *in*: Dialectica, 25 (1971), S. 39–72

Schaffner 1969: Kenneth F. Schaffner: "The Watson-Crick Model and Reductionism", *in*: The British Journal for the Philosophy of Science, 20 (1969), S. 325–348

Schwartz 2000: Sara Schwartz: "The Differential Concept of the Gene. Past and Present". *In*: The Concept of the Gene in Development and Evolution. Hg. Peter Beurton et al. Cambridge University Press 2000, S. 26–39

Smith 2000: John Maynard Smith: „The Concept of Information in Biology", *in*: Philosophy of Science, 67 (2000), S. 177–194

Sirks 1916: M. J. Sirks: „Die Bedeutung des Jahres 1865 für die Descendenzlehre", *in*: Naturwissenschaftliche Wochenschrift, 31, N. F. Bd. 15 (1926)

Stegmann 2005: Ulrich Stegmann: „Der Begriff der genetischen Information". *In*: Philosophie der Biologie. Hg. Ulrich Krohs, Georg Toepfer. Frankfurt 2005

Synder 1959: L. H. Synder: "Fifty Years of Medical Genetics", *in*: Science, 129 (1959)

Tabery 2004: James G. Tabery: „Synthesizing Activities and Interactions in the Concept of a Mechanism", *in*: Philosophy of Science, 71/1 (2004), S. 1–15

Theiler 1925: Willy Theiler: Zur Geschichte der telologischen Naturbetrachtung bis auf Aristoteles. Leipzig und Zürich 1925

Thomson 1890: J. Arthur Thomson: "The History and Theory of Heredity", *in*: Proceedings of the Royal Societey of Edingburgh, 16 (1889)

Ungerer 1922: Emil Ungerer: „Der Darwinismus und die logische Struktur des Artbegriffs", *in*: Kant-Studien, 27 (1922), S. 86–100

Wagner 2012: Günter P. Wagner: „Genetics: The inner life of proteins", *in*: Nature, 490 (2012), S. 493/494

Wagner 2009: Günter P. Wagner: "The measurement theory of fitness", *in*: Evolution, 64 (2009), S. 1358–1376

Wagner, Lynch 2008: Günter P. Wagner, Vincent J. Lynch: "The gene regulatory logic of transcription factor evolution", *in*: Trends in ecology and evolution, 23 (2008), S. 377–385

Wagner 2007a: Günter P. Wagner: "The current state and the future of developmental evolution". *In*: From Embryology to Evo-Devo. A History of

Developmental Evolution. Hg. Manfred D. Laubichler, Jane Maienschein. MIT Press, Cambridge/USA, London/GB, S. 525–545

Wagner 2007b: Günter P. Wagner: "How wide and how deep is the divide between population genetics and developmental evolution?", *in*: Biology and Philosophy, 22 (2007), S. 145–153

Wagner 2007c: Günter P. Wagner: "The developmental genetics of homology", *in*: Nature Reviews Genetics, 8 (2007), S. 473–479

Wagner, Larsson 2003: Günter P. Wagner, Hans C. E. Larsson: "What Is the Promise of Developmental Evolution? III. The Crucible of Developmental Evolution". *In*: Journal of Experimental Zoology, 300B (2003), S. 1–4

Wagner, Stadler 2003: Günter P. Wagner, Peter F. Stadler: „Quasi-independence, homology and the unity of type: A topological theory of characters", *in*: Journal of Theoretical Biology, 220 (2003), S. 505–527

Wagner 2002: Günter P. Wagner (Hg.): The Character Concept in Evolutionary Biology. San Diego 2002

Wagner 2001: Günter P. Wagner: "What Is the Promise of Developmental Evolution? Part II: A Causal Explanation of Evolutionary Innovations May Be Impossible", *in*: Journal of Experimental Zoology, 291 (2001), S. 305–309

Wagner 2000: Günter P. Wagner: "What Is the Promise of Developmental Evolution? Part I: Why Is Developmental Biology Necessary to Explain Evolutionary Innovations?", *in*: Journal of Experimental Zoology, 288 (2000), S. 95–98

Wagner, Altenberg 1996: Günter P. Wagner, Lee Altenberg: "Perspective: Complex adaptions and the evolution of evolvability", *in*: Evolution. International Journal for the Study of Evolution, 50 (1996), S. 967–975

Wagner 1993: Günter P. Wagner: „Final Theory in Biology", *in*: Science, 260 (1993), S. 1531–1533

Wagner 1989: G[ünter] P. Wagner: "The biological homology concept", *in*: Annual Review of Ecology and Systematics, 20 (1989), S. 51–69

Wagner 1988: G[ünter] P. Wagner: "The Vexing Role of Replicators in Evolutionary Change", *in*: Biology and Philosophy, 3 (1988), S. 232–236

Waters 1994: C. Kenneth Waters: „Genes made Molecular", *in*: Philosophy of Science, 61 (1994), S. 163–185

Abbildungsverzeichnis

Abbildung 1: American Scientist, 36 (1948), S. 69–74

Abbildung 2: Enzymologia, 15 (1952), S. 251–258

Abbildung 3: Acta Chimica Scandinavica, 6 (1952), S. 251–258

Abbildung 4: Acta Chimica Scandinavica, 6 (1952), S. 251–258

Abbildung 5: Acta Chimica Scandinavica, 6 (1952), S. 634–640

Abbildung 6: Nature, 171 (1953), S. 737

Abbildung 7: Nature, 171 (1953), S. 740

www.ingramcontent.com/pod-product-compliance
Ingram Content Group UK Ltd.
Pitfield, Milton Keynes, MK11 3LW, UK
UKHW021835210426
5322IPUK00021B/302